建筑工程测量

（第3版）

主　编　安德锋　葛序风　邵妍妍

副主编　张国强　路晓明　张　超　余秀娣

参　编　王怀英　马千兴　王靖涵　孔维东

　　　　刘成祥　张建伟

主　审　汪荣林　罗　琳

北京理工大学出版社

BEIJING INSTITUTE OF TECHNOLOGY PRESS

内容提要

本书按照高等院校人才培养目标以及专业教学改革的需要，依据建筑工程测量最新标准规范进行编写。全书系统地介绍了建筑工程测量的方法及其在各个项目中的实际操作与应用，主要内容包括绪论、水准测量、角度测量、距离测量与直线定向、全站仪和GPS的使用、小区域控制测量、地形图的测绘与应用、施工测量的基本工作、民用建筑施工测量、工业建筑施工测量、建筑变形观测与竣工测量、线路工程测量与桥隧工程测量等。

本书可作为高等院校土木工程类相关专业的教材，也可供建筑工程施工现场相关技术和管理人员工作时参考使用。

图书在版编目（CIP）数据

建筑工程测量 / 安德锋，葛序风，邵妍妍主编.—3版.—北京：北京理工大学出版社，2018.8

ISBN 978-7-5682-6107-4

Ⅰ.①建… Ⅱ.①安… ②葛… ③邵… Ⅲ.①建筑测量—高等学校—教材 Ⅳ.①TU198

中国版本图书馆CIP数据核字（2018）第189616号

出版发行 / 北京理工大学出版社有限责任公司
社　　址 / 北京市海淀区中关村南大街5号
邮　　编 / 100081
电　　话 / （010）68914775（总编室）
（010）82562903（教材售后服务热线）
（010）68948351（其他图书服务热线）
网　　址 / http://www.bitpress.com.cn
经　　销 / 全国各地新华书店
印　　刷 / 北京紫瑞利印刷有限公司
开　　本 / 787毫米×1092毫米　1/16
印　　张 / 20
字　　数 / 474千字
版　　次 / 2018年8月第3版　2018年8月第1次印刷
定　　价 / 78.00元

责任编辑 / 王玲玲
文案编辑 / 王玲玲
责任校对 / 周瑞红
责任印制 / 边心超

第3版前言

建筑工程测量作为高等院校土木工程类专业的课程，在工程建设中应用广泛。通过本课程的学习，可以使学生熟悉工程测量各方面的操作，巩固学生对测量、测绘等方面知识的认识和理解，便于学生在将来的技术工作中能够及时发现和解决施工中工程测量的实际问题。

本书第2版自出版发行以来，经相关高等院校教学使用，得到了广大师生的认可和喜爱，编者倍感荣幸。为了使学生更好地理解有关建筑工程测量课程的内容，我们组织有关专家学者，结合近年来高等教育教学改革动态，依据最新法律法规及建筑工程测量标准规范对本书第2版进行了修订。修订时不仅根据读者、师生的信息反馈，还对原书中存在的问题进行了修正。同时，编者参阅了有关标准、规范、书籍，对教材体系进行了改善、修正与补充。本次修订主要进行了以下工作：

（1）根据《工程测量规范》（GB 50026—2007）等相关标准和最新规范，对教材内容进行了修改与充实，强化了教材的实用性和可操作性，使修订后的教材能更好地满足高等院校教学工作的需要。

（2）为了突出实用性，本次修订对一些具有较高价值，但在第2版中未详细介绍的内容进行了补充，对一些实用性不强的理论知识进行了删减。

（3）对各章的学习目标、能力目标及本章小结进行了修订，在修订中对各项目的知识体系进行了深入的思考，并联系实际进行知识点的总结与概括，使该部分内容更具有指导性与实用性，便于学生学习与思考。对各章习题也进行了适当的删减与补充，有利于学生课后复习，强化应用所学理论知识，提高学生解决工程实际问题的能力。

（4）修订时坚持以理论知识够用为度，以培养面向生产第一线的应用型人才为目的，强调提高学生的实践动手能力。

本书由安德锋、葛序风、邵妍妍担任主编，由张国强、路晓明、张超、余秀娣担任副主编，王怀英、马千兴、王靖涵、孔维东、刘成祥、张建伟参与编写。具体编写分工为：安德锋编写第一章、第四章，葛序风编写第二章，邵妍妍编写第五章，张国强编写第三章，路晓明编写第六章，张超编写第九章，余秀娣编写第十一章，王怀英和王靖涵共同编写第十二章，马千兴编写第八章，孔维东和刘成祥共同编写第七章，张建伟编写第十章。全书由汪荣林、罗琳主审。

在本书的修订过程中，参阅了国内同行的多部著作，部分高等院校的老师提出了很多宝贵的意见，在此表示衷心的感谢！对于参与本书第2版编写但未参与本教材修订的老师、专家和学者，本次修订的所有编写人员向你们表示敬意，感谢你们对高等教育教学改革做出的不懈努力，希望你们对本书保持持续关注并多提宝贵意见。

本书虽经反复讨论修改，但限于编者的学识及专业水平和实践经验，修订后的教材仍难免有疏漏和不妥之处，恳请广大读者指正。

编　者

第2版前言

建筑工程测量是高等院校土建类相关专业的重要课程，重点讲述建筑工程测量的基础知识，常用测量仪器的构造与使用，角度、距离和高差的测量方法，地形图的测绘和使用，常见民用及工业建筑物施工测量方法以及变形观测等内容。

本教材第1版自2009年出版发行以来，经有关院校教学使用，反映较好。随着近年来工程测绘技术的迅速发展，全站仪、数字水准仪等电子仪器在工程测量工作中发挥出越来越重要的作用，测量数据的自动采集、利用计算机软件的数字化成图也逐步成为常规的工程测量方法。这些新仪器、新技术、新方法的广泛使用，不仅要求学生应具有更高的学习目标和能力目标，也要求本教材的内容能更好地反映当前高等教育教学工作需要。根据各院校使用者的建议，结合近年来高等教育教学改革的动态，我们对本教材进行了修订。

本教材的修订坚持以理论知识够用为度，遵循“立足实用、打好基础、强化能力”的原则，以培养面向生产第一线的应用型人才为目的，强调提升学生的实践能力和动手能力。本次修订在保留原教材必需的测绘基础知识和理论知识的基础上，删去其中与建筑工程测量相关性不大的内容，重点对近年来建筑工程测量领域广泛使用的新仪器、新技术、新方法进行了必要的补充，从而强化了教材的实用性和可操作性。各章“思考与练习”部分增加填空题、选择题与计算题，有利于学生课后复习参考，强化应用所学理论知识解决工程实际问题的能力。

本教材修订后共包括绪论、水准测量、角度测量、距离测量与直线定向、全站仪及其使用、小区域控制测量、施工场区测量、施工测量的基本工作、建筑施工控制测量、民用建筑施工测量、工业建筑施工测量、建筑物变形观测与竣工测量、线路测量与桥隧工程测量十三章内容。

本教材由安德锋、邓荣榜、王伟担任主编，张国强、宋文德、路晓明、王锦担任副主编，张建伟、石乃敏、王玲参与编写，汪荣林、罗琳担任主审。本教材在修订过程中，参阅了国内同行多部著作，部分高等院校教师提出了很多宝贵意见供我们参考，在此表示衷心的感谢！对于参与本教材第1版编写但未参加本次修订的教师、专家和学者，本版教材所有编写人员向你们表示敬意，感谢你们对高等教育改革所做出的不懈努力，希望你们对本教材保持持续关注并多提宝贵意见。

限于编者的学识及专业水平和实践经验，修订后的教材仍难免有疏漏或不妥之处，恳请广大读者指正。

编　者

第1版前言

建筑工程测量属于工程测量学的范畴，在工程建设中有着广泛的应用，它服务于建筑工程建设的每一个阶段，贯穿于工程建设的始终。建筑用地的选择、道路管线位置的确定等，都要利用测量所提供的资料和图纸进行规划设计；施工阶段则需要通过测量工作来衔接，以配合各项工序的施工；竣工后的竣工测量，可为工程的验收、日后的扩建和维修管理提供资料；而在工程管理阶段，须对建筑物进行变形观测，以确保工程的安全使用。建筑工程测量的精度和速度直接影响到整个工程的质量和进度，其地位举足轻重。

“建筑工程测量”作为高等院校土建类专业必修的基础性课程，主要阐述了需要学生掌握的建筑工程测量基本理论、基本方法和基本技能，培养学生的动手、实践与创新能力。本教材根据土建类专业教育标准和培养方案及主干课程教学大纲，以《工程测量规范》(GB 50026—2007)、《建筑变形测量规范》(JGJ 8—2007)为依据，以适应社会需求为目标，以培养技术能力为主线，在内容选择上考虑土建工程专业的深度和广度，以“必须、够用”为度，以“讲清概念、强化应用”为重点，深入浅出，注重实用。通过本课程的学习，学生应掌握建筑工程测量的理论和方法，具备测绘地形图、建筑物放样、建筑物变形测量等的基本能力。

本教材共分13章，主要包括水准测量、角度测量、距离测量与直线定向、测量误差的基本知识、全站仪及GPS测量原理、小区域控制测量、地形图的测绘与应用、施工测量的基本工作、民用建筑施工测量、工业建筑施工测量、建筑变形测量与竣工总平面图的编绘、线路与桥隧工程测量、地籍测量等内容。教材中还简要介绍了常用建筑工程测量仪器、工具的基本构造与操作技巧，并通过具体的实例进行清晰的讲解，以提高学生学习的可操作性，加深学生对各知识点的理解。

为便于理解，本教材在采用文字进行阐述的同时，还列举了大量表格与图形配合进行说明，使枯燥无味的理论学习变得直观明了，方便教学的同时增强了学生的学习兴趣，从而达到理论联系实际、提高实用性的目的。

为方便教学，本教材在各章前设置了【学习重点】和【培养目标】，【学习重点】以章节提要的形式概括了本章的重点内容，【培养目标】则对需要学生了解和掌握的知识要点进行了提示，对学生学习和老师教学进行引导；在各章后面设置了【本章小结】和【思考与练习】，【本章小结】以学习重点为框架，对各章知识作了归纳，【思考与练习】以问答题和应用题的形式，从更深的层次给学生提供思考和复习的切入点，从而构建了一个“引导—学习—总结—练习”的教学全过程。

本教材的编写人员，一部分来自具有丰富教学经验的教师，因此教材内容更加贴近教学实际需要，方便“老师的教”和“学生的学”，增强了教材的实用性；另一部分来自建筑工程测量领域的工程师或专家学者，从而使教材的编写内容更加贴近建筑工程测量实践需要，保证了学生所学到的知识就是进行建筑工程测量所需要的知识，真正做到“学以致用”。

本教材以现行建筑工程测量最新国家及行业标准规范为依据进行编写，且编入了建筑工程测量领域的最新知识及发展趋势，充分体现了一个“新”字，不仅具有原理性、基础性，还具有先进性和现代性。另外，本教材的编写充分考虑了我国不同地域各高校的办学条件，淡化细节，强调对学生综合思维和能力的培养，尤其是在工程测量实践能力的培养方面，更是进行了慎重考虑和认真选择。

本教材既可作为高等院校土建类相关专业的教材，也可作为土建工程测量人员、技术人员和管理人员学习、培训的参考教材。本教材在编写过程中，参阅了国内同行多部著作，部分高校教师提出了很多宝贵意见供我们参考，在此，对他们表示衷心的感谢！

本教材编写过程中，虽经推敲核证，但限于编者的专业水平和实践经验，仍难免有疏漏或不妥之处，恳请广大读者指正。

编　者

Contents

目录

第一章 绪 论

学习目标

通过本章的学习，了解测量学的定义及分类，地面点的坐标、空间直角坐标系、用水平面代替水准面的范围，测量误差的产生原因及分类；理解建筑工程测量的任务和作用，测量工作的基准面和基准线，测量工作的基本原则，衡量测量精度的指标，误差传播定律；掌握确定地面点位和高程的方法。

能力目标

能够确定地面点的平面位置和高程位置，能够根据测量工作的基本程序和原则实施测量工作。

第一节 建筑工程测量概述

一、测量学

(一)测量学发展概况

测量学是一门历史悠久的科学，早在几千年前，我国、埃及等世界文明古国的人们，就把测量技术应用于土地划分、河道整治及地域图测绘等。在我国，追溯到上古时代，就有夏禹在黄河两岸治理水患的传说。这些都需要一定的测量知识，或者说已开始使用简单的工具进行测量了。

测量学是一门与时俱进、蓬勃发展的科学。测量学一开始是用于土地整理，随着社会生产的发展，它逐渐被应用到社会的许多生产部门。远在古代，我国就发明了指南针，之后又创制了浑天仪等测量仪器，并绘制了相当精确的全国地图。17 世纪初，望远镜开始应用于天象观测，这是测绘科学发展史上所发生的较大变革。自此以后，望远镜普遍应用于各种测量与观测。19 世纪末，航空摄影测量的发展，为测量学增添了新的内容。20 世纪 40 年代，自动安平水准仪的问世，标志着水准测量自动化的开端。20 世纪 50 年代前后，电子学、信息论、相干光理论、电子计算机、空间科学技术等新的科学技术的迅速发展推动了测绘科学的发展。20世纪60年代，由于电子计算技术的飞速发展，出现了自动化程度很高的电子经纬仪、电子全站仪和自动绘图仪。20世纪70年代，通过人造卫星应用黑白、单光谱段、多光谱段及彩色红外等拍摄地球的照片，使航天技术有了广泛的应用与发展。由于卫星运行的高度比飞机高几十倍到几百倍，故视野宽广，覆盖面积大，可以对同一地区重复摄影，便于监测自然现象变化，并且不受地理及气候条件的限制，有利于对深山、荒漠及海洋的勘测。20世纪80年代，利用电磁波测距仪进行的距离测量，其误差仅精确到厘米。20世纪90年代，全球定位系统卫星成功发射，只要在地面欲测点安置接收卫星信号的测量设备，就可以很快地确定地面点的位置。相距1 km两点之间的相对精度可达5～10 mm。随着现代科学技术的发展，测量科学也必将向更高层次的自动化方向和数字化方向发展。

中华人民共和国成立以后，我国测量事业进入了一个崭新的发展阶段。1956年成立了国家测绘总局，科学院系统成立了测量及地球物理研究所，各业务部门也纷纷设立测绘机构，培养测绘人员的各级学校也相继建立。测绘队伍飞速壮大，测绘科学技术也得到快速发展。我国已建成了全国绝大部分地区的大地控制网，近年来还建立了全国的GPS控制网。测量完成大量不同比例尺的基本地形图，各种工程建设的测量工作也取得了显著成绩。仪器制造方面从无到有，现在不仅能够生产系列的光学测量仪器，还研制成功各种测程的光电测距仪、卫星激光测距仪、解析测图仪、激光垂准仪、激光扫平仪和全站仪等先进仪器。在测量技术方面，我国紧紧跟随世界最新测绘技术，进入了测绘现代化的高速发展阶段。

1992年，我国政府制定了新中国第一部《中华人民共和国测绘法》，1993年7月1日起施行；2002年又公布了修订后的《中华人民共和国测绘法》，自2002年12月1日起施行，这标志着我国测量工作进入依法工作、规范发展的新阶段。

(二)测量学的分类

测量学是一门内容体系比较庞大的学科。根据研究对象、应用范围和测量手段等的不同，测量学通常可分为以下几个分支学科。

(1)普通测量学。普通测量学是研究将地球自然表面局部地区的地物和地貌按一定比例尺测绘成大比例尺地形图的基本理论和方法的学科，属测量学的基础部分。

(2)大地测量学。大地测量学是研究地球形状、大小和重力场及其变化，通过建立区域和全球三维控制网、重力网及利用卫星测量等方法测定地球各种动态的理论和技术的学科。

(3)摄影测量学。摄影测量学是研究利用摄影或遥感技术获取地物和地貌的影像，并进行分析处理，以绘制地形图或获得数字化信息的理论和方法的学科。其中，航空摄影测量是测绘中、小比例尺国家基本地形图的主要方法，现已应用到大比例尺地形图的测绘中；而近景摄影测量已经在古建筑测绘、建(构)筑物的变形观测、动态目标测量等许多方面得到了广泛的应用。

(4)工程测量学。工程测量学研究工程建设和自然资源开发中各个阶段进行的控制测量、地形测绘、施工放样、变形监测及建立相应信息系统的理论和技术的学科。其主要内容包括测绘满足工程规划和勘察设计需要的大比例尺地形图；将图纸上设计的建(构)筑物轴线桩位标定到地面上；对在施工过程中及竣工后建(构)筑物的变形进行监测。

(5)海洋测绘学。海洋测绘学研究海洋定位，测定海洋大地水准面和平均海面、海底和海面地形、海洋重力、磁力、海洋环境等自然和社会信息的地理分布，以及编制各种海图的理论和技术的学科。其主要内容包括海洋大地测量、水深测量、海底地形测量、海洋重力测量、海岸地形测量、海道测量、海洋专题测量和海图测绘等。

(6)地图制图学。地图制图学研究各种地图的制作理论、原理、工艺技术和应用的一门学科。其主要内容包括地图编制、地图投影学、地图整饰、印刷等。现代地图制图学正向着制图自动化、电子地图制作及地理信息系统方向发展。

(三)测量学的基本任务

对工程建设而言，测量学的基本任务包括测定和测设两个方面。

(1)测定。测定是指使用测量仪器和工具，按照测量的有关原理和方法，将地球表面的地物和地貌绘制成地形图，为经济建设、国防建设和科学研究等服务。

(2)测设。测设是指使用测量仪器和工具，按照测量的有关原理和方法，将图纸上规划设计好的建(构)筑物的平面位置和高程，在实地标定出来，作为施工的依据，故又称为施工放样，它是工程设计与工程施工之间的桥梁。

二、建筑工程测量的任务

建筑工程测量属于工程测量学范畴，它是建筑工程在勘察设计、施工建设和组织管理等阶段，应用测量仪器和工具，采用一定的测量技术和方法，根据工程施工进度和质量要求，完成应进行的各种测量工作。建筑工程测量的主要任务如下：

(1)大比例尺地形图的测绘。把工程建设区域内的各种地面物体的位置、性质以及地面的起伏形态，依据规定的符号和比例尺绘制成地形图，为工程建设的规划设计提供需要的图纸和资料。

(2)施工放样和竣工测量。把图上设计的建(构)筑物按照设计的位置在实地标定出来，作为施工的依据；配合建筑施工，进行各种测量工作，保证施工质量；开展竣工测量，为工程验收、日后扩建和维修管理提供资料。

(3)建(构)筑物的变形观测。对一些大型的、重要的或位于不良地基上的建(构)筑物，在施工运营期间，为了确保安全，需要了解其稳定性，定期进行变形观测。同时，可作为对设计、地基、材料、施工方法等的验证依据和起到提供基础研究资料的作用。

三、建筑工程测量的作用

建筑工程测量在工程建设中有着广泛的应用，它服务于工程建设的每一个阶段。

(1)在工程勘测阶段，测绘地形图为规划设计提供各种比例尺的地形图和测绘资料。

(2)在工程设计阶段，应用地形图进行总体规划和设计。

(3)在工程施工阶段，要将图纸上设计好的建筑物、构筑物的平面位置和高程按设计要求测设于实地，以此作为施工的依据；在施工过程中用于土方开挖、基础和主体工程的施工测量；在施工中还要经常对施工和安装工作进行检验、校核，以保证所建工程符合设计要求；工程竣工后，还要进行竣工测量，施测竣工图，供日后扩建和维修之用。

(4)在工程管理阶段，对建筑物和构筑物进行变形观测，以保证工程的安全使用。

总而言之，在工程建设的各个阶段都需要进行测量工作，并且测量的精度和速度直接影响到整个工程的质量和进度。

第二节　地面点位的确定

地球表面上的点称为地面点。测量工作的实质就是确定地面点的空间位置。因为地球表面上的地物和地貌的形状可认为是由点、线、面构成的，其中，点是最基本的单元，所以，地面点位的确定是测量工作中最基本的问题。

一、地球的形状和大小

测量工作的主要研究对象是地球的自然表面。地球的自然表面极为复杂，有高山、丘陵、平原、盆地、湖泊、河流和海洋等高低起伏的形态。其中，最高的珠穆朗玛峰高出海水面达 8 844.43 m，而最低的马里亚纳海沟低于海水面达 11 034 m。但是这样的高低起伏，相对于地球巨大的半径来说还是很小的，仍可忽略不计。由于地球表面上海洋的面积约占71%，而陆地面积仅占 29%，因此，人们设想有一个静止的海水面，向陆地延伸并包围整个地球，形成一个封闭的曲面，将这个曲面看作地球的形体。

由于潮汐的作用，海水面高低不同，假定其中有一个平均高度的静止海水面，则它所包围的形体称为大地体，代表了地球的形状与大小。我们将这个平均高度的静止的海水面称为大地水准面。大地水准面上的重力位处处相等，并与其上的重力方向处处保持着正交。地球上任何一点都要受到地球引力和地球自转引起的离心力的作用，这两个力的合力称为重力。重力的方向线称为铅垂线，所以水准面处处与铅垂线正交。铅垂线是测量工作的基准线，大地水准面是测量工作的基准面。

由于地球内部质量分布不均匀，引起铅垂线的方向产生不规则的变化，致使大地水准面成为一个不规则的复杂曲面[图 1-1(a)]，所以无法在这个曲面上进行测量数据的处理。为了使用方便，通常用一个非常接近于大地水准面，并可用数学式表示的几何形体(即地球椭球)来代替地球的形状作为测量计算工作的基准面，如图 1-1(b)所示。

地球椭球是一个椭圆绕其短轴旋转而成的形体，故地球椭球又称旋转椭球。旋转椭球体由长半径 a 和短半径 b(或扁率 α)决定，如图 1-2 所示。其关系式为

$$\alpha=\frac{a-b}{a} \tag{1-1}$$

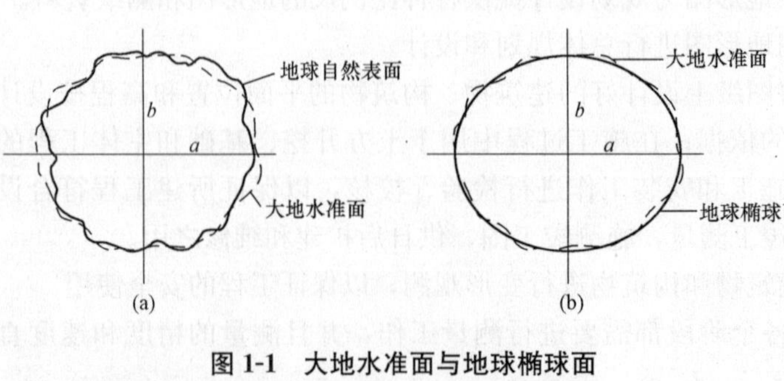

图 1-1　大地水准面与地球椭球面

(a)大地水准面；(b)地球椭球面

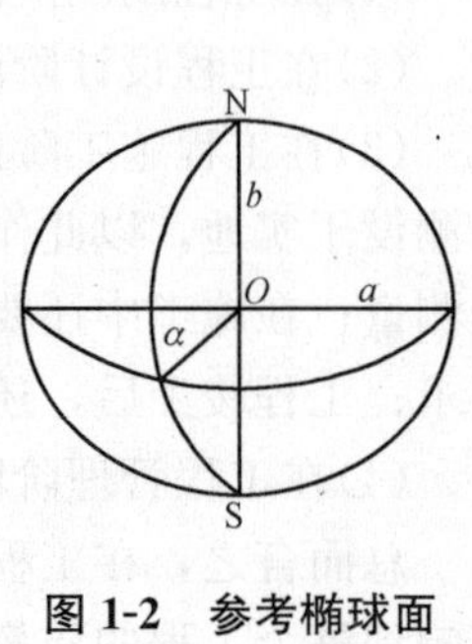

图 1-2　参考椭球面

目前，我国采用的地球椭球体元素值是 1975 年“国际大地测量与地球物理联合会”(IU-GG)通过并推荐的值，即 a=6 378 140 m、b=6 356 755 m、α=1∶298.253。

由于地球椭球的扁率很小，因此，当测区范围不大时，可近似地把地球椭球看作半径为 6 371 km 的圆球。

二、地面点位置的坐标系

为了确定地面点的位置，需要建立坐标系。在测量工作中，可用地理坐标系、平面直角坐标系和空间直角坐标系表示地面点位置的坐标系。

1. 地理坐标系

地理坐标系是用经纬度表示地面点位置的球面坐标，可分为天文坐标系和大地坐标系。

(1)天文坐标系。天文坐标系用于表示地面点在大地水准面上的位置，其基准是铅垂线和大地水准面，它用天文经度 λ 和天文纬度 φ 两个参数来表示地面点在球面上的位置。

过地面上任一点 P 的铅垂线与地球的旋转轴 NS 所组成的平面称为该点的天文子午面。天文子午面与大地水准面的交线称为天文子午线(也称经线)，如图 1-3 所示。

设 G 点为英国格林尼治天文台的位置，过 G 点的天文子午面称为首子午面。

P 点天文经度 λ 的定义是：过 P 点的天文子午面 $NPKS$ 与首子午面 $NGMS$ 的两面角。从首子午线向东或向西计算，取值范围为 0°～180°。在首子午线以东者为东经；以西者为西经。同一子午线上各点的经度相同。过 P 点垂直于地球旋转轴的平面与地球表面的交线称为 P 点的纬线，其所在平面过球心 O 的纬线称为赤道。

P 点天文纬度 φ 的定义是：过 P 的铅垂线与赤道平面的夹角。自赤道起向南或向北计算，取值范围为 0°～90°。在赤道以北为北纬；以南为南纬。

应用天文测量方法可以测定地面点的天文经度 λ 和天文纬度 φ。

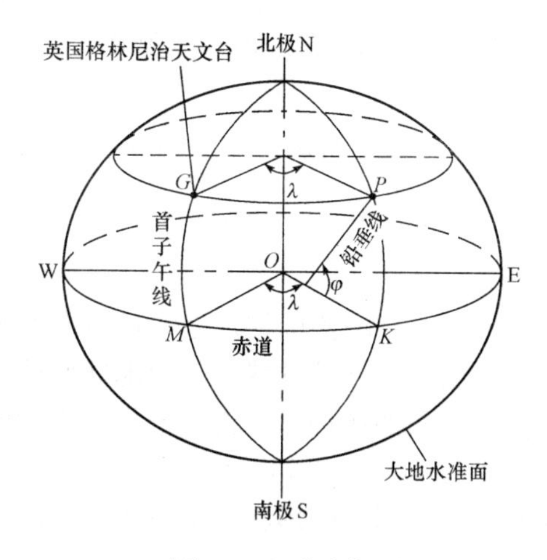

图 1-3 天文坐标系

(2)大地坐标系。大地坐标系是表示地面点在参考椭球面上的位置，其基准是法线和参考椭球面，它用大地经度 L 和大地纬度 B 表示。

地面点 P 的经度是指过该点的子午面与首子午线之间的夹角，用 L 表示。经度从首子午线起算，往东自 0°至 180°称为东经；往西自 0°至 180°称为西经。地面点 P 的纬度是指过该点的法线与赤道面之间的夹角，用 B 表示。经度从赤道面起算，往北自 0°至 90°称为北纬；往南自 0°至 90°称为南纬。我国地处北半球，各地的纬度都是北纬。

2. 平面直角坐标系

在工程测量中，为了使用方便，常采用平面直角坐标系来表示地面点位，下面主要介绍常用的两种平面直角坐标系。

(1)高斯平面直角坐标系。当测量范围大时，大地水准面不能再看成平面，而是作为椭球面处理。球面上不能建立直角坐标系。因此，采用投影的方法将球面变为平面，然后再建立平面直角坐标系。我国采用的是高斯投影法。

高斯投影首先是将地球按经线划分成带，称为投影带。投影带是从首子午线起，每隔经度 6°划分为一带(称为 6°带)，如图 1-4 所示。自西向东将整个地球划分为 60 个带。带号从首子午线开始，用阿拉伯数字表示，位于各带中央的子午线称为该带的中央子午线。第一个 6°带的中央子午线的经度为 3°，任意一个带中央子午线经度 L_0 与投影带号 N 的关系为

$$L_0 = 6N - 3 \tag{1-2}$$

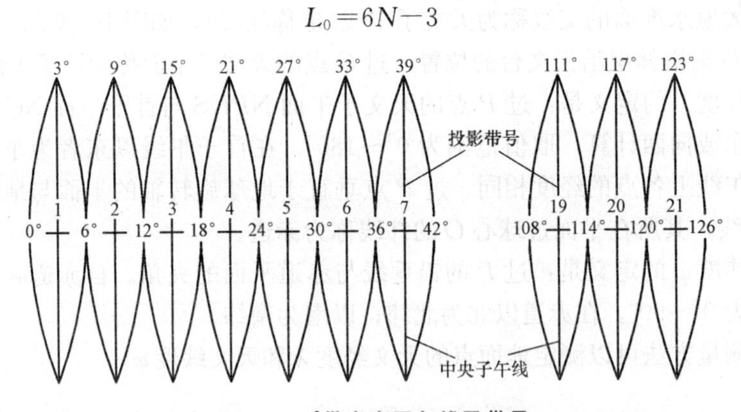

图 1-4　6°带中央子午线及带号

反之，已知地面任一点的经度 L，则该点所在的 6°带编号的公式为

$$N = \mathrm{Int}\left(\frac{L+3}{6} + 0.5\right) \tag{1-3}$$

式中，Int 为取整函数。

投影时设想用一个平面卷成一个空心椭圆柱，把它横着套在地球参考椭球体外面，使空心椭圆柱的中心轴线位于赤道面内并且通过球心，使地球椭球体上某条 6°带的中央子午线与椭圆柱面相切。在图形保持等角的条件下，将整个带投影到椭圆柱面上，如图 1-5(a)所示。然后将此椭圆柱沿着南北极的母线剪切并展开抚平，便得到 6°带在平面上的形状，如图 1-5(b)所示。由于分带很小，投影后的形状变形也很小，距离中央子午线越近，变形就越小。

在高斯投影而成的平面上，中央子午线和赤道保持为直线，两者互相垂直。以中央子午线为坐标系纵轴 X，以赤道为横轴 Y，其交点为 O，便构成此带的高斯平面直角坐标系，如图 1-6 所示。在这个投影面上的每一点位置，都可用直角坐标(X，Y)确定。此坐标与地理坐标的经纬度 L、B 是对应的，它们之间有严密的数学关系，可以相互换算。

如图 1-6 所示，高斯平面直角坐标纵坐标以赤道为零起算，赤道以北为正，以南为负，

我国位于北半球，纵坐标均为正值。横坐标如以中央子午线为零起算，则中央子午线以东为正，以西为负，由于横坐标出现负值，使用不便，故规定将坐标纵轴西移 500 km 当作起始轴，凡是带内的横坐标值，均加 500 km。

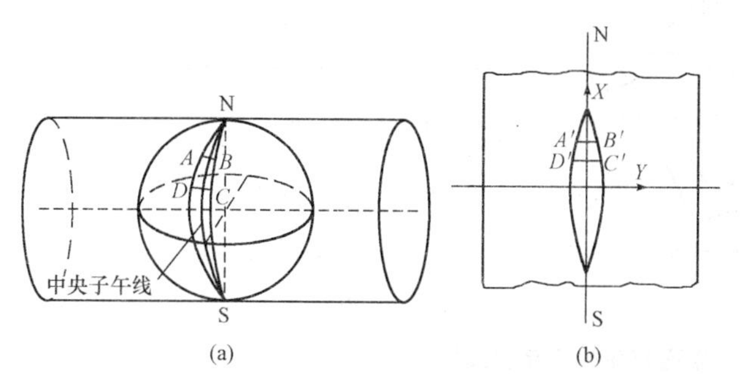

图 1-5　高斯平面直角坐标的投影

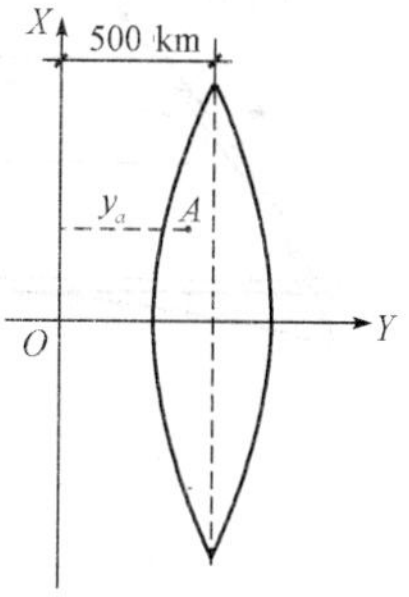

图 1-6　高斯平面直角坐标系

高斯投影属于正形投影的一种，它保证了球面图形的角度与投影后平面图形的角度不变，但球面上任意两点之间的距离经投影后会产生变形，其规律是：除中央子午线没有距离变形外，其余位置的距离均变长。

测图时，距离变形过大对测绘大比例尺地形图是不方便的。减小投影带边缘位置距离变形的方法之一就是缩小投影带的带宽。例如，可以选择采用 3°带和 1.5°带进行投影。其中，3°带每带中央子午线经度 L_0' 与投影带 N 的关系为

$$L_0'=3N \tag{1-4}$$

反之，已知地面任一点的经度 L，要求计算该点所在的 3°带编号的公式为

$$n=\mathrm{Int}\left(\frac{L}{3}+0.5\right) \tag{1-5}$$

我国领土所处的大概经度范围是东经 73°27′至东经 135°09′，6°带投影与 3°带投影的带号范围分别为 13～23 与 25～45。可见，在我国领土范围内，6°带与 3°带的投影带号不重复。

(2)独立平面直角坐标系。大地水准面虽是曲面，但当测量区域较小(如半径不大于 10 km 的范围)时，可以用测区中心点 A 的切平面来代替曲面。如图 1-7(a)所示，地面点在投影面上的位置可以用平面直角坐标来确定，地面上某点 P 的位置可用 x_p 和 y_p 来表示。测量工作中采用的平面直角坐标如图 1-7(b)所示。规定南北方向为纵轴，并记为 X 轴，X 轴向北为正，向南为负；东西方向为横轴，并记为 Y 轴，Y 轴向东为正，向西为负。

平面直角坐标系中象限按顺时针方向编号，X 轴与 Y 轴互换，这与数学上的规定是不同的，其目的是定向方便，将数学中的公式直接应用到测量计算中，不需做任何变更。原点 O 一般选在测区的西南角[图 1-7(a)]，使测区内各点的坐标均为正值。

3. 空间直角坐标系

随着卫星定位技术的发展，采用空间直角坐标系来表示空间一点的位置，已在各个领域越来越多地得到应用。空间直角坐标系的坐标原点 O 与地球质心重合，Z 轴指向地球北极，X 轴指向格林尼治子午面与地球赤道的交点 E，Y 轴垂直于 XOZ 平面，构成右手坐标系，如图 1-8 所示。

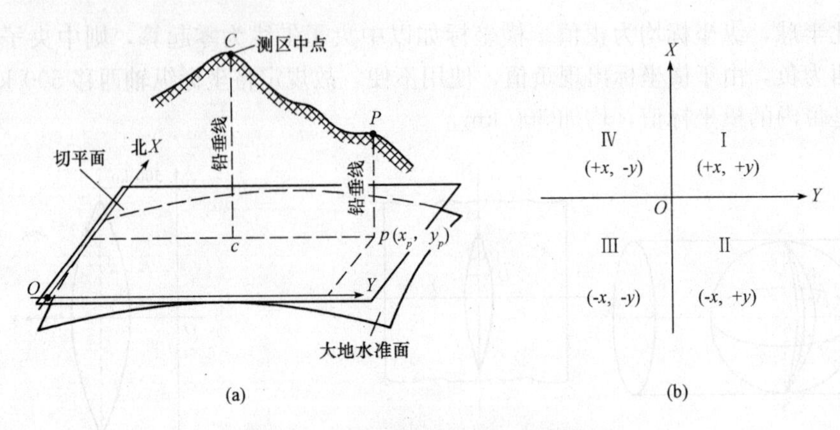

图 1-7　独立平面直角坐标系原理图

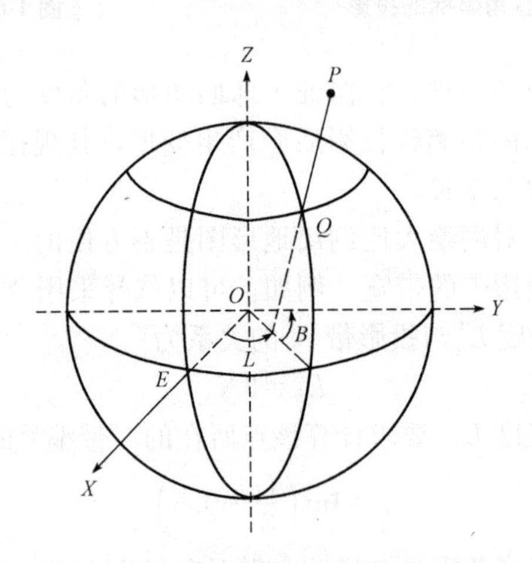

图 1-8　空间直角坐标系

三、地面点高程位置的确定

1. 绝对高程

地面点到大地水准面的铅垂距离，称为该点的绝对高程，简称高程，或称海拔，用 H 表示。地面点 A、B 点的绝对高程分别为 H_A、H_B。

目前，我国以在青岛观象山验潮站 1952—1979 年验潮资料确定的黄海平均海水面作为起算高程的基准面，称为“1985 国家高程基准”。以该大地水准面为起算面，其高程为零。为了便于观测和使用，在青岛建立了我国的水准原点(国家高程控制网的起算点)，其高程为 72.260 m，全国各地的高程都以其为基准进行测算。

2. 相对高程

当测区附近尚无国家水准点，而引测绝对高程有困难时，可采用假定高程系统方法，即假定一个水准面作为高程基准面。这种由任意水准面起算的地面点高程即地面点至任意水准面的铅垂距离，称为相对高程，也称假定高程。如图 1-9 所示，A、B 的相对高程为 H'_A、H'_B。有时为了使用方便，在某些工程测量中也常使用相对高程。

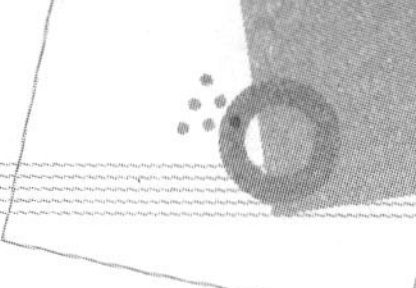

3. 高差

地面两点之间的绝对高程或相对高程之差称为高差，用 h_{AB} 表示，如图 1-10 所示。如 A、B 两点的高差为

$$h_{AB}=H_B-H_A=H'_B-H'_A \tag{1-6}$$

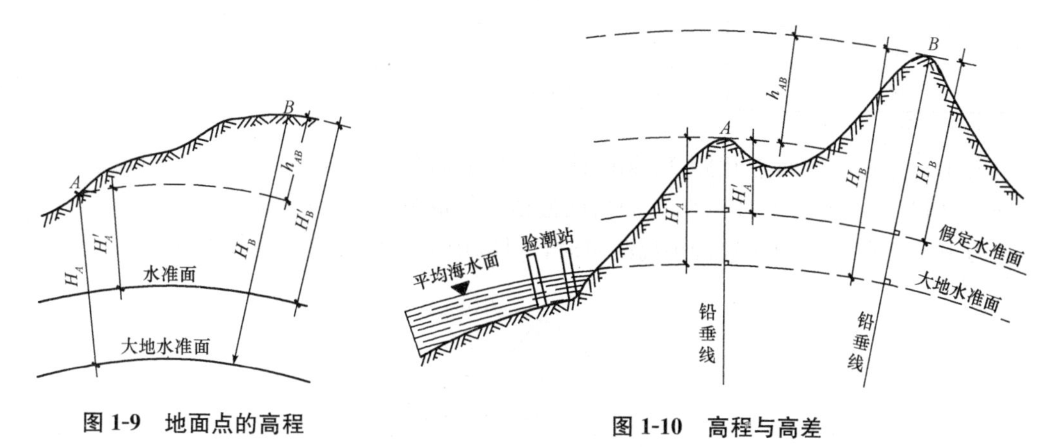

图 1-9　地面点的高程

图 1-10　高程与高差

从已知高程点对未知点进行高程测量时，都是先求出两点之间的高差，从而计算出未知点的高程。未知点比已知点高，其高差为正；反之，高差为负。

四、用水平面代替水准面的限度

当测区范围小，用水平面代替水准面所产生的误差不超过测量误差的容许范围时，可以用水平面代替水准面。下面将重点讨论用水平面代替大地水准面对水平距离和高程测量的影响。

1. 对水平距离的影响

如图 1-11 所示，设地面 C 为测区中心点，P 为测区内任一点，两点沿铅垂线投影到大地水准面上的点分别为 c 点和 p 点。过 c 点作大地水准面的切平面，P 点在切平面上的投影为 p' 点。图中大地水准面的曲率对水平距离的影响为 $\Delta D=D'-D$。由于 $D'=D\tan\theta$，$D=R\theta$，则有

$$\Delta D=R\tan\theta-R\theta=R(\tan\theta-\theta) \tag{1-7}$$

将 $\tan\theta$ 用泰勒级数展开，即

$$\tan\theta=\theta+\frac{1}{3}\theta^3+\frac{2}{15}\theta^5+\cdots$$

由于考虑用切平面代替球面是在较小的局部地区，所以 θ 角很小，上式中省略高次项，只取前两项，代入式(1-7)得

$$\Delta D=\frac{1}{3}R\theta^3$$

以 $\theta=D'/R$ 代入上式，因 D' 与 D 相差很小，以 D 代替 D'，得

$$\Delta D=\frac{D^3}{3R^2} \tag{1-8}$$

或

$$\frac{\Delta D}{D}=\frac{D^2}{3R^2} \tag{1-9}$$

以地球半径 $R=6\ 371$ km 及不同的距离 D 代入式(1-9)中，可得到表 1-1 所列的结果。

表 1-1　切平面代替大地水准面对距离的影响

D/km	ΔD/cm	$\Delta D/D$
10	0.82	1∶1 217 600
20	6.57	1∶304 400
50	102.65	1∶48 700

由表 1-1 可知，当两点相距 10 km 时，用水平面代替大地水准面产生的长度误差为 0.82 cm，相对误差为 1/1 217 600，而目前最精密的量距误差为距离的 1/1 000 000。所以，在半径为 10 km 范围的测区进行距离测量时，可以用水平面代替大地水准面。

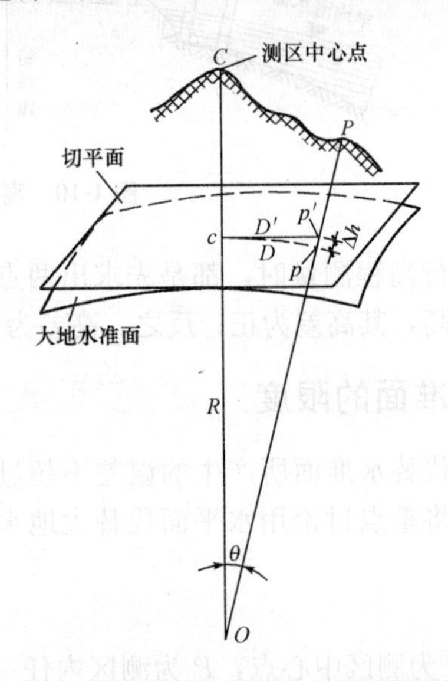

图 1-11　切平面代替大地水准面原理图

2. 对高程的影响

由图 1-11 可知

$$\Delta h=Op'-Op=R\sec\theta-R=R(\sec\theta-1) \tag{1-10}$$

将 $\sec\theta$ 按三角级数展开并略去高次项得

$$\sec\theta=1+\frac{1}{2}\theta^2+\frac{5}{24}\theta^4+\cdots\approx1+\frac{1}{2}\theta^2 \tag{1-11}$$

将式(1-11)代入式(1-10)，得

$$\Delta h=R\left(1+\frac{1}{2}\theta^2-1\right)=\frac{R}{2}\theta^2=\frac{D^2}{2R} \tag{1-12}$$

用不同的距离代入式(1-12)，可得表 1-2 所列的结果。

表 1-2　用水平面代替水准面对高程的影响

距离 D/km	0.05	0.1	0.5	1	2	5	10
高程误差 Δh/cm	0.02	0.08	2	8	31	196	785

由表 1-2 可知，当用水平面代替水准面时，对高程的影响是较大的，如在 500 m 的距离时，高程误差就有 2 cm。进行高程测量时，观测精度要比之高得多。因此，对高程测量来说，必须考虑地球曲率对高程的影响，不得用水平面代替大地水准面。

第三节　测量工作的实施

一、测量工作的基本内容

地面点的空间位置是以地面点在投影平面上的坐标(x，y)和高程(H)决定的。然而，在实际工作中，x、y、H 的值一般不是直接测定的，而是表示观测未知点与已知点之间相互位置关系的基本要素，利用已知点的坐标和高程，用公式推算未知点的坐标和高程。

如图 1-12 所示，设 A、B 为坐标、高程已知的点，C 为待定点，欲确定 C 点的位置，即求出 C 点的坐标和高程。若观测了 B 点和 C 点之间的高差 h_{BC}、水平距离 D_{BC} 和未知方向与已知方向之间的水平角 β_1，则可利用公式推算出 C 点的坐标(x_C，y_C)和高程 H_C。

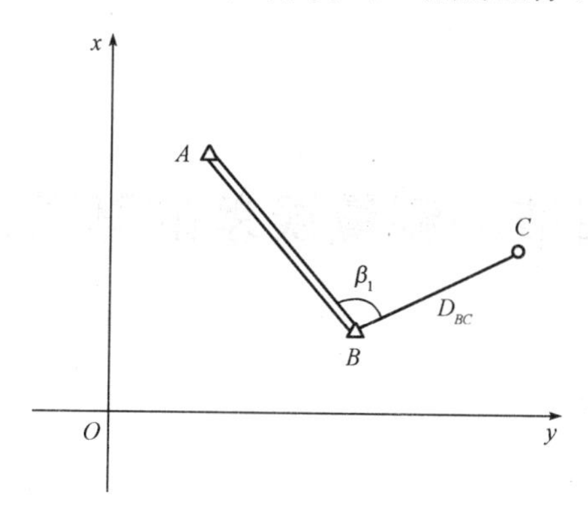

图 1-12　测量基本工作示意

由此可知，确定地面点位的基本要素是水平角、水平距离和高差。高差测量、角度测量、距离测量是测量工作的基本内容。

二、测量工作的基本原则

无论是测绘地图还是施工放样，都会不可避免地产生误差。如果从一个测站点开始，不加任何控制地依次逐点施测，前一点的误差将传递到后一点，逐点累积，点位误差将越来越大，达到不可容许的程度。另外，逐点传递的测量效率也很低。因此，测量工作必须按照一定的原则进行。

1.“从整体到局部，先控制后碎部”的原则

无论是测绘地形图还是施工放样，在测量过程中，为了减少误差的累积，保证测区内所测点的必要精度，首先应在测区选择一些有控制作用的点(称为控制点)，把它们的坐标

和高程精确测定出来，然后分别以这些控制点作为基础，测定出附近碎部点的位置。这样，不仅可以很好地限制误差的积累，还可以通过控制测量将测区划分为若干个小区，同时展开几个工作面施测碎部点，加快测量进度。

2. “边工作边检核”的原则

测量工作一般分外业工作和内业工作两种。外业工作的内容包括应用测量仪器和工具在测区内所进行的各种测定和测设工作；内业工作是将外业观测的结果加以整理、计算，并绘制成图以便使用。测量成果的质量取决于外业，但外业又要通过内业才能得出成果。为了防止出现错误，不论外业或内业，都必须坚持“边工作边检核的原则”，即每一步工作均应进行检核，前一步工作未做检核，不得进行下一步工作。这样，不仅可大大减少测量成果出错的概率，同时，由于每步都有检核，还可以及早发现错误，减少返工重测的工作量，从而保证测量成果的质量和较高的工作效率。

三、测量工作的基本要求

测量工作是一项严谨、细致的工作，可谓“失之毫厘，谬以千里”，因此，在建筑工程测量过程中，测量人员必须坚持“质量第一”的观点，以严肃、认真的工作态度，保证测量成果的真实性、客观性和原始性，同时要爱护测量仪器和工具，在工作中发扬团队精神，并做好测量工作的记录。

第四节　测量误差的基础知识

一、测量误差概述

1. 测量误差的含义

对未知量进行测量的过程称为观测，测量所得到的结果即为观测值。测量工作中的大量实践表明，对某一未知量进行多次重复观测时，无论测量仪器多么精密，观测者多么仔细认真，所测得的各次结果总会存在差异。如测量三角形的三个内角和，测量结果往往不等于其真值 180°，这种差异称为测量误差。用 l 代表观测值，X 代表真值，测量误差 Δ 可用下式表示

$$\Delta=X-l \tag{1-13}$$

2. 测量误差的产生原因

测量误差的产生有许多方面的原因，概括起来主要包括以下三个方面：

(1)仪器条件。在加工和装配等工艺过程中，不能完全保证仪器的结构满足各种几何关系，且不可靠的仪器必然会给测量带来误差。

(2)观测者的自身条件。由于观测者感官鉴别能力所限以及技术熟练程度不同，也会导致在仪器对中、整平和瞄准等方面产生误差。

(3)外界条件。外界条件(主要指观测环境中气温、气压、空气湿度和清晰度、风力以

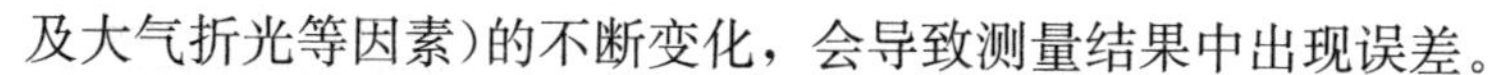

及大气折光等因素)的不断变化，会导致测量结果中出现误差。

3. 测量误差的分类

测量误差按其对测量结果影响的性质，可分为系统误差和偶然误差。

(1)系统误差。在相同观测条件下，对某量进行一系列的观测，如果误差的大小及符号表现出一致性倾向，即按一定的规律变化或保持为常数，这种误差则称为系统误差。例如，用一把名义长度为 30.000 m，而实际长度为 30.010 m 的钢尺丈量距离，每量一钢尺，就要少量 0.010 m，这 0.010 m 的误差，在数值上和符号上都是固定的，丈量距离越长，误差也就越大。

系统误差具有累积性，对测量成果影响较大，应设法消除或减小。常用的方法有对观测结果加改正数、对仪器进行检验与校正、采用适当的观测方法。

(2)偶然误差。在相同观测条件下，对某量进行一系列的观测，如果误差的大小及符号都没有表现出一致性的倾向，表面上看没有任何规律可循，这种误差则称为偶然误差。如瞄准目标的照准误差、读数的估读误差等。偶然误差是不可避免的。为了提高观测成果的质量，通常要使观测值的个数多于未知量的个数，也就是要进行多余观测，采用多余观测结果的算术平均值作为最后的观测结果。

4. 偶然误差的特征

从表面上看，单个偶然误差没有任何规律，但是随着对同一量观测次数的增加，大量的偶然误差就能表现出一种统计规律性，观测次数越多，这种规律性越明显。

例如，某一测区在相同的观测条件下，独立观测 358 个三角形的全部内角，由于观测值含有误差，因此，每个三角形内角之和一般不会等于其真值 180°。各三角形内角和的真误差为

$$\Delta_i=(l_1+l_2+l_3)_i-180^\circ \quad (i=1,2,\cdots,n) \tag{1-14}$$

式中 $(l_1+l_2+l_3)_i$——第 i 个三角形内角观测值之和。

现取误差区间的间隔 $d\Delta=\pm 3''$，将该组真误差按其绝对值的大小排列。统计出在各区间内的正、负误差的个数，列成误差频率分布表，以显示误差在各个区间的分布情况。出现在某区间的误差的个数称为频数，用 k 表示，计算其相对个数 $k/N(N=358)$，k/N 也称为误差在该区间的频率。统计结果列于表 1-3 中。

表 1-3 偶然误差统计结果

误差区间	负误差		正误差		误差绝对值	
dΔ/(″)	k	k/n	k	k/n	k	k/n
0～3	45	0.126	46	0.128	91	0.254
3～6	40	0.112	41	0.115	81	0.226
6～9	33	0.092	33	0.092	66	0.184
9～12	23	0.064	21	0.059	44	0.123
12～15	17	0.047	16	0.045	33	0.092
15～18	13	0.036	13	0.036	26	0.073
18～21	6	0.017	5	0.014	11	0.031
21～24	4	0.011	2	0.006	6	0.017

续表

误差区间	负误差		正误差		误差绝对值	
dΔ/(″)	k	k/n	k	k/n	k	k/n
24 以上	0	0	0	0	0	0
k	181	0.505	177	0.495	358	1.000

为了更直观地表示出误差的分布情况，还可以采用直方图的形式来表示。绘直方图时，横坐标取误差Δ的大小，纵坐标取误差出现于各区间的相对个数除以区间的间隔值dΔ。图 1-13 形象地表示了该组误差的分布情况。

根据以上分析，可以概括偶然误差的特征，具体如下：

(1)在一定观测条件下的有限次观测中，偶然误差的绝对值不会超过一定的限值。

(2)绝对值较小的误差出现的频率较大，绝对值较大的误差出现的频率较小。

(3)绝对值相等的正、负误差出现的频率大致相等。

(4)随着观测次数无限增加，偶然误差的平均值趋近于零，即有

$$\lim_{n\to\infty}\frac{[\Delta]}{n}=0 \tag{1-15}$$

式中，$[\Delta]=\Delta_1+\Delta_2+\cdots+\Delta_n=\sum_{i=1}^{n}\Delta_i$。

在测量中，常用[Δ]表示括号中数值的代数和。

当误差个数 $n\to\infty$时，如果把误差间隔 dΔ 无限缩小，则可以想象，图 1-13 中的各长方形顶点折线就变成了一条光滑的曲线，如图 1-14 所示。该曲线称为误差分布曲线，即正态分布曲线。图 1-14 中曲线的形状越陡峭，表示误差分布越密集，观测质量越高；曲线的形状越平缓，表示误差分布越离散，观测质量越低。

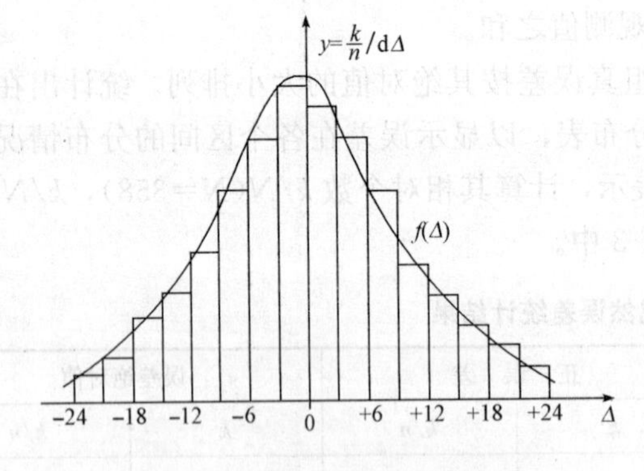

图 1-13 偶然误差频率直方图

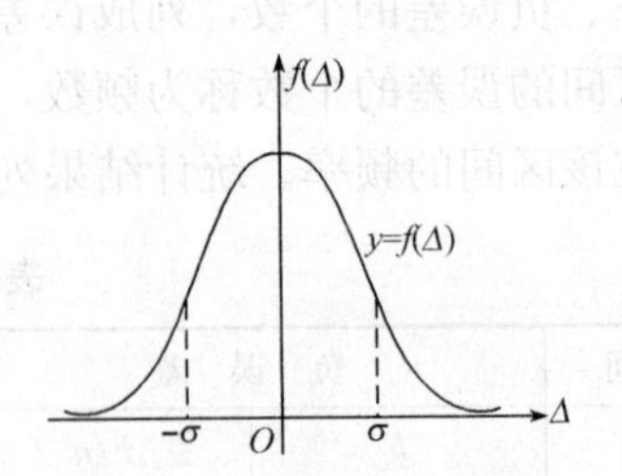

图 1-14 正态分布曲线图

误差分布曲线的方程为

$$y=f(\Delta)=\frac{1}{\sqrt{2\pi}\sigma}\mathrm{e}^{-\frac{\Delta^2}{2\sigma^2}} \tag{1-16}$$

式中 $\sigma(>0)$——与观测条件有关的参数。

当 $n\to\infty$时，在横坐标 Δ_k 处有

$$y_k\mathrm{d}\Delta=f(\Delta_k)\mathrm{d}\Delta=\frac{n_k}{n}$$

即 $$\frac{n_k}{n\mathrm{d}\Delta}=f(\Delta_k) \tag{1-17}$$

由式(1-17)可知在 Δ_k 处区间 $\mathrm{d}\Delta$ 内误差出现的频率 n_k/n 与误差分布曲线的关系。

实践证明，偶然误差不能用计算改正，也不能用一定的观测方法简单地加以消除，只能根据偶然误差的特性来合理地处理观测数据，以减少偶然误差对测量成果的影响。

二、衡量测量精度的指标

精度是指误差分布的密集或离散程度。如果在一定观测条件下进行观测，所产生的误差分布较为密集，则表示观测精度较高；如果误差分布较为离散，则表示观测精度较低。为了衡量观测结果的精度，必须建立衡量精度的指标。

常用的衡量测量精度的指标有中误差、极限误差和相对误差。

1. 中误差

在相同观测条件下，做一系列的观测，并以各个真误差的平方和的平均值的平方根作为评定观测质量的标准，称为中误差，通常用 m 表示，即

$$m=\pm\sqrt{\frac{\Delta_1^2+\Delta_2^2+\cdots+\Delta_n^2}{n}}=\pm\sqrt{\frac{[\Delta\Delta]}{n}} \tag{1-18}$$

式中 Δ_1，Δ_2，…，Δ_n——测量误差；

n——测量次数。

由式(1-18)可知，如果测量误差大，中误差则大；测量误差小，中误差则小。一般来说，中误差大，精度则低；中误差小，精度则高。

实际工作中往往不知道真值，无法计算 Δ，所以，利用观测值计算算术平均值和改正数，再利用改正数来计算中误差。如果对一个量进行 n 次观测，观测值为 l_1、l_2、…、l_n。则算术平均值 l、改正数 v_i 和中误差计算如下：

$$l=\frac{l_1+l_2+\cdots+l_n}{n} \tag{1-19}$$

$$v_i=l-l_i \tag{1-20}$$

$$m=\pm\sqrt{\frac{v_1^2+v_2^2+\cdots+v_n^2}{n-1}}=\pm\sqrt{\frac{[vv]}{n-1}} \tag{1-21}$$

2. 极限误差

偶然误差的第一特性表明，在一定的观测条件下，误差的绝对值不会超过一定的限值。如果某个观测值的误差超过这个限值，就会认为这次观测的质量差或出现错误而舍弃不用。这个限值称为极限误差(或称容许误差)。

大量试验统计证明，绝对值大于 2 倍中误差的偶然误差，出现的或然率不大于 5%；大于 3 倍中误差的偶然误差，出现的或然率不大于 0.3%。《工程测量规范》(GB 50026—2007)规定，以 2 倍中误差作为极限误差，即

$$\Delta_{极}=2m \tag{1-22}$$

3. 相对误差

中误差和真误差都是绝对误差，误差的大小与观测量的大小无关。然而，有些量如长度，绝对误差不能全面反映观测精度，因为长度丈量的误差与长度大小有关。例如，分别

丈量两段不同长度的距离，一段为200 m，另一段为300 m，但中误差皆为±0.01 m。显然不能认为这两段距离观测成果的精度相同。为此，需要引入“相对误差”，以便能更客观地反映实际测量精度。相对误差K是中误差m的绝对值与相应观测值D的比值，常用分子为1的分式表示，即

$$K=\frac{|m|}{D}=\frac{1}{\frac{D}{|m|}} \tag{1-23}$$

相对误差不能用于角度测量，因为角度测量误差与角度大小无关。

三、误差传播定律

在测量工作中，有一些未知量是不能直接测定的，须借助其他的观测量并按一定的函数关系间接计算求得。函数关系的表现形式可分为线性函数和非线性函数两种。由于直接观测值含有误差，因而它的函数必然存在误差。建立观测值中误差与函数中误差之间关系的定律，称为误差传播定律。

1. 线性函数

(1)倍数函数。设有倍数函数：

$$Z=kx \tag{1-24}$$

式中　k——常数，无误差；

x——观测值。

当观测值x含有真误差Δx时，函数Z也将产生相应的真误差ΔZ，设x值观测了n次，则

$$\Delta Z=k\Delta x_n \tag{1-25}$$

将式(1-25)两端平方，求其总和，并除以n，得

$$\frac{[\Delta Z\Delta Z]}{n}=k^2\frac{[\Delta x\Delta x]}{n} \tag{1-26}$$

根据中误差的定义，有

$$m_Z^2=k^2m_x^2$$

或

$$m_Z=km_x \tag{1-27}$$

(2)和差函数。设有和差函数：

$$Z=x\pm y \tag{1-28}$$

式中　x，y——独立观测值；

Z——x和y的函数。

当独立观测值x、y含有真误差Δx、Δy时，函数Z也将产生相应的真误差ΔZ，如果对x、y观测了n次，则

$$\Delta Z=\Delta x_n+\Delta y_n \tag{1-29}$$

将式(1-29)两端平方，求其总和，并除以n，得

$$\frac{[\Delta Z\Delta Z]}{n}=\frac{[\Delta x\Delta x]}{n}+\frac{[\Delta y\Delta y]}{n}+\frac{2[\Delta x\Delta y]}{n} \tag{1-30}$$

根据偶然误差的抵消性和中误差定义，得

$$m_Z^2=m_x^2+m_y^2$$

或

$$m_Z=\pm\sqrt{m_x^2+m_y^2} \tag{1-31}$$

(3)一般线性函数。设有线性函数：

$$Z=k_1x_1+k_2x_2+\cdots+k_nx_n \tag{1-32}$$

式中 x_1，x_2，…，x_n——独立观测值；

k_1，k_2，…，k_n——常数，根据式(1-27)和式(1-31)可得

$$m_Z^2=(k_1m_1)^2+(k_2m_2)^2+\cdots+(k_nm_n)^2 \tag{1-33}$$

式中 m_1，m_2，…，m_n 分别是 x_1，x_2，…，x_n 观测值的中误差。

由式(1-19)和式(1-21)可知，算术平均值的中误差为

$$m_l=\pm\sqrt{\frac{1}{n^2}m_1^2+\frac{1}{n^2}m_2^2+\cdots+\frac{1}{n^2}m_n^2}=\pm\sqrt{\frac{m^2}{n}}=\pm\frac{m}{\sqrt{n}}=\pm\sqrt{\frac{[vv]}{n(n-1)}} \tag{1-34}$$

2. 非线性函数

设有非线性函数：

$$Z=f(x_1, x_2, \cdots, x_n) \tag{1-35}$$

式中，x_1，x_2，…，x_n 为独立观测值，其中误差为 m_1，m_2，…，m_n。

当观测值 x_i 含有真误差 Δx_i 时，函数 Z 也必然产生真误差 ΔZ，但这些真误差都是很小的值，故对式(1-35)全微分，并以真误差代替微分，即

$$\Delta Z=\frac{\partial f}{\partial x_1}\Delta x_1+\frac{\partial f}{\partial x_2}\Delta x_2+\cdots+\frac{\partial f}{\partial x_n}\Delta x_n \tag{1-36}$$

式中，$\frac{\partial f}{\partial x_1}$，$\frac{\partial f}{\partial x_2}$，…，$\frac{\partial f}{\partial x_n}$是函数 Z 对 x_1，x_2，…，x_n 的偏导数。

当函数值确定后，则偏导数值恒为常数，故式(1-36)可以认为是线性函数，于是有

$$m_x=\pm\sqrt{\left(\frac{\partial f}{\partial x_1}\right)m_{x_1}^2+\left(\frac{\partial f}{\partial x_2}\right)m_{x_2}^2+\cdots+\left(\frac{\partial f}{\partial x_n}\right)m_{x_n}^2} \tag{1-37}$$

本章小结

本章主要讲述了建筑工程测量的任务、地面点位的确定、测量工作的基本要求和原则、测量误差及测量精度指标等内容。

1. 建筑工程测量的主要任务是大比例尺地形图的测绘、施工放样和竣工测量、建(构)筑物的变形观测。

2. 在测量工作中，可用地理坐标和平面直角坐标表示地面点位置的坐标。为了使用方便，常采用平面直角坐标来表示地面点位。地面点到大地水准面的铅垂距离称为该点的绝对高程。由任意水准面起算的地面点高程，即地面点到任意水准面的铅垂距离，称为相对高程。地面两点之间的绝对高程或相对高程之差称为高差。

3. 测量工作必须遵循“从整体到局部，先控制后碎部”和“边工作边检核”的原则。

4. 常用的衡量测量精度的指标有中误差、极限误差和相对误差。

复习思考题

一、填空题

1. 根据研究对象、应用范围和测量手段等的不同，测量学通常可分为__________、__________、__________、__________、__________、__________几个分支学科。
2. 测量学的基本任务包括__________和__________两个方面。
3. 在测量工作中，可用__________和__________表示地面点位置的坐标。
4. 在高斯平面直角坐标系中，中央子午线的投影为__________坐标轴。
5. 平面直角坐标系中，象限按__________方向编号，X轴与Y轴互换。
6. 我国以__________平均海水面作为起算高程的基准面。
7. __________、__________、__________是测量工作的基本内容。
8. 误差产生的原因主要有__________、__________、__________三个方面。
9. 衡量测量精度的指标有__________、__________和__________。

二、选择题(有一个或多个答案)

1. 我国现在采用的水准原点设在(　　)。

   A. 北京　　B. 上海　　C. 青岛　　D. 西安

2. 在高斯平面直角坐标系中，纵轴为(　　)。

   A. X轴，向东为正　　B. Y轴，向东为正
   C. X轴，向北为正　　D. Y轴，向北为正

3. 某点所在的6°带的高斯坐标值为x_m=366 712.48 m，y_m=21 331 229.75 m，则该点位于(　　)。

   A. 21带、在中央子午线以东　　B. 36带、在中央子午线以东
   C. 21带、在中央子午线以西　　D. 36带、在中央子午线以西

4. 当测区附近尚无国家水准点，而引测绝对高程有困难时，可采用假定高程系统，即假定一个水准面作为高程基准面，这种由任意水准面起算的地面点高程即地面点至任意水准面的铅垂距离，称为(　　)。

   A. 绝对高程　　B. 相对高程　　C. 高差　　D. 标高

5. 对地面点A，任取一个水准面，则A点至该水准面的垂直距离为(　　)。

   A. 绝对高程　　B. 海拔　　C. 高差　　D. 相对高程

6. 地理坐标分为(　　)。

   A. 天文坐标和大地坐标　　B. 天文坐标和参考坐标
   C. 参考坐标和大地坐标　　D. 三维坐标和二维坐标

7. 在相同观测条件下，对某量进行一系列的观测，如果误差的大小及符号表现出一致性倾向，即按一定的规律变化或保持为常数，这种误差称为(　　)。

   A. 系统误差　　B. 偶然误差　　C. 粗差　　D. 其他误差

8. 下列属于偶然误差特征的是(　　)。

   A. 在一定观测条件下的有限次观测中，偶然误差的绝对值不会超过一定的限值

B. 绝对值较小的误差出现的频率较大，绝对值较大的误差出现的频率较小

C. 绝对值相等的正、负误差出现的频率大致相等

D. 随着观测次数无限增加，偶然误差的平均值趋近于零

9. 绝对值大于 2 倍中误差的偶然误差，出现的或然率不大于(　　)。

A. 3%　　B. 4%　　C. 5%　　D. 6%

三、简答题

1. 建筑工程测量的任务是什么？

2. 用水平面代替水准面，对水平距离和高程分别有何影响？

3. 什么是绝对高程？什么是相对高程？什么是高差？

4. 测量工作的基本原则是什么？

5. 误差的产生原因有哪些？

6. 系统误差和偶然误差有什么不同？在测量工作中对这两种误差应如何处理？

7. 什么是测量精度？衡量测量精度的指标有哪些？

四、计算题

1. 某点的国家统一坐标为：纵坐标 x=763 456.780 m，横坐标 y=20 447 695.260 m，试问该点在该带高斯平面直角坐标系中的真正纵、横坐标 x、y 为多少？

2. 对某直线丈量了 6 次，观测结果为 246.535 m、246.548 m、246.520 m、246.529 m、246.550 m、246.537 m，试计算其算术平均值、算术平均值的中误差及相对误差。

3. 在一个直角三角形中，独立丈量了两条直角边 a、b，其中误差均为 m，试推导由 a、b 边计算所得斜边 c 的中误差 m_c 的公式。

第二章　水准测量

学习目标

通过本章的学习，了解水准测量的原理、仪器和工具；熟悉水准仪的构造及各部件的名称和作用，水准仪的检验与校正方法；掌握水准仪的基本操作方法，水准线路测量的外业、内业工作方法。

能力目标

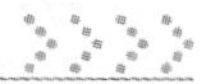

具备灵活应用水准测量的能力，能够熟练操作水准仪，并能正确进行检验校正，能够运用水准测量方法进行地面点高程的测量与测设。

第一节　水准测量的原理

测量地面上各点高程的工作称为高程测量。根据所使用的仪器和施测方法以及精度要求的不同，高程测量可分为水准测量、三角高程测量、气压高程测量和 GPS 测量等。水准测量是高程测量中最基本的精密度较高的一种测量方法，被广泛应用于国家高程控制测量、工程勘测和施工测量工作中。

水准测量是利用水准仪提供的水平视线，根据水准仪在两点竖立的水准尺上的读数，先求得两点之间的高差，然后根据已知点的高程，推算出未知点的高程。

如图 2-1 所示，已知 A 点高程 H_A、测定 B 点的高程 H_B。施测时，在 A、B 两点之间约等距离处安置水准仪，并在 A、B 两点分别垂直竖立水准尺(也称水准标尺)，先照准 A 点水准尺，根据水准仪提供的水平视线在 A 点水准尺上的读数 a，再照准 B 点的水准尺，保持同一水平视线，读出读数 b。

如图 2-1 中箭头所示，测量的前进方向由已知高程的 A 点向待测高程的 B 点。A 点称为后视点，所立水准尺为后视尺，尺上读数 a 称为后视读数；B 点称为前视点，所立水准尺为前视尺，尺上读数 b 为前视读数。

地面上已知 A 点与待测 B 点两点之间高差始终等于后视读数 a 减去前视读数 b，即

$$h_{AB}=\text{后视读数}-\text{前视读数}=a-b \tag{2-1}$$

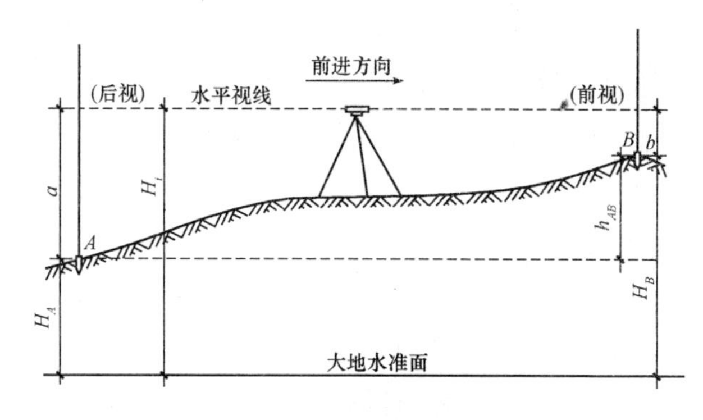

图 2-1　水准测量原理

水准测量原理

式(2-1)表示 B 点对 A 点的高差。若 $a>b$，高差 h_{AB} 为正，说明待测点 B 比已知点 A 高；若 $a<b$，高差 h_{AB} 为负，说明 B 点比 A 点低；若 $a=b$，则高差 h_{AB} 为零，说明 B 点与 A 点高相等。

B 点的高程 H_B 可由下式求得：

$$H_B=H_A+h_{AB}=H_A+(a-b) \tag{2-2}$$

B 点高程也可用水准仪的视线高程 H_i 计算，即

$$\left.\begin{aligned}H_i&=H_A+a\\H_B&=H_i-b\end{aligned}\right\} \tag{2-3}$$

在水准测量工作中，如果已知点到待定点之间的距离很远或高差很大，仅用一个测站不可能测得其高差时，则应在两点之间设置若干个测站。如图 2-2 所示，这种连续多次设站测定高差，最后取各站高差代数和求得 A、B 两点之间高差的方法，叫作复合水准测量。

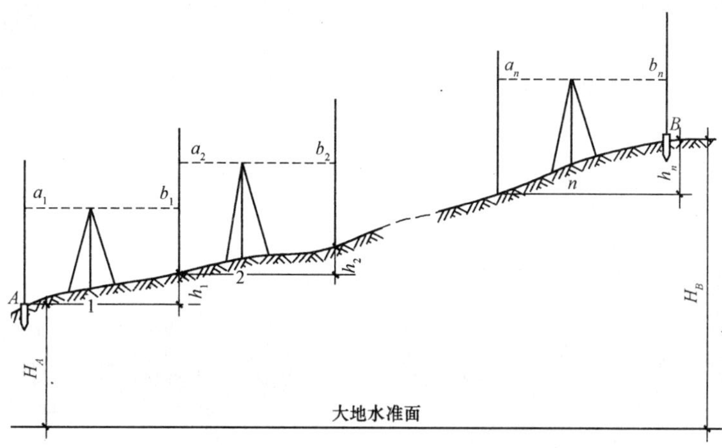

图 2-2　复合水准测量

图 2-2 中，A、B 两点之间各测站的高差为 h_1、h_2、…、h_n。根据式(2-1)可以计算出：

$$h_1=a_1-b_1$$

$$h_2=a_2-b_2$$

$$\vdots$$

$$h_n=a_n-b_n$$

则 A、B 两点的高差为

$$\begin{aligned} h_{AB} &= h_1 + h_2 + \cdots + h_n \\ &= (a_1 - b_1) + (a_2 - b_2) + \cdots + (a_n - b_n) \\ &= (a_1 + a_2 + \cdots + a_n) - (b_1 + b_2 + \cdots + b_n) \\ &= \sum a - \sum b \end{aligned}$$

B 点的高程为

$$H_B = H_A + h_{AB} = H_A + (\sum a - \sum b) \tag{2-4}$$

式(2-4)可以作为测量过程中的计算校核之用，检查计算结果是否正确。

第二节　水准测量的仪器和工具

水准测量所使用的仪器为水准仪，所使用的工具为水准尺和尺垫。

一、水准仪构造

水准仪是提供一水平视线，经测读水准标尺后测定地面点高差的仪器。水准仪按其精度分为 DS_{05}、DS_1、DS_3、DS_{10}、DS_{20} 五个等级。“D”“S”分别为“大地测量仪器”“水准仪”汉语拼音的第一个字母，数字表示用这种仪器进行水准测量时，每千米往返观测的高差中误差，以“mm”为单位。DS_1 型以上精度的水准仪主要用于国家一、二等水准网测量，高要求工程测量等；DS_3 型水准仪广泛应用于国家三、四等水准测量，图根控制测量和一般工程水准测量。建筑工程测量中通常使用 DS_3 型微倾式水准仪。

微倾式水准仪外观

水准仪主要由望远镜、水准器及基座三部分组成。图 2-3 所示我国生产的 DS_3 型微倾式水准仪。

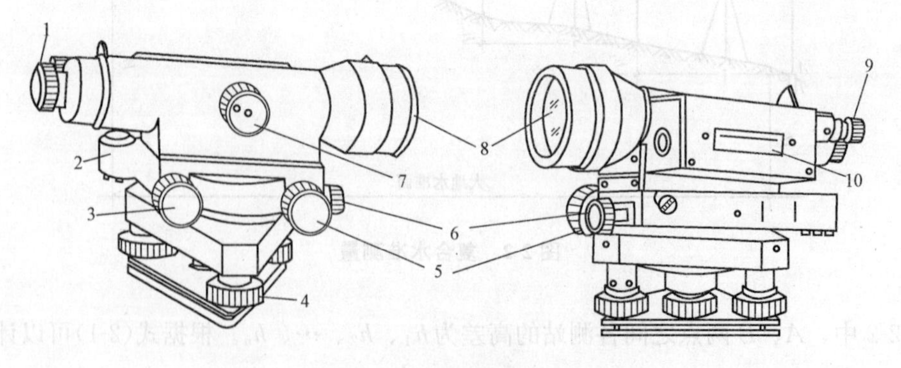

图 2-3　DS_3 型微倾式水准仪

1—目镜对光螺旋；2—圆水准器；3—微倾螺旋；4—脚螺旋；5—微动螺旋；6—制动螺旋；7—对光螺旋；8—物镜；9—水准管气泡观察窗；10—管水准器

1. 望远镜

望远镜是用来瞄准目标、提供水平视线，并在水准尺上进行读数的装置。其主要由物镜、调焦透镜、物镜调焦螺旋、十字丝分划板、目镜等组成，如图 2-4 所示。

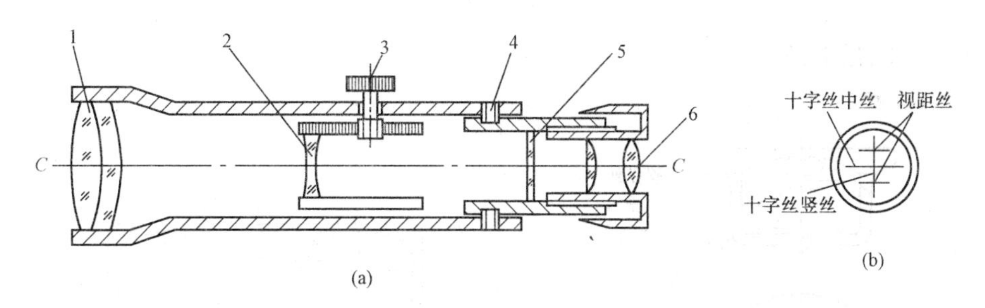

图 2-4 望远镜的光学系统

(a)系统组成；(b)十字丝分划板的构造

1—物镜；2—调焦透镜；3—物镜调焦螺旋；

4—固定螺钉；5—十字丝分划板；6—目镜

(1)物镜。物镜的作用是和调焦透镜一起将远处的目标成像在十字丝分划板上，形成缩小的实像。转动物镜调焦螺旋，调节由凸透镜组成的调焦透镜，不同距离的水准尺像都清晰地位于十字丝分划板上的过程，称为物镜对光。

(2)目镜。目镜的作用是将物镜所成的实像和十字丝一起放大成虚像。转动目镜对光螺旋，使成像清晰的过程，称为目镜对光。

(3)十字丝分划板。十字丝分划板是一块刻有分划线的玻璃薄片，如图 2-4(b)所示。分划板上互相垂直的两条长丝称为十字丝。纵丝也称为竖丝，横丝也称为中丝，竖丝和横丝是用来照准目标和读数的。在横丝的上、下还有两条对称的短丝，称为视距丝，可用来测定距离。十字丝的交点和物镜光心的连线称为望远镜的视准轴。视准轴的延长线就是望远镜的观测视线。

2. 水准器

水准器是整平仪器的装置。其是测量人员判断水准仪安置是否正确的重要装置。水准器有圆水准器和管水准器(水准管)两种。

(1)圆水准器。圆水准器安装在仪器的基座上，用来对水准仪进行粗略整平。如图 2-5 所示，圆水准器是密封的玻璃圆盒，内装酒精等液体而形成气泡。圆水准器顶面的内表面是球面，其中央有一个圆圈，圆圈的圆心称为圆水准器的零点，连接零点与球心的直线称为圆水准器轴，当圆水准器气泡中心与零点重合时，表示气泡居中，此时圆水准器处于铅垂位置。若气泡不居中，圆水准器轴线倾斜，即表示水准仪竖轴不竖直。当气泡中心偏移零点 2 mm 时，其圆弧所对应的圆心角称为圆水准器的分划值。其值一般为($8'$～$10'$)/2 mm，精度较低。

(2)管水准器。如图 2-6 所示，管水准器的玻璃管内壁为圆弧，圆弧的中心点 O 称为水准管的零点。通过零点与圆弧相切的切线 LL_1 称为水准管轴。当水准管的气泡居中时，说明水准管轴处于水平位置。

在水准管的玻璃外表面刻有分划线，分别位于零点的左右两侧，并以零点为中心对称，如图 2-6(b)所示。相邻两条分划线间圆弧长度为 2 mm。2 mm 圆弧所对的圆心角值称为水准管分划值 τ，即

$$\tau=\frac{2}{R}\rho'' \tag{2-5}$$

式中　R——圆弧半径。

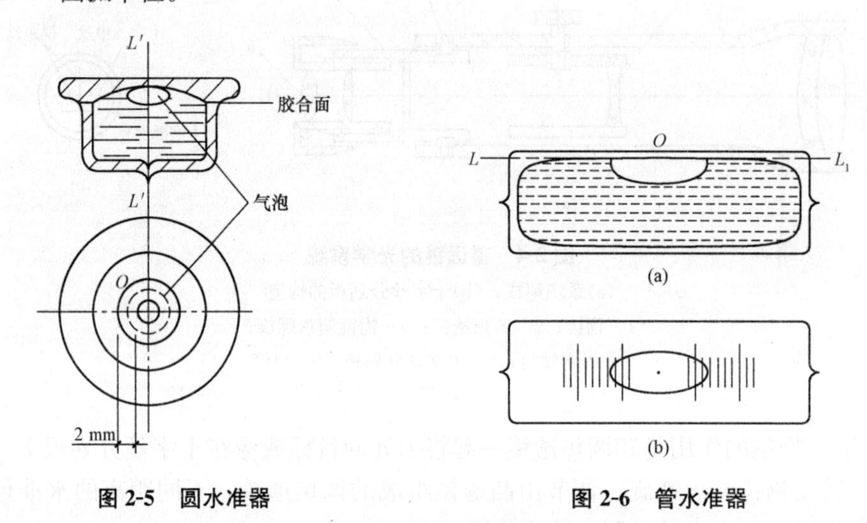

图 2-5　圆水准器　　　图 2-6　管水准器

τ 值的大小与水准管圆弧半径 R 成反比，半径越大，τ 值越小，灵敏度越高。水准仪上水准管圆弧的半径一般为 7～20 m，所对应的 τ 值为 20″～60″。水准管的 τ 值较小，因而用于精平视线。

为了提高水准管气泡居中的精度，在水准管上方装有一组符合棱镜，如图 2-7(a)所示。这样，可使水准管气泡两端的半个气泡的影像通过棱镜的几次折射，最后在目镜旁的观察小窗内看到。当两端的半个气泡影像错开时，如图 2-7(c)所示，表示气泡没有居中，需转动微倾螺旋，使两端的半个气泡影像相符，此时气泡居中，如图 2-7(b)所示。这种具有棱镜装置的管水准器称为符合水准器，它能提高气泡居中的精度。

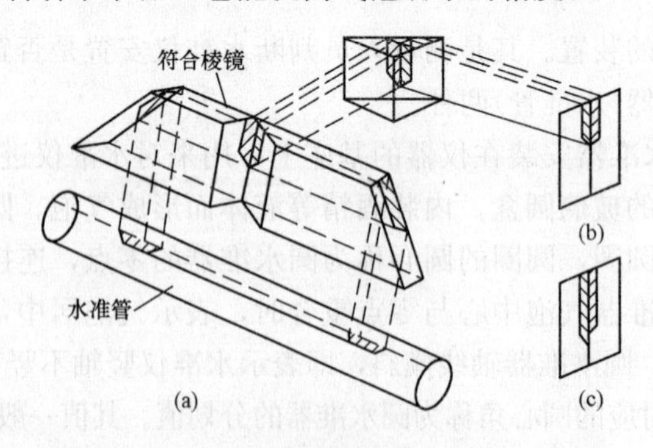

图 2-7　管水准器与符合棱镜

(a)水准管及符合棱镜；(b)两端影像符合；(c)两端影像错开

3. 基座

基座主要由轴座、脚螺旋和底板构成。其作用是支撑仪器上部并与三脚架相连，仪器

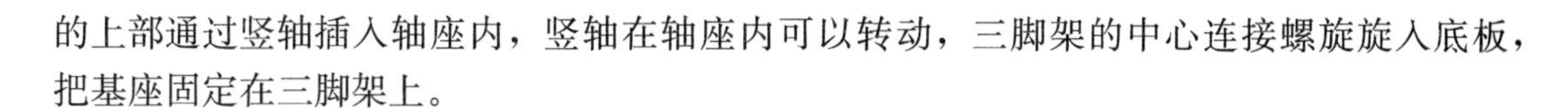

的上部通过竖轴插入轴座内，竖轴在轴座内可以转动，三脚架的中心连接螺旋旋入底板，把基座固定在三脚架上。

二、水准尺和尺垫

1. 水准尺

水准尺是水准测量时使用的标尺，是水准测量的重要工具之一。水准尺用优质的木材或铝合金制成，常用的水准尺有直尺和塔尺等，如图 2-8 所示。

直尺的尺长一般为 3 m，尺面每隔 1 cm 涂以黑白或红白相间的分格，每分米处皆注有数字。尺子底面钉有铁片，以防磨损。涂黑白相间分格的一面称为黑面，另一面为红白相间，称为红面。在水准测量中，水准尺必须成对使用。每对直尺的黑面底部的起始数均为零，而红面底部的起始数分别为 4 687 mm 和 4 787 mm。为使水准尺更精确地处于竖直位置，多数水准尺的侧面装有圆水准器。精度要求较高的水准测量规定要用直尺，故其常用于三等、四等水准测量。

塔尺有 2 m 和 5 m 两种，由两节或三节套接而成。尺的底部为零点，尺上黑白(或红白)格相间，每格宽度为 1 cm 或 0.5 cm，每处注有数字，数字有正字和倒字两种，分米上的红色或黑色圆点表示米数。塔尺多用于地形测量、工程测量，可以缩短长度，便于携带，但接头处容易损坏，影响尺子的精度，故而常用于五等水准测量中。

2. 尺垫

尺垫一般由生铁铸成，下部有三个尖足点，可以踩入土中固定尺垫；中部有凸出的半球体，作为临时转点的点位标志供竖立水准尺用，如图 2-9 所示。在水准测量中，尺垫踩实后再将水准尺放在尺垫顶面的半球体上，可防止水准尺下沉。

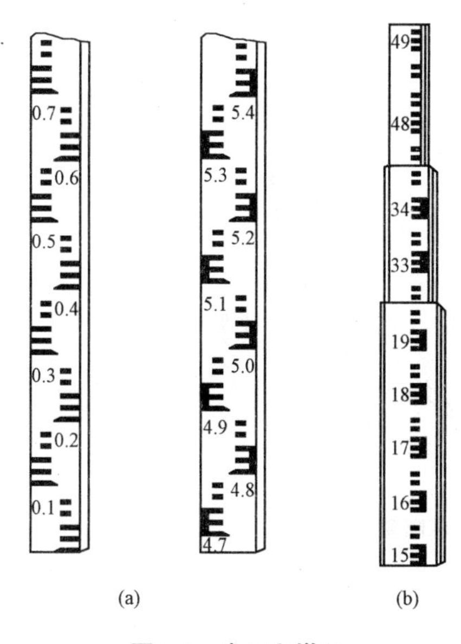

图 2-8 直尺和塔尺

(a)直尺；(b)塔尺

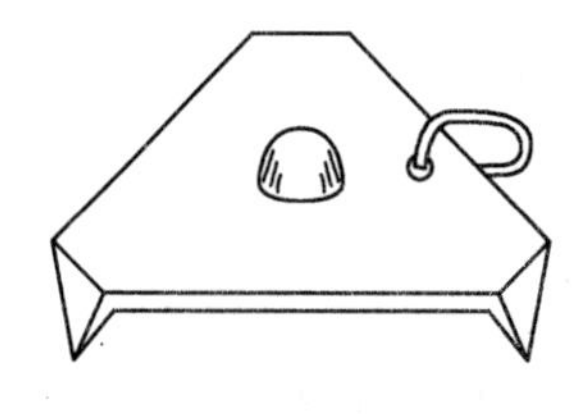

图 2-9 尺垫

第三节　水准仪的使用

DS$_3$ 型微倾式水准仪的操作程序分为安置仪器、粗略整平、瞄准水准尺、精确整平、读数五个步骤。

水准仪认识与使用

一、安置仪器

安置仪器是将仪器正确安装在可伸缩的三脚架上并置于两观测点之间。首先选好测站位置(尽量使前、后视距离相等)，松开三脚架伸缩螺旋，合拢三脚架并调整高度约与操作者的肩齐平，再旋紧伸缩螺旋。然后打开三脚架，撑稳，目测架头大致水平，踩实三脚架的三个脚尖。从仪器箱中取出仪器安置在架头上，旋紧连接螺旋。

二、粗略整平

转动脚螺旋使圆水准器气泡居中，称为粗平。如图 2-10(a)所示，当气泡未居中并位于 a 处时，可按图中所示方向用两手同时相对转动脚螺旋①和②，使气泡从 a 处移至 b 处；然后用一只手转动另一脚螺旋③，使气泡居中，如图 2-10(b)所示。重复以上操作，直至转动望远镜在任何方向时气泡都居中为止。在整平的过程中，气泡的移动方向与左手大拇指运动的方向一致。

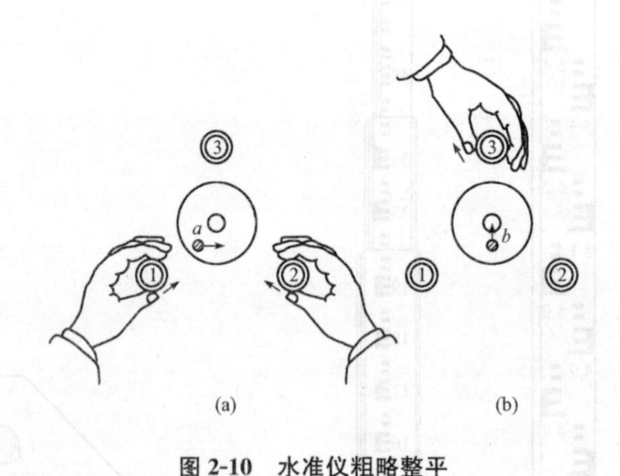

图 2-10　水准仪粗略整平

三、瞄准水准尺

调节望远镜有关部件，达到准确瞄准目标(水准尺)的目的。

(1)目镜调焦。把望远镜对着明亮的背景，转动目镜对光螺旋，使十字丝清晰。

(2)粗瞄目标。松开水平制动螺旋，并以制动螺旋为把手，转动望远镜，使照门和准星

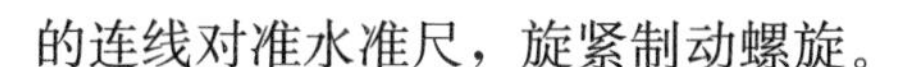

的连线对准水准尺，旋紧制动螺旋。

(3)物镜调焦。从望远镜中观察，转动物镜调焦螺旋，使水准尺成像清晰。

(4)精确瞄准。转动水平微动螺旋，使十字丝竖丝照准水准尺中央或边缘，如图 2-11 所示。

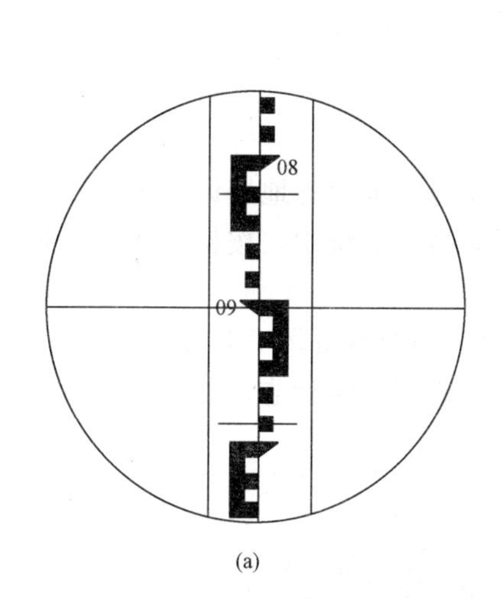

(a)

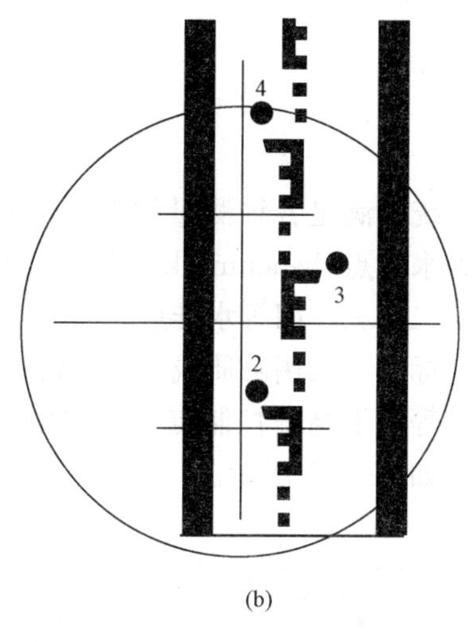

(b)

图 2-11　瞄准水准尺

微倾式水准仪照准

(5)消除视差。眼睛在目镜端上、下微微移动，若发现十字丝横丝在水准尺上的读数也随之变化，则这种现象称为视差。这是因为物像与十字丝分划板平面没有重合，如图 2-12(a)所示。视差会产生明显的读数误差，所以必须消除。消除视差的方法是仔细转动目镜对光螺旋与物镜调焦螺旋，直至尺像与十字丝网平面重合，如图 2-12(b)所示。

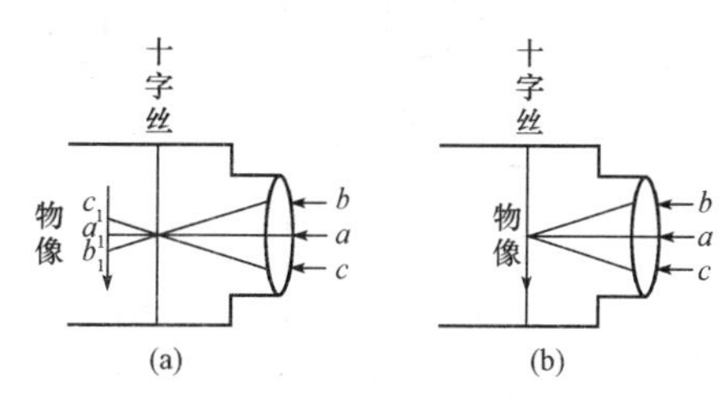

图 2-12　十字丝视差现象

(a)存在视差；(b)消除视差

四、精确整平

精平是调节微倾螺旋，达到水准管气泡居中、视线精确水平的目的。慢慢转动微倾螺旋，使观察窗中符合水准气泡的影像符合。左侧影像移动的方向与右手大拇指转动方向相同。由于气泡影像移动有惯性，在转动微倾螺旋时要慢、稳、轻。

微倾式水准仪精平

五、读数

读数时观察十字丝上的物像，达到用十字丝横丝截读水准尺上读数的目的。

精确整平后，可以读取标尺读数。读数是读取十字丝中丝(横丝)截取的标尺数值。读数时，从上向下(倒像望远镜)，由小到大，先估读 mm，依次读出 m、dm、cm，读四位数，空位填零。图 2-11(a)、(b)中的读数分别为 0.907 m 和 1.263 m。为了方便，可不读小数点。

读完数后仍要检查管水准气泡是否符合，若不符合，应重新调平，重新读数。只有这样，才能取得准确的读数。

第四节　水准测量的方法

一、水准点

为统一全国的高程系统和满足各种测量的需要，测绘部门在全国各地埋设并测定了很多高程标志，这些点称为水准点(benchmark，BM)。在国家高程系统中，按精度要求将测定的水准点分别称为一、二、三、四等水准点。

二、三、四等水准点标志可采用磁质或金属等材料制作，其规格如图 2-13 和图 2-14 所示。三、四等水准点及四等以下高程控制点也可利用平面控制点点位标志。墙角水准点标志制作和埋设规格结构图如图 2-15 所示。

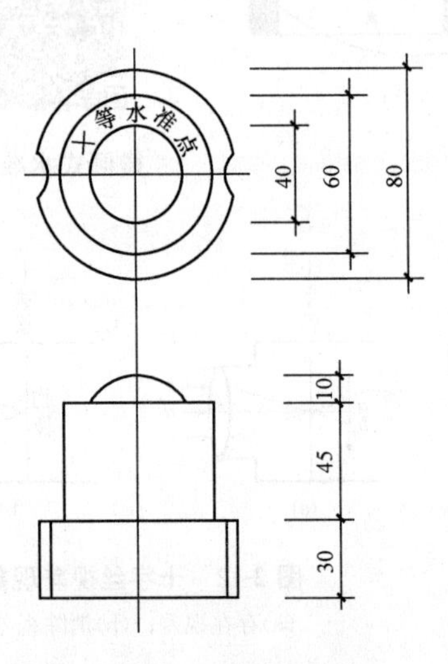

图 2-13　磁质标志图

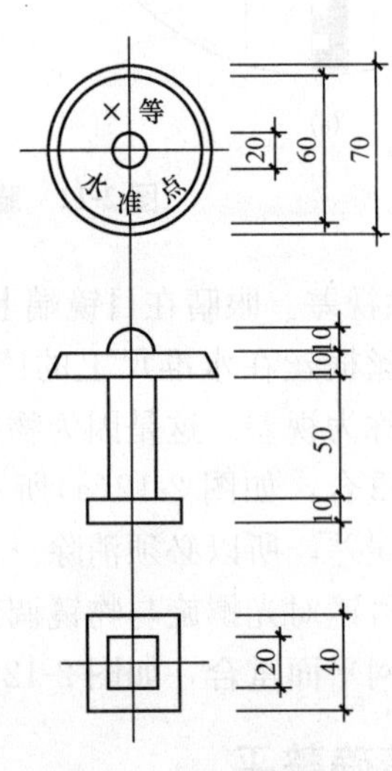

图 2-14　金属标志图

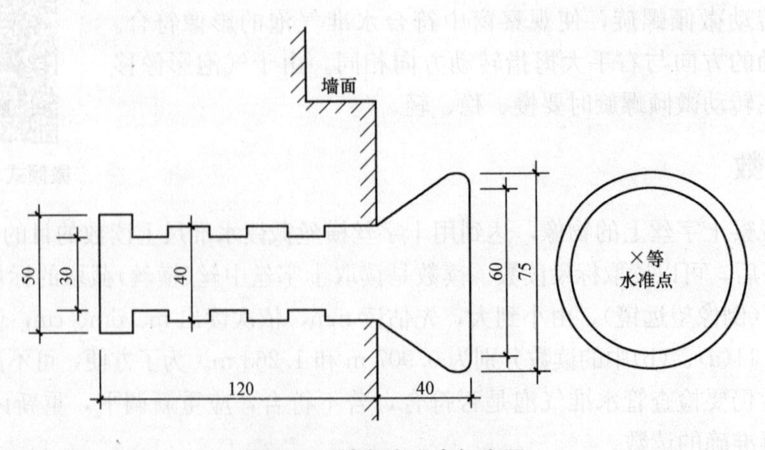

图 2-15　墙角水准点标志图

1. 水准点标石埋设

二、三等水准点标石规格及埋设结构图如图 2-16 所示。四等水准点标石规格及埋设结构图如图 2-17 所示。冻土地区的水准点标石规格和埋设深度，可自行设计。线路测量专用高程控制点结构可按图 2-17 所示制作，也可自行设计。

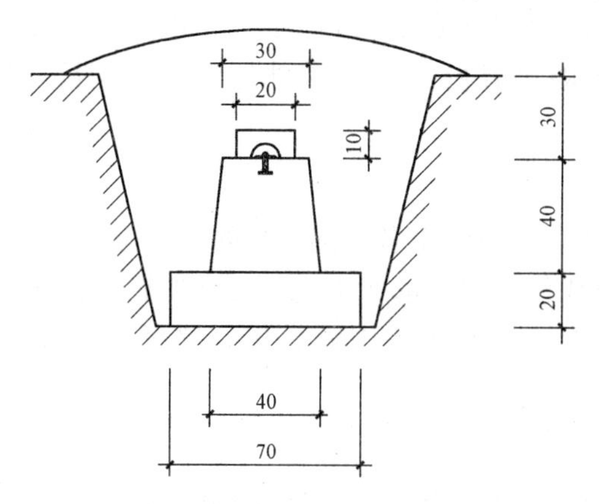

图 2-16 二、三等水准点标石规格及埋设结构图

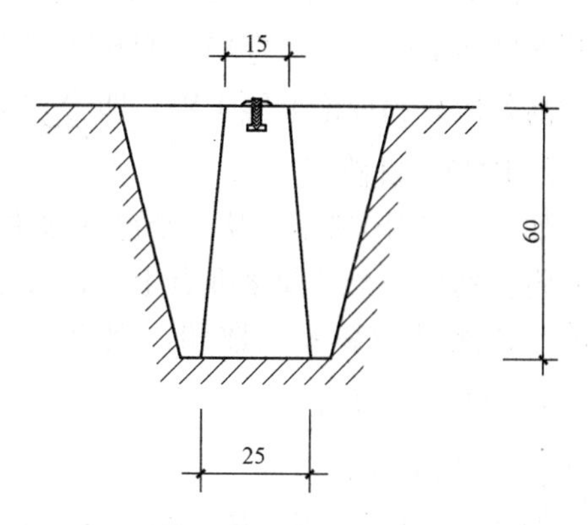

图 2-17 四等水准点标石规格及埋设结构图

2. 深埋水准点结构图

测温钢管标深埋水准点规格及埋设结构如图 2-18 所示。双金属标深埋水准点规格及埋设结构如图 2-19 所示。

为了便于保护和使用，水准点埋设之后，应给出水准点附近的草图，注明水准点编号，如 1 号水准点可记为 BM_1。

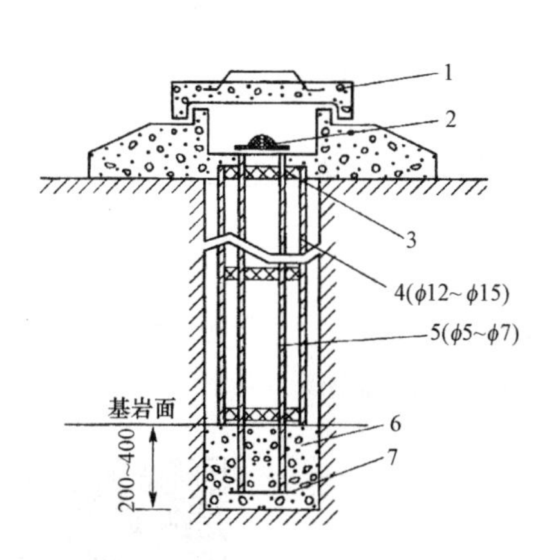

图 2-18 测温钢管标剖面图

1—标盖；2—标心(有测温孔)；3—橡胶环；
4—钻孔保护钢管；5—心管(钢管)；
6—混凝土(或 M20 水泥砂浆)；7—心管封底钢板与根络

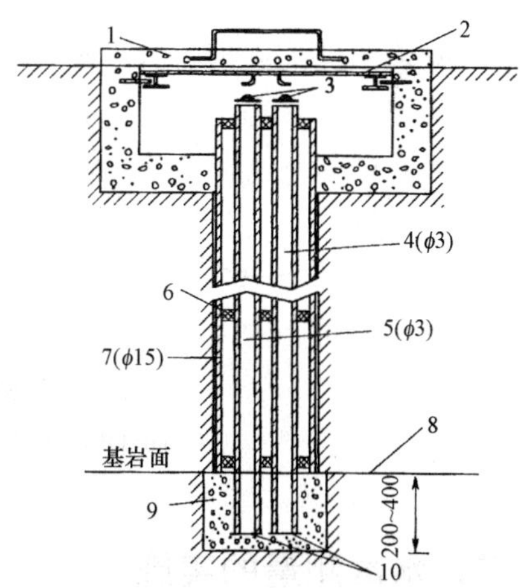

图 2-19 双金属标剖面图

1—钢筋混凝土标盖；2—钢板标盖；
3—标心；4—钢心管；5—铝心管；
6—橡胶环；7—钻孔保护钢管；8—新鲜基岩面；
9—M20 水泥砂浆；10—心管封底板与根络

二、水准路线

在水准测量中，为了避免观测、记录和计算中发生误差，并保证测量成果能达到一定的精度要求，必须布设某种形式的水准路线，利用一定条件来检核所测成果的正确性。水准路线是指在水准点之间进行水准测量所经过的路线。在一般的工程测量中，水准路线有闭合水准路线、附合水准路线和支水准路线三种形式。

1. 闭合水准路线

如图 2-20(a)所示，从已知水准点出发，沿高程待定点 1，2，…进行水准测量，最后再回到原已知水准点，这种形式的路线称为闭合水准路线。其校核条件是闭合水准路线各测段的高差代数和理论上等于零，即 $\sum h_{理}=0$。

2. 附合水准路线

如图 2-20(b)所示，从一个已知水准点出发，沿路线上各待测高程的点进行水准测量，最后附合到另一个已知水准点上，这种水准路线称为附合水准路线。其校核条件是附合水准路线各测段的高差代数和，理论上等于两个已知水准点 BM_1、BM_2 之间的高差，即 $\sum h_{理}=H_{BM_2}-H_{BM_1}$。

3. 支水准路线

如图 2-20(c)所示，从已知水准点出发，沿待定水准点 1，2…进行水准测量，其路线既不闭合，也不附合，而是形成一条支线，称为支水准路线。支水准路线应进行往返测量，以便通过往返测高差检核观测的准确性。其校核条件是支水准路线往返测高差代数和理论上等于零，即 $\sum h_{往理}+\sum h_{返理}=0$。

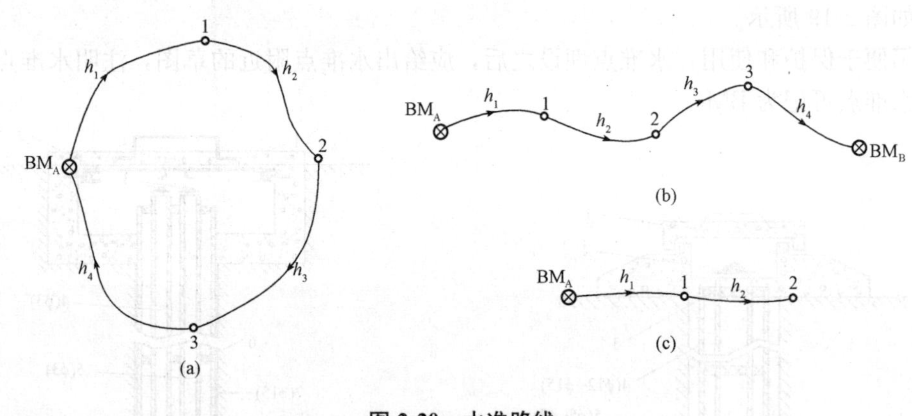

图 2-20 水准路线

(a)闭合水准路线；(b)附合水准路线；(c)支水准路线

三、水准测量的实施

普通水准测量实施

水准点埋设完毕，即可按选定的水准路线进行水准测量。如图 2-21 所示，已知水准点 A 点的高程为 76.668 m，欲测定 B 点的高程。

如果安置一次仪器不能测出两点之间的高差，必须设置多个测站。作业时，先在适当位置选择转点 T_1，在水准点 A 和转点 T_1 上立尺，然后选择测站点安置仪器(水准仪至前、后视点的距离应尽量相等)，施测第一测站。再选择转点 T_2，在转点 T_1 和 T_2 上立尺，用同样的方法施测第二测站，依此类推，直至 B 点。具体步骤如下：

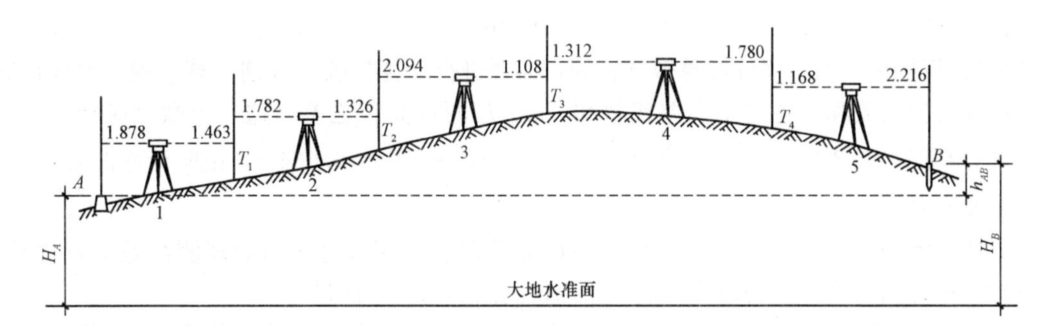

图 2-21　外业观测程序示意图

1. 观测与记录

安置仪器与粗平后，首先调焦与照准后视尺，精平后读取后视读数 $a_1=1.878$ m，记录员回读后计入水准测量手簿相应栏内，见表 2-1。然后松开制动螺旋，转动望远镜，调焦与照准前视尺，精平后读取前视读数 $b_1=1.463$ m，记录员回读后计入手簿。

此为第一测站观测，保持 T_1 点上的水准尺不动，在 T_2 点上立尺，用同样的方法观测、记录，直至测到 B 点。

表 2-1　水准测量手簿

工程名称：××工程　　日期：××年×月×日　　观测者：×××

仪器型号：DS_3 0418　　天气：晴　　记录者：×××

测　站	点　号	后视读数/m	前视读数/m	高差/m	高程/m	备　注
	A	1.878			76.668	
1				0.415		
	T_1	1.782	1.463		77.083	
2				0.456		
	T_2	2.094	1.326		77.539	
3				0.986		
	T_3	1.312	1.108		78.525	
4				−0.468		
	T_4	1.168	1.780		78.057	
5				−1.048		
	B		2.216		77.009	
计算检核		$\sum=8.234$ 8.234−7.893=0.341	$\sum=7.893$	$\sum=0.341$	77.009−76.668=0.341	

2. 计算和检核

(1)计算每一测站的高差为：

$h_1=a_1-b_1=1.878-1.463=+0.415(\text{m})$

$h_2=a_2-b_2=1.782-1.326=+0.456(\text{m})$

…

将计算出来的高差计入手簿相应栏内，见表 2-1。

(2)计算 B 点高差为：

$$h_{AB}=\sum h=(a_1-b_1)+(a_2-b_2)+\cdots+(a_n-b_n)=\sum a-\sum b=0.034\,1(\text{m})$$

B 点高程为

$H_B = H_A + h_{AB} = 76.668 + 0.0341 = 77.009(\mathrm{m})$

(3)计算校核。为了保证计算数据正确，需要进行计算校核。分别计算后视读数代数和减去前视读数代数和、各测站高差代数和、A、B两点高程之差，这三个数字应相等，否则，计算有误。表2-1中 $\sum a - \sum b = \sum h = H_B - H_A = 0.0341$，说明计算正确。

3. 测站检核

外业观测结束后，为了保证观测高差正确无误，必须对每测站的观测高差进行检核，这种检核称为测站检核。测站检核常采用双仪高法和双面尺法进行。

(1)双仪高法。在每个测站上，利用两次不同的仪器高度，分别观测高差，若值不超过限值，则取平均值作为该测站的观测高差。

(2)双面尺法。在每个测站上，不改变仪器高度，分别读黑面读数、红面读数，计算出黑面高差和红面高差。若两高差之差不超过限差，则取平均值作为该测站的观测高差。

第五节　水准测量成果处理

在水准测量外业工作中，无论采用哪种测量方法和测站检核，都不能保证整条水准路线的观测高差计算没有错误。因此，在成果内业计算时，要首先检查水准测量手簿中各项数据是否齐全、正确，然后计算高差闭合差，若高差闭合差符合精度要求，则调整高差闭合差，最后求出各点的高程。在成果计算时要注意“边计算边检核”。

一、水准测量成果处理的步骤

水准测量成果处理的步骤应包括计算高差闭合差；计算高差闭合差的允许值；调整高差闭合差；计算待定点的高程。

1. 计算高差闭合差

一条水准路线实际测出的高差和已知的理论高差之差称为水准路线的高差闭合差，用f_h表示，即

$$f_h = \text{观测值} - \text{理论值}$$

(1)附合水准路线的高差闭合差为

$$f_h = \sum h - (H_{终} - H_{始}) \tag{2-6}$$

(2)闭合水准路线的高差闭合差为

$$f_h = \sum h \tag{2-7}$$

(3)支水准路线的高差闭合差为

$$f_h = \sum h_{往} - \sum h_{返} \tag{2-8}$$

2. 计算高差闭合差的允许值

为了保证测量成果的精度，水准测量路线的高差闭合差不允许超过一定的范围，否则应重测。水准路线高差闭合差的允许范围称为高差闭合差的允许值。普通水准测量时，平

地和山地的允许值按下式计算：

$$平地：f_{h允}=\pm 40\sqrt{L}(\text{mm}) \tag{2-9}$$

$$山地：f_{h允}=\pm 12\sqrt{n}(\text{mm}) \tag{2-10}$$

式中 L——水准路线的总长度(km)；

n——水准路线的总测站数。

3. 调整高差闭合差

当 f_h 的绝对值小于 $f_{h允}$ 时，说明观测成果合格，可以进行高差闭合差的分配、高差改正。对于附合或闭合水准路线，一般按与路线长 L 或测站数 n 成正比的原则，将高差闭合差反号进行分配。也即在闭合差为 f_h、路线总长为 L(或测站总数为 n)的一条水准路线上，设某两点之间的高差观测值为 h_i、路线长为 L_i(或测站数为 n_i)，则其高差改正数 V_i 的计算公式为

$$V_i=-\frac{L_i}{L}f_h(或\ V_i=-\frac{n_i}{n}f_h) \tag{2-11}$$

改正后的高差为

$$h_{i改}=h_{i测}+V_i$$

对于支水准路线，采用往测高差减去返测高差后取平均值，作为改正后往测方向的高差，即

$$h_i=(h_{往}+h_{返})/2 \tag{2-12}$$

4. 计算待定点的高程

对于附合水准路线或闭合水准路线，须根据起点的已知高程加上各段调整后的高差依次推算各所求点的高程，即

$$H_i=H_{i-1}+h_i(i=1,\ 2,\ 3\cdots) \tag{2-13}$$

推算到终点已知的高程点上时，应与该点的已知高程相等。否则，说明计算有误，应找出原因，并重新计算。

对于支水准路线来说，因无法检核，故在计算中要仔细认真，确认计算无误后方能使用计算成果。

二、水准测量成果处理示例

1. 附合水准路线成果处理

【例 2-1】 图 2-22 所示为一附合水准路线示意图。BM_A、BM_B 为已知水准点，高程分别是 $H_A=10.723$ m，$H_B=11.730$ m，各测段的观测高差 h_i 及路线长度 L_i 如图 2-22 所示，计算各待定高程点 1、2、3 的高程。

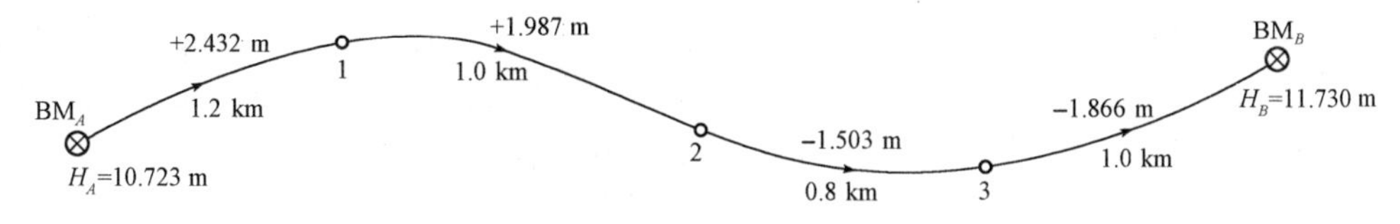

图 2-22　附合水准路线示意图

解：(1)计算附合水准路线的高差闭合差 f_h：

$$f_h = \sum_{i=1}^{4} h_i - (H_B - H_A) = +2.432 + 1.987 - 1.503 - 1.866 - (11.730 - 10.723)$$
$$= +1.050 - 1.007 = 0.043(\text{m}) = +43 \text{ mm}$$

(2)计算高差闭合差的允许值：闭合差允许值为 $f_{h允} = \pm 40\sqrt{L}$ mm。$L = \sum_{i=1}^{4} L_i = 1.2 + 1.0 + 0.8 + 1.0 = 4.0(\text{km})$，$f_{h允} = \pm 40\sqrt{4.0} = \pm 80(\text{mm})$，因为 $f_h < f_{h允}$，说明观测成果的精度符合要求。

(3)调整高差闭合差：根据测量误差理论，调整高差闭合差的方法是：将高差闭合差反号，与各测段的路线长度成正比例地分配到各段高差中。

每千米的高差改正数为：$\dfrac{-f_h}{\sum_{i=1}^{4} L_i} = \dfrac{-(+43)}{4.0} = -10.75(\text{mm})$

各测段的改正数分别为：$V_1 = -10.75 \times 1.2 = -13(\text{mm})$

$V_2 = -10.75 \times 1.0 = -11(\text{mm})$

$V_3 = -10.75 \times 0.8 = -8(\text{mm})$

$V_4 = -10.75 \times 1.0 = -11(\text{mm})$

改正数计算检核：$\sum_{i=1}^{4} V_i = -13 - 11 - 8 - 11 = -43(\text{mm}) = -f_h$

(4)计算改正后的高差及各点高程：

$H_1 = H_A + h'_{A1} = H_A + h_{A1} + V_1 = 10.723 + 2.432 - 0.013 = 13.142(\text{m})$

$H_2 = H_1 + h'_{12} = H_1 + h_{12} + V_2 = 13.142 + 1.987 - 0.011 = 15.118(\text{m})$

$H_3 = H_2 + h'_{23} = H_2 + h_{23} + V_3 = 15.118 - 1.503 - 0.008 = 13.607(\text{m})$

高程计算检核：$H_B = H_3 + h'_{3B} = H_3 + h_{3B} + V_4 = 13.607 - 1.866 - 0.011 = 11.730(\text{m}) = H_B$(已知)

上述计算过程可采用表 2-2 的形式完成。首先把已知高程和观测数据填入表中相应的列，然后从左到右，逐列计算。有关高差闭合差的计算部分填在辅助计算一栏。

表 2-2　水准测量内业计算

点　号	距离 L /km	实测高差 h /m	改正数 V /m	改正后高差 h' /m	高程 H /m
A	1.2	+2.432	−0.013	+2.419	10.723
1	1.0	+1.987	−0.011	+1.976	13.142
2	0.8	−1.503	−0.008	−1.511	15.118
3	1.0	−1.866	−0.011	−1.877	13.607
B					11.730
Σ	4.0	+1.050	−0.043	+1.007	(+1.007)
辅助计算	$f_h = \sum_{i=1}^{4} h_i - (H_B - H_A) = +43(\text{mm})$ $f_{h允} = \pm 40\sqrt{L} = \pm 40\sqrt{4.0} = \pm 80(\text{mm})$ 每平方米的高差改正数：$-\dfrac{f_h}{\sum_{i=1}^{4} L_i} = \dfrac{-43}{4.0} = -10.75(\text{mm})$				

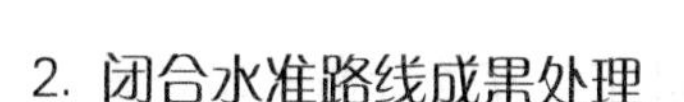

2. 闭合水准路线成果处理

【例 2-2】 如图 2-23 所示为一闭合水准路线示意图。水准点 BM_A 高程为 27.015 m，1、2、3、4 点为待定高程点。现用图根水准测量方法进行观测，各段观测数据及起点高程均注于图上，图中箭头表示测量前进方向，现以该闭合水准路线为例介绍水准成果计算的方法、步骤介绍。

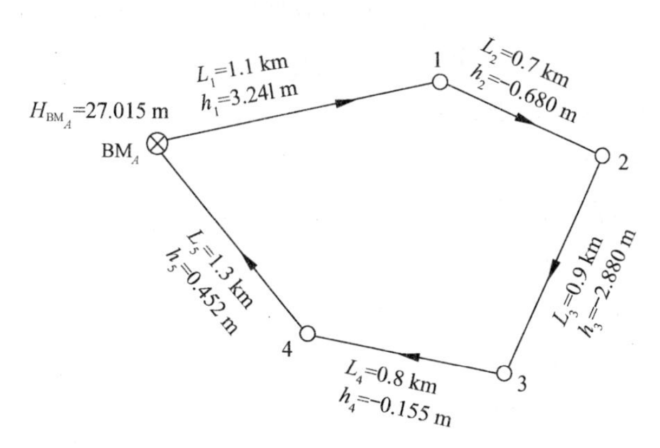

图 2-23 闭合水准路线示意图

解：(1)将观测数据和已知数据填入计算表。按高程推算顺序将各测点、各段距离(或测站数)、实测高差及水准点 A 的已知高程填入表 2-3 相应各栏内。

表 2-3 水准测量成果计算表

测段编号	测点	距离/km	实测高差/m	高差改正数/m	改正后高差/m	高程/m	备注
1	BM_A	1.1	+3.241	0.005	+3.246	27.015	已知
2	1	0.7	−0.680	0.003	−0.677	30.261	
3	2	0.9	−2.880	0.004	−2.876	29.584	
4	3	0.8	−0.155	0.004	−0.151	26.708	
5	4	1.3	+0.452	0.006	+0.458	26.557	
	BM_A					27.015	与已知高程相符
Σ		4.8	−0.022	+0.022	0		
辅助计算	$f_h=\sum h_测=-0.022$ m　$f_{h容}=40\sqrt{L}=40\sqrt{4.8}\approx\pm87$(mm)　$\lvert f_h\rvert<\lvert f_{h容}\rvert$ 精度合格						

(2)计算高差闭合差。如前所述，在理论上，闭合水准路线的各段高差代数和应等于零，即 $\sum h_理=0$，实际上，由于各测站的观测高差存在误差，致使观测高差的代数和不能等于理论值，故存在高差闭合差，即

$$f_h=\sum h_测=-0.022\ \text{m}$$

(3)计算高差闭合差容许值。路线总长为 4.8 km，则

$$f_{h容}=40\sqrt{4.8}\approx\pm87(\text{mm})$$

由于 $|f_h|<|f_{h容}|$，则精度合格。在精度合格的情况下，可进行高差闭合差的调整(即允许施加高差改正数)。

(4)调整高差闭合差。根据误差理论，高差闭合差的调整原则是：将闭合差 f_h，以相反的符号，按与测段长度(或测站数)成正比的原则分配到各段高差中去。其计算公式为

$$V_i=-f_h/\sum L\times L_i$$

或

$$V_i=-f_h/\sum n\times n_i$$

式中 V_i——第 i 段的高差改正数；

f_h——高差闭合差；

$\sum L$——路线总长度；

$\sum n$——路线总测站数；

L_i——第 i 段的长度；

n_i——第 i 段的测站数。

图根水准测量计算中，取值的精确度为 0.001 m。

按上述调整原则，第一段至第五段各段高差改正数分别为：

$V_1=(-0.022)/4.8\times1.1=0.005(\text{m})$

$V_2=(-0.022)/4.8\times0.7=0.003(\text{m})$

$V_3=(-0.022)/4.8\times0.9=0.004(\text{m})$

$V_4=(-0.022)/4.8\times0.8=0.004(\text{m})$

$V_5=(-0.022)/4.8\times1.3=0.006(\text{m})$

将各段改正数记入表 2-3 改正数栏内。计算出各段改正数之后，应进行如下计算检核：改正数的总和应与闭合差绝对值相等，符号相反，即 $\sum V=-f_h$。

(5)计算改正后的高差。各段实测高差加上相应的改正数，即得改正后的高差：

$$h_{i改}=h_{i测}+V_i$$

各段改正后高差分别为：

$h_{1改}=3.241+0.005=3.246(\text{m})$

$h_{2改}=-0.680+0.003=-0.677(\text{m})$

$h_{3改}=-2.880+0.004=-2.876(\text{m})$

$h_{4改}=-0.155+0.004=-0.151(\text{m})$

$h_{5改}=0.452+0.006=0.458(\text{m})$

将上述结果分别记入表 2-3 改正后高差栏内。改正后各段高差的代数和值应等于高差的理论值，即 $\sum h_{改}=\sum h_{理}=0$，以此作为计算检核。

(6)推算各待定点的高程。根据水准点 BM_A 的高程和各段改正后的高差，按顺序逐点计算各待定点的高程，填入表 2-3 中的高程栏内，各待定点高程分别为：

$H_1=27.015+3.246=30.261(\text{m})$

$H_2=30.261+(-0.677)=29.584(\text{m})$

$H_3=29.584+(-2.876)=26.708(\text{m})$

$H_4=26.708+(-0.151)=26.557(\text{m})$

$H_{BM_A}=26.557+0.458=27.015(m)$

此时推算出的 H_A 与该点的已知高程相等，则计算无误，以此作为计算检核。

3. 支水准路线成果处理

【例 2-3】 图 2-24 所示为一支水准路线示意图。支水准路线应进行往、返观测。已知水准点 A 的高程为 68.254 m，按照等外水准技术要求进行观测，往、返测站共 16 站，求 l 点的高程。

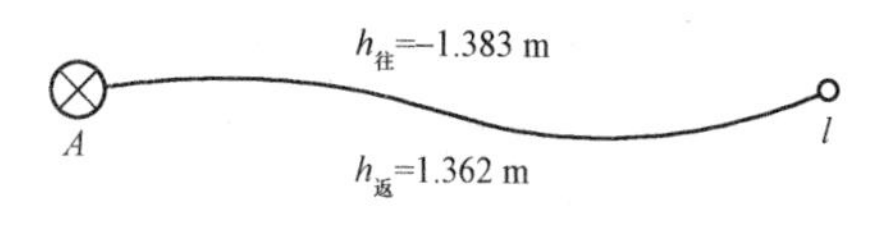

图 2-24 支水准路线示意

计算步骤如下：

(1)计算高差闭合差：

$f_h=|h_{往}|-|h_{返}|=|-1.383|-|1.362|=0.021(m)$

容许闭合差 $f_{h容}=\pm12\sqrt{n}=\pm12\sqrt{16}=\pm0.048(m)$

因为 $|f_h|<|f_{h容}|$，故其精度符合要求，可做下一步计算。

(2)计算改正后高差：支水准路线往、返测高差绝对值的平均值即为改正后高差，其符号以往测为准：

$$h_{Al改}=(h_{往}+h_{返})/2=[-1.383+(-1.362)]/2=-1.372(m)$$

(3)计算 l 点高程：起点高程加改正后高差，即得 l 点高程：

$$H_l=H_A+h_{Al改}=68.254-1.372=66.882(m)$$

第六节 微倾式水准仪的检验与校正

一、水准仪的主要轴线及其应满足的条件

根据水准测量原理，微倾式水准仪有四条主轴线，即望远镜的视准轴 CC、水准管轴 LL、圆水准器轴(水准盒轴)$L'L'$和仪器的竖轴 VV，如图 2-25 所示。水准仪必须提供一条水平视线，才能正确地测出两点之间的高差。为此，水准仪应满足以下条件：

(1)圆水准器轴 $L'L'$ 应平行于仪器的竖轴 VV。

(2)十字丝的中丝(横丝)应垂直于仪器的竖轴。

(3)水准管轴 LL 应平行于视准轴 CC。

上述条件在仪器出厂时一般能够满足，但由于仪器在运输、使用中会受到振动、磨损，轴线之间的几何条件可能会发生变化，因此，在水准测量前，应对所使用的仪器按上述顺序进行检验与校正。

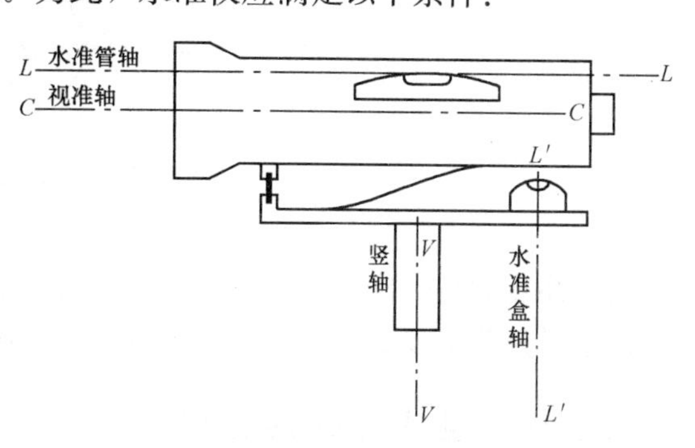

图 2-25 微倾式水准仪的四条主轴线

二、圆水准器的检验与校正

(1)检验目的。检验是为了使圆水准器轴平行于仪器竖轴。

(2)检验原理。假设仪器竖轴与圆水准器轴不平行，那么，当气泡居中时，圆水准器轴竖直，仪器竖轴则偏离竖直位置α角，如图 2-26(a)所示。当仪器绕竖轴旋转 180°时，如图 2-26(b)所示，此时圆水准器轴从竖轴右侧移至左侧，与铅垂线夹角为 2α。圆水准器气泡偏离中心位置，气泡偏离的弧长所对的圆心角等于 2α。

(3)检验方法。旋转脚螺旋，使圆水准器气泡居中。将望远镜在水平方向绕竖轴旋转 180°，若气泡仍居中，则表示圆水准器轴已平行于竖轴，若气泡偏离中央，则需进行校正。

(4)校正方法。保持望远镜位置不动，转动脚螺旋使气泡回到偏离零点距离的一半，如图 2-26(c)所示。此时竖轴处于竖直位置，圆水准器仍偏离铅垂线方向一个α角。如图 2-27 所示，用校正针松开圆水准器底下的固定螺钉，拨动 3 个校正螺钉，使气泡居中，此时圆水准器也处于铅垂线方向，如图 2-26(d)所示。此项校正需反复进行，直到仪器旋转至任何位置时圆水准器气泡都居中为止，然后将固定螺钉拧紧。

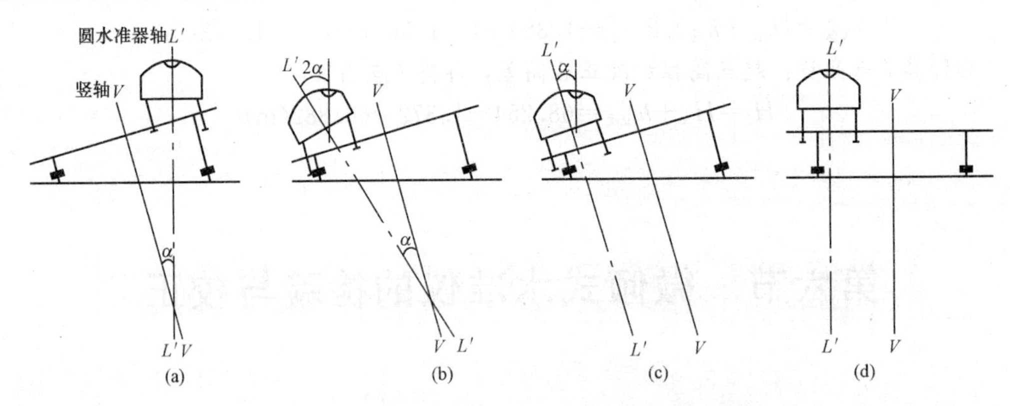

图 2-26　圆水准器轴平行于竖轴的检验与校正

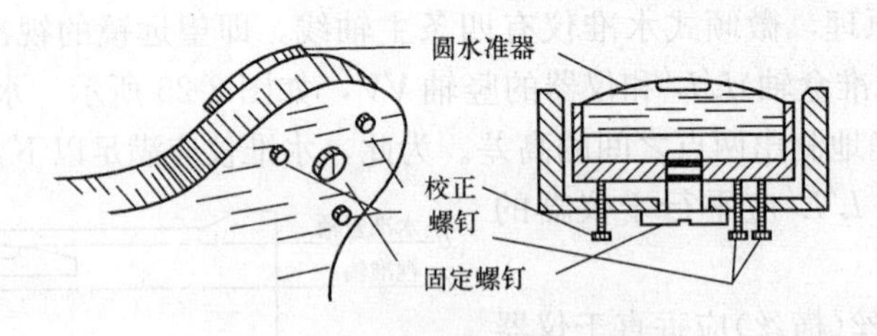

图 2-27　圆水准器的校正螺钉

需要注意的是，校正时，要掌握先松后紧的原则，即当需要旋紧某个校正螺钉时，必须先旋松另外几个校正螺钉。校正完毕时，必须使各个校正螺钉都处于旋紧状态。

三、十字丝中丝的检验与校正

(1)检验目的。检验是为了使十字丝中丝垂直于仪器竖轴。

(2)检验原理。如果竖轴处于竖直位置时，十字丝中丝是不水平的，此时中丝的不同部位在水准尺上的读数也不相同。

(3)检验方法。仪器整平后，先用中丝的一端照准 20 m 左右的一固定目标，或在水准尺上读一读数，如图 2-28(a)所示。用微动螺旋转动望远镜，用中丝的另一端观测同一目标或读数。如果目标不离开中丝或水准尺读数不变，如图 2-28(b)所示，说明中丝垂直于竖轴，不需要校正。如果目标偏离了中丝或水准尺读数有变化，如图 2-28(c)(d)所示，则说明中丝与竖轴不垂直，需校正。

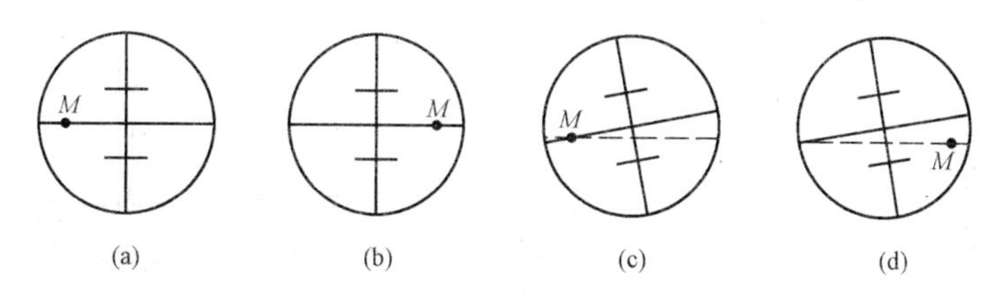

图 2-28　十字丝中丝垂直于竖轴的检验

(4)校正方法。打开十字丝分划板的护罩[图 2-29(a)]，可见到十字丝的校正螺钉[图 2-29(b)]，用螺钉旋具松开这些校正螺钉，用手转动十字丝分划板座，反复试验，使中丝的两端都能与目标重合或使中丝两端所得水准尺读数相同，则校正完成。最后旋紧所有校正螺钉。

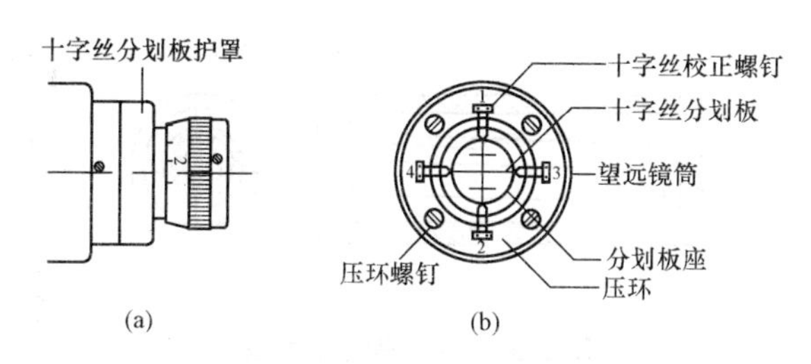

图 2-29　十字丝中丝的校正

四、水准管轴的检验与校正

(1)检验目的。检验是为了使水准管轴平行于视准轴。

(2)检验原理。如果水准管轴与视准轴不平行，会出现一个交角 i，由于 i 角的影响，产生的读数误差称为 i 角误差，此项检验也称 i 角检验。在地面上选定两点 A、B，将仪器安置在 A、B 两点中间，测出正确高差 h，然后将仪器移至 A 点(或 B 点)附近，再测高差 h'，若 $h=h'$，则水准管轴平行于视准轴，即 i 角为零；若 $h\neq h'$，则两轴不平行。

(3)检验方法。

1)如图 2-30 所示，在较平坦的场地选择相距为 80～100 m 的两点 A、B，将仪器严格置于 A、B 两点中间，采用两次仪器高差法，取平均值得出 A、B 两点的正确高差 h_{AB}。需注意两次高差之差应不大于 3 mm。

2)将仪器搬至 B 点附近约 3 m 处重新安置，读取 B 尺读数 b_2，计算 $a_2'=b_2+h_{AB}$，如 A 尺读数 a_2 与 a_2'不符，则表明存在误差，误差大小为

$$i=\frac{(a_2-a'_2)\times\rho''}{D_{AB}}$$

按测量规范要求，DS_3 型水准仪 $i>20''$时，必须校正。

(4)校正方法。首先转动微倾螺旋，使读数 a_2 与 a'_2相符。用校正针拨动水准管的左、右两个固定螺钉，使之松开，然后拨动上、下两个校正螺钉，一松一紧，升降水准管的一端，使水准管气泡居中，符合要求后，再拧紧校正螺钉即可，如图 2-31 所示。此项校正工作应反复进行，直至达到要求为止。

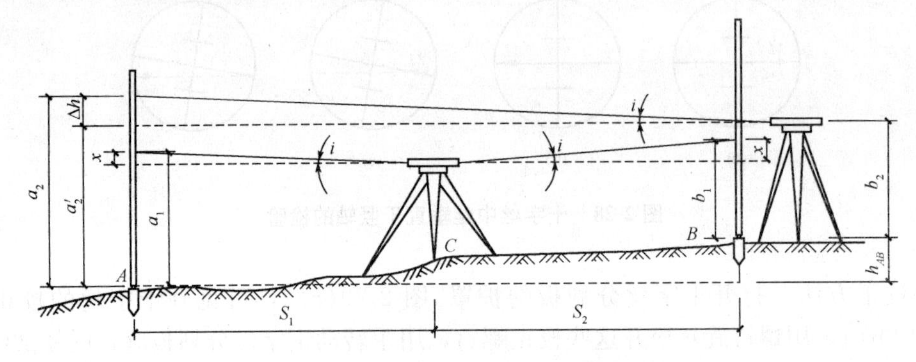

图 2-30 水准管轴平行于视准轴的检验

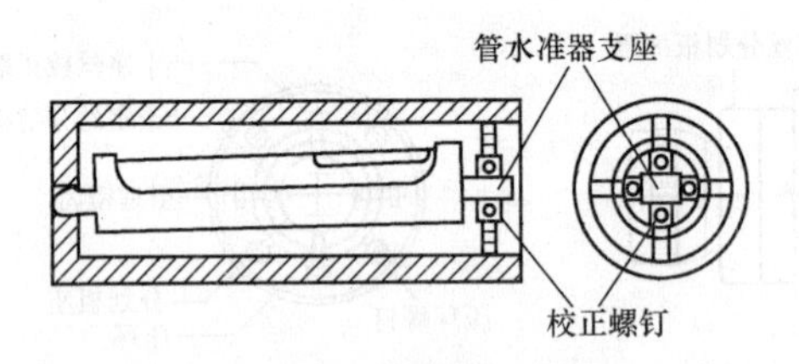

图 2-31 水准管轴的校正

第七节 水准测量误差分析及注意事项

一、水准测量误差分析

在各种高程测量的方法中，水准测量方法精度高，但也会产生误差。水准测量的误差主要有仪器误差、观测误差及外界条件影响误差。为了提高水准测量的精度，必须分析和研究误差的来源及其影响规律，根据误差产生的原因，采取相应措施，尽量减弱或消除其影响。

1. 仪器误差

(1)水准仪的误差。水准仪经过检验校正后，还会存在残余误差，如微小的 i 角误差。

当水准管气泡居中时，由于 i 角误差使视准轴不处于精确水平的位置，会造成水准尺上的读数误差。在一个测站的水准测量中，如果使前视距与后视距相等，则 i 角误差对高差测量的影响可以消除。对于四等水准测量，一站的前后视距差不大于 5 m，前后视距累积差不大于 10 m。

(2)水准尺的误差。由于水准尺分划不准确、尺长变化、尺弯曲等原因而引起的水准尺分划误差会影响水准测量的精度，因此，须检验水准尺每米间隔平均真长与名义长之差。对于水准尺的零点差，可在一水准测段的观测中安排偶数个测站予以消除。

2. 观测误差

(1)水准管气泡居中误差。水准测量时由于气泡居中存在误差，视线会偏离水平位置，从而导致读数误差。气泡居中误差对读数所引起的误差与视线长度有关，距离越远误差越大。因此，水准测量时，每次读数都要注意使气泡严格居中，而且距离不能太远。

(2)读数误差。当存在视差时，十字丝平面与水准尺影像不重合，若眼睛观察的位置不同，便读出不同的读数，因而也会产生读数误差。只要将目镜和物镜再次对光，使其成像目标清晰，视差就可以消除。

(3)水准尺倾斜误差。如果水准尺前后倾斜，在水准仪望远镜的视场中不会察觉，但由此引起的水准尺读数总是偏大，且视线高度越大，误差就越大。所以，读数时，水准尺必须竖直。

3. 外界条件影响误差

(1)仪器和尺垫下沉的影响。仪器或水准尺安置在软土或植被上时，容易产生下沉。采用“后—前—前—后”的观测顺序可以减小仪器下沉的影响，采用往返观测并取观测高差的中数可以减小尺垫下沉的影响。

(2)地球曲率和大气折光的影响。由于地球曲率和大气折光的影响，测站上水准仪的水平视线，相对于与之对应的水准面，会在水准尺上产生读数误差，视线越长，误差越大。若前、后视距相等，则地球曲率与大气折光对高差的影响将得到消除或减弱。

(3)温度和风力的影响。由于温度和日晒的影响，读水准尺接近地面部分的读数时，会产生跳动，从而影响读数。四等水准测量视线距离地面最低高度应达到三丝能同时读数要求。另外，水准管在烈日的直接照射下，气泡会向温度高的方向移动，从而影响气泡居中，所以，要求给仪器撑伞遮阳，避免阳光直接照射仪器，特别是气泡。

当风力超过四级时，将影响仪器的精平，应停止观测。

二、水准测量注意事项

(1)水准测量过程中，应尽量用目估或步测保持前、后视距基本相等来消除或减弱水准管轴不平行于视准轴所产生的误差，同时选择适当观测时间，限制视线长度和高度来减少折光的影响。

(2)仪器脚架要踩牢，观测速度要快，以减小仪器下沉现象引起的误差。

(3)估数要准确，读数时要仔细对光，消除视差，必须使水准管气泡居中，读完以后，还应再检查气泡是否居中。

(4)检查塔尺相接处是否严密，消除尺底泥土。扶尺者要站正身体，双手扶尺，保证扶尺竖直。

(5)记录要原始，当场填写清楚，在记错或算错时，应在错字上画一斜线，将正确数字写在错数上方。

(6)读数时，记录员要复读，以便核对，并应按记录格式填写，字迹要整齐、清楚、端正。所有计算成果必须经校核后才能使用。

(7)测量者要严格执行操作规程，工作要细心，加强校核，避免错误。观测时如果阳光较强，要给仪器撑伞遮阳。

第八节　自动安平水准仪、精密水准仪和电子水准仪

一、自动安平水准仪

自动安平水准仪是利用自动安平补偿器代替水准管，自动获得视线水平时水准尺读数的一种水准仪。使用这种水准仪时，只要使圆水准器气泡居中，即可瞄准水准尺读数。因此，这种水准仪既能简化操作，提高速度，又可避免由于外界温度变化导致水准管与视准轴不平行带来的误差，从而提高观测成果的精度。

1. 自动安平水准仪的原理

如图 2-32 所示，若视准轴倾斜 α 角，为使经过物镜光心的水平光线仍能通过十字丝交点 A，可采用以下两种方法：

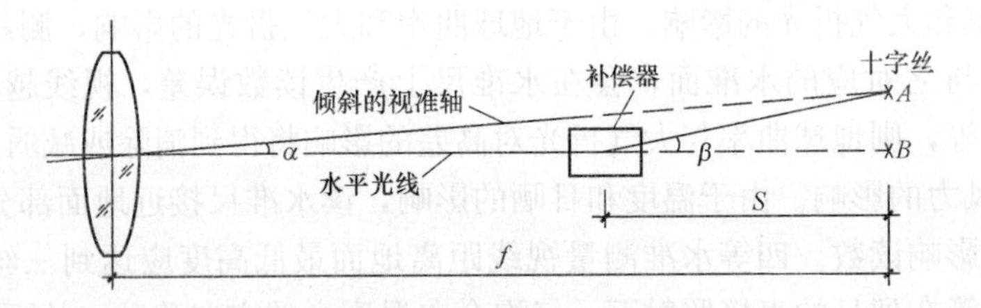

图 2-32　自动安平原理

(1)在望远镜的光路中设置一个补偿器，使光线偏转一个 β 角而通过十字丝交点 A。

(2)若能使十字丝交点移至 B 点，也可使视准轴处于水平位置而实现自动安平。

2. 自动安平水准仪的使用

自动安平水准仪在使用前要进行检验及校正，方法与微倾式水准仪的检验与校正相同。同时，还要检验补偿器的性能。

补偿器正常工作，是保证仪器读取水平方向读数的前提。因圆水准器气泡没有居中致使仪器的倾斜超过补偿器的工作范围或补偿器本身失效，都会导致仪器得不到水平方向的读数。因此，在一个测站的测量中应检查补偿器能否有效工作。

有些仪器在望远镜的目镜端设有补偿器检查按钮，在读数前应按一下该按钮，确认补偿器能正常工作再读数。有些仪器不设检查按钮，可手动检查补偿器是否正常。在圆水准

器气泡居中后，瞄准后视尺，一边观测水准尺读数一边转动某个脚螺旋，使圆水准器气泡沿与视准轴平行的方向有少量移动，但不能越出圆水准器中央的黑圆圈。如果在圆水准器气泡移动前后十字丝中丝读数不变，说明补偿器工作正常。

使用自动安平水准仪时，先将圆水准器气泡居中，然后瞄准水准尺，等待 2～4 s 后，即可进行读数。

自动安平水准仪比微倾式水准仪功效高、精度稳定，尤其在多风和气温变化大的地区作业时优势更为显著，所以，目前在建筑施工中的应用越来越普遍。

二、精密水准仪

精密水准仪是一种能精密确定水平视线，精密照准与读数的水准仪，主要用于国家一等、二等水准测量和高精度的工程测量，如大型建筑物的施工、大型机械设备的安装测量、建筑物的变形观测等测量工作。精密水准仪的构造与普通 DS_3 型水准仪基本相同。

1. 精密水准仪的特点

(1)高质量的望远镜光学系统。为了获得水准标尺的清晰影像，望远镜的放大倍率应大于 40 倍，物镜的孔径应大于 50 mm。

(2)高灵敏度的管水准器。精密水准仪的管水准器的格值为 10″/2 mm。

(3)高精度的测微器装置。精密水准仪必须有光学测微器装置，以测定小于水准标尺最小分划线间格值的尾数，光学测微器可直接读到 0.1 mm，估读到 0.01 mm。

(4)坚固稳定的仪器结构。为了相对稳定视准轴与水准轴之间的关系，精密水准仪的主要构件均采用特殊的合金钢制作。

(5)高性能的补偿器装置。

2. 精密水准仪的使用

精密水准仪的使用方法包括安置仪器、粗平、瞄准水准尺、精平和读数。前四步与普通水准仪的操作方法相同。

精密水准仪的读数方法为：视准轴精平后，十字丝中丝并不是正好对准水准尺上某一整分划线，此时，转动测微轮，使十字丝的楔形丝正好夹住一个整分划线，读出整分划值和对应的测微尺读数，两者相加即得所求读数。

3. 精密水准尺

精密水准仪必须配有精密水准尺。精密水准尺是在木质尺身的凹槽内引张一根铟瓦合金钢带，其中零点端固定在尺身上，另一端用弹簧以一定的拉力将其引张在尺身上，以使铟瓦合金钢带不受尺身伸缩变形的影响。长度分划在铟瓦合金钢带上，数字注记在木质尺身上，精密水准尺的分划值有 1 cm 和 5 cm 两种，如图 2-33 所示。

1 cm 分划的精密水准尺如图 2-33(a)所示。铟瓦合金钢带上有两排分划，右边一排注记从 0 到 300 cm，称为基本分划；左边一排注记从 300 到 600 cm，称为辅助分划。同一高度的基本分划与辅助分划相差一个尺常数 301.55 cm。尺常数用以检查读数误差 5 cm 分划的精密水准尺[图 2-33(b)]与 DS_1 型精密水准仪配套。尺面上有两排分划，彼此错开 5 mm，左边注记分米数，右边注记米数。3 米尺的注记范围为 0.1～5.9 m，分划注记值是实际数值的 2 倍，因此，用这种水准尺测得的高差除以 2 才是实际高差。

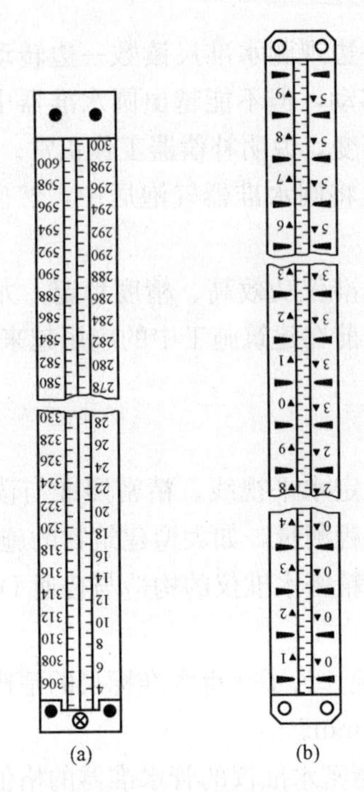

(a)　　(b)

图 2-33　精密水准尺

(a)1 cm 分划精密水准尺；(b)5 cm 分划精密水准尺

三、电子水准仪

电子水准仪也是建立在水平视准线原理上进行高程测量的，因此，测量实施方法和光学水准仪基本一致。它是以自动安平水准仪为基础，在望远镜光路中增加了分光镜和读数器(CCD Line)，并采用条码水准标尺和图像处理电子系统而构成的光机电测一体化的高科技产品，适用于精密工程水准测量。

1. 电子水准仪的测量原理

电子水准仪采用条纹编码水准尺和电子影像处理原理，用 CCD 行阵传感器代替人的肉眼，将望远镜像面上的标尺显像转换成数字信息，可自动进行读数记录。电子水准仪可视为 CCD 相机、自动安平水准仪、微处理器的集成，它和条纹编码水准尺组成地面水准测量系统。图 2-34 所示为徕卡 DNA03 电子水准仪的测量原理示意图。

2. 电子水准仪的特点

(1)读数客观。整个观测过程在几秒钟内即可完成，不存在误差、误记问题，没有人为读数误差。

(2)精度高。多条码(等效为多分划)测量，减弱标尺分划误差；自动多次测量，减弱外界环境变化的影响。

(3)速度快、效率高，实现自动记录、检核、处理和存储。

(4)电子水准仪一般设置有补偿器的自动安平水准仪，可当作普通自动安平水准仪使用。

(5)必须配备条纹编码水准尺。

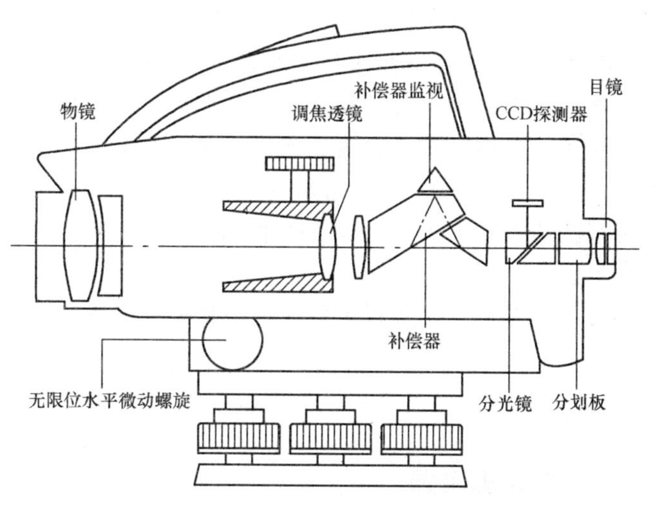

图 2-34　徕卡 DNA03 电子水准仪的测量原理示意图

电子水准仪操作

电子水准仪在自动量测高程的同时，还可自动进行视距测量，因此，可用于水准测量、地形测量、建筑施工测量。

电子水准仪也会受到各种外界因素的干扰：①光线的影响，包括自然光线的强弱和前后两根水准尺分别处于顺光和逆光的情况；②大气的影响，包括空气的扰动和光线的折射；③物理条件的影响，包括外界的震动、水准仪的架设、水准尺的变形等，会使码元素尺寸和像素尺寸互相干扰，甚至在一定距离上产生错误结果。

与电子水准仪配套使用的水准尺为条纹编码水准尺，通常由玻璃纤维或铟钢制成。在仪器中装有行阵传感器，它可识别水准标尺上的条码分划。仪器摄入条码图像后，经处理器转变为相应的数字，再通过信号转换和数据化，在显示屏上显示出高程和视距。条形码玻璃钢水准尺的反面是普通刻划的水准尺，在需要时，电子水准仪也可以像普通水准仪一样进行人工读数。

各厂家水准标尺编码的条码图案不相同，编码规则各不相同，不能互换使用。各厂家在电子水准仪研制过程中采用了不同的测量算法。条纹码编码方式和测量算法不同，仅仅是由于专利权的不同。

3. 电子水准仪的使用

观测时，电子水准仪在人工完成安置与粗平、瞄准目标(条纹编码水准尺)后，按下测量键 3～4 s 后即显示出测量结果。其测量结果可储存在电子水准仪内或通过数据线连接存入机内记录器中。

另外，观测中如水准标尺条纹编码被局部遮挡＜30%，仍可进行观测。

本章小结

本章主要讲述了水准测量的原理、水准测量仪器及其使用、水准测量的施测方法、水准测量成果计算等内容。

1. 水准测量是利用水准仪提供的水平视线，根据水准仪在两点竖立的水准尺上的读数，先求得两点之间的高差，然后根据已知点的高程推算出未知点的高程。

2. 水准测量所使用的仪器为水准仪，工具为水准尺和尺垫。要在认识水准仪基本构造的基础上，重点掌握 DS_3 水准仪的粗平、瞄准、精平和读数方法。在了解水准仪应满足的几何条件的基础上，掌握圆水准器、十字丝分划板、水准管轴的检验与校正方法。

3. 水准测量的实测应重点学习观测的基本步骤、数据记录计算和测量检核这三个环节，内业计算要求掌握水准仪的高差闭合差的计算与调整。

4. 在了解水准测量误差的主要来源的基础上，掌握消除或减小误差的基本措施，提高测量精度。

复习思考题

一、填空题

1. 水准仪按其精度，分为______、______、______、______、______五个等级。

2. 水准仪主要由______、______及______三部分组成。

3. 水准仪的使用主要包括______、______、______、______等基本操作步骤。

4. 根据水准测量原理，微倾式水准仪有______、______、______和______四条轴线。

5. 水准仪的圆水准器轴应______于竖轴。

6. 在国家高程系统中，按精度要求将测定的水准点分别称为______、______、______、______等水准点。

7. 水准路线有______、______和______三种形式。

8. 水准测量的误差主要有______、______及______三个方面。

二、选择题(有一个或多个答案)

1. 在水准测量中，若后视点 A 的读数大，前视点 B 的读数小，则有(　　)。

A. A 点比 B 点低　　B. A 点比 B 点高

C. A 点与 B 点可能同高　　D. A、B 点的高低取决于仪器高度

2. 往返水准路线高差平均值的正负号是以(　　)的符号为准。

A. 往测高差　　B. 返测高差

C. 往返测高差的代数和　　D. 以上三者都不正确

3. 已知 A 点高程 $H_A=62.118$ m，水准仪观测 A 点标尺的读数 $a=1.345$ m，则仪器视线高程为(　　)m。

A. 60.773　　B. 63.463　　C. 62.118　　D. 64.213

4. 转动目镜对光螺旋的目的是(　　)。

A. 看清远处目标　　B. 看清近处目标

C. 看清十字丝　　D. 消除视差

5. DS_1 水准仪的观测精度要(　　)DS_3 型水准仪。

A. 高于　　B. 接近于　　C. 低于　　D. 等于

6. 当圆水准器气泡居中时，圆水准器轴处于(　　)位置。

A. 竖直　　B. 水平　　C. 倾斜　　D. 任意

7. 水准仪应满足的条件是(　　)。

A. 圆水准器轴 $L'L'$ 应平行于仪器的竖轴 VV

B. 十字丝的中丝(横丝)应垂直于仪器的竖轴

C. 水准管轴 LL 应平行于视准轴 CC

D. 十字丝的中丝(横丝)应平行于仪器的竖轴

8. 下列不属于观测误差的是(　　)。

A. 水准管气泡居中误差　　B. 水准尺的误差

C. 读数误差　　D. 水准尺倾斜误差

三、简答题

1. 简述水准仪中望远镜各组成部分的作用。

2. 进行水准测量时，为什么要求前、后视距离大致相等？

3. 水准测量中的检核内容有哪些？各项检核的方法是什么？

4. 什么是水准路线？什么是高差闭合差？如何计算容许的高差闭合差？

5. 安置水准仪在 A、B 两点等距离处，测得 A 点尺上读数 $a_1=1.213$ m，B 点尺上的读数 $b_1=1.116$ m；然后将仪器移至 B 点附近，又测得 B 点尺上读数 $b_2=1.456$ m，A 点尺上读数 $a_2=1.693$ m。试问该仪器水准管轴是否平行于视准轴？为什么？如果不平行，应如何校正？

6. 简述电子水准仪的特点。

四、计算题

1. 设 A 为后视点，B 为前视点，A 点高程为 56.787 m，后视读数为 1.325 m，前视读数为 1.863 m，问高差是多少？B 点比 A 点高还是低？B 点高程是多少？试绘图说明。

2. 把如图 2-35 所示的附合水准路线的高程闭合差进行分配，并求出各水准点的高程。容许高程闭合差按 $f_{h允}=\pm 40\sqrt{L}$ mm(mm)计。

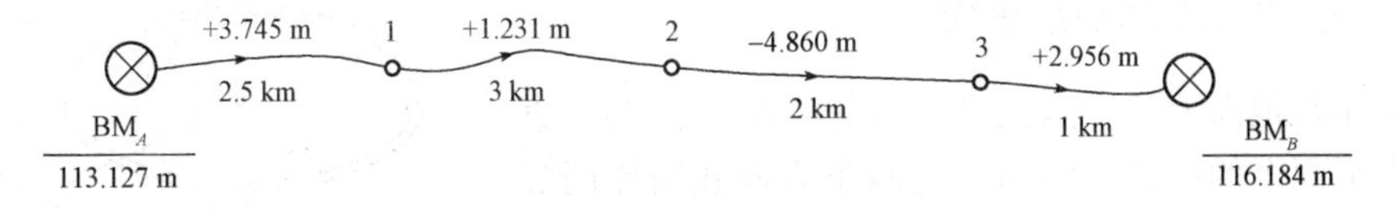

图 2-35　计算题 2 图

第三章　角度测量

学习目标

通过本章的学习，了解经纬仪的构造和各部分的作用；理解明确水平角、竖直角测量的原理；掌握光学经纬仪的使用方法、光学经纬仪的检验步骤与校正方法、水平角和竖直角的观测方法。

能力目标

能够熟练操作光学经纬仪，具有经纬仪的检验及简单校正的能力；能够运用测回法进行水平角和垂直角观测；能进行角度数据的计算与处理。

第一节　角度测量原理

角度测量是测量的基本工作之一。角度测量是测量地面点连线的水平夹角及视线方向与水平面的竖直角。水平角测量用于计算点的平面位置；竖直角测量用于测定高差或将倾斜距离改成水平距离。角度测量常用的仪器是经纬仪。

一、水平角的测量原理

水平角是地面上某一点到两个目标点的方向线垂直投影在水平面上的夹角，即通过这两条方向线所作两竖直面间的二面角，用 β 来表示，其角值范围为 0°～360°。

如图 3-1 所示，A 点、B 点、C 点是地面上任意 3 个点，AB 和 AC 两条方向线所夹的水平角，就是通过 AB、AC 沿两个竖直面投影在水平面 P 上的两条水平线 ab 和 ac 的夹角 $\beta=\angle bac$。

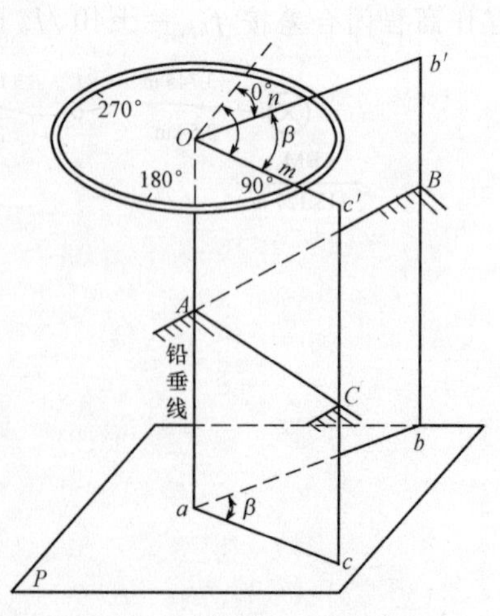

图 3-1　水平角的测量原理

为了测定水平角的大小，设想在 A 点的铅垂线上任一处，水平安置一个带有顺时针均匀刻划的水平度盘，通过左方向 AB 和右方向 AC 的竖直面与水平度盘相交，在度盘上截取相应的读数 a_1 和 b_1，则水平角 β 为右方向读数 b_1 减去左方向读数 a_1，即

$$\beta=b_1-a_1 \tag{3-1}$$

需要注意的是，水平角的角值范围为 0°～360°。当第二目标读数小于第一目标读数时，应在第二目标读数值上加上 360°后再减第一目标读数。

二、竖直角的测量原理

竖直角(垂直角)是在同一竖直面内，某一点到目标的方向线与水平线之间的夹角，又称倾角，用 α 表示。如图 3-2 所示，方向线在水平线上方，竖直角为仰角，在其角值前加“+”号；方向线在水平线下方，竖直角为俯角，在其角值前加“－”号。竖直角的角值范围为 0°～90°。

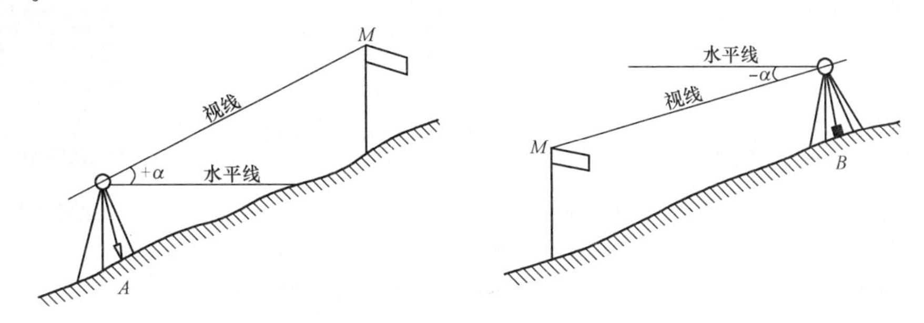

图 3-2　竖直角的测量原理

同水平角一样，竖直角的角值也是度盘上两个方向的读数之差，所不同的是，该度盘是竖直放置的，因此称为竖直度盘。望远镜瞄准目标时，倾斜视线在竖直度盘上的对应读数与水平视线的应有度数(盘左 90°，盘右 270°)之差即为竖直角的角值。由于竖直角的两方向中的一个方向是水平方向，无论对哪一种经纬仪来说，视线水平时的竖盘读数都应是 90°的倍数。所以，当测量竖直角时，只要瞄准目标读出竖盘读数，即可计算出竖直角。

第二节　光学经纬仪的构造及其使用

一、光学经纬仪的构造

经纬仪是测量角度的仪器，有光学经纬仪和电子经纬仪两大类。按测角精度的不同，我国将经纬仪分为 DJ_{07}、DJ_1、DJ_2、DJ_6 等不同级别。其中，“D”“J”分别是“大地测量”“经纬仪”两个汉语拼音第一个字母，数字“07”“1”“2”“6”表示该级别仪器所能达到的测量精度指标(数字表示此精度级别的经纬仪一测回方向观测中误差的秒值)，数字越大，级别越低。目前，建筑工程中使用较多的光学经纬仪是 DJ_6 级经纬仪和 DJ_2 级经纬仪。

经纬仪外观

1. DJ_6 级光学经纬仪的构造

DJ_6 级光学经纬仪主要由照准部、水平度盘和基座三大部分组成。其基本构造如图 3-3 所示。

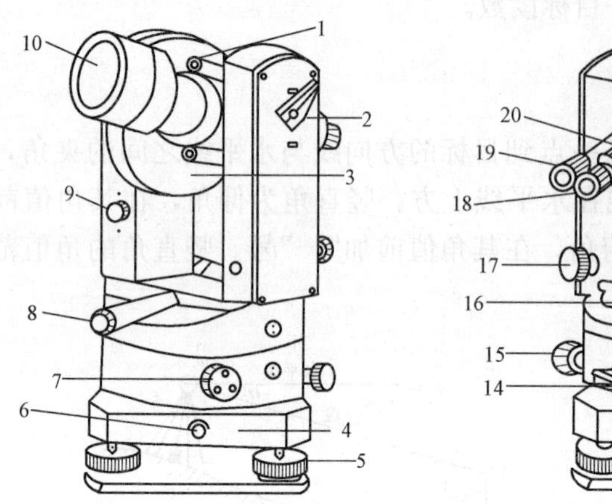

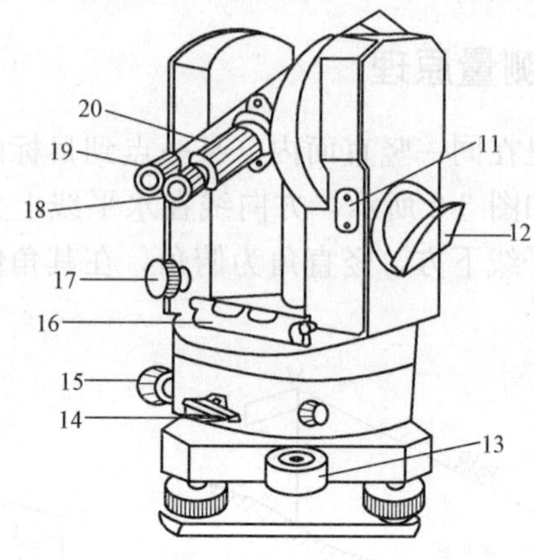

图 3-3　DJ_6 级光学经纬仪

1—粗瞄器；2—望远镜制动螺旋；3—竖盘；4—基座；5—脚螺旋；6—固定螺旋；
7—度盘变换手轮；8—光学对中器；9—自动归零旋钮；10—望远镜物镜；
11—指标差调位盖板；12—反光镜；13—圆水准器；14—水平制动螺旋；
15—水平微动螺旋；16—照准部水准管；17—望远镜微动螺旋；
18—望远镜目镜；19—读数显微镜；20—对光螺旋

经纬仪构造

(1)照准部。照准部是指位于水平度盘之上，能绕其旋转轴旋转的部分的总称。照准部由望远镜、竖盘装置、读数显微镜、水准管、光学对中器、照准部制动螺旋和微动螺旋、望远镜制动螺旋和微动螺旋等部分组成。照准部旋转所绕的几何中心线称为经纬仪的竖轴，通常也将其旋转轴称为竖轴。照准部制动螺旋和微动螺旋用于控制照准部的转动。

经纬仪的望远镜构造与水准仪望远镜相同，它与横轴连在一起，当望远镜绕横轴旋转时，视线可扫出一个竖直面。望远镜制动螺旋用来控制望远镜在竖直方向上的转动，望远镜微动螺旋是当望远镜制动螺旋拧紧后，用此螺旋使望远镜在竖直方向上作微小转动，以便精确对准目标。照准部制动螺旋控制照准部在水平方向的转动。当照准部制动螺旋拧紧后，可利用照准部微动螺旋使照准部在水平方向上作微小转动，以便精确对准目标。

照准部上安装有水准管，其作用是精确整平仪器，使仪器的竖轴处于铅垂位置，并根据仪器内部应具备的几何关系使水平度盘和横轴处于水平位置。照准部上还设有光学对中器，用于光学对中。

照准部上反光镜的作用是将外部光线反射进入仪器，通过一系列透镜和棱镜，将度盘和分微尺的影像反映到读数显微镜内，以便读出水平度盘或竖直度盘的读数。

(2)水平度盘。水平度盘是由光学玻璃制成的带有刻划和注记的圆盘，安装在仪器竖轴上，在度盘的边缘按顺时针方向均匀刻划成 360 份，每一份就是 1°，并注记度数。在测角过程中，水平度盘和照准部分离，不随照准部一起转动。当望远镜照准不同方向的目标时，移动的读数指标线便可在固定不动的度盘上读出不同的度盘读数，即方向值。如需要变换度盘位置，可利用仪器上的度盘变换手轮，把度盘变换到需要的读数上。

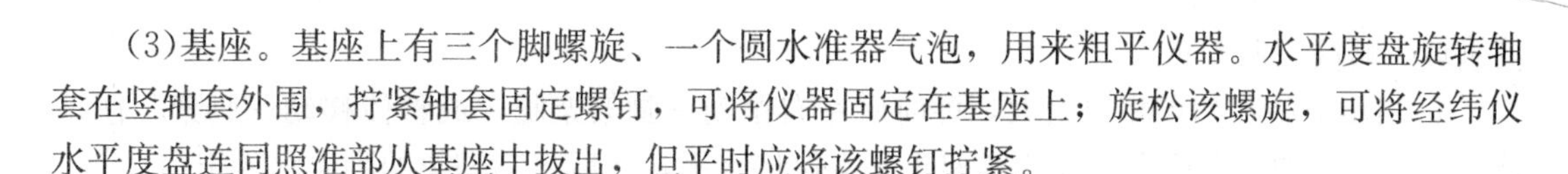

(3)基座。基座上有三个脚螺旋、一个圆水准器气泡，用来粗平仪器。水平度盘旋转轴套在竖轴套外围，拧紧轴套固定螺钉，可将仪器固定在基座上；旋松该螺旋，可将经纬仪水平度盘连同照准部从基座中拔出，但平时应将该螺钉拧紧。

2. DJ_2 级光学经纬仪的构造

DJ_2 级光学经纬仪的构造与 DJ_6 级光学经纬仪基本相同。其各组成部分如图 3-4 所示。

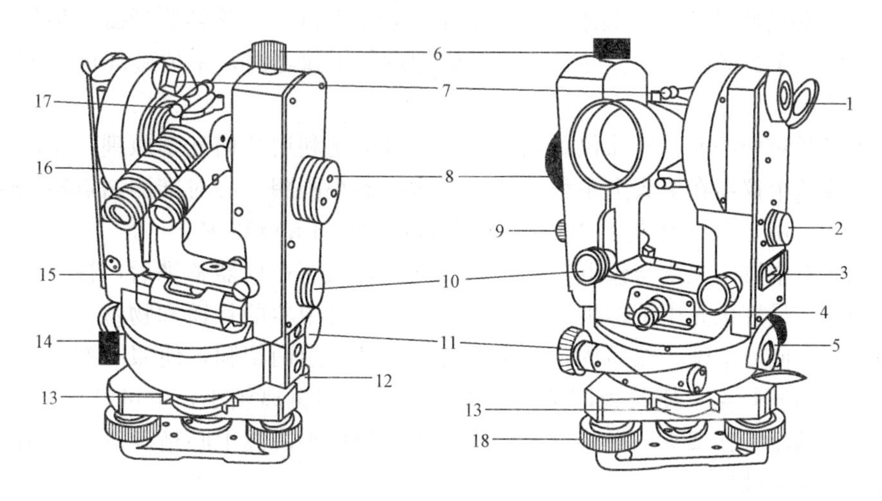

图 3-4　DJ_2 级光学经纬仪

1—竖盘反光镜；2—竖盘指标水准管观察镜；3—竖盘指标水准管微动螺旋；
4—光学对中器目镜；5—水平度盘反光镜；6—望远镜制动螺旋；7—光学瞄准器；
8—测微轮；9—望远镜微动螺旋；10—换像手轮；11—水平微动螺旋；
12—水平度盘变换手轮；13—中心锁紧螺旋；14—水平制动螺旋；
15—照准部水准管；16—读数显微镜；17—望远镜反光扳手轮；18—脚螺旋

二、光学经纬仪的使用

经纬仪安置

1. DJ_6 级光学经纬仪的使用

经纬仪的使用包括安置仪器、瞄准目标和读数三项基本操作。

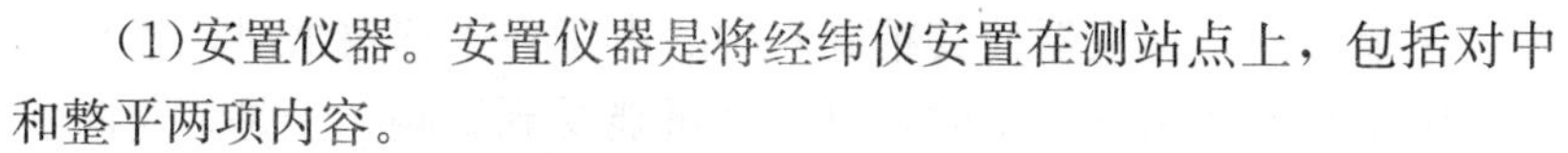

(1)安置仪器。安置仪器是将经纬仪安置在测站点上，包括对中和整平两项内容。

1)对中。对中的目的是使仪器中心与测站点标志中心位于同一铅垂线上。其具体做法如下：

①先松开三脚架架脚 3 个固定螺旋，按观测者身高调整好脚架的长度，然后将 3 个螺旋拧紧。

②张开三脚架，将其安置在测站上，使架头大致水平，且架头中心与测站点位于同一铅垂线上。

③从仪器箱中取出经纬仪放置在三脚架头上，并使仪器基座中心基本对齐三脚架头的中心，旋紧连接螺旋后，即可进行对中整平操作。

可以使用垂球对中或光学对中器对中进行经纬仪安置操作。

①使用垂球对中法安置经纬仪。将垂球挂在连接螺旋中心的挂钩上，调整垂球线长度，

使垂球尖略高于测站点。

a. 初步对中。如果相差太大，可前后左右摆动三脚架架腿，或整体移动三脚架，使垂球尖大致对准测站点标志，并注意架头基本保持水平，然后将三脚架的脚尖踩入土中。

b. 精对中。稍微旋松连接螺旋，双手扶住仪器基座，在架头上平移仪器，使垂球尖精确对中测站点标志中心，再旋紧连接螺旋。垂球对中的误差应小于 3 mm。

c. 精平。旋转脚螺旋，使圆水准气泡居中，转动照准部，旋转脚螺旋，使管水准气泡在相互垂直的两个方向上居中。注意，旋转脚螺旋精平仪器时，不要破坏已完成的垂球对中关系。

②使用光学对中法安置经纬仪。光学对中器对中是利用几何光学原理，移动三脚架中的任意两脚或整个仪器在架头上平移，使光学对中器小圆圈中心对准测站点标志中心，达到对中的目的。用光学对中器对中的误差一般可控制在 3 mm 以内。

由于光学对中器的视线与仪器竖轴重合，因此，只有在仪器整平后，视线才处于铅垂位置。对中时，最好也先用垂球尖大致对中，再调节对中器的目镜和物镜，使分划板小圆圈和测站点标志同时清晰，然后固定一条架腿，移动其余两架腿，使照准圈大致对准测站点标志，并踩踏三脚架，使其稳固地插入地面。若对中偏离较小，也可稍旋松连接螺旋，两手扶住仪器基座，在架头上平移仪器，使目镜分划板小圆圈中心精确对中测站点标志中心，最后旋紧连接螺旋。

2)整平。整平的目的是使仪器竖轴处于铅垂位置，水平度盘处于水平位置。其具体做法如下：

①粗略整平。根据圆水准器气泡偏离情况，分别伸长或缩短三脚架腿，使圆水准器气泡居中。

②精确整平。如图 3-5(a)所示，精平时，先转动仪器的照准部，使照准部水准管与任一对脚螺旋的连线平行，然后用两手同时相对转动两脚螺旋，直到气泡居中，注意气泡移动方向始终与左手大拇指移动方向一致。再将照准部旋转 90°，如图 3-5(b)所示，转动第三个脚螺旋，使水管气泡居中，按以上步骤反复进行操作，直到照准部转至任意位置气泡皆居中为止。

在精确整平后，需检查仪器对中情况。若测站点标志不在照准圈中心且偏移量较小，可松开仪器中心连接螺旋，在架头上平移仪器使其精确对中。由于在平移仪器时，整平可能受到影响，因此需要再精确整平。在精确整平时，对中又可能受到影响，于是，这两项工作需要反复进行，直到两者都满足为止。

(2)瞄准目标。测角时的照准标志，一般是竖立于测点的标杆、测钎及用三根竹竿悬吊垂球的线或觇牌。测量水平角时，以望远镜的十字丝竖丝瞄准照准标志。望远镜瞄准目标的操作步骤如下。

1)目镜对光。松开望远镜制动螺旋和水平制动螺旋，将望远镜对向明亮的背景(如白墙、天空等，注意不要对向太阳)，转动目镜使十字丝清晰。

2)粗瞄目标。利用粗瞄器粗略瞄准目标后，旋紧望远镜制动螺旋和照准部制动螺旋。

3)物镜对光。转动物镜对光螺旋，使目标影像清晰，并消除视差。

4)精确瞄准。用望远镜微动螺旋和水平微动螺旋精确瞄准目标，瞄准目标时，应尽量瞄准目标底部，使用纵丝的中间部分平分或夹准目标，如图 3-6 所示。

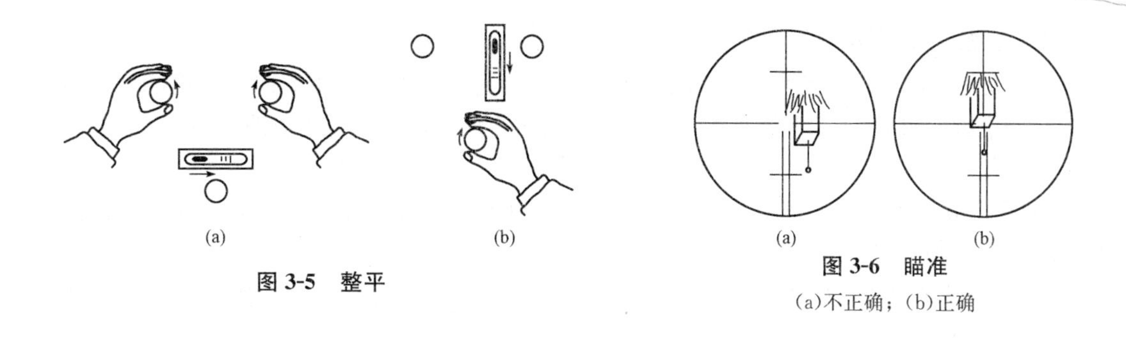

图 3-5 整平

图 3-6 瞄准

(a)不正确；(b)正确

(3)读数。

1)分微尺测微器及其读数方法。DJ_6 级光学经纬仪采用分微尺测微器进行读数。这类仪器的度盘分划值为 1°，按顺时针方向注记每度的度数。在读数显微镜的读数窗上装有一块带分划的分微尺，度盘上的分划线间隔经显微物镜放大后成像于分微尺上。图 3-7 所示读数为显微镜内所看到的度盘和分微尺的影像，上面注有“H”(或“水平”)为水平度盘读数窗，注有“V”(或“竖直”)为竖直度盘读数窗，分微尺的长度等于放大后度盘分划线间隔 1°的长度，分微尺分为 60 个小格，每小格为 1′。分微尺每 10 小格注有数字，表示 0′、10′、20′、…、60′，注记增加方向与度盘相反。读数装置直接读到 1′，估读到 0.1′(6″)。

读数时，分微尺上的 0 分划线为指标线，它在度盘上的位置就是度盘读数的位置。如在水平度盘的读数窗中，分微尺的 0 分划线已超过 261°，水平度盘的读数应该多于 261°。所多的数值，再由分微尺的 0 分划线至度盘上 261°分划线之间有多少小格来确定。图 3-7 中为 4.4 格，故为 04′24″。水平度盘的读数应是 261°04′24″。

2)单平板玻璃测微器及其读数方法。单平板玻璃测微器的组成部分主要包括平板玻璃、测微尺、连接机构和测微轮。当转动测微轮时，平板玻璃和测微尺即绕同一轴做同步转动。如图 3-8(a)所示，光线垂直通过平板玻璃，度盘分划线的影像未改变原来位置，与未设置平板玻璃一样，此时测微尺上读数为零。如按设在读数窗上的双指标线读数，应为 92°$+a$。转动测微轮，平板玻璃随之转动，度盘分划线的影像也就平行移动，当 92°分划线的影像夹在双指标线的中间时，如图 3-8(b)所示，度盘分划线的影像正好平行移动一个 a，而 a 的大小则可由与平板玻璃同步转动的测微尺上读出，其值为 18′20″。所以整个读数为 92°$+$18′20″$=$92°18′20″。

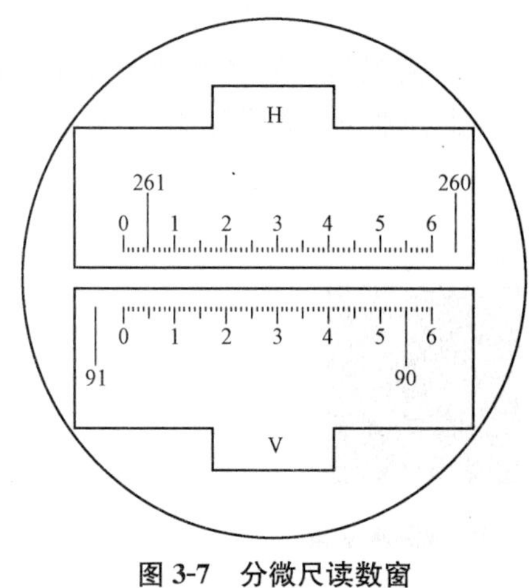

图 3-7 分微尺读数窗

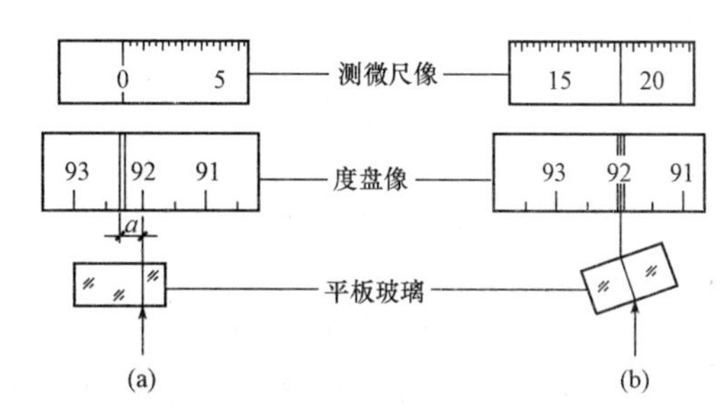

图 3-8 单平板玻璃测微器原理

2. DJ_2 级光学经纬仪的读数方法

DJ_2 级光学经纬仪的观测精度高于 DJ_6 级光学经纬仪。在结构上，除望远镜的放大倍数较大、照准部水准管的灵敏度较高、度盘格值较小外，主要表现为读数设备的不同。DJ_2 级光学经纬仪的读数设备有以下两个特点：

(1)DJ_2 级光学经纬仪采用对径重合读数法，相当于利用度盘上相差 180°的两个指标读数并取其平均值，可消除度盘偏心的影响。

(2)DJ_2 级光学经纬仪在读数显微镜中只能看到水平度盘或竖直度盘中的一种，读数时，可通过转动换像手轮，选择所需要的度盘影像。

DJ_2 级光学经纬仪利用度盘 180°对径分划线影像符合读数装置进行读数。外部光线进入仪器后，经过一系列棱镜和透镜的作用，将度盘上直径两端分划，同时，反映到读数显微镜的中间窗口，呈方格状。当转动测微轮时，呈上、下两部分的对径分划的影像将做相对移动，当上下分划的影像精确重合时才能读数。

近年生产的 DJ_2 级光学经纬仪采用了数字化读数装置，读数窗中用数字显示整 10′数，如图 3-9(a)所示。读数时，先转动测微轮，使度盘的主、副像分划线重合，如图 3-9(b)所示，然后读数，图 3-9(b)所示的读数为 65°54′08.2″。

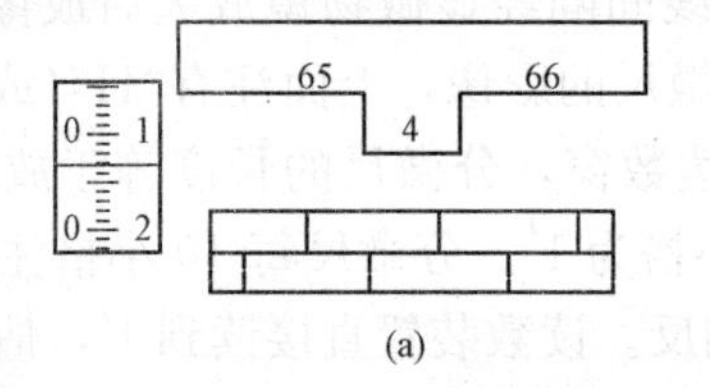

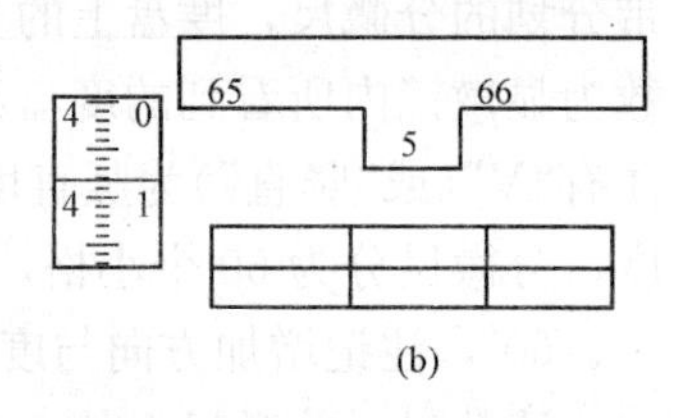

图 3-9　DJ_2 级光学经纬仪读数窗

第三节　水平角测量方法

水平角测量方法一般可根据观测目标的多少和工作要求的精度而定。常用的水平角测量方法有测回法和方向观测法。

一、测回法

测回法用于观测两个方向之间的夹角。如图 3-10 所示，需观测 *OA*、*OB* 两个方向之间的水平角，先将经纬仪安置在测站 *O* 上，并在 *A*、*B* 两点上分别设置照准标志(竖立标杆或测钎)。其观测方法和步骤如下。

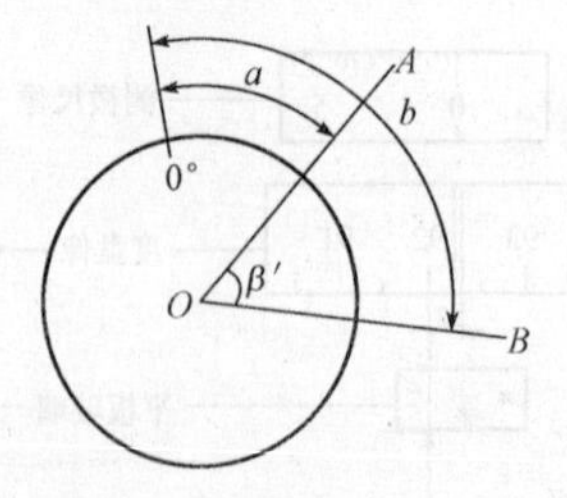

图 3-10　测回法观测示意

测回法观测水平角

1. 安置仪器

在测站点 O 上安置经纬仪(对中、整平)。

2. 盘左观测

盘左是指竖直度盘处于望远镜左侧时的位置，也称为正镜，在这种状态下进行的观测称为盘左观测，也称上半测回观测。

松开照准部制动螺旋，瞄准左边的目标 A，对望远镜应进行调焦并消除视差，使测钎或标杆准确地夹在双竖丝中间，为了减少标杆或测钎竖立不直的影响，应尽量瞄准测钎或标杆的根部。读取水平度盘读数 $a_{左}$，并记录。顺时针方向转动照准部，用同样的方法瞄准目标 B，读取水平度盘读数 $b_{左}$。则上半测回角值为 $\beta_{左}=b_{左}-a_{左}$。

3. 盘右观测

盘右是指竖直度盘处于望远镜右侧时的位置，也称为倒镜，在这种状态下进行的观测称为盘右观测，也称下半测回观测。

倒转望远镜，使盘左变成盘右。按上述方法先瞄准右边的目标 B，读取水平度盘读数 $b_{右}$。逆时针方向转动照准部，瞄准左边的目标 A，读取水平度盘读数 $a_{右}$。则下半测回角值为 $\beta_{右}=b_{右}-a_{右}$。

盘左和盘右两个半测回合在一起叫作一测回。两个半测回测得的角值的平均值就是一测回的观测结果，即

$$\beta=(\beta_{左}+\beta_{右})/2 \tag{3-2}$$

当水平角需要观测几个测回时，为了减少度盘分划误差的影响，在每一测回观测完毕之后，应根据测回数 N，将度盘起始位置读数变换为 $180°/N$，再开始下一测回的观测。如果要测三个测回，第一测回开始时，度盘读数可配置在 0°稍大一些；在第二测回开始时，度盘读数可配置在 60°左右；在第三测回开始时，度盘读数应配置在 120°左右。测回法观测记录见表 3-1。

表 3-1　测回法观测手簿

仪器等级：DJ_6　　仪器编号：　　观测者：

观测日期：　　天气：晴　　记录者：

测站	测回数	竖盘位置	目标	水平度盘读数 /(° ′ ″)	半测回角值 /(° ′ ″)	半测回互差 /(″)	一测回角值 /(° ′ ″)	各测回平均角值 /(° ′ ″)
O	1	左	A	0 02 17	48 33 06	18	48 33 15	48 33 03
			B	48 35 23				
		右	A	180 02 31	48 33 24			
			B	228 35 55				
	2	左	A	90 05 07	48 32 48	6	48 32 51	
			B	138 37 55				
		右	A	270 05 23	48 32 54			
			B	318 38 17				

二、方向观测法

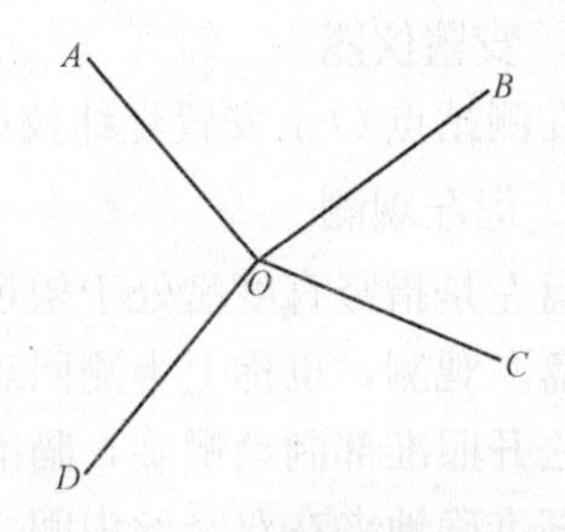

图 3-11　方向观测法观测示意

方向观测法适用于在同一测站上观测多个角度，即观测方向多于两个以上时采用。如图 3-11 所示，O 点为测站点，A、B、C、D 为四个目标点，欲测定 O 点到各目标点之间的水平角，其观测步骤如下。

1. 安置仪器

在测站点上安置经纬仪(对中、整平)。

2. 盘左观测

方向法观测水平角

先观测所选定的起始方向(又称零方向)A，再按顺时针方向依次观测 B、C、D 各方向，每观测一个方向，均读取水平度盘读数并记入观测手簿。如果方向数超过三个，最后还要回到起始方向 A，并记录读数。最后一步称为归零，A 方向两次读数之差称为归零差，其目的是检查水平度盘的位置在观测过程中是否发生变动。此为盘左半测回或上半测回。

3. 盘右观测

倒转望远镜，按逆时针方向依次照准 A、D、C、B、A 各方向，读取水平度盘读数，并记录。此为盘右半测回或下半测回。

上、下半测回合起来为一测回，如果要观测 N 个测回，每测回仍应按 $180°/N$ 的差值变换水平度盘的起始位置。

方向观测法记录见表 3-2。

表 3-2　方向观测法观测手簿

仪器等级：DJ_2　　仪器编号：　　观测者：

观测日期：　　天气：晴　　记录者：

测站	测回数	目标	读数 盘左 /(° ′ ″)	读数 盘右 /(° ′ ″)	$2c$ /(″)	平均读数 /(° ′ ″)	归零方向值 /(° ′ ″)	各测回归零方向值之平均值 /(° ′ ″)
O	1					(0 01 45)		
		A	0 01 27	180 01 51	−24	0 01 42	0 00 00	0 00 00
		B	43 25 17	223 25 37	−20	43 25 26	43 23 41	43 23 40
		C	95 34 56	275 35 24	−28	95 35 08	95 33 23	95 33 20
		D	150 00 33	330 01 02	−29	150 00 50	149 59 05	149 59 04
		A	0 01 37	180 02 01	−24	0 01 48		
	2					(90 00 47)		
		A	90 00 38	270 01 07	−29	90 00 50	0 00 00	
		B	133 24 13	313 24 41	−28	133 24 26	43 23 39	
		C	185 33 53	5 34 15	−22	185 34 05	95 33 18	
		D	239 59 36	60 00 00	−24	239 59 50	149 59 03	
		A	90 00 26	270 00 58	−32	90 00 44		

第四节　竖直角测量方法

一、竖直度盘构造

经纬仪的竖直度盘也称为竖盘。它固定在望远镜横轴的一端，垂直于横轴，随望远镜的上下转动而转动，其构造如图 3-12 所示。竖盘读数指标线不随望远镜的转动而变化。为使竖盘指标线在读数时处于正确位置，竖盘读数指标线与竖盘水准管连在一起，由指标水准管微动螺旋控制。转动指标水准管微动螺旋可使竖盘水准管气泡居中，达到指标线处于正确位置的目的。通常情况下，水平方向(指标线处于正确位置的方向)都是一个已知的固定值(0°、90°、180°、270°四个值中的一个)。

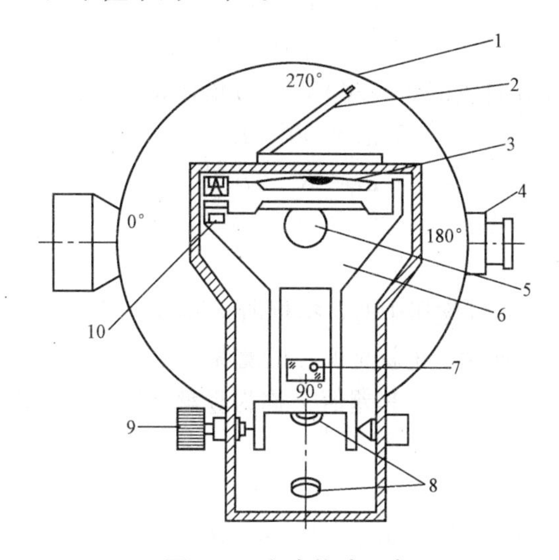

图 3-12　竖盘构造示意

1—竖直度盘；2—水准管反射镜；3—竖盘水准管；4—望远镜；5—横轴；
6—支架；7—转向棱镜；8—透镜组；9—竖盘水准管微动螺旋；10—水准管校正螺钉

二、竖直角计算

(1)计算平均竖直角。盘左、盘右对同一目标各观测一次，组成一个测回。一测回竖直角值为盘左、盘右竖直角值的平均值，即

$$\alpha=\frac{\alpha_{左}+\alpha_{右}}{2} \tag{3-3}$$

(2)竖直角 $\alpha_{左}$ 与 $\alpha_{右}$ 的计算。如图 3-13 所示，竖盘注记方向有全圆顺时针和全圆逆时针两种形式。竖直角是倾斜视线方向读数与水平线方向值之差，根据所用仪器竖盘注记方向形式来确定竖直角计算公式。

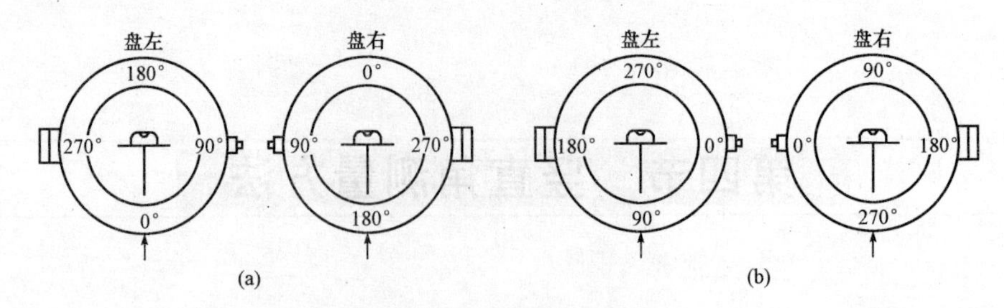

图 3-13 竖盘注记示意图

(a)全圆顺时针；(b)全圆逆时针

确定方法是：盘左位置，将望远镜大致放平，看一下竖盘读数 L 接近 0°、90°、180°、270°中的哪一个，盘右水平线方向值为 270°，然后将望远镜慢慢上仰(物镜端抬高)，看竖盘读数 R 是增大还是减小，如果是增加，则为逆时针方向注记 0°～360°，竖直角计算公式为

$$\left.\begin{aligned}\alpha_{左}&=L-90°\\\alpha_{右}&=270°-R\end{aligned}\right\}\tag{3-4}$$

如果是减小，则为顺时针方向注记 0°～360°，竖直角计算公式为

$$\left.\begin{aligned}\alpha_{左}&=90°-L\\\alpha_{右}&=R-270°\end{aligned}\right\}\tag{3-5}$$

三、竖盘指标差

当视线水平且指标水准管气泡居中时，指标所指读数不是 90°或 270°，而是与 90°或 270°相差一个角值 x，如图 3-14 所示。也就是说，正镜观测时，实际的始读数为 $x_{0左}=90°+x$；倒镜观测时，始读数为 $x_{0右}=270°+x$。其差值 x 称为竖盘指标差，简称指标差。设此时观测结果的正确角值为 $\alpha'_{左}$ 和 $\alpha'_{右}$，得

$$\alpha'_{左}=x_{0左}-L=(90°+x)-L\tag{3-6}$$

$$\alpha'_{右}=R-(x_{0左}+180°)=R-(270°+x)\tag{3-7}$$

$$\alpha_{左}=\alpha_{左}+x\tag{3-8}$$

$$\alpha_{右}=\alpha_{右}-x\tag{3-9}$$

将 $\alpha'_{左}$ 与 $\alpha'_{右}$ 取平均值，得

$$\alpha=\frac{1}{2}(\alpha'_{左}+\alpha'_{右})=\frac{1}{2}(\alpha_{左}+\alpha_{右})\tag{3-10}$$

将式(3-9)与式(3-10)相减，并假设观测没有误差，这时 $\alpha'_{左}=\alpha'_{右}=\alpha$，指标差则为

$$x=\frac{1}{2}(\alpha_{右}-\alpha_{左})=\frac{1}{2}(R+L-360°)\tag{3-11}$$

四、竖直角观测

竖直角观测的操作步骤如下：

(1)将经纬仪安置在测站点上，经对中整平后，量取仪器高。

(2)用盘左位置瞄准目标点，使十字丝中横丝切准目标的顶端或指定位置，调节竖盘

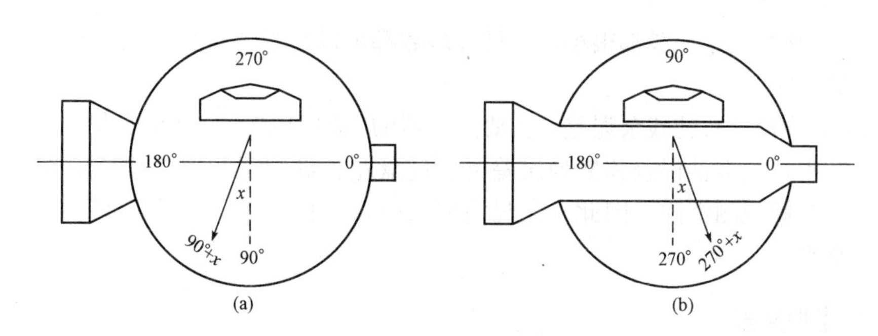

图 3-14　竖盘指标差

(a)盘左位置；(b)盘右位置

指标水准管微动螺旋，使竖盘指标水准管气泡严格居中，同时，读取盘左读数并记入手簿(表 3-3)，为上半测回。

表 3-3　竖直角观测手簿

测站	目标	竖盘位置	竖盘读数/(° ′ ″)	半测回竖直角/(° ′ ″)	指标差/(″)	一测回竖直角/(° ′ ″)
O	*A*	左	81 18 42	+8 41 18	+6	+8 41 24
		右	278 41 30	+8 41 30		
	B	左	124 03 30	−34 03 30	+12	−34 03 18
		右	235 56 54	−34 03 06		

(3)纵转望远镜，用盘右位置再瞄准目标点相同位置，调节竖盘指标水准管微动螺旋，使竖盘指标水准管气泡居中，读取盘右读数 R。

观测竖直角时，每次读数之前都应调平指标水准管气泡，使指标处于正确位置，才能读数，这就降低了竖直角观测的错误率。现在，有些经纬仪上采用了竖盘指标自动归零装置，观测时只要打开自动归零开关，就可读取竖直度盘读数，从而提高了竖直角测量的速度和精度。

第五节　水平角测量误差及注意事项

水平角测量受多种误差的影响，主要有仪器误差、观测误差和外界条件的影响。

一、仪器误差

仪器误差是指仪器不能满足设计理论要求而产生的误差。仪器误差主要包括两个方面：一是仪器制造、加工不完善引起的误差；二是仪器检校不完善引起的误差。

(1)仪器制造、加工不完善而引起的误差，主要有度盘刻划不均匀误差、照准部偏心误差(照准部旋转中心与度盘刻划中心不一致)和水平度盘偏心误差(度盘旋转中心与度盘刻划中心不一致），此类误差一般都很小，并且大多数都可以在观测过程中采取相应的措施消除或减弱它们的影响。

(2)仪器检验校正后的残余误差，主要是仪器的三轴误差，即视准轴误差、横轴误差和竖轴误差。其中，视准轴误差和横轴误差可通过盘左、盘右观测取平均值消除，而竖轴误差不能用正、倒镜观测消除。因此，在观测前除应认真检验、校正照准部水准管外，还应仔细地进行整平。

二、观测误差

观测误差是指观测者在观测操作过程中产生的误差，如对中误差、整平误差、目标偏心误差、瞄准误差和读数误差等。

(1)对中误差。在测站上安置经纬仪，必须进行对中。仪器安置完毕后，仪器的中心位于测站点铅垂线上的误差，称为对中误差。对中误差对水平角观测的影响与偏心距成正比，与测站点到目标点的距离成反比，所以，要尽量减小偏心距，对边长很短且转角接近 180°的观测更应注意仪器的对中。

(2)整平误差。整平误差引起的竖轴倾斜误差，在同一测站竖轴倾斜的方向不变，其对水平角观测的影响与视线倾斜角有关，倾角越大，影响也越大。因此，应注意水准管轴与竖轴垂直的检校和使用中的整平。一般规定在观测过程中，水准管偏离零点不得超过一格。

(3)目标偏心误差。测角时，通常用标杆或测钎立于被测目标点上作为照准标志，若标杆倾斜，而又瞄准标杆上部时，则会使瞄准点偏离被测点而产生目标偏心误差。目标偏心对水平角观测的影响与测站偏心距的影响相似。测站点到目标点的距离越短，瞄准点位置越高，引起的测角误差越大。在观测水平角时，应仔细地把标杆竖直，并尽量瞄准标杆底部。

当目标较近，又不能瞄准其底部时，最好采用悬吊垂球，瞄准垂球线的方法。

(4)瞄准误差。影响望远镜照准精度的因素主要有人眼的分辨能力，望远镜的放大倍率，以及目标的大小、形状、颜色和大气的透明度等。一般人眼的分辨率为 60″。若借助于放大倍率为 V 的望远镜，则分辨能力就可以提高 V 倍，故照准误差为 $60''/V$。DJ_6 级经纬仪放大倍率一般为 28，故照准误差大约为±2.1″。在观测过程中，若观测员操作不正确或视差没有消除，都会产生较大的照准误差。故观测时应尽量消除视差，选择适宜的照准标志，熟练操作仪器，掌握照准方法，并仔细照准以减小误差。

(5)读数误差。该类误差主要取决于仪器的读数设备及读数的熟练程度。读数前要认清度盘以及测微尺的注字刻划特点，读数时要使读数显微镜内分划注字清晰。通常是以最小估读数作为读数估读误差。

三、外界条件的影响

角度观测是在一定的外界条件下进行的，外界环境对测角精度有直接的影响。如刮风、土质松软会影响仪器的稳定，光线不足、目标阴暗、大气透明度低会影响照准精度，地面的辐射热会引起物象的跳动，以及温度变化影响仪器的正常状态等。为了减小这些因素的影响，观测时应踩实三脚架，阳光下(特别是夏秋季)必须撑伞保护仪器，尽量避免在不良气候条件下进行观测，观测视线应尽量避免接近地面、水面和建筑物等，把外界条件的影响降到最低。

第六节　光学经纬仪的检验和校正

一、经纬仪的主要轴线及其应满足的几何关系

经纬仪的主要轴线有视准轴 CC、照准部水准管轴 LL、望远镜旋转轴(横轴)HH、照准部的旋转轴(竖轴)VV，如图 3-15 所示。

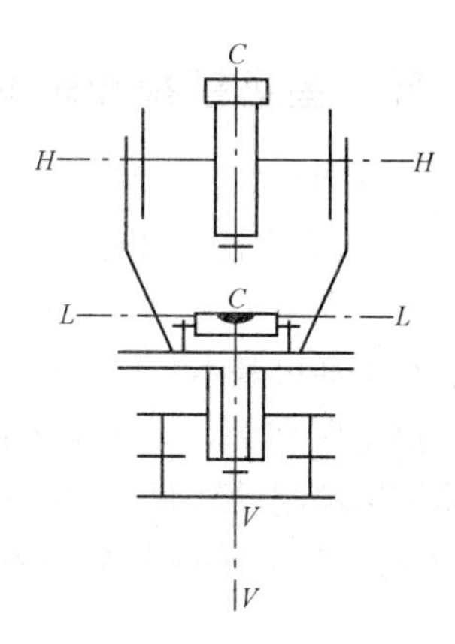

图 3-15　经纬仪的主要轴线关系

经纬仪各主要轴线应满足下列条件：

(1)竖轴应垂直于水平度盘且过其中心。

(2)照准部水准管轴应垂直于仪器竖轴($LL \perp VV$)。

(3)视准轴应垂直于横轴($CC \perp HH$)。

(4)横轴应垂直于竖轴($HH \perp VV$)。

(5)横轴应垂直于竖盘且过其中心。

二、照准部水准管轴的检验与校正

(1)检验目的。使照准部水准管轴垂直于仪器竖轴。

(2)检验方法。将仪器粗略整平，转动照准部，使水准管平行于任意两个脚螺旋的连线方向，调节这两个脚螺旋，使水准管气泡居中，再将仪器旋转 180°，如水准管气泡仍居中，说明水准管轴与竖轴垂直；若气泡不再居中，则说明水准管轴与竖轴不垂直，需要校正。

(3)校正方法。转动与水准管平行的两个脚螺旋，使气泡向中间移动偏离距离的 1/2，剩余的 1/2 偏离量可通过用校正针拨动水准管的校正螺钉，使气泡居中。

此项校正，由于是目估 1/2 气泡偏移量，因此，检验校正需反复进行，直至照准部旋转到任何位置气泡偏离中央不超过一格为止，最后勿忘将旋松的校正螺钉旋紧。

三、十字丝竖丝的检验与校正

(1)检验目的。使十字丝的竖丝垂直于横轴。

(2)检验方法。精确整平仪器，用十字丝竖丝的一端精确瞄准一清晰目标点 P，如图 3-16 所示，旋紧照准部制动螺旋和望远镜制动螺旋。转动望远镜微动螺旋，观测目标点 P，看是否始终在竖丝上移动，若始终在竖丝上移动，如图 3-16(a)所示，说明满足条件；否则需要进行校正，如图 3-16(b)所示。

(3)校正方法。取下目镜端的十字丝分划板护盖，旋松四个压环螺钉(图 3-17)，微微转动十字丝环，使竖丝与照准点重合，直至望远镜上下微动时 P 点始终在竖丝上移动为止。然后拧紧四个压环螺钉，旋上护盖。若每次都用十字丝交点照准目标，即可避免此项误差。

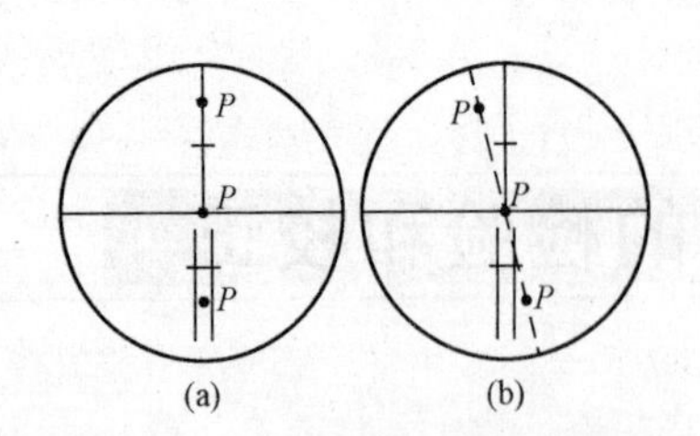

图 3-16　十字丝竖丝垂直于横轴检验

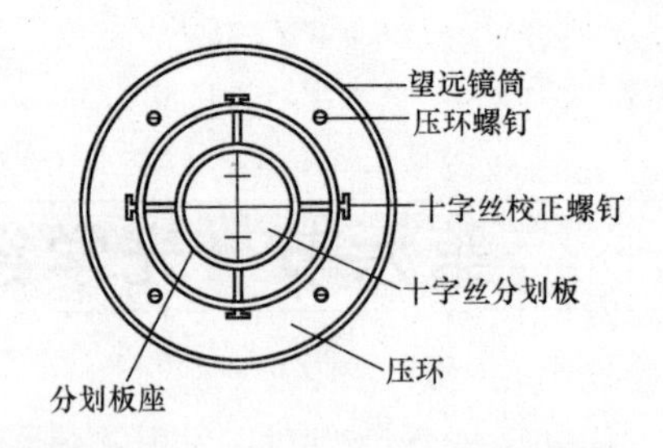

图 3-17　十字丝竖丝垂直于横轴校正

四、望远镜视准轴的检验与校正

(1)检验目的。使视准轴垂直于仪器横轴。

(2)检验方法。在较平坦地区，选择相距约 100 m 的 A、B 两点，在 AB 的中点 O 安置经纬仪，在 A 点设置一个照准标志，B 点水平横放一根水准尺，使其大致垂直于 OB 视线，标志与水准尺基本与仪器同高；盘左位置视线大致水平照准 A 点标志，拧紧照准部制动螺旋，固定照准部，纵转望远镜在 B 尺上读取 B_1[图 3-18(a)]；盘右位置再照准 A 点标志，拧紧照准部制动螺旋，固定照准部，再纵转望远镜在 B 尺上读数 B_2[图 3-18(b)]。若 B_1 与 B_2 为同一个位置的读数(读数相等)，则表示 $CC \perp HH$，否则需校正。

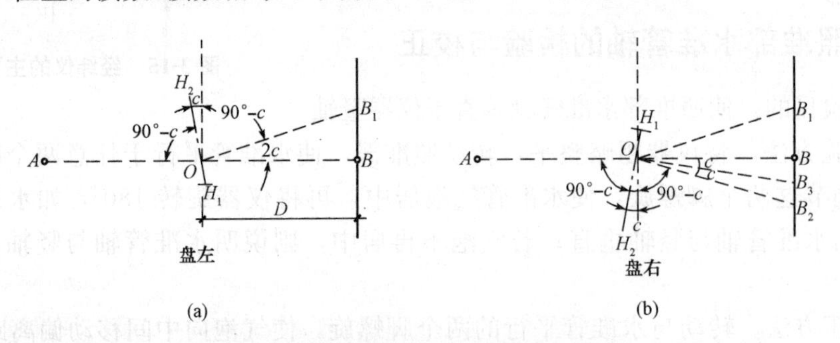

图 3-18　视准轴垂直于横轴的检验与校正

(3)校正方法。如图 3-18(b)所示，在直尺上定出一点 B_3，使 $B_2B_3=\frac{B_1B_2}{4}$，则 B_3 点在直尺上的读数值为视准轴应对准的正确位置。打开望远镜目镜端护盖，用校正针先稍旋松十字丝上、下的十字丝校正螺钉，再拨动左、右两个十字丝校正螺钉，左右移动十字丝分划板，直至十字丝交点对准 B_3 点，校正后将旋松的螺钉旋紧。此项校正也需反复进行。

五、横轴的检验与校正

(1)检验目的。使横轴垂直于竖轴。

(2)检验方法。如图 3-19 所示，安置经纬仪距较高墙面 30 m 左右处，整平仪器；盘左位置，望远镜照准墙上高处一点 M(仰角以 30°～40°为宜)，然后将望远镜大致放平，在墙面上标出十字丝交点的投影 m_1[图 3-19(a)]；盘右位置，再照准 M 点，然后把望远镜放置水平，在墙面上与 m_1 点同一水平线上再标出十字丝交点的投影 m_2，如果两次投点的 m_1 与

m_2 重合，则表明 $HH \perp VV$，否则需要校正。

(3)校正方法。首先在墙上标定出 m_1m_2 直线的中点 m[图 3-19(b)]，用望远镜十字丝交点对准 m，然后固定照准部，再将望远镜上仰至 M 点附近，此时十字丝交点必定偏离 M 点，而在 M' 点。这时打开仪器支架的护盖，校正望远镜横轴一端的偏心轴承，使横轴一端升高或降低，移动十字丝交点，直至十字丝交点对准 M 点为止。对于光学经纬仪，横轴校正螺旋均由仪器外壳包住，密封性好，仪器出厂时又经过严格检查，若不发生巨大震动或碰撞，横轴位置不会变动。一般测量前只进行此项检验，若必须校正，应由专业检修人员进行。

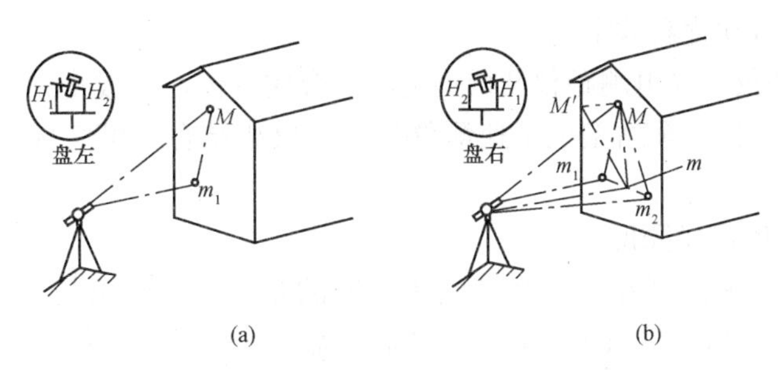

图 3-19　横轴垂直于竖轴的检验与校正

六、竖直度盘水准管的检验与校正

(1)检验目的。消除竖直度盘指标差，使望远镜视准轴水平，竖直度盘指标水准管气泡居中时，指标所指的读数为 90°的整倍数，即使 $x=0°$。

(2)检验方法。安置仪器，用盘左、盘右两个镜位观测同一目标点，分别使竖盘指标水准管气泡居中，读取竖盘读数 L 和 R。计算指标差 $x=\frac{1}{2}(L+R-360°)$，若 x 值超过 $1''$时，则应进行校正。

(3)校正方法。先计算出盘右(或盘左)时的竖盘正确读数 $R_0=R-x$(或 $L_0=L-x$)，仪器仍保持照准原目标，然后转动竖盘指标水准管微动螺旋，使竖盘指标在 R_0(或 L_0)上，此时，竖盘指标水准管气泡不再居中了，用校正针拨动水准管一端的校正螺钉，使气泡居中。

此项检验、校正应反复进行，直至指标差小于规定限差为止。

第七节　电子经纬仪和激光经纬仪简介

一、电子经纬仪

电子经纬仪是在光学经纬仪的基础上发展起来的一种新型测量仪器。这种仪器采用的电子测角方法，能自动显示并记录角度值，从而大大地减轻了测量工作的劳动强度，提高了工作效率。

1. 电子经纬仪的特点

与光学经纬仪相比，电子经纬仪的主要特点如下：

(1)由于采用扫描技术，从而消除了光学经纬仪在结构上的一些误差(如度盘偏心误差、度盘刻划误差)。

(2)现代电子经纬仪具有三轴自动补偿功能，即能自动测定仪器的横轴误差、竖轴误差及视准轴误差，并对角度观测值自动进行改正。

(3)电子经纬仪可将观测结果自动存储至数据记录器，并用数字方式直接显示在显示器上，实现角度测量自动化和数字化。

(4)将电子经纬仪与光电测距仪及微型电脑组合成一体，构成全站型电子速测仪，可直接测定测点的三维坐标。全站型电子速测仪与绘图仪相结合，可实现测量、计算、成图的一体化和自动化。

2. 电子经纬仪的测角原理

电子测角仍然是采用度盘，与光学测角不同的是，电子测角是从度盘上取得电信号，然后再转换成角度，并以数字的形式显示在显示器上。电子经纬仪的测角系统有编码度盘测角系统、光栅度盘测角系统、动态测角系统。本节只介绍编码度盘与光栅度盘的测角原理。

(1)编码度盘的测角原理。电子经纬仪的编码度盘为绝对式光电扫描度盘，即在编码度盘的每一个位置上都可以直接读出度、分、秒的数值，如图 3-20 所示。编码度盘上透光和不透光的两种状态分别表示二进制的“0”和“1”。在编码度盘的上方，沿径向在各条码道相应的位置上分别安装 4 个照明器，一般采用发光二极管作照明光源。同样，在码盘下方相应的位置上安装 4 个接收光电二极管作接收器。光源发出的光经过码盘，就产生了透光与不透光信号，被光电二极管接收。

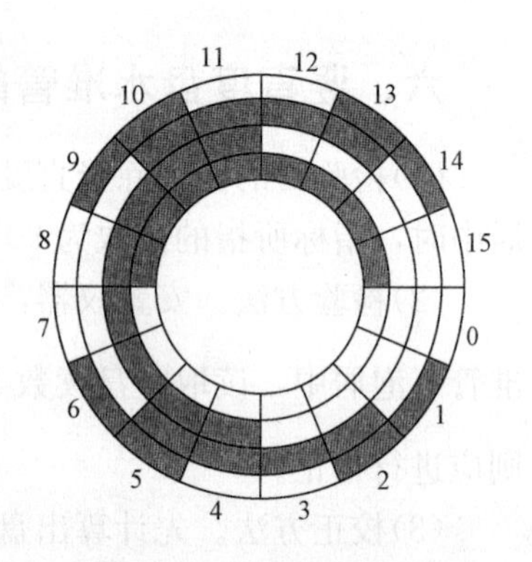

图 3-20 编码度盘示意

由此，光信号转变为电信号，4 位组合起来就是码盘某一径向的读数，再经过译码器，将二进制数转换成十进制数显示输出。测角时码盘不动，而发光管和接收管(统称传感器或读数头)随照准部转动，并可在任何位置读出码盘径向的二进制读数，并显示十进制读数。

(2)光栅度盘的测角原理。在电子经纬仪的玻璃圆盘上，按一定密度、径向均匀地交替刻划透明与不透明的辐射状条纹，条纹与间隙的宽度均为 a，这就构成了光栅度盘，如图 3-21 所示。通常光栅的刻划宽度与缝隙宽度相等，两者之和称为光栅的栅距。栅距所对应的圆心角即为栅距的分划值。如在光栅度盘上、下对应的位置安装照明器和光电接收管，光栅的刻线不透光，缝隙透光，即可把光信号转换为电信号。当照明器和接收管随照准部相对于光栅度盘转动时，由计数器计出转动所累计的栅距数，就可得到转动的角度值。

为了提高测角精度，在光栅测角系统中采用了莫尔条纹(图 3-22)技术。产生莫尔条纹的方法是：取一小块与光栅度盘具有相同密度和栅距的光栅，与光栅度盘以微小的间距重叠，并使其刻线互成一微小夹角 θ，这时就会出现放大的明暗交替的莫尔条纹(栅距由 d 放

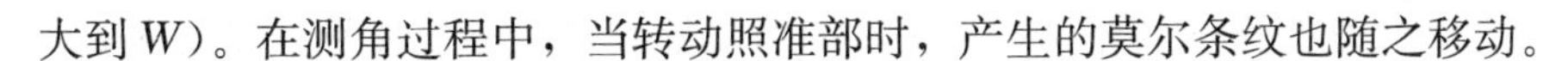

大到 W)。在测角过程中，当转动照准部时，产生的莫尔条纹也随之移动。

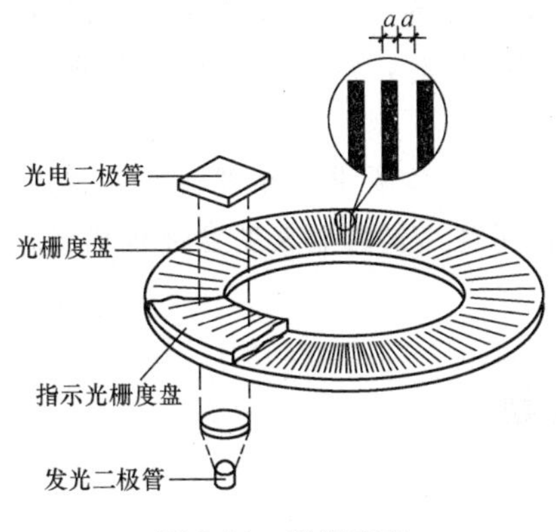

图 3-21　光栅度盘

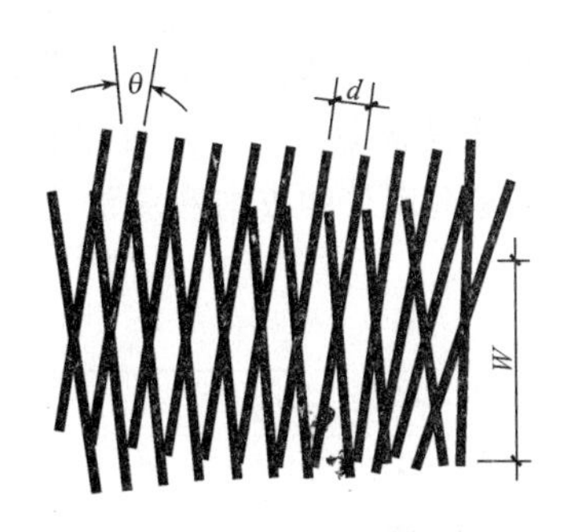

图 3-22　莫尔条纹

3. 电子经纬仪的使用

(1)安置仪器。把仪器安置在测站点上，进行对中、整平。

(2)瞄准后视。用望远镜瞄准后视点。

(3)度盘设置。设置后视点方向的起始角值并做记录。

(4)瞄准前视。转动望远镜至前视点，读记前视角值。

电子经纬仪的使用方法和光学经纬仪基本相同，但不需读数，只需从显示窗中读取角度值。

二、激光经纬仪

激光是一种方向性极强、能量十分集中的光辐射，有助于实现测量过程的高精度、方便性及自动化。激光经纬仪是在 J_2 光学经纬仪上引入半导体激光，并通过望远镜发射激光，且激光束与望远镜照准轴保持同轴、同焦。因此，除具备光学经纬仪的所有功能外，激光经纬仪还有一条可见的激光束，十分便于工程施工。激光经纬仪的望远镜可绕过支架进行盘左、盘右测量，也可向天顶方向垂直发射光束，作为一台激光垂准仪使用。如果配置弯管读数目镜，则可根据竖盘读数对垂直角进行测量。望远镜照准轴精细调成水平后，又可作激光水准仪使用。如果不使用激光；还可作 J_2 光学经纬仪使用。

本章小结

本章主要讲述了水平角、竖直角测量原理，光学经纬仪的构造及使用，水平角与竖直角测量的方法、记录及计算、检验与校正，水平角测量误差产生的原因及注意事项和电子经纬仪、激光经纬仪简介等内容。

1. 水平角是地面上某一点到两个目标点的方向线垂直投影在水平面上的夹角，即通过这两条方向线所作两竖直面间的二面角，它是确定点的平面位置基本要素之一。竖直角(垂直角)是在同一竖直面内，某一点到目标的方向线与水平线之间的夹角，它是确定地面点高程位置的一个要素。

2. 角度测量应用的仪器为光学经纬仪，应按正确的安置与使用方法使用。在仪器的使用上有诸多注意事项，以提高测角的精度。经纬仪有四条主要轴线，它们之间应满足六项几何关系。例如，轴线之间应保证的几何关系遭到破坏时，应予以检验与校正，恢复轴线之间应有的几何关系，减小误差影响。

3. 水平角测量方法一般可根据观测目标的多少和工作要求的精度而定。常用的水平角测量方法有测回法和方向观测法。竖直角测量应使用经纬仪的竖直度盘进行观测。

复习思考题

一、填空题

1. DJ_6 级光学经纬仪主要由________、________和________三大部分组成。

2. DJ_6 级光学经纬仪的使用，包括________、________和________三项基本操作。

3. 经纬仪的主要轴线有________、________、________。

4. 常用的水平角测量方法有________和________两种。

5. 水平角测量受多种误差的影响，主要有________、________和________。

二、选择题(有一个或多个答案)

1. 经纬仪对中的目的是使仪器的中心(竖轴)与测站点位于同一(　　)上。

A. 水平线　　B. 铅垂线

C. 倾斜线　　D. 水平面

2. 经纬仪安置时，整平的目的是使仪器的(　　)。

A. 竖轴位于铅垂位置，水平度盘水平　　B. 水准管气泡居中

C. 竖盘指标处于正确位置　　D. 圆水准器气泡居中

3. 经纬仪视准轴检验和校正的目的是(　　)。

A. 使横轴垂直于竖轴　　B. 使视准轴垂直于横轴

C. 使视准轴平行于水准管轴　　D. 使视准轴平行于横轴

4. DJ_2 级光学经纬仪利用度盘(　　)对径分划线影像符合读数装置进行读数。

A. 90°　　B. 180°

C. 270°　　D. 360°

5. 经纬仪的照准部水准管轴应(　　)于仪器竖轴。

A. 水平　　B. 垂直

C. 倾斜　　D. 重合

6. 用光学经纬仪测量水平角与竖直角时，度盘与读数指标的关系是(　　)。

A. 水平盘转动，读数指标不动；竖盘不动，读数指标转动

B. 水平盘转动，读数指标不动；竖盘转动，读数指标不动

C. 水平盘不动，读数指标随照准部转动；竖盘随望远镜转动，读数指标不动

D. 水平盘不动，读数指标随照准部转动；竖盘不动，读数指标转动

7. 观测水平角时，照准不同方向的目标，应按(　　)旋转照准部。

A. 盘左顺时针，盘右逆时针方向　　B. 盘左逆时针，盘右顺时针方向

C. 总是顺时针方向　　D. 总是逆时针方向

8. 竖直角的最大值为(　　)。

A. 90°　　B. 180°

C. 270°　　D. 360°

9. 经纬仪在盘左位置时将望远镜大致置平，使其竖盘读数在0°左右，望远镜物镜端抬高时读数减小，其盘左的竖直角公式为(　　)。

A. 0°−L　　B. 90°−L

C. 360°−L　　D. L−90°

10. 下列属于水平角测量观测误差的是(　　)。

A. 仪器对中误差　　B. 整平误差

C. 目标偏心误差　　D. 照准误差

三、简答题

1. 什么是水平角？瞄准同一竖直面上高度不同的点在水平度盘上的读数是否相同？为什么？

2. 什么是竖直角？瞄准同一铅垂面内不同高度的点在竖直度盘上的读数是否相同？为什么？

3. 经纬仪有哪些主要轴线？各轴线之间应满足什么条件？

4. 什么是竖盘指标差？如何消除？

5. 电子经纬仪的主要特点是什么？

四、计算题

1. 整理表3-4用测回法观测水平角的观测记录。

表3-4　测回法观测水平角记录

测站	测回	竖盘位置	目标	水平度盘读数/(° ′ ″)	半测回角值/(° ′ ″)	一测回平均角值/(° ′ ″)	各测回平均值/(° ′ ″)	备注
O	第一测回	左	A	0 12 12				
			B	72 18 18				
		右	A	180 12 18				
			B	252 18 30				
O	第二测回	左	A	90 03 42				
			B	162 09 54				
		右	A	270 03 42				
			B	342 09 42				

2. 整理表3-5用方向观测法观测水平角的记录。

表 3-5　方向观测法测角记录表

测站	测回数	目标	读数		2c /(″)	平均读数 /(° ′ ″)	归零方向值 /(° ′ ″)	各测回平均归零方向值 /(° ′ ″)
			盘左 /(° ′ ″)	盘右 /(° ′ ″)				
1	2	3	4	5	6	7	8	9
O	1							
		A	0 01 27	180 01 51				
		B	43 25 17	223 25 37				
		C	95 34 56	275 35 24				
		D	150 00 33	330 01 02				
		A	0 01 37	180 02 01				
O	2							
		A	90 00 38	270 01 07				
		B	133 24 13	313 24 41				
		C	185 33 53	5 34 15				
		D	239 59 36	60 00 00				
		A	90 00 26	270 00 58				

3. 整理表 3-6 的竖直角观测记录。

表 3-6　竖直角观测记录表

测站	目标	盘位置	竖盘读数 /(° ′ ″)	竖直角		竖盘指标差 /(″)	备注
				半测回 /(° ′ ″)	一测回 /(° ′ ″)		
O	A	左	71 12 36				
		右	288 47 00				
	B	左	96 18 42				
		右	263 41 00				

4. 用盘左始读数为 90°，逆时针方向注记仪器观测 A 目标的竖直角一测回，观测结果为 $L=95°12'30''$，$R=264°47'06''$，求该目标的竖直角。

第四章　距离测量与直线定向

学习目标

通过本章的学习，熟悉钢尺测量的工具，钢尺检定与精度量距的方法，直线定向、坐标方位角和象限角的基本定义；掌握视距测量和光电测距的操作方法，直线定向的方法，坐标方位角的计算方法。

能力目标

能够使用钢尺进行距离测量，具备视距测量的能力，能熟练操作红外测距仪，能够进行直线定向。

距离测量是确定地面点位的基本测量工作之一。距离测量是指测量地面两点之间的水平距离。水平距离是指地面上两点垂直投影到水平面上的直线距离。直线定向是指确定地面两点垂直投影到水平面上的连线方向，一般用方位角表示直线的方向。根据使用工具和方法的不同，分为钢尺量距、视距测量和光电测距。

第一节　钢尺量距

一、钢尺测量工具

距离丈量常用的工具有钢尺、皮尺和辅助工具。其中，辅助工具包括标杆(花杆)、测钎、垂球等。

1. 钢尺

钢尺是用薄钢片制成的带状尺，可卷入金属圆盒内，故又称钢卷尺，如图 4-1 所示。钢尺尺宽为 10～15 mm，厚度为 0.1～0.4 mm，长度有 20 m、30 m 和 50 m 三种。尺面在每厘米、分米和米处注有数字注记，有的钢尺仅在尺的起点 10 cm 内有毫米分划，而有的钢尺全长内都刻有毫米分划。

按尺上零点位置的不同，钢尺可分为端点尺和刻线尺。尺的零点是从尺环端起始的，称为端点尺，在尺的前端刻有零分划线的称为刻线尺，如图 4-2 所示。端点尺多用于建筑物墙边开始的丈量工作，较为方便，刻线尺多用于地面点的丈量工作。

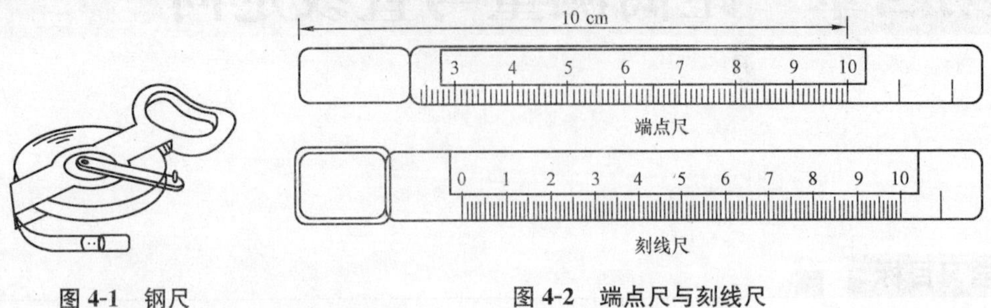

图 4-1 钢尺

图 4-2 端点尺与刻线尺

钢尺抗拉强度高，不易拉伸，所以量距精度较高，在工程测量中常用钢尺量距。钢尺性脆，易折断，易生锈，使用时要避免扭折，且防止受潮。

2. 皮尺

皮尺是用麻线和金属丝织成的带状尺，表面涂有防腐油漆，长度有 20 m、30 m、50 m 三种，如图 4-3 所示。皮尺基本分划为厘米，在分米和整米处有注记数字，尺前端铜环的端点为尺的零点。使用皮尺量距时，要有标杆和测钎的配合，当丈量距离大于尺长或虽然丈量距离小于尺长但地面起伏较大时，用标杆支撑尺段两端量距可引导方向，以免量歪。皮尺受潮易收缩，受拉易伸长，长度变化较大，因此，只适用于精度要求较低的距离丈量中。

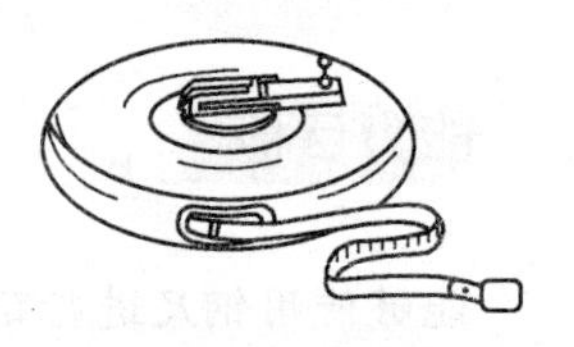

图 4-3 皮尺

3. 辅助工具

(1)标杆。标杆多用木料或铝合金制成，直径约为 3 cm，杆长为 2 m 或 3 m，杆上油漆成红、白相间的 20 cm 色段，非常醒目，杆的下端装有尖头的铁脚，以便插入地下或对准点位，作为照准标志，如图 4-4(a)所示。

(2)测钎。测钎是用直径为 3～6 mm，长度为 30～40 cm 的钢筋制成，上部弯成小圈，下端磨成尖状，钎上可用油漆涂成红、白相间的色段，通常以 6 根或 11 根组成一组，如图 4-4(b)所示。量距时，将测钎插入地面，用以标定尺的端点位置和计算整尺段数，也可作为照准标志。

(3)垂球。垂球用金属制成，上大下尖，呈圆锥形，上端中心系一细绳，悬吊后，要求垂球尖与细绳在同一垂线上，如图 4-4(c)所示。它常用于在斜坡上丈量水平距离。

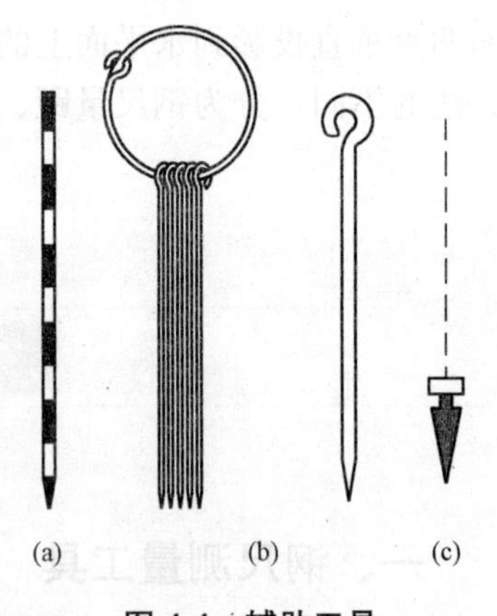

图 4-4 辅助工具

(a)标杆；(b)测钎；(c)垂球

二、直线定线

当地面两点之间的距离大于钢尺的一个尺段时，就需要在直线方向上标定若干个分段点，以便于用钢尺分段丈量，这项工作称为直线定线。

1. 目测定线

目测定线就是用目测的方法，用标杆将直线上的分段点标定出来。如图 4-5 所示，*MN*

是地面上互相通视的两个固定点，C、D 等为待定分段点。定线时，先在 M、N 点上竖立标杆，测量员甲位于 M 点后 1～2 m 处，视线将 M、N 两标杆同一侧相连成线，然后指挥测量员乙持标杆在 C 点附近左右移动标杆，直至三根标杆的同侧重合到一起时为止。同法可定出 MN 方向上的其他分段点。定线时要将标杆竖直。在平坦地区，定线工作常与丈量距离同时进行，即边定线边丈量。

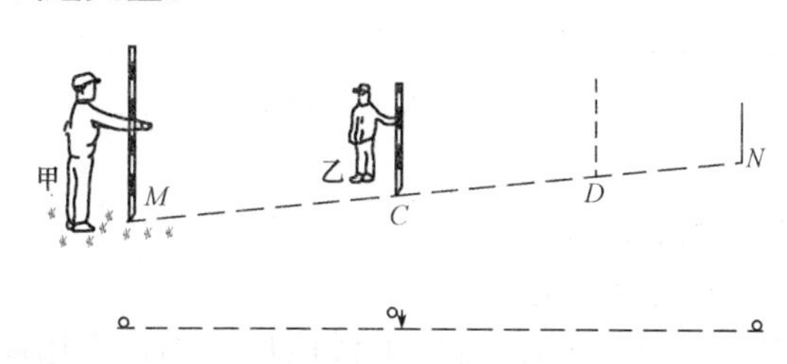

图 4-5　目测定线

2. 过高地定线

如图 4-6 所示，M、N 两点在高地两侧，互不通视，欲在 MN 两点之间标定直线，可采用逐渐趋近法。先在 M、N 两点竖立标杆，甲、乙两人各持标杆分别选择 O_1 和 P_1 处站立，要求 N、P_1、O_1 位于同一直线上，且甲能看到 N 点，乙能看到 M 点。可先由甲站在 O_1 处指挥乙移动至 NO_1 直线上的 P_1 处。然后，由站在 P_1 处的乙指挥甲移动至 MP_1 直线上的 O_2 点，要求 O_2 能看到 N 点，接着再由站在 O_2 处的甲指挥乙移至能看到 M 点的 P_2 处，这样逐渐趋近，直到 O、P、N 在一直线上，同时，M、O、P 也在一直线上，这时说明 M、O、P、N 均在同一直线上。

3. 经纬仪定线

若量距的精度要求较高或两端点距离较长，宜采用经纬仪定线。如图 4-7 所示，欲在 MN 直线上定出 1、2、3 点。在 M 点安置经纬仪，对中、整平后，用十字丝交点瞄准 N 点标杆根部尖端，然后制动照准部，望远镜可以上、下移动，并根据定点的远近进行望远镜对光，指挥标杆左右移动，直至 1 点标杆下部尖端与竖丝重合为止。2、3 点的标定，只需将望远镜的俯角变化即可。

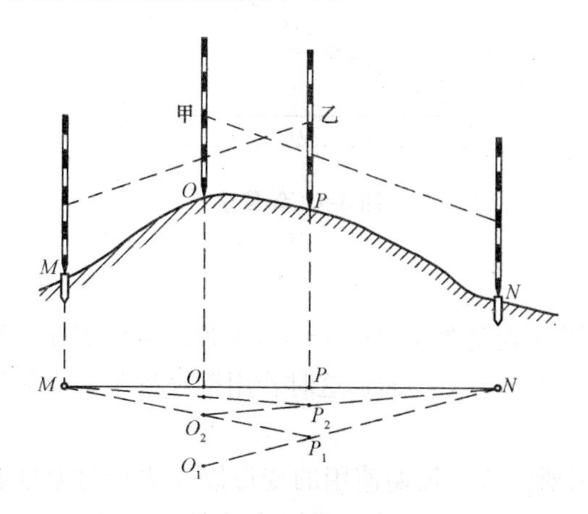

图 4-6　过高地定线

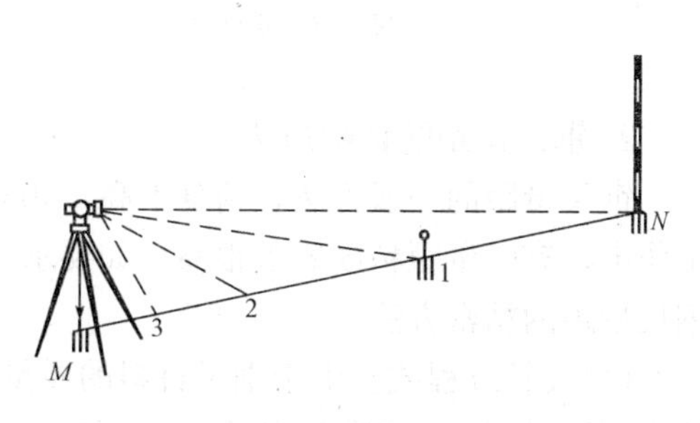

图 4-7　经纬仪定线

三、钢尺测量的方法

1. 钢尺量距的一般方法

(1)平坦地面的距离丈量。当地面平坦时，可沿地面直接丈量水平距离：先在地面定出直线方向，然后逐段丈量。

直线的水平距离按下式计算：

$$D=N\cdot l+q \tag{4-1}$$

式中 N——整尺段数；

l——钢尺的一整尺段长(m)；

q——不足一整尺的零尺段的长(m)。

丈量时，后尺手持钢尺零点一端，前尺手持钢尺末端，常用测钎标定尺段端点位置。丈量时应注意沿着直线方向，钢尺须拉紧伸直而无卷曲。直线丈量时，尽量以整尺段丈量，最后丈量余长，以方便计算。丈量时应记清楚整尺段数，或用测钎数表示整尺段数。

在平坦地面丈量所得的长度即为水平距离。为了防止错误和提高丈量距离的精度，需要边定线边丈量，进行往、返测，往、返各丈量一次称为一个测回。

(2)倾斜地面的距离丈量。

1)平量法。当两点之间高差不大时，可抬高钢尺的一端，使尺身水平进行丈量。如图 4-8 所示，丈量由 M 向 N 进行，后尺手将尺的零端对准 M 点，前尺手将尺抬高，并且目估使尺子水平，用垂球尖将尺段的末端投于 MN 方向线地面上，再插以测钎。依次进行，丈量 MN 的水平距离。

2)斜量法。当倾斜地面的坡度比较均匀时，如图 4-9 所示，可沿斜面直接丈量出 MN 的倾斜距离 L，测出地面倾斜角 α 或 MN 两点间的高差 h，按下式计算 MN 的水平距离 D：

$$D=L\cos\alpha \tag{4-2}$$

$$D=\sqrt{L^2-h^2} \tag{4-3}$$

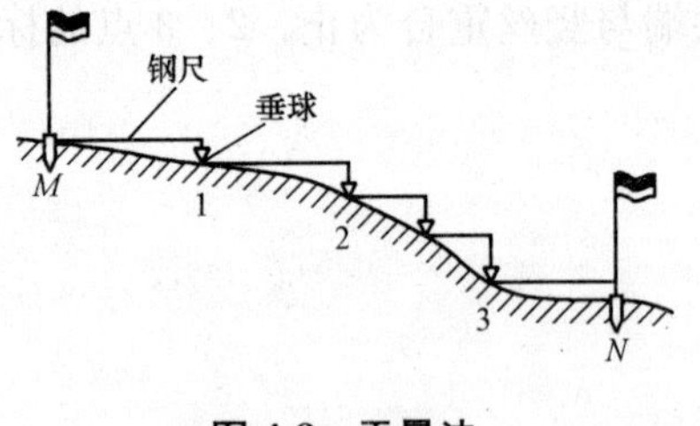

图 4-8 平量法

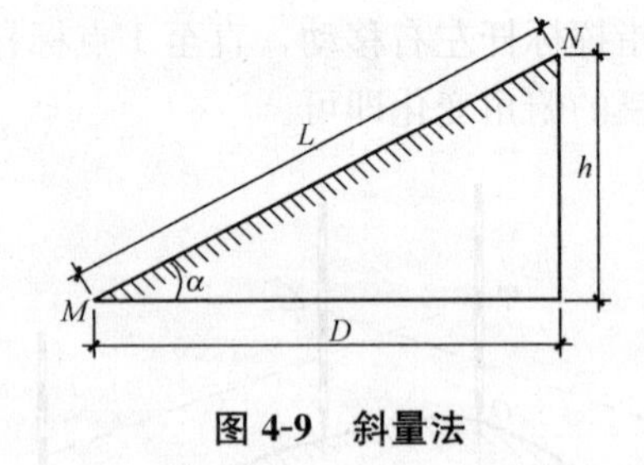

图 4-9 斜量法

2. 钢尺量距的精密方法

钢尺量距的一般方法，精度不高，相对误差只能达到 1/2 000～1/5 000。但在实际测量工作中，有时量距精度要求很高，如要求 1/40 000～1/10 000，这时若用钢尺量距，应采用钢尺量距的精密方法。

(1)尺长方程式。由于钢尺材料的质量与刻划误差、长期使用的变形以及丈量时温度和拉力不同的影响，其实际长度往往不等于其名义长度(即钢尺上所标注的长度)。因此，量距前应对钢尺进行检定。钢尺检定后，应给出尺长随温度变化的函数式(称为尺长方程式)，

其一般形式为

$$L_t = L_0 + \Delta L + \alpha L_0 (t - t_0) \tag{4-4}$$

式中 L_t——钢尺在温度为 t 时的实际长度；

L_0——钢尺的名义长度；

ΔL——尺长改正数，即钢尺在温度为 t_0 时的改正数，等于实际长度减去名义长度；

α——钢尺的线膨胀系数，其值取为 1.25×10^{-5}℃$^{-1}$；

t_0——钢尺检定时的标准温度(20 ℃)；

t——钢尺使用时的温度。

(2)钢尺的检定方法。

1)与标准尺比长。钢尺检定最简单的方法是将欲检定的钢尺与检定过的已有尺长方程式的钢尺进行比较(认定它们的线膨胀系数相同)，求出尺长改正数，再进一步求出欲检定钢尺的尺长方程式。

【例 4-1】 设标准尺的尺长方程式为 $L_{t标}=30+0.003+1.25\times10^{-5}\times30(t-20\text{ ℃})$(m)，被检定的钢尺多次丈量标准长度为 29.997 m，从而求得被检定钢尺的尺长方程式为

$L_{t检}=L_{t标}+(30-29.997)=30+0.003+1.25\times10^{-5}\times30(t-20\text{ ℃})+0.003=30+0.006+1.25\times10^{-5}\times30(t-20\text{ ℃})$(m)

2)将被检定钢尺与基准线长度进行实量比较。在测绘单位已建立的校尺场上，利用两固定标志间的已知长度 D 作为基准线来检定钢尺的方法是：将被检定钢尺在规定的标准拉力下多次丈量(至少往返各三次)基准线 D 的长度，求得其平均值 D'。测定检定时的钢尺温度，然后通过计算即可求出在 $t_0=25$ ℃时的尺长改正数，并求得该尺的尺长方程式。

【例 4-2】 设已知基准线长度为 140.306 m，用名义长度为 30 m 的钢尺在温度 $t=9$ ℃时，多次丈量基准线长度的平均值为 140.326 m，试求钢尺在 $t_0=25$ ℃时的尺长方程式。

【解】 被检定钢尺在 9 ℃时，整尺段的尺长改正数 $\Delta L=\dfrac{140.306-140.326}{140.326}\times30=-0.0043$(m)，则被检定钢尺在 9 ℃时的尺长方程式为 $L_t=30-0.0043+1.25\times10^{-5}\times30(t-9\text{ ℃})$；然后求被检定钢尺在 25 ℃时的长度为 $L_{25}=30-0.0043+1.25\times10^{-5}\times30\times(25\text{ ℃}-9\text{ ℃})=30+0.0017$，则被检定钢尺在 25 ℃时的尺长方程式为

$$L_t=30+0.0017+1.25\times10^{-5}\times30(t-25\text{ ℃})$$

钢尺送检后，根据给出的尺长方程式，利用式中的第二项可知实际作业中整尺段的尺长改正数。利用式中第三项可求出尺段的温度改正数。

(3)精密量距。

1)准备工作。

①清理场地。在欲丈量的两点方向线上，首先要清除影响丈量的障碍物，如杂物、树丛等，必要时要适当平整场地，使钢尺在每一尺段中不因地面障碍物而产生挠曲。

②直线定线。精密量距用经纬仪定线。如图 4-7 所示，安置经纬仪于 M 点，照准 N 点，固定照准部，沿 MN 方向用钢尺进行概量，按稍短于一尺段长的位置，由经纬仪指挥打下木桩。桩顶高出地面 10～20 cm，并在木桩钉上包一镀锌薄钢板(也可用铝片)，并用小刀在镀锌薄钢板上刻划十字线，十字线交点即为丈量时的标志。

③测桩顶间高差。利用水准仪，用双面尺法或往、返测法测出各相邻桩顶间高差。所

测相邻桩顶间高差之差，对于一级小三角，起始边不得大于 5 mm，对于二级小三角，起始边不得大于 10 mm，在限差内取其平均值作为相邻桩顶间的高差。测桩顶间高差，是为了将沿桩顶丈量的倾斜距离化算成水平距离。

2)丈量方法。精密量距要用检定过的钢尺，一般由 5 人组成一组，2 人拉尺，2 人读数，1 人指挥、测温度兼记录。

丈量时，如图 4-10 所示，后尺员把弹簧秤挂于钢尺的零端，以便施加钢尺检定时的标准拉力(30 m 钢尺用 100 N，50 m 钢尺用 150 N)，前尺员拿尺子末端，两人同时拉紧钢尺，把尺有刻划的一侧贴切于木桩钉十字线交点，两人拉稳尺子，待弹簧秤指示为标准拉力时，由后尺员发出“预备”口令，前尺员回答“好”，在此瞬间，前、后读尺员同时读数，估读至 0.5 mm，记录员计入手簿，见表 4-1，并计算尺段长度。

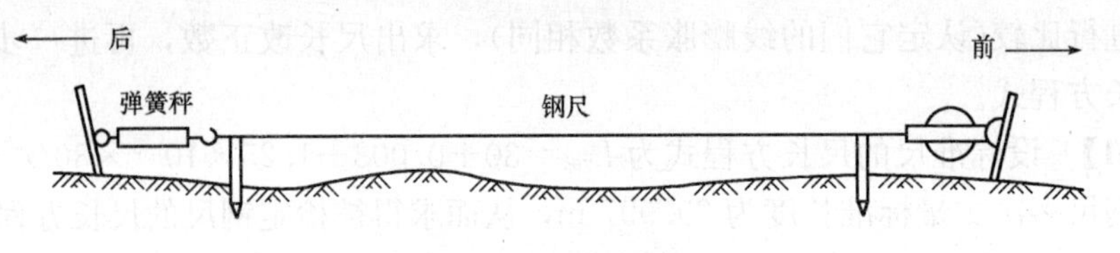

图 4-10　钢尺精密量距

表 4-1　精密量距记录计算表

钢尺号码：№：11　钢尺膨胀系数：0.000 012　钢尺检定时温度 t_0：20 ℃　计算者：——
钢尺名义长度 l_0：30 m　钢尺检定长度 l：30.002 5　钢尺检定时拉力：100 N　日期：

尺段编号	实测次数	前尺读数/m	后尺读数/m	尺段长度/m	温度/℃	高差/m	温度改正数/mm	尺长改正数/mm	倾斜改正数/mm	改正后尺段长/m
A1	1	29.936 0	0.070 0	29.966 0	25.8	−0.152	+2.1	+2.5	−0.4	29.869 4
	2	400	755	645						
	3	500	850	650						
	平均			29.865 2						
12	1	29.923 0	0.017 5	29.905 5	27.6	−0.174	+2.7	+2.5	−0.5	29.910 4
	2	300	250	050						
	3	380	315	065						
	平均			29.905 7						
…	…	…	…	…			…	…	…	…
6B	1	18.975 0	0.075 0	18.900 0	27.5	−0.065	+1.7	+1.6	−0.1	18.902 7
	2	540	545	8 995						
	3	800	810	8 990						
	平均			18.899 5						
$\sum$										198.283 8

移动钢尺 2～3 mm，同法再次丈量，每尺段丈量三次，读三组读数，三组读数算得的长度之差不超过 3 mm，否则应重量。若三次丈量长度之差在容许限差之内，取三次丈量结果的平均值作为尺段丈量的结果。每一尺段要测记温度一次，估读至 0.5 ℃。如此下去直

至丈量的终点，即完成一次往测。完成往测后，应立即返测。为了校核和达到规定的丈量精度，一般应往返若干次。

3)内业数据处理。将每一尺段丈量结果经过尺长改正、温度改正和倾斜改正后，换算成水平距离，并求总和，得到直线往测、返测的全长。往测、返测较差符合精度要求后，取往测、返测结果的平均值作为最后成果。

①尺长改正。由于钢尺的名义长度和实际长度不一致，丈量时就会产生误差。设钢尺在标准温度、标准拉力下的实际长度为 L，名义长度为 L_0，则一整尺的尺长改正数为

$$\Delta L = L - L_0 \tag{4-5}$$

每量 1 m 的尺长改正数为

$$\Delta L_m = \frac{L - L_0}{L_0} \tag{4-6}$$

丈量距离为 D'时的尺长改正数为

$$\Delta L_l = \frac{L - L_0}{L_0} \cdot D' \tag{4-7}$$

钢尺的实际长度大于名义长度时，尺长改正数为正，反之为负。

例如，表 4-1 中 A1 尺段尺长改正数为

$$\Delta L_1 = \frac{30.002\,5 - 30}{30} \times 29.865\,2 = +0.002\,5(\text{m})$$

②温度改正。对钢尺量距时的温度和标准温度不同引起的尺长变化进行的距离改正称为温度改正。

一般钢尺的线膨胀系数采用 $\alpha = 1.25 \times 10^{-5}$℃$^{-1}$，表示钢尺温度每变化 1 ℃时，每 1 m 钢尺将伸长(或缩短)0.000 012 5 m，所以尺段长 D'的温度改正数为

$$\Delta L_i = \alpha(t - t_0)D' \tag{4-8}$$

例如，表 4-1 中 A1 尺段温度改正数为

$$\Delta L_i = 0.000\,012 \times (25.8 - 20) \times 29.865\,2 = +0.002\,1(\text{m})$$

③倾斜改正。设量得的倾斜距离为 D'，两点之间测得的高差为 h，将 D'改算成水平距离 D 需加倾斜改正数 ΔL_h，一般用下式计算

$$\Delta L_h = -\frac{h^2}{2D'} \tag{4-9}$$

倾斜改正数 ΔL_h 永远为负值。

例如，表 4-1 中 A1 尺段倾斜改正数为

$$\Delta L_h = -\frac{(-0.152)^2}{2 \times 29.865\,2} = -0.000\,4(\text{m})$$

④改正后的水平距离。综上所述，改正后的尺段水平距离为

$$D = D' + \Delta L_l + \Delta L_i + \Delta L_h$$

例如，表 4-1 中 A1 尺段改正的水平距离为

$$D = 29.865\,2 + 0.002\,5 + 0.002\,1 - 0.000\,4 = 29.869\,4(\text{m})$$

四、钢尺量距误差及注意事项

影响钢尺量距精度的因素很多，但其产生误差的原因主要有以下几种：

(1)尺长误差。如果钢尺的名义长度和实际长度不符，则产生尺长误差。尺长误差是积累的，丈量的距离越长，误差越大。因此，新购置的钢尺必须经过检定，测出其尺长改正值ΔL_l。

(2)温度误差。钢尺的长度随温度而变化，当丈量时的温度和标准温度不一致时，将产生温度误差。按照钢的膨胀系数计算，温度每变化1 ℃，丈量距离为30 m时对距离的影响为0.4 mm。

(3)钢尺倾斜和垂曲误差。在高低不平的地面上采用钢尺水平法量距时，钢尺不水平或中间下垂而成曲线时，都会使量得的长度比实际长度大。因此，丈量时必须注意钢尺水平。

(4)定线误差。丈量时钢尺没有准确地放在所量距离的直线方向上，使所量距离不是直线而是一组折线，造成丈量结果偏大，这种误差称为定线误差。丈量30 m的距离，当偏差为0.25 m时，量距偏大1 mm。

(5)拉力误差。钢尺在丈量时所受到的拉力应与检定时拉力相同。若拉力变化±2.6 kg，尺长将改变±1 mm。

(6)丈量误差。丈量时在地面上标志尺端点位置处插测钎不准，前、后尺手配合不佳，余长读数不准等都会引起丈量误差，这种误差对丈量结果的影响可正可负，大小不定。在丈量中要尽力做到对点准确，配合协调。

第二节　视距测量

视距测量是利用水准仪、经纬仪等测量仪器的望远镜内的视距装置，根据几何光学和三角学原理测定距离和高差的一种方法。这种方法操作简便、速度快、不受地面起伏的限制，但测距精度较低，一般相对误差为1/300～1/200，测高差的精度也低于水准测量和三角高程测量。它广泛应用于地形图的碎部测量。

一、视距测量的原理

1. 视线水平时计算水平距离与高差的公式

如图4-11所示，A、B两点之间的水平距离D与高差h的计算公式如下：

$$D=KL \tag{4-10}$$

$$h=i-v \tag{4-11}$$

式中　D——仪器到立尺点间的水平距离；

K——视距乘常数，通常为100；

L——望远镜上、下丝在标尺上读数的差值，称为视距间隔或尺间隔；

h——A、B两点之间的高差(测站点与立尺点之间的高差)；

i——仪器高(地面点至经纬仪横轴或水准仪视准轴的高度)；

v——十字丝中丝在尺上的读数。

水准仪视线水平是根据水准管气泡居中来确定的。经纬仪视线水平，是根据在竖盘水准管气泡居中时，用竖盘读数为 90°或 270°来确定的。

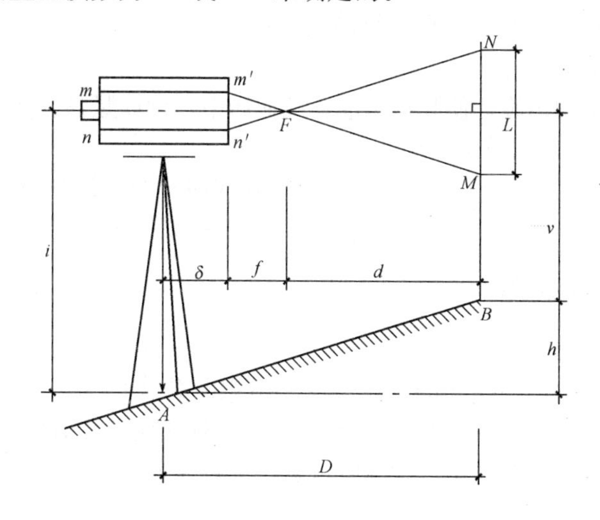

图 4-11　视线水平时的视距测量

2. 视线倾斜时计算水平距离和高差的公式

如图 4-12 所示，A、B 两点之间的水平距离 D 与高差 h 的计算公式如下：

$$D=KL\cos^2\alpha \tag{4-12}$$

$$h=\frac{1}{2}KL\sin2\alpha+i-v \tag{4-13}$$

式中　α——视线倾斜角(竖直角)；

式中其他符号意义同前。

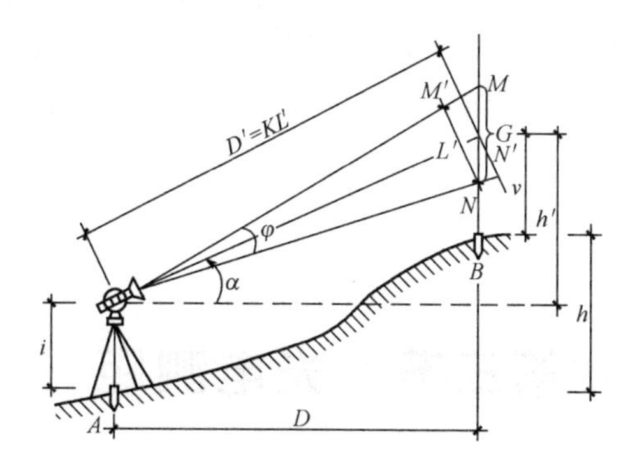

图 4-12　视线倾斜时的视距测量

二、视距测量的方法

1. 量仪高(i)

在测站上安置经纬仪，对中、整平，用皮尺量取仪器横轴至地面点的铅垂距离，取至厘米。

2. 求视距间隔(L)

对准 B 点竖立的标尺，读取上、中、下三丝在标尺的读数，读至毫米。上、下丝相减求出视距间隔 L 值。中丝读数 v 用以计算高差。

3. 计算视线倾斜角(α)

转动竖盘水准管微动螺旋，使竖盘水准管气泡居中，读取竖盘读数，并计算 α。

4. 计算水平距离和高差(D 和 h)

最后将上述 i、L、v、α 四个量代入式(4-12)和式(4-13)，计算 A、B 两点之间的水平距离 D 和高差 h。

三、视距测量的误差

1. 读数误差

视距丝的读数是影响视距精度的重要因素。由视距公式可知，如果尺间隔有 1 mm 误差，将使视距产生 0.1 m 误差。因此，有关测量规范对视线长度有限制要求。另外，由上丝对准整分米数，由下丝直接读出视距间隔可减小读数误差。

2. 标尺倾斜误差

标尺倾斜对测定水平距离的影响随视准轴竖直角的增大而增大。山区测量时的竖直角一般较大，此时应特别注意将标尺竖直。视距标尺上一般装有水准器，立尺者在观测者读数时应参照尺上的水准器来使标尺竖直及稳定。

3. 视距乘常数 K 的误差

通常认定视距乘常数 $K=100$，但由于视距丝间隔有误差、视距尺有系统性刻划误差，以及仪器检定各种因素的影响，都会使 K 值不为 100。K 值一旦确定，误差对视距的影响将是系统性的等。

4. 外界条件的影响

近地面的大气折光使视线弯曲，给视距测量带来误差。根据试验，只有在视线离地面超过 1 m 时，折光影响才比较小。空气对流使视距尺的成像不稳定，从而造成读数误差增大，因此，对视距精度影响很大。如果风力较大使尺子不易立稳而发生抖动，将会对视距间隔产生影响。

第三节 光电测距

光电测距仪是以红外光、激光、电磁波为载波的光电测距仪器。与传统的钢尺量距相比，光电测距具有精度高、作业效率高、受地形影响小等优点。测距仪按测程可分为短程测距仪(小于 5 km)、中程测距仪(5～15 km)和远程测距仪(大于 15 km)。短程测距仪常以红外光作载波，故称为红外测距仪。红外测距仪被广泛应用于工程测量和地形测量中。

一、光电测距的原理

如图 4-13 所示，欲测定 A、B 两点之间的距离 D，可在 A 点安置能发射和接收光波的光电测距仪，在 B 点设置反射棱镜(与光电测距仪高度一致)，光电测距仪发出的光束经棱镜反射后，又返回到测距仪。通过测定光波在待测距离两端点间往返传播一次的时间 t，根据光波在大气中的传播速度 c，计算距离 D 为

$$D=\frac{1}{2}ct_{2D} \tag{4-14}$$

式中　c——光在大气中的光速值，$c=\frac{c_0}{n}$，其中，c_0 为真空中的光速值，其值为 $(299\ 792\ 458\pm1.2)$m/s；n 为大气折射率，它与测距仪所用光源的波长 λ、测线上的气温 t、气压 p 有关。

由式(4-14)可知，测定距离的精度，主要取决于测定时间 t_{2D} 的精度。因此，大多采用间接测定法来测定 t_{2D}。根据测量光波间接测定 t_{2D} 的方法有脉冲式和相位式两种。

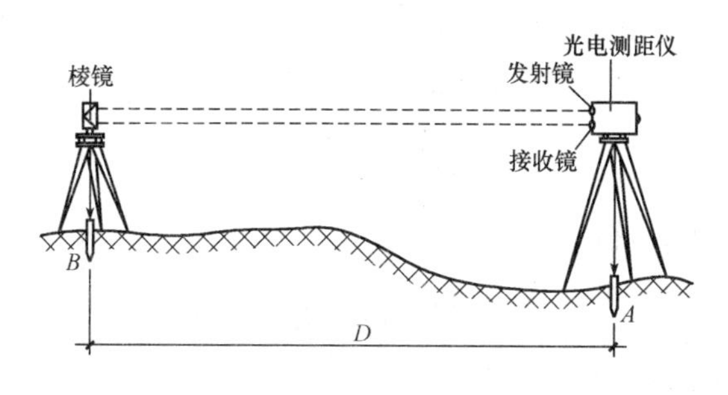

图 4-13　光电测距原理

1. 脉冲式光电测距仪测距的原理

脉冲式光电测距仪是将发射光波的光调制成一定频率的尖脉冲，通过测量发射的尖脉冲在待测距离上往返传播的时间来计算距离。如图 4-14 所示，在尖脉冲光波离开测距仪发射镜的瞬间，触发打开电子门，此时，时钟脉冲进入电子门填充，计数器开始计数。在仪器接收镜接收到由棱镜反射回来的尖脉冲光波的瞬间，关闭电子门，计数器停止计数。设时钟脉冲的振荡频率为 f_0，周期为 $T_0=1/f_0$，计数器计得的时钟脉冲个数为 q，则有

$$t_{2D}=qT_0=\frac{q}{f_0} \tag{4-15}$$

2. 相位式光电测距仪测距的原理

由于脉冲宽度和电子计数器时间分辨率的限制，脉冲式测距仪测距精度较低。高精度的测距仪，一般采用相位式。

相位式光电测距仪是将发射光波的光调制成正弦波的形式，通过测量正弦光波在待测距离上往返传播的相位差来计算距离。图 4-15 所示为将返程的正弦波以反射棱镜站 B 点为中心对称展开后的图形。正弦光波振荡一个周期的相位差是 2π，设发射的正弦光波经过 $2D$ 距离后的相位移为 φ，则 φ 可以分解为 N 个 2π 整数周期和不足一个整数周期相位差 $\Delta\varphi$，也即有

$$\varphi=2\pi N+\Delta\varphi \tag{4-16}$$

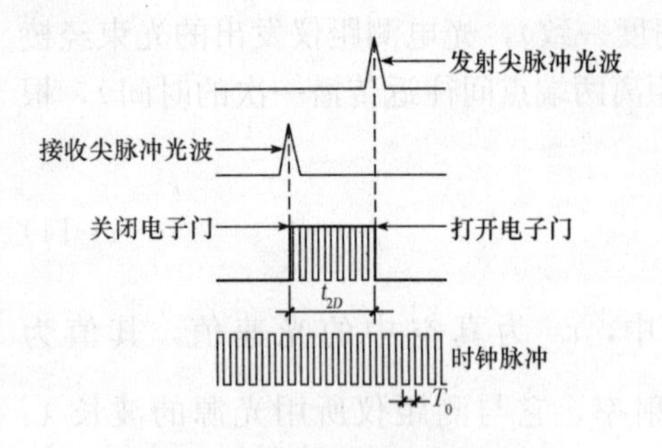

图 4-14　脉冲式光电测距原理

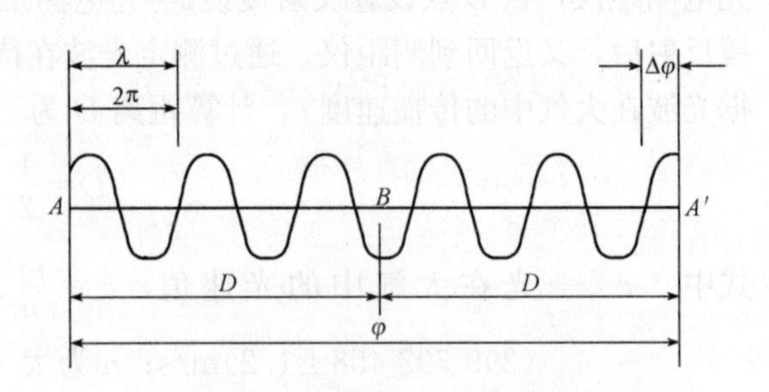

图 4-15　相位式光电测距原理

设正弦光波振荡频率为 f，角频率为 ω，波长为 λ_s（$\lambda_s=c/f$），光变化一周期的相位移为 2π，则

$$\varphi=\omega t_{2D}=2\pi f t_{2D}$$

$$t_{2D}=\frac{\varphi}{2\pi f} \tag{4-17}$$

将式(4-17)代入式(4-14)得

$$D=\frac{c}{2f}\cdot\frac{\varphi}{2\pi} \tag{4-18}$$

将式(4-16)代入式(4-18)得

$$D=\frac{c}{2f}\left(N+\frac{\Delta\varphi}{2\pi}\right)=\frac{\lambda_s}{2}(N+\Delta N) \tag{4-19}$$

式中　$\Delta N=\frac{\Delta\varphi}{2\pi}$，$\Delta N$ 小于 1，为不足一个周期的小数；

　　　N——整周期数。

式(4-19)中 $\lambda_s=c/f$ 为正弦波的波长，$\lambda_s/2$ 为正弦波的半波长，又称测距仪的测尺。取 $c\approx3\times10^8$ m，则不同的调制频率 f 对应的测尺长度见表 4-2。

表 4-2　调制频率与测尺长度的关系

调制频率 f	15 MHz	7.5 MHz	1.5 MHz	150 kHz	75 kHz
测尺 $\lambda_s/2$	10 m	20 m	100 m	1 km	2 km

由表 4-2 可知，f 与 $\lambda_s/2$ 的关系是：调制频率越大，测尺长度越短。

如果能够测出正弦光波在待测距离上往返传播的整周期数 N 和不足一个周期的小数 ΔN，就可以依式(4-19)计算出待测距离 D。

由于测距仪的测相装置相位计只能测定往返调制光波不足一个周期的小数 ΔN，测不出整周期数 N，其测相误差一般小于 1/1 000。这就使式(4-19)产生多值解，只有当待测距离小于测尺长度时(此时 $N=0$)，才有确定的距离值。一般通过在相位式光电测距仪中设置多个测尺，用各测尺分别测距，然后将测距结果组合起来的方法来解决距离的多值解问题。在仪器的多个测尺中，用较长的测尺(1 km 或 2 km)测定距离的大数(千米、百米、十米、米数)，称为粗尺；用较短的测尺(10 m 或 20 m)测定距离的尾数(米、分米、厘米、毫米数)，称为精尺。粗尺和精尺的数据组合起来即可得到实际测量的距离值。精粗测尺测距结

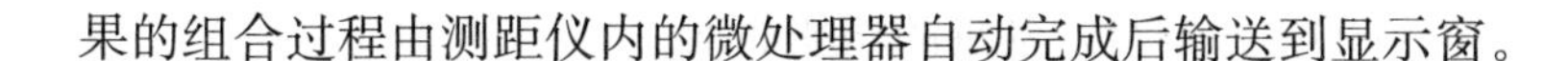

果的组合过程由测距仪内的微处理器自动完成后输送到显示窗。

二、光电测距仪的构造及其使用

1. 红外测距仪的基本构造

图 4-16 所示为 D3030E/D2000 红外测距仪，它的单棱镜测程为 1.5～1.8 km，三棱镜测程为 2.5～3.2 km，测距标准差为$\pm(5+3\times10-6D)$mm。

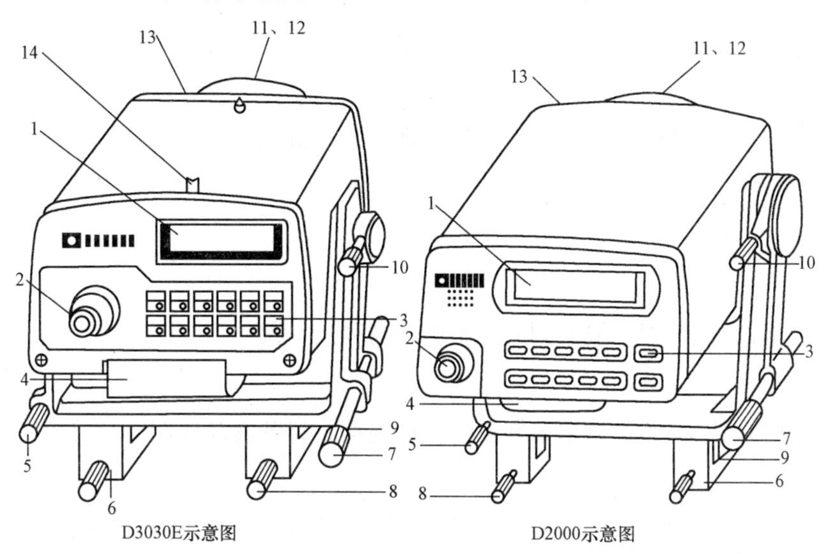

D3030E示意图　　D2000示意图

图 4-16　D3030E/D2000 红外测距仪

1—显示器；2—照准望远镜；3—键盘；4—电池；5—照准轴水平调整螺旋；6—座架；7—俯仰螺旋；8—座架固定螺旋；9—间距调整螺钉；10—俯仰角锁定螺旋；11—物镜；12—物镜罩；13—RS232 接口；14—粗瞄器

图 4-17 所示为 D3030E/D2000 红外测距仪的操作键盘。测距及其他计算的操作均在操作键盘上通过按键进行，有关的信号及测量和计算结果则显示在键盘上方的显示窗中。

V. H		T. P. C		SIG		AVE		MSR		ENT	
1	0	2	0	3	0	4	0	5	0	—	0
X. Y. Z		$\underline{X}.\ \underline{Y}.\ \underline{Z}$		S. H. V		SO		TRK		PWR	
6	0	7	0	8	0	9	0	0	0	0	0

D3030E 键盘图

V. H	T. P. C	SIG	AVE	MSR	ENT
1	2	3	4	5	—
X. Y. Z	$\underline{X}.\ \underline{Y}.\ \underline{Z}$	S. H. V	SO	TRK	PWR
6	7	8	9	0	0

D2000 键盘图

图 4-17　D3030E/D2000 操作键盘

参见图 4-17 中 D3030E/D2000 的操作键盘，各键的功能如下。

V. H 1	输入数字“1”，输入天顶距、水平角。
T. P. C 2	输入数字“2”，输入温度、气压、棱镜常数。
SIG 3	输入数字“3”，显示电池电压，手动减光。
AVE 4	输入数字“4”，输入平均测距次数，手动减光。
MSR 5	输入数字“5”，显示累加平均值。
X. Y. Z 6	输入数字“6”，输入测站点坐标和高程。
$\underline{X}$. $\underline{Y}$. $\underline{Z}$ 7	输入数字“7”，显示未知点坐标和高程，打开液晶照明。
S. H. V 8	输入数字“8”，S 斜距、H 平距、V 高差转换，关闭液晶照明。
SO 9	输入数字“9”，预置定线放样。
TRK 0	输入数字“0”，跟踪测距。
ENT —	输入符号“—”，可输入、清除、复位数据。
PWR 0	输入数字“0”，电源开关键，可开、关机。

2. 红外测距仪的操作与使用

(1)安置仪器。先在测站上安置好经纬仪，对中、整平后，将测距仪主机安装在经纬仪支架上，用连接器固定螺钉锁紧，将电池插入主机底部、扣紧。在目标点安置反射棱镜，对中、整平，并使镜面朝向主机。

(2)观测垂直角、气温和气压。用经纬仪十字横丝照准觇板中心，测出垂直角 α。同时，观测和记录温度和气压计上的读数。观测垂直角、气温和气压，目的是对测距仪测量出的斜距进行倾斜改正、温度改正和气压改正，以得到正确的水平距离。

(3)测距准备。按电源开关键“PWR”开机，主机自检并显示原设定的温度、气压和棱镜常数值，自检通过后将显示“good”。

若修正原设定值，可按“T. P. C”键后输入温度、气压值或棱镜常数(一般通过“ENT”键和数字键逐个输入)。一般情况下，只要使用同一类的反光镜，棱镜常数不变，而温度、气压，每次观测均可能不同，需要重新设定。

(4)距离测量。调节主机照准轴水平调整手轮(或经纬仪水平微动螺旋)和主机俯仰微动螺旋，使测距仪望远镜精确瞄准棱镜中心。在显示“good”状态下，精确瞄准也可根据蜂鸣器声音来判断，信号越强，声音越大，上、下、左、右微动测距仪，使蜂鸣器的声音最大，便完成了精确瞄准，出现“*”。

精确瞄准后，按“MSR”键，主机将测定并显示经温度、气压和棱镜常数改正后的斜距。在测量中，若光束受挡或大气抖动等，测量将暂被中断，此时“*”消失，待光强正常后继续自动测量；若光束中断 30 s，须光强恢复后，再按“MSR”键重测。

斜距到平距的改算，一般在现场用测距仪进行，方法是：按“V. H”键后输入垂直角值，再按“S. H. V”键显示水平距离。连续按“S. H. V”键可依次显示斜距、平距和高差。

三、光电测距的注意事项

(1)测距仪是精密仪器，使用时应避开电磁场干扰，并防止大的冲击振动。

(2)测距仪应避免阳光直晒，在强阳光下或雨天作业时，应撑伞保护仪器。

(3)测距仪物镜不可对着太阳或其他强光源(如探照灯等)，特别在架设仪器或测量时，以免损坏光敏二极管。

(4)测距仪测距易受气象条件影响，其测距宜在阴天进行。

(5)应尽可能避免测线两侧及镜站后方有良好反射物体(如房屋的玻璃窗、反射物质做成的路标等)及其他光源，以减小背景干扰，避免引起较大的测量误差，并应尽量避免逆光观测。

(6)仪器不用时，应关闭电源，长期不用时，应将电池取出。

(7)仪器在运输过程中应注意防潮和防震。

(8)经常保持仪器清洁和干燥。

第四节　直线定向

在量得两点之间的水平距离后，还要确定这两点连线的方向，才能把直线的相对位置确定下来。

一、标准方向的种类

直线定向时，常用的标准方向有真子午线方向、磁子午线方向、坐标纵轴方向。

1. 真子午线方向

包括地球南北极的平面与地球表面的交线称为真子午线。通过地面上一点，指向地球南北极的方向线，就是该点的真子午线方向。指向北方的一端简称真北方向，指向南方的一端简称真南方向。真子午线方向是用天文测量的方法确定的。

2. 磁子午线方向

磁子午线是一点通过地球南北磁极所作的平面与地球表面的交线，为磁针在该点上自由静止时所指的方向线。磁子午线方向可用罗盘仪测定。

3. 坐标纵轴方向

坐标纵轴线(坐标 x 轴)是在坐标系中确定直线方向时采用的标准方向。常以坐标纵轴线(南北轴)为准，测区内通过任一点与坐标纵轴平行的方向线，称为该点的坐标纵轴线方向。

二、直线方向的表示方法

在测量工作中，常采用方位角来表示直线的方向。通过测站的子午线与测线间顺时针方向的水平夹角称为方位角。由于子午线方向有真北、磁北和坐标北(轴北)之分，故对应的方位角分别称为真方位角(用 A 表示)、磁方位角(用 A_m 表示)和坐标方位角(用 α 表示)。方位角角值范围为 0°～360°且恒为正值，如图 4-18 所示。

1. 真方位角与磁方位角之间的关系

真子午线收敛于地球南北极，磁子午线收敛于地磁场南北极。由于地球南北极与地磁场南北极不重合，导致真子午线与磁子午线也不重合。地球上某点真子午线方向与磁子午线方向的夹角叫作磁偏角，用 δ 表示，如图 4-19 所示。磁子午线北端在真子午线东边称为东偏，磁偏角为正值；磁子午线北端在真子午线西边称为西偏，磁偏角为负值。真方位角与磁方位角之间的关系可由下式表示：

$$A=A_m+\delta \tag{4-20}$$

我国磁偏角 δ 的变化为 $-10°$(东北地区)～$+6°$(西北地区)。

2. 真方位角与坐标方位角之间的关系

对于高斯平面直角坐标系，某点的坐标纵轴方向是此点所在带的中央子午线北方向，它与此点的真子午线方向之间的夹角称为子午线收敛角，用 γ 表示，如图 4-20 所示。在中央子午线以东，各点坐标纵轴位于真子午线东边，子午线收敛角为正值；在中央子午线以西，各点坐标纵轴位于真子午线西边，子午线收敛角为负值。真方位角与坐标方位角之间的关系可由下式表示：

$$A=\alpha+\gamma \tag{4-21}$$

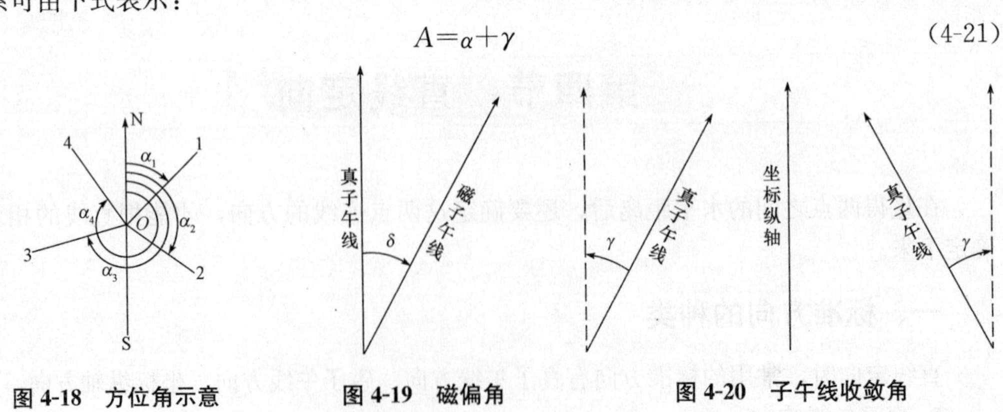

图 4-18　方位角示意　　图 4-19　磁偏角　　图 4-20　子午线收敛角

3. 磁方位角与坐标方位角之间的关系

由式(4-20)与式(4-21)可知，磁方位角与坐标方位角之间的关系可由下式表示：

$$A_m=\alpha+\gamma-\delta \tag{4-22}$$

三、坐标方位角和象限角

1. 正、反坐标方位角

直线是有向线段，在平面上一直线的正、反坐标方位角如图 4-21 所示，地面上 1、2 两点之间的直线 1—2，可以在两个端点上分别进行直线定向。在 1 点上确定 1—2 直线的方位角为 α_{12}，在 2 点上确定 2—1 直线的方位角为 α_{21}。称 α_{12} 为直线 1—2 的正方位角，α_{21} 为直线 1—2 的反方位角。同样，也可称 α_{21} 为直线 2—1 的正方位角，而 α_{12} 为直线 2—1 的反方位角。一般在测量工作中常以直线的前进方向为正方向，反之称为反方向。在平面直角坐标系中，通过直线两端点的坐标纵轴方向彼此平行，因此，正、反坐标方位角之间的关系式为

$$\alpha_{反}=\alpha_{正}\pm 180° \tag{4-23}$$

当 $\alpha_{正}<180°$时，式(4-23)用加 180°；当 $\alpha_{正}>180°$时，式(4-23)用减 180°。

2. 象限角

由坐标纵轴的北端或南端起，顺时针或逆时针至某直线间所夹的锐角，并注出象限名称，称为该直线的象限角，以 R 表示，角值范围为 0°～90°，如图 4-22 所示。

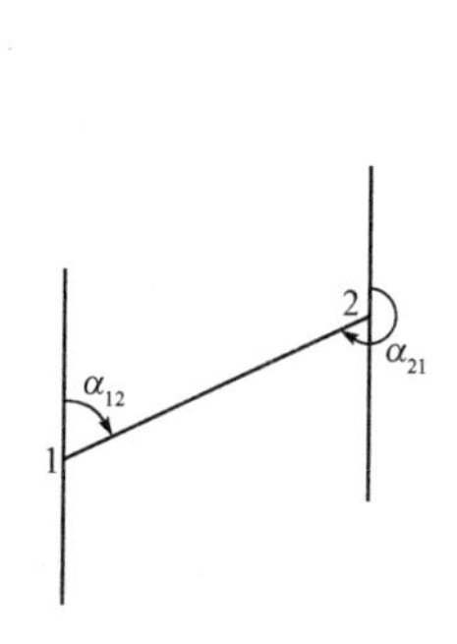

图 4-21　正、反坐标方位角示意图

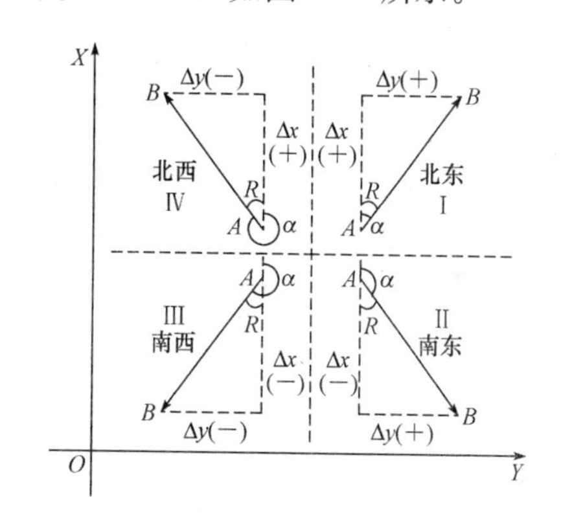

图 4-22　象限角与方位角的关系

象限角不但要表示角度的大小，而且还要注记该直线位于第几象限。象限角分别用北东、南东、南西和北西表示。象限角一般只在坐标计算时用，这时所说的象限角是指坐标象限角。

坐标象限角与坐标方位角之间的换算关系见表 4-3。

表 4-3　坐标方位角与象限角的换算关系表

直线方向	由坐标方位角推算象限角	由象限角推算坐标方位角
北东，第Ⅰ象限	$R=\alpha$	$\alpha=R$
南东，第Ⅱ象限	$R=180°-\alpha$	$\alpha=180°-R$
南西，第Ⅲ象限	$R=\alpha-180°$	$\alpha=180°+R$
北西，第Ⅳ象限	$R=360°-\alpha$	$\alpha=360°-R$

四、坐标方位角计算

1. 坐标正算

根据已知点的坐标，已知边长及该边的坐标方位角，计算未知点的坐标的方法，称为坐标正算。

如图 4-23 所示，A 为已知点，坐标为 x_A、y_A，已知 AB 边长为 D_{AB}，坐标方位角为 α_{AB}，求 B 点坐标 x_B、y_B。

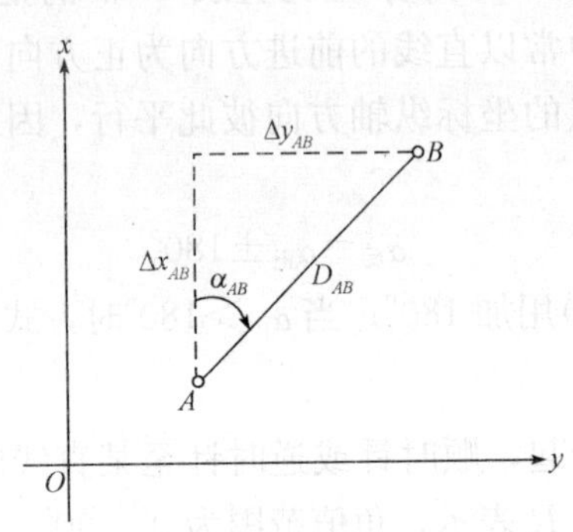

图 4-23　坐标正、反算

由图 4-23 可知：

$$\left.\begin{aligned} x_B &= x_A + \Delta x_{AB} \\ y_B &= y_A + \Delta y_{AB} \end{aligned}\right\} \tag{4-24}$$

其中

$$\left.\begin{aligned} \Delta x_{AB} &= D_{AB} \cdot \cos\alpha_{AB} \\ \Delta y_{AB} &= D_{AB} \cdot \sin\alpha_{AB} \end{aligned}\right\} \tag{4-25}$$

式中，$\sin\alpha_{AB}$ 和 $\cos\alpha_{AB}$ 的函数值随着 α_{AB} 所在象限的不同有正、负之分，因此，坐标增量同样具有正、负号。其符号与 α 角值的关系见表 4-4。

表 4-4　坐标增量的正负号

象　限	方向角 α/(°)	$\cos\alpha$	$\sin\alpha$	Δx	Δy
Ⅰ	0～90	+	+	+	+
Ⅱ	90～180	−	+	−	+
Ⅲ	180～270	−	−	−	−
Ⅳ	270～360	+	−	+	−

2. 坐标反算

根据两个已知点的坐标求算出两点间的边长及其方位角，称为坐标反算。由图 4-23 可知：

$$D_{AB} = \sqrt{\Delta x_{AB}^2 + \Delta y_{AB}^2} = \sqrt{(x_B - x_A)^2 + (y_B - y_A)^2} \tag{4-26}$$

$$\alpha_{AB} = \arctan\frac{\Delta y_{AB}}{\Delta x_{AB}} = \arctan\frac{y_B - y_A}{x_B - x_A} \tag{4-27}$$

注意，在用计算器按式(4-27)计算坐标方位角时，得到的角值只是象限角，还必须根据坐标增量的正负，按表 4-4 确定坐标方位角所在象限，再将象限角换算为坐标方位角。

五、罗盘仪的构造与使用

在小测区建立独立的平面控制网时，可用罗盘仪测定直线的磁方位角，作为该控制网起始边的坐标方位角，将过起始点的磁子午线当作坐标纵轴线。下面将介绍罗盘仪的构造和使用。

1. 罗盘仪的构造

罗盘仪是测定磁方位角的仪器，主要由望远镜、罗盘盒及基座构成，如图 4-24 所示。

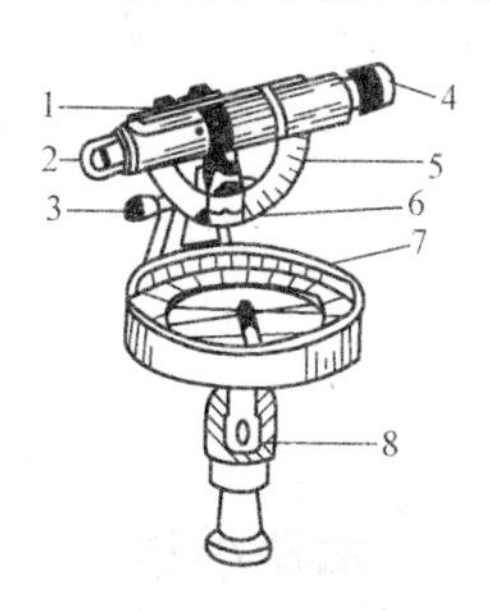

图 4-24　罗盘仪

1—望远镜制动螺旋；2—目镜；3—望远镜微动螺旋；4—物镜；
5—竖直度盘；6—竖直度盘指标；7—罗盘盒；8—球臼

(1)望远镜。望远镜是瞄准目标用的照准设备，由物镜、十字丝、目镜组成。使用时，首先转动目镜进行调焦，使十字丝清晰，然后用望远镜大致照准目标，再转动物镜对光螺旋，使目标清晰，最后以十字丝竖丝精确对准目标。望远镜一侧为竖直度盘，可以测量竖直角。

(2)罗盘盒。罗盘盒由磁针和刻度盘组成，用来测定线磁子午线(标准方向)与读出磁方位角和磁象限角的度数，如图 4-25 所示。罗盘盒内有磁针和刻度盘。磁针用于确定南北方向并用来指标读数，它安装在度盘中心顶针上，能自由转动。为减少顶针的磨损，在闲置时可用磁针制动螺旋将磁针抬起，固定在玻璃盖上。磁针南端装有铜箍，以克服磁倾角，使磁针转动时保持水平。由于观测时随望远镜转动的不是磁针(磁针永指南北)，而是刻度盘，为了直接读取磁方位角，所以刻度盘以逆时针注记。

(3)基座。基座是球臼结构，安装在三脚架上，松开球臼接头螺旋，摆动罗盘盒使水准气泡居中，此时刻度盘已处于水平位置，旋紧接头螺旋。

2. 罗盘仪的使用

用罗盘仪测定直线的方位角(或磁象限角)的操作步骤如下：

(1)安置仪器。将罗盘仪安置在直线的起点，进行对中和整平。

(2)瞄准。转动仪器，用望远镜瞄准直线另一端标杆。

(3)读数。松开磁针制动螺旋，将磁针放下，待磁针静止后，磁针在刻度盘上所指的读数即为该直线的磁方位角。读数时，当刻度盘的 0°刻划在望远镜的物镜一端，应按磁针北端读数；如果在目镜一端，则应按磁针南端读数。图 4-26 中刻度盘 0°刻划在物镜一端，应按北针读数，其磁方位角为 240°。

罗盘仪在使用时，不要使铁质物体接近罗盘，以免影响磁针位置的正确性。在铁路附近及高压线铁塔下观测时，磁针读数会受很大影响，应该注意避免。测量结束后，必须旋紧螺旋，将磁针升起，避免顶针磨损，以保护磁针的灵敏性。

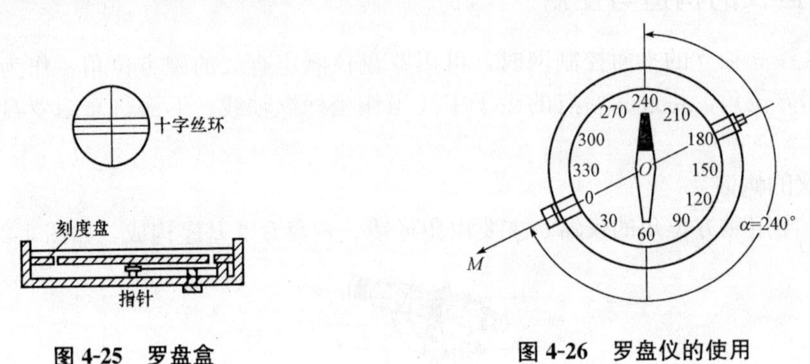

图 4-25　罗盘盒

图 4-26　罗盘仪的使用

本章小结

本章主要讲述了钢尺量距、视距测量、光电测距和直线定向等内容。

1. 钢尺量距的方法分为一般方法和精密方法。钢尺量距的一般方法，精度不高，适用于相对误差为 1/2 000～1/5 000 的场合。当要求量距精度较高，如要求 1/40 000～1/10 000，应采用钢尺量距的精密方法。

2. 视距测量是利用水准仪、经纬仪等测量仪器的望远镜内的视距装置，根据几何光学和三角学原理测定距离和高差的一种方法。这种方法操作简便、速度快、不受地面起伏的限制。

3. 与传统的钢尺量距相比，光电测距具有精度高、作业效率高、受地形影响小等优点。

4. 直线的方向是根据某一标准方向来确定的，确定一条直线与标准方向之间的水平夹角关系，称为直线定向。其内容主要包括标准方向，方位角，正、反坐标方位角及象限角。

复习思考题

一、填空题

1. 距离丈量常用的工具有________、________和辅助工具，其中辅助工具包括________、________、________等。

2. 当地面两点之间的距离大于钢尺的一个尺段时，就需要在直线方向上标定若干个分段点，以便于用钢尺分段丈量，这项工作称为________。

3. 在平坦地面丈量距离时，以往、返各丈量一次称为一个________。

4. 用检定过的钢尺量距，量距结果要经过________、________和________才能得到实际距离。

5. 水准仪视线水平是根据__________来确定的。经纬仪视线水平是根据在竖盘水准管气泡居中时，用竖盘读数为__________或__________来确定的。

6. 测距仪按测程分为__________、__________和__________。

7. 直线定向时，常用的标准方向有__________、__________、__________。

8. 在测量工作中，常采用__________来表示直线的方向。

二、选择题(有一个或多个答案)

1. 按照钢的膨胀系数计算，温度每变化1 ℃，丈量距离为30 m时，对距离影响为(　　)mm。

A. 0.1　　B. 0.2　　C. 0.3　　D. 0.4

2. 用钢尺进行直线丈量，应(　　)。

A. 尺身放平　　B. 进行往返丈量

C. 丈量水平距离　　D. 目估或用经纬仪定线

3. 标尺倾斜对测定水平距离的影响随视准轴竖直角的增大而(　　)。

A. 增大　　B. 减小　　C. 不变　　D. 不确定

4. 视距测量的基本工作包括(　　)。

A. 量仪高　　B. 求视距间隔

C. 计算视线倾斜角　　D. 计算水平距离和高差

5. 视距测量可同时测定两点间的(　　)。

A. 高差　　B. 高程　　C. 水平距离　　D. 高差与平距

6. 下列关于光电测距仪的使用说法，不正确的是(　　)。

A. 使用时应避开电磁场干扰，并防止大的冲击振动

B. 测距仪应避免阳光直晒，在强阳光下或雨天作业时，应撑伞保护仪器

C. 测距仪测距易受气象条件影响，其测距宜在晴天进行

D. 仪器不用时，应关闭电源，长期不用时，应将电池取出

7. 坐标方位角的取值范围为(　　)。

A. 0°～270°　　B. −90°～90°　　C. 0°～360°　　D. 0°～180°

8. 某直线的坐标方位角为121°23′36″，则反坐标方位角为(　　)。

A. 238°36′24″　　B. 301°23′36″　　C. 58°36′24″　　D. −58°36′24″

9. 坐标反算是根据直线的起、终点平面坐标，计算直线的(　　)。

A. 斜距、水平角　　B. 水平距离、方位角

C. 斜距、方位角　　D. 水平距离、水平角

三、简答题

1. 在距离丈量中为什么要定线？

2. 影响钢尺量距精度的因素有哪些？

3. 什么是视距测量？视距测量误差有哪些？

4. 光电测距的注意事项有哪些？

5. 测量上作为定向依据的基本方向线有哪些？什么是方位角？

四、计算题

1. 用钢尺往、返丈量了一段距离，其平均值为158.46 m，要求量距的相对误差为1/3 000，

则往、返丈量这段距离的绝对误差不能超过多少？

2. 某钢尺名义长度为 30 m，在+5 ℃时加标准拉力丈量的实际长度为 29.992 m，问此时该钢尺的尺长方程式如何表达？在标准温度+20 ℃时，其尺长方程式又如何表达？（设其膨胀系数为 $\alpha=0.000\ 012\ 5$）

3. 试完成表 4-5 所示经纬仪普通视距测量手簿。

表 4-5　视距测量手簿

测站：A 测站高程 $h_0=312.08$　　仪器高：$i=1.45$　　仪器：DJ_6

点号	上丝读数 下丝读数/m	视距间隔 l/m	中丝读数 v/m	竖盘读数	竖直角	水平距离 D/m	高差 h/m	高程 D/m
1	1.237		0.865	87°30′18″				
	0.663							
2	1.445		1.000	93°15′30″				
	0.555							

4. 假设已测得各直线的坐标方位角分别为 37°25′25″、173°37′30″、226°18′20″和 334°48′55″，试分别求出它们的象限角和反坐标方位角。

第五章　全站仪和GPS的使用

学习目标

通过本章的学习，了解全站仪的特点及主要技术指标、GPS定位测量原理；熟悉全站仪的结构与功能、GPS测量的外业实施；掌握全站仪的操作方法、GPS测量数据处理方法。

能力目标

能够正确安置全站仪，利用全站仪进行角度测量、距离测量、坐标测量、放样测量和程序测量；能够掌握GPS定位测量技术。

第一节　全站仪的使用

一、全站仪概述

全站仪，即全站型电子速测仪(Electronic Total Station)，是一种集光、机、电为一体的高技术测量仪器，是集水平角、垂直角、距离(斜距、平距)、高差测量功能于一体的测绘仪器系统。因安装一次仪器就能完成该测站上全部测量工作，所以称为全站仪。全站仪广泛用于地上大型建筑和地下隧道施工等精密工程测量或变形监测领域。

全站仪的精度主要从测角精度和测距精度两方面来衡量。国内外生产的高、中、低等级全站仪多达几十种。目前普遍使用的全站仪有：日本拓普康(Topcon)公司的GTS系列、索佳(Sokkia)公司的SET系列和PowerSET系列、宾得(Pentax)公司的PTS系列、尼康(Nikon)公司的DTM系列；瑞士徕卡(Lejca)公司的WildTC系列；中国南方测绘公司的NTS系列等。

1. 全站仪的分类

(1)全站仪按其外观结构，可分为积木型全站仪和整体型全站仪。

1)积木型全站仪。积木型全站仪又称组合型全站仪，早期的全站仪大都是积木型结构。其电子测速仪、电子经纬仪、电子记录器各是一个整体，可以分离使用，也可以通过电缆或接口将它们组合

全站仪认识与使用

起来，形成完整的全站仪。

2)整体型全站仪。整体型全站仪大都将测距、测角和记录单元在光学、机械等方面设计成一个不可分割的整体，其中测距仪的发射轴、接收轴和望远镜的视准轴为同轴结构。这对保证较大垂直角条件下的距离测量精度非常有利。

(2)全站仪按测距仪测距，可分为短距离测距全站仪、中测程全站仪、长测程全站仪三类。

1)短距离测距全站仪。测程小于 3 km，一般精度为±(5 mm+5 μm)，主要用于普通测量和城市测量。

2)中测程全站仪。测程为 3～15 km，一般精度为±(5 mm+2 μm)、±(2 mm+2 μm)，通常用于一般等级的控制测量。

3)长测程全站仪。测程大于 15 km，一般精度为±(5 mm+1 μm)，通常用于国家三角网及特级导线的测量。

2. 全站仪的主要特点

(1)采用先进的同轴双速制、微动机构，使照准更加快捷、准确。

(2)具有完善的人机对话控制面板，由键盘和显示窗组成，除照准目标以外的各种测量功能和参数均可通过键盘来实现。仪器两侧均有控制面板，操作方便。

(3)设有双轴倾斜补偿器，可以自动对水平和竖直方向进行补偿，以消除竖轴倾斜误差的影响。

(4)机内设有测量应用软件，能方便地进行三维坐标测量、放样测量、后方交会、悬高测量、对边测量等多项工作。

(5)具有双路通视功能，仪器将测量数据传输给电子手簿式计算机，也可接收电子手簿式计算机的指令和数据。

二、全站仪的基本功能

由于全站仪可以同时完成水平角、垂直角和边长测量，加之仪器内部有固化的测量应用程序，因此，可以现场完成常见的测量工作，提高了野外测量的速度和效率。

1. 角度测量

全站仪具有电子经纬仪的测角部，除一般的水平角和垂直角测量功能外，还具有以下附加功能：

(1)水平角设置。输入任意值；任意方向置零；任意角值锁定(照准部旋转时，角值不变)；右角/左角的测量；角度复测模式(按测量次数计算其平均值的模式)。

(2)垂直角显示变换。可以天顶距、高度角、倾斜角、坡度等方式显示垂直角。

(3)角度单位变换。可以 360°、6 400 mil 等方式显示角度。

(4)角度自动补偿。使用电子水准器，可以从照准轴方向和水平轴两个方向来检测仪器倾斜值，具有补偿垂直轴误差、水平轴误差、照准轴误差、偏心差多项误差的功能。

2. 距离测量

(1)全站仪具有光波测距仪的测距部，除测量至反光镜的距离(斜距)外，还可根据全站仪的类型、反射棱镜数目和气象条件，改变其最大测程，以满足不同的测量目的和作业要求。

(2)测距模式的变换。

1)按具体情况，可设置为高精度测量和快速测量模式。

2)可选取距离测量的最小分辨率，通常有1 cm、1 mm、0.1 mm三种。

3)可选取测距次数，主要有：单次测量(能显示一次测量结果，然后停止测量)；连续测量(可进行不间断测量，只要按停止键，测量马上停止)；指定测量次数；多次测量平均值自动计算(根据所定的测量次数，测量后显示平均值)。

4)可设置测距精度和时间，主要有：精密测量(测量精度高，需要数秒测量时间)；简易测量(测量精度低，可快速测量)；跟踪测量(如在放样时，边移动反射棱镜边测距，测量时间小于1 s，通常测量的最小单位为1 cm)。

(3)各种改正功能。在测距前设置相应的参数，距离测量结果可自动进行棱镜常数的改正、气象(温度和气压)的改正和球差及折光差的改正。

1)斜距归算功能。由测量的垂直角(天顶距)和斜距可计算出仪器至棱镜的平距和高差，并立即显示出来。如事先输入仪器高和棱镜高，测距测角后便可计算出测站点与目标点间的平距和高差。

2)距离调阅功能。测距后，按操作键可以随意调阅斜距、平距、高差中的任意一个。

3. 三维坐标测量

对仪器进行必要的参数设定后，全站仪可直接测定点的三维坐标，如在地形测图等场合使用，可大大提高作业效率。

首先，在一已知点安置仪器，输入仪器高和棱镜高，输入测站点的平面坐标和高程，照准另一已知点(称为定向点或后视点)，利用机载后视定向功能定向，将水平度盘读数安置为测站至定向点的方位角；接着，再照准目标点(也称为前视点)上的反射棱镜，按测距键，即可测量出目标点的坐标值(X、Y、Z)。

4. 辅助功能

(1)休眠和自动关机功能。当仪器长时间不操作时，为节省电量，仪器可自动进入休眠状态，需要操作时可按功能键唤醒，仪器恢复到先前状态。也可设置仪器在一定时间内无操作时自动关机，以免电池耗尽电量。

(2)显示内容个性化。可根据用户的需要，设置显示的内容和页面。

(3)电子水准器。由仪器内部的倾斜传感器检测垂直轴的倾斜状态，以数字和图形的形式显示，指导测量员高精度置平仪器。

(4)照明系统。在夜晚或黑暗环境下观测时，仪器可对显示屏、操作面板、十字丝实施照明。

(5)导向光引导。在进行放样作业时，利用仪器发射的恒定和闪烁可见光，引导持镜员快速找到方位。

(6)数据管理功能。测量数据可存储到仪器内存、扩展存储器，还可由数据输出端口实时输出到电子手簿中。测量数据可现场进行查询。

5. 程序测算功能

全站仪内部配置有微处理器、存储器和输入/输出接口，与PC具有相同的结构模式，可以运行复杂的应用程序，具有对测量数据进一步处理和存储的功能。其存储器有三类，即ROM存储器，用于操作系统和厂商提供的应用程序；RAM存储器，用于存储测量数据和结果；PC存储卡，用于存储测量数据、计算结果和应用程序。各厂商提供的应用程序在数量、功能、操作方法等方面不尽相同，应用时可参阅其操作手册，但基本原理是一致的。

以下为全站仪上较为常见的机载应用程序：

(1)后视定向。后视定向的目的是设置水平角0°方向与坐标北方向一致。经后视定向后，照准轴处于任意位置时，水平角读数即为照准轴方向的方位角。在进行坐标测量或放样等工作时，必须进行后视定向。

(2)自由设站。全站仪自由设站功能是通过后方交会原理，观测并解算出未知测站点坐标，并自动对仪器进行设置，以方便坐标测量或放样。

(3)导线测量。利用全站仪的导线测量功能，可自动完成导线测量数据的记录和平差计算，现场得到导线测量结果。

(4)单点放样。将待建物的设计位置在实地标定出来的测量工作称为放样。

全站仪经测站设置和定向后，便可照准棱镜测量，仪器自动显示棱镜位置与设计位置的差值，据此修正棱镜位置直至到达设计位置。依据放样元素的不同，单点放样可采用极坐标法、直角坐标法和正交偏距法三种方式。

(5)偏心观测。在目标点被障碍物遮挡或无法放置棱镜(如建筑物的柱子中心等)时，可在目标点左边或右边放置棱镜，并使目标点、偏移点到测站的水平距离相等。通过偏移点测定水平距离，再测定目标点的水平角，程序便可计算出目标点的坐标。

(6)对边测量。对边测量是在不移动仪器的情况下，测量两棱镜站点间斜距、平距、高差、方位、坡度的功能，其有辐射模式和连续模式两种模式。

(7)悬高测量。测定无法放置棱镜的地物(如电线、桥梁等)高度的功能。

(8)面积测量。通过顺序测定地块边界点坐标，计算地块面积。

(9)道路放样。道路放样是将图纸上设计的道路中线、边线、断面测设于实地的工作，是单点放样的综合应用。道路主要由直线、圆曲线、缓和曲线和抛物线等组成，参数可由设计图纸上获得。

(10)多测回水平角观测。在高精度控制测量中，一般要求对水平角进行多个测回观测，以提高水平角的精度，全站仪机载多测回观测功能可满足此要求。

(11)坐标几何计算。全站仪的坐标几何计算功能包括坐标正反算、交会法计算、直线求交点等常用计算，全站仪就像是一台特殊设计的测量计算器，可以在现场依据已测定的数据或手工输入数据，快速解算出一些新的点或参数。

三、全站仪的应用

全站仪的应用可概括为以下四个方面：

(1)在地形测量中，可使控制测量和碎部测量同时进行。

(2)可用于施工放样测量，将设计好的管线、道路、工程建设中的建筑物、构筑物等的位置按图纸设计数据测设到地面上。

(3)可用全站仪进行导线测量、前方交会、后方交会等，不但操作简便，而且速度快、精度高。

(4)通过数据输入/输出接口设备，将全站仪与计算机、绘图仪连接在一起，形成一套完整的外业实时测绘系统，大大提高测绘工作的质量和效率。

四、全站仪的结构和操作

虽然不同厂家和不同系列的全站仪在外形和功能上都会略有区别，但都具有基本的结构特点和功能。现以拓普康 GTS—310 型全站仪为例，介绍全站仪的结构和操作。

1. 全站仪的结构

拓普康 GTS—310 型全站仪的外形和结构如图 5-1 所示。其结构与经纬仪相似。

全站仪构造

2. 全站仪的功能设置

全站仪的键盘设置情况如图 5-2 所示。键盘分为两部分：一部分为操作键，在显示屏的右方，共有 6 个键；另一部分为功能键（软键），在显示屏的下方，共有 4 个键。

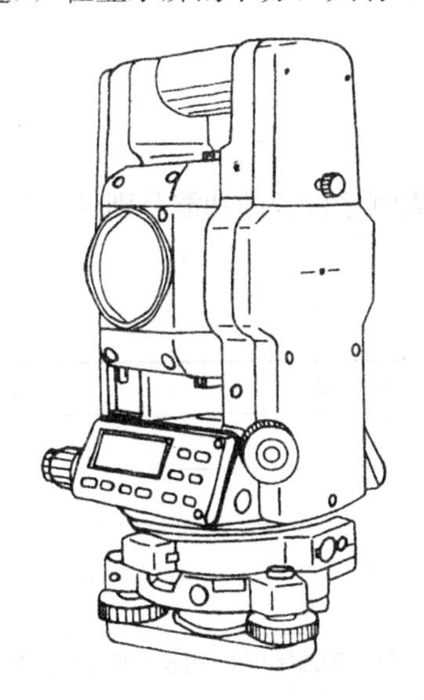

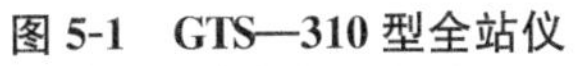

图 5-1　GTS—310 型全站仪

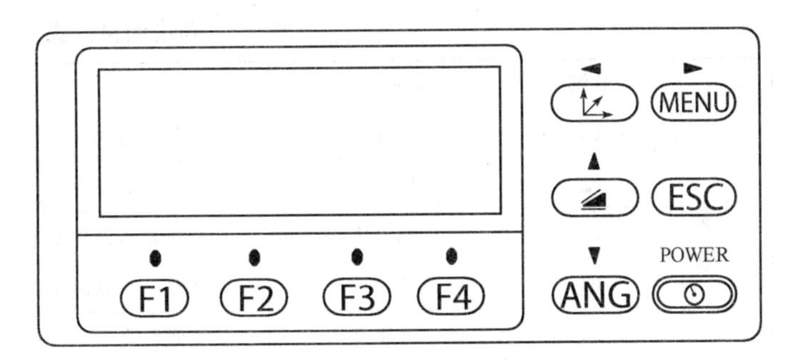

图 5-2　全站仪键盘

（1）操作键。操作键功能见表 5-1。

表 5-1　操作键功能表

按　键	名　称	功　能
	坐标测量键	坐标测量模式
	距离测量键	距离测量模式
ANG	角度测量键	角度测量模式
MENU	菜单键	在菜单模式和正常测量模式之间切换，在菜单模式下设置应用测量与照明调节方式
ESC	退出键	·返回测量模式或上一层模式 ·从正常测量模式直接进入数据采集模式或放样模式
POWER	电源键	电源接通/切断（ON/OFF）

(2)功能键(软键)。功能键(软键)信息显示在显示屏的下方，软键功能相当于显示的信息，如图5-3所示。

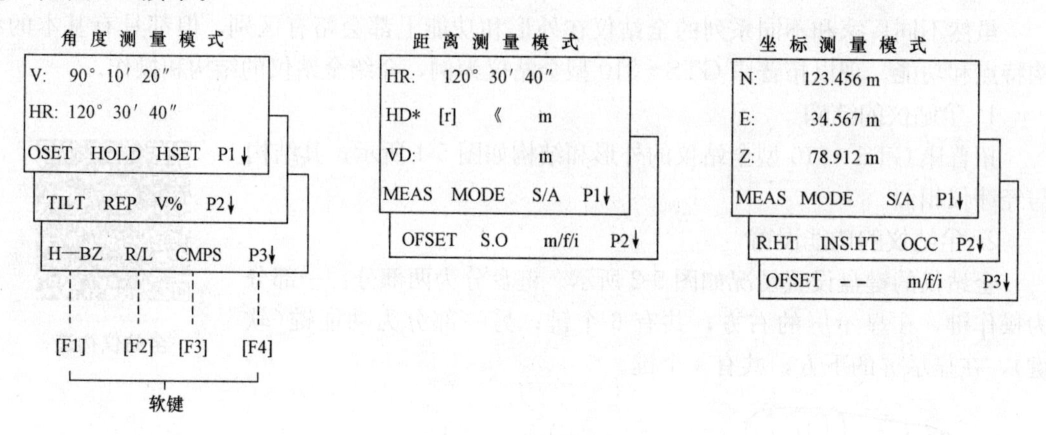

图5-3 全站仪功能键

(3)测量模式。全站仪角度测量模式、坐标测量模式、距离测量模式的功能分别见表5-2、表5-3和表5-4。

表5-2 角度测量模式

页数	软键	显示符号	功能
1	F1	OSET	水平角设置为0°00′00″
	F2	HOLD	水平角读数锁定
	F3	HSET	用数字输入设置水平角
	F4	P1↓	显示第2页软键功能
2	F1	TILT	设置倾斜改正开或关(ON/OFF)(若选择ON，则显示倾斜改正值)
	F2	REP	重复角度测量模式
	F3	V%	垂直角/百分度(%)显示模式
	F4	P2↓	显示第3页软键功能
3	F1	H—BZ	仪器每转动水平角90°是否要发出蜂鸣声的设置
	F2	R/L	水平角右/左方向计数转换
	F3	CMPS	垂直角显示格式(高度角/天顶距)的切换
	F4	P3↓	显示下一页(第1页)软键功能

表5-3 坐标测量模式

页数	软键	显示符号	功能
1	F1	MEAS	进行测量
	F2	MODE	设置测距模式，Fine/Coarse/Tracking(精测/粗测/跟踪)
	F3	S/A	设置音响模式
	F4	P1↓	显示第2页软键功能

续表

页数	软键	显示符号	功　　能
2	F1	R. HT	输入棱镜高
	F2	INS. HT	输入仪器高
	F3	OCC	输入仪器站坐标
	F4	P2↓	显示第 3 页软键功能
3	F1	OFSET	选择偏心测量模式
	F3	m/f/i	距离单位米/英尺/英寸切换
	F4	P3↓	显示下一页(第 1 页)软键功能

表 5-4　距离测量模式

页数	软键	显示符号	功　　能
1	F1	MEAS	进行测量
	F2	MODE	设置测距模式，Fine/Coarse/Tracking(精测/粗测/跟踪)
	F3	S/A	设置音响模式
	F4	P1↓	显示第 2 页软键功能
2	F1	OFSET	选择偏心测量模式
	F2	S. O	选择放样测量模式
	F3	m/f/i	距离单位米/英尺/英寸切换
	F4	P2↓	显示下一页(第 1 页)软键功能

3. 全站仪的操作

(1)测量前准备。在使用全站仪进行测量前，应先做好以下必要的准备工作：

1)仪器安置。具体操作步骤为：架设三脚架→安置仪器和对点→利用圆水准器粗平仪器→利用管水准器精平仪器→精确对中与整平。此项操作重复至仪器精确对准测站点为止。

2)电池电量信息检查。外业测量出发前应先检查一下电池状况。观测模式改变时，电池电量图表不一定会立刻显示电量的变化情况。电池电量指示系统用来显示电池电量的总体情况，它不能反映瞬间电池电量的变化。

3)角度检查。进行全站仪的垂直角和水平角以及测距系统的常规检查，确保全站仪测量数据的可靠性。

(2)角度测量。

全站仪对中整平

1)水平角和垂直角测量。将仪器调为角度测量模式，按下述方法瞄准目标：

①将望远镜对准明亮天空，旋转目镜筒，调焦直至看清十字丝。

②利用瞄准器内的三角形标志的顶尖照准目标点，照准时眼睛与瞄准器之间应保持一定的距离。

③利用望远镜调焦螺旋使目标点成像清晰。

水平角和垂直角测量具体操作步骤见表5-5，水平角的切换见表5-6。

表5-5　水平角(右角)和垂直角测量具体操作步骤

操作步骤	操作及按键	显示
①照准第一个目标A	照准A	V:　90°10′20″ HR:　120°30′40″ 置零　锁定　置盘　P1↓
②设置目标A水平角为0°00′00″	F1键	水平角置零 ＞OK? …　…　［是］［否］
按F1(置零)键和“是”键	F3键	V:　90°10′20″ HR:　0°00′00″ 置零　锁定　置盘　P1↓
③照准第二个目标B，显示目标的V/H	照准B	V:　96°48′24″ HR:　153°29′21″ 置零　锁定　置盘　P1↓

表5-6　水平角(右角/左角)的切换

操作步骤	操作及按键	显示
①按F4键(↓)两次转到第3页功能	F4键 两次	V:　90°10′20″ HR:　120°30′40″ 置零　锁定　置盘　P1↓ 倾斜　复制　V%　P2↓ H-蜂鸣　R/L　竖角　P3↓
②按F2(R/L)键将右角模式HR切换到左角模式HL	F2键	
③以左角模式HL进行测量		V:　90°10′20″ HR:　239°29′20″ H-蜂鸣　R/L　竖角　P3↓

2)水平角设置。在进行角度测量时，通过水平角设置将某一个方向的水平角设置成所希望的角度值，以便确定统一的计算方位。

水平角设置方法有以下两种：

①通过锁定角度值进行设置。具体操作见表5-7。

表 5-7　通过锁定角度值设置水平角

操作过程	操作及按键	显示
①用水平微动螺旋旋转到所需的水平角	显示角度	V：　90°10′20″ HR：　130°40′20″ 置零　锁定　置盘　P1↓
②按 F2(锁定)键	F2	水平角锁定 HR：　130°40′20″ >设置? …　…　[是][否]
③照准目标	照准	
④按 F3 键完成水平角设置，显示窗变为正常的角度	F3	V：　90°10′20″ HR：　130°40′20″ 置零　锁定　置盘　P1↓

②通过键盘输入进行设置。具体操作见表 5-8。

表 5-8　通过键盘输入设置水平角

操作过程	操作及按键	显示
①照准目标	照准	V：　90°10′20″ HR：　170°30′20″ 置零　锁定　置盘　P1↓
②按 F3(置盘)键	F3	水平角设置 HR： 输入　…　…　回车 1234　5678　90.-[ENT]
③通过键盘输入所要求的水平角	F1 70.40.20 F4	V：　90°10′20″ HR：　70°40′20″ 置零　锁定　置盘　P1↓

3)垂直角百分度(V%)转换。将仪器调为角度测量模式，按以下操作进行：

①按 F4(1)键转到显示屏第 2 页。

②按 F3(V%)键，显示屏即显示 V%，进入垂直角百分度模式。

(3)距离测量。距离测量必须选用与全站仪配套的合作目标，即反光棱镜。由于电子测距为仪器中心到棱镜中心的倾斜距离，因此，仪器站和棱镜站均需要精确对中、整平。在距离测量前应先进行气象改正、棱镜类型选择、棱镜常数改正、测距模式的设置和测距回光信号的检查，然后才能进行距离测量。

1)大气改正的计算。大气改正值是由大气温度、大气压力、海拔高度、空气湿度推算出来的。改正值与空气中的气压或温度有关，计算公式为

$$PPM=273.8-\frac{0.2\,900\times 气压值(\mathrm{hPa})}{1+0.003\,66\times 温度值(℃)}\quad (\mathrm{m}) \tag{5-1}$$

若使用的气压单位是 mmHg，按 1 hPa=0.76 mmHg 进行换算。

2)大气折光和地球曲率改正。仪器在进行平距测量和高差测量时，可对大气折光和地球曲率的影响进行自动改正。

3)设置目标类型。全站仪可设置为红色激光测距和不可见光红外测距，可选用的反射体有棱镜、无棱镜及反射片。用户可根据作业需要自行设置。使用时所用的棱镜须与棱镜常数匹配。当用棱镜作为反射体时，须在测量前设置好棱镜常数。一旦设置了棱镜常数，关机后该常数将被保存。

4)距离测量(连续测量)操作步骤。将仪器调为距离测量模式，具体操作见表 5-9。

表 5-9　距离测量

操作过程	操作及按键	显示
①照准棱镜中心		V: 90°10′30″ HR: 120°30′40″ 置零　锁定　置盘　P1↓
②按距离测量键，距离测量开始，显示测量的距离	照准	HR: 120°30′40″ HD*[r]: m VD: m 测量　模式　S/A　P1↓ ↓
*再次按 键，显示变为水平角(HR)、垂直角(V)和斜距(SD)	照准	HR: 120°30′40″ HD: 123.456 m VD: 5.678 m 测量　模式　S/A　P1↓
①照准棱镜中心		V: 90°10′20″ HR: 120°30′40″ SD: 131.678 m 测量　模式　S/A　P1↓
②按 键，连续测量开始		V: 90°10′20″ HR: 120°30′40″ 置零　锁定　置盘　P1↓
③当不再需要连续测量时，可按 F1(测量)键，“*”标志消失并显示平均值	F1	HR: 120°30′40″ HD*[r] m VD: m 测量　模式　S/A　P1↓
*当光电测距(EDM)正在工作时，再按 F1(测量)键，模式转变为连续测量模式		HR: 120°30′40″ HR*[r] m VD: m 测量　模式　S/A　P1↓ ↓ HR: 120°30′40″ HD: 123.456 m VD: 5.678 m 测量　模式　S/A　P1↓

(4)坐标测量。坐标测量须先输入测站点坐标和后视点坐标或已知方位角。再通过机内软件由已知点坐标计算未知点坐标。

1)设置测站点坐标。设置仪器(测站点)相对于测量坐标原点的坐标，仪器可自动转换和显示未知点(棱镜点)在该坐标系中的坐标，如图 5-4 所示。其具体操作见表 5-10。

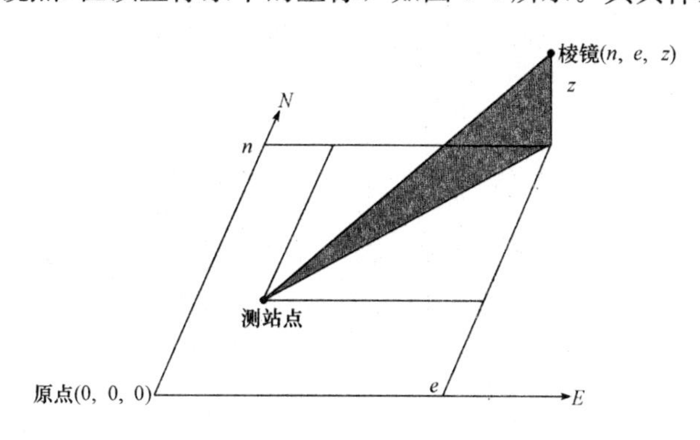

图 5-4 测站点坐标设置

表 5-10 测站点坐标的设置

操作过程	操作及按键	显示
①在坐标测量模式下，按 F4(↓)键进入第 2 页功能	F4	N: 123.456 m E: 34.567 m Z: 78.912 m 测量 模式 S/A P1↓ ------ 镜高 仪高 测站 P2↓
②按 F3(测站)键	F3	N→: 0.000 m E: 0.000 m Z: 0.000 m 输入 … … 回车 ------ 1234 5678 90.-[ENT]
③输入 N 坐标	F1 输入数据 F4	N 51.456 m E→ 0.000 m Z: 0.000 m 输入 … … 回车
④按同样方法输入 E 和 Z 坐标。输入数据后，显示屏返回坐标测量模式		N: 51.456 m E: 34.567 m Z: 78.912 m 测量 模式 S/A P1↓

2)设置仪器高。设置仪器高的具体操作见表 5-11，电源关闭后，可保存仪器高。

表 5-11 仪器高的设置

操作过程	操作及按键	显示
①在坐标测量模式下，按 F4(↓)键，进入第 2 页功能	F4	N: 123.456 m E: 34.567 m Z: 78.912 m 测量 模式 S/A P1↓ ------ 镜高 仪高 测站 P2↓
②按 F2(仪高)键，显示当前值	F2	仪器高 输入 仪高: 0.000 m 输入 … … 回车 ------ 1234 5678 90.-[ENT]
③输入仪器高	F1 输入仪器高 F4	N: 123.456 m E: 34.567 m Z: 78.912 m 测量 模式 S/A P1↓

3)设置目标高(棱镜高)。设置目标高的具体操作见表 5-12，此项功能用于获取 Z 坐标值，电源关闭后，可保存目标高。

表 5-12 目标高的设置

操作过程	操作及按键	显示
①在坐标测量模式下，按 F4(↓)键，进入第 2 页功能	F4	N: 123.456 m E: 34.567 m Z: 78.912 m 测量 模式 S/A P1↓ ------ 镜高 仪高 测站 P2↓
②按 F2(镜高)键，显示当前值	F2	镜高 输入 镜高: 0.000 m 输入 … … 回车 ------ 1234 5678 90.-[ENT]
③输入棱镜高	F1 输入棱镜高 F4	N: 123.456 m E: 34.567 m Z: 78.912 m 测量 模式 S/A P1↓

4)实施坐标测量。当设置好测站点坐标、仪器高和目标高以后，便可以着手进行坐标测量。测量前还要设置后视方位。具体操作见表 5-13。

表 5-13　坐标测量的过程

操作过程	操作及按键	显示
①设置已知点 *A* 的方向角	设置方向角	V：　90°10′20″ HR：　120°30′40″ 置零　锁定　置盘　P1↓
②照准目标 *B*	照准目标	N＊[r]：　m E：　m Z：　m 测量　模式　S/A　P1↓
③按↗键，开始测量显示结果	↗	N：　123.456 m E：　34.567 m Z：　78.912 m 测量　模式　S/A　P1↓

(5)放样测量。放样是测量工作中的一项重要内容，全站仪中的放样程序可根据放样点的坐标或手工输入的角度、水平距离和高程计算放样元素。该功能可显示出测量的距离与输入的放样距离之差(测量距离－放样距离＝显示值)，具体操作见表 5-14。

表 5-14　放样测量

操作过程	操作及按键	显示
①在距离测量模式下按 F4(↓)键，进入第 2 页功能	F4	HR：　120°30′40″ HD＊　123.456 m VD：　5.678 m 测量　模式　S/A　P1↓ ------------------ 偏心　放样　m/f/i　P2↓
②按 F2(放样)键，显示出上次设置的数据	F2	放样 HD：　0.000 m 平距　高差　斜距　……
③通过按 F1～F3 键选择测量模式。例：水平距离	F1	放样 HD：　0.000 m 输入　…　…　回车 ———————— 1234　5678　90—[ENT]

续表

操作过程	操作及按键	显示
④输入放样距离	F1 输入数据	放样 HD： 100.000 m 输入 … … 回车
⑤照准目标(棱镜)，测量开始，显示出测量距离与放样距离之差	F4 照准 P	HR： 120°30′40″ dHD*[r]： m VD： m 测量 模式 S/A P1
⑥移动目标棱镜，直至距离差等于 0 m 为止		HR： 120°30′40″ dHD*[r]： 23.456 m VD： 5.678 m 测量 模式 S/A P1↓

(6)程序测量。大部分全站仪都带有各种实用的测量程序，不仅能完成常规的角度、距离和坐标放样测量，还能利用自带的测量程序完成一些比较复杂的特殊测量。

1)悬高测量。悬高测量程序用于测定遥测目标相对于棱镜的垂直距离(高度)及其离开地面的高度(无须棱镜的高度)，如图 5-5 所示。使用棱镜高时，悬高测量以棱镜作为基点，不使用棱镜高时，则以测定垂直角的地面点作为基点。上述两种情况下基准点均位于目标点的铅垂线上。

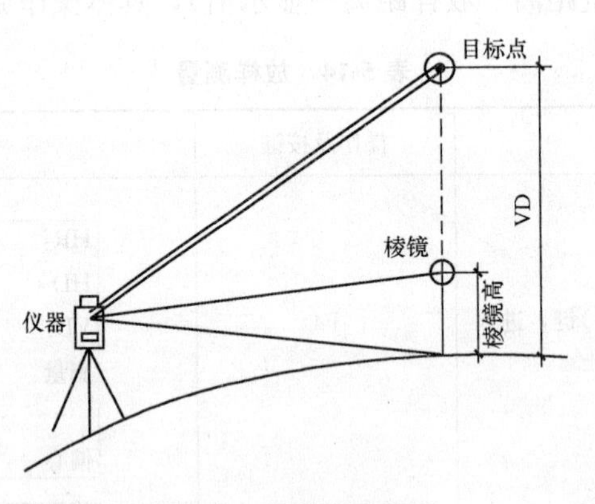

图 5-5 悬高测量原理

2)对边测量。在任意测站位置选择对边测量模式，分别瞄准两个目标并观测其距离，即可计算出两个目标点间的平距、斜距和高差，还可计算出两点间的方位角，如图 5-6 所示。

3)面积计算。用全站仪的面积测量程序，可以实时测算目标点之间连线所包括的面积。利用该模式可以直接计算外业测量的闭合图形的面积。面积计算有以下两种方式：

①用坐标数据文件计算。该方式是先进行常规数据采集，然后调用该功能选择数据。

属于后处理模式。

②用测量数据计算面积。该方式是现场测量，当测量点数大于 2 时，仪器会自动计算出测点所围成的封闭图形面积。

需要注意的是，计算面积的点组成的图形不能交叉。

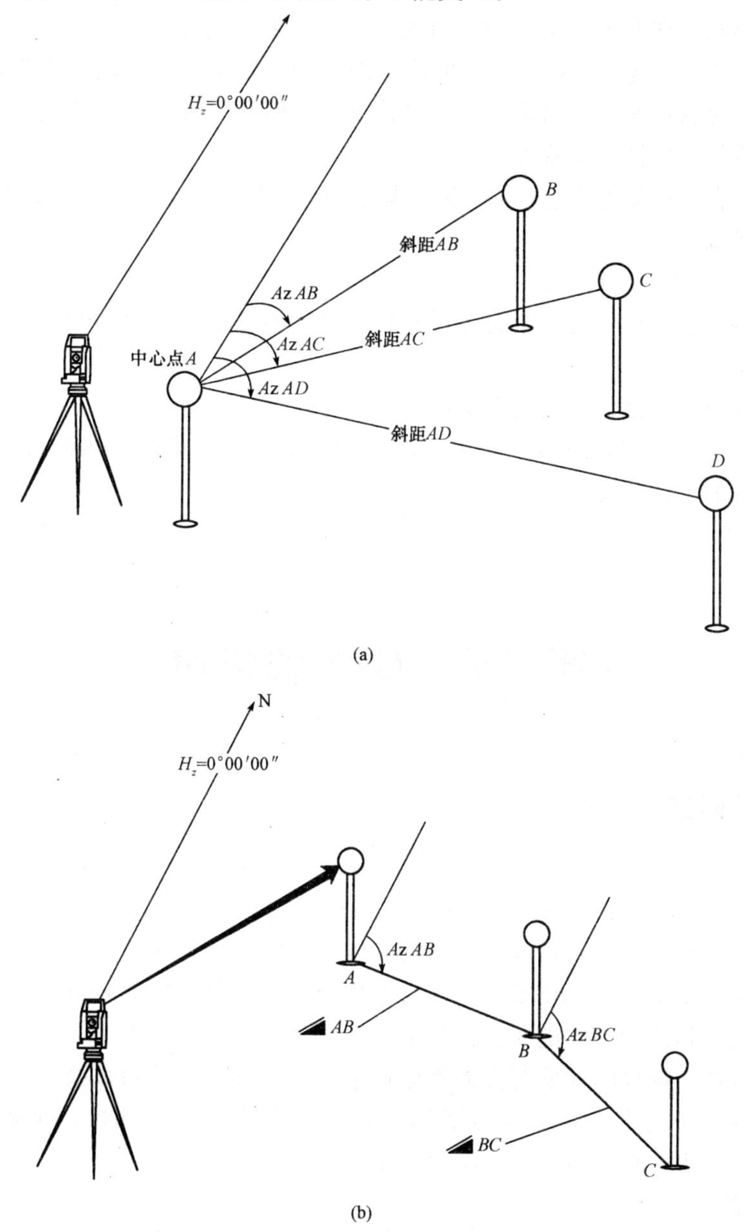

图 5-6　对边测量示意图

(a)(*AB*，*AC*)：测量 *AB*，*AC*，*AD*，…；(b)(*AB*，*BC*)：测量 *AB*，*BC*，*CD*，…

(7)全站仪一般操作注意事项。全站仪一般操作注意事项包括以下几个方面：

1)使用前应结合仪器，仔细阅读使用说明书，熟悉仪器各功能和实际操作方法。

2)望远镜的物镜不能直接对准太阳，以免损坏测距部的发光二极管。

3)在太阳光照射下观测仪器，应给仪器打伞，并带上遮阳罩，以免影响观测精度。在杂乱环境下测量，仪器要有专人守护。当仪器架设在光滑的表面时，要用细绳(或细铅丝)将三脚架三个脚连起来，以防滑倒。

4)当测站之间距离较远时，搬站时应将仪器卸下，装箱后背着走。先把仪器装在仪器箱内，再把仪器箱装在专供转运用的木箱内，并在空隙处填以泡沫、海绵、刨花或其他防震物品。装好后将木箱盖子盖好。需要时应用绳子捆扎结实。行走前要检查仪器箱是否锁好，检查安全带是否系好。当测站之间距离较近时，搬站时可将仪器连同三脚架一起靠在肩上，但一起要尽量保持直立放置。

5)仪器安置在三脚架上之前，应旋紧三脚架的三个伸缩螺旋；仪器安置在三脚架上时，应旋紧中心连接螺旋。

6)运输过程中必须注意防震。

7)仪器和棱镜在温度的突变中会降低测程，影响测量精度。仪器和棱镜逐渐适应周围温度后方可使用。

8)作业前检查电压是否满足工作要求。

9)在仪器长期不用时，应以一个月左右的时间定期取出进行通风防霉，并通电驱潮，以保持仪器良好的工作状态。

第二节　GPS 的使用

一、GPS 概述

全球定位系统(Navigation System Timing and Ranging/Global Positioning System，GPS)是美国国防部研制的采用距离交会原理进行工作的新一代军民两用的卫星导航定位系统，具有全球性、全天候、高精度、连续的三维测速、导航、定位与授时能力，最初主要应用于军事领域，由于其定位技术的高度自动化及其定位结果的高精度，很快也引起了广大民用部门，尤其是测量单位的关注。特别是近十几年来，GPS 技术在应用基础研究，各领域的开拓及软件、硬件的开发等方面都取得了迅速的发展，使得该技术已经广泛地渗透到经济建设和科学研究的许多领域。GPS 技术给大地测量、工程测量、地籍测量、航空摄影测量、变形监测等多种学科带来了深刻的技术革新。

1. GPS 组成

全球定位系统(GPS)由 GPS 空间卫星星座、地面监控系统和 GPS 用户设备三部分组成。

(1)GPS 空间卫星星座。卫星星座由 21 颗工作卫星和 3 颗在轨备用卫星组成，如图 5-7 所示。24 颗卫星均匀分布在 6 个轨道平面内，轨道平面的倾角为 55°，卫星的平均高度为 20 200 km，运行周期为 11 h 58 min。卫星用 L 波段的两个无线电载波向广大用户连续不断地发送导航定位信号，导航定位信号中含有卫星的位置信息，使卫星成为一个动态的已知点。卫星通过天顶时，卫星的可见时间为 5 h，在地球表面上任何时刻，在卫星高度角 15°以上，平均可同时观测到 6 颗卫星，最多可达 11 颗卫星。在用 GPS 信号导航定位时，为了解算测站的三维坐标，必须同时观测 4 颗 GPS 卫星，称为定位星座。这 4 颗卫星在观测过程中的几何位置分布对定位精度有一定的影响。对于某地某时，甚至不能测得精确的点位坐标，这种时间段称为“间歇段”。但这种时间间歇段是很短暂的，并不影响全球绝大多数地方的全天候、高精度、连续实时的导航定位测量。

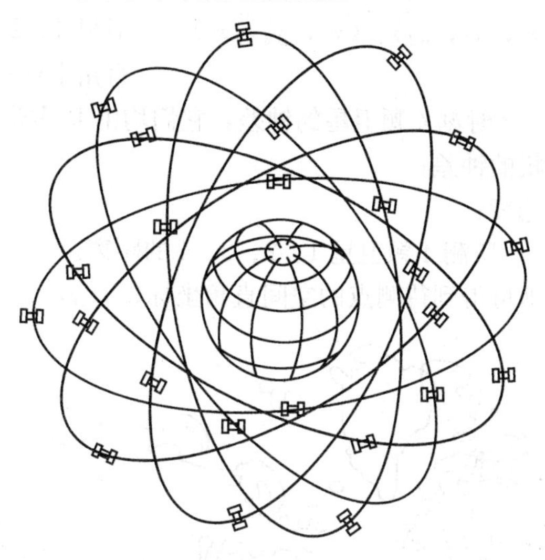

图 5-7　GPS 的空间星座

(2)地面监控系统。GPS 工作卫星的地面监控系统包括 1 个主控站、3 个注入站和 5 个监测站，如图 5-8 所示。主控站设在美国本土科罗拉多，其主要任务是根据各监测站对 GPS 卫星的观测数据，计算各卫星的轨道参数、钟差参数等，并将这些数据编制成导航电文，传送到注入站。另外，主控站还负责纠正卫星的轨道偏离，必要时调度卫星，让备用卫星取代失效的工作卫星；负责监测整个地面检测系统的工作；检验注入给卫星的导航电文，监测卫星是否将导航电文发给用户。3 个注入站分别设在大西洋的阿松森群岛、印度洋的迭哥伽西亚岛和太平洋的卡瓦加兰。注入站的主要任务是将主控站发来的导航电文注入相应卫星的存储器中。监测站除了位于主控站和注入站的 4 个站以外，还在夏威夷设置了一个监测站。监测站的主要任务是为主控站提供卫星的观测数据，每个监测站均用 GPS 信号接收机对每颗可见卫星每 6 min 进行一次伪距测量和积分多普勒观测，采用气象要素等数据。

(3)GPS 用户设备。用户设备由 GPS 接收机、数据处理软件及其终端设备(如计算机)等组成。GPS 接收机可捕获到按一定卫星高度截止角所选择的待测卫星的信号，跟踪卫星的运行，并对信号进行交换、放大和处理，再通过计算机和相应软件，经基线解算、网平差，求出 GPS 接收机中心(测站点)的三维坐标。

2. GPS 定位的基本原理

GPS 定位的基本原理是根据高速运动的卫星瞬间位置作为已知的起算数据，采用空间距离后方交会的方法，确定待测点的位置。如图 5-9 所示，假设 t 时刻在地面待测点上安置

GPS 接收机，可以测定 GPS 信号到达接收机的时间 Δt，再加上接收机所接收到的卫星星历等其他数据，可以确定以下四个方程式：

$$
\begin{aligned}
&[(x_1-x)^2+(y_1-y)^2+(z_1-z)^2]^{1/2}+c(v_1-v_t)=d_1\\
&[(x_2-x)^2+(y_2-y)^2+(z_2-z)^2]^{1/2}+c(v_2-v_t)=d_2\\
&[(x_3-x)^2+(y_3-y)^2+(z_3-z)^2]^{1/2}+c(v_3-v_t)=d_3\\
&[(x_4-x)^2+(y_4-y)^2+(z_4-z)^2]^{1/2}+c(v_4-v_t)=d_4
\end{aligned}
\quad (5\text{-}2)
$$

式中　(x_1, y_1, z_1)、(x_2, y_2, z_2)、(x_3, y_3, z_3)——卫星 1、2、3、4 在 t 时刻的空间直角坐标；

v_1、v_2、v_3、v_4——t 时刻 4 颗卫星的钟差，它们均由卫星所广播的卫星星历来提供；

v_t——t 时刻接收机的钟差；

c——传播信号的速度；

d_1、d_2、d_3、d_4——所测 4 颗卫星 1、2、3、4 的距离。

求解式(5-2)方程，即可得到待测点的空间直角坐标(x, y, z)。

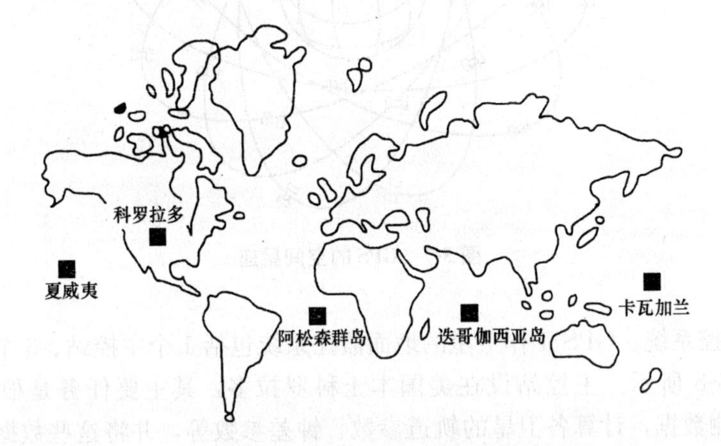

图 5-8　GPS 地面监控系统分布图

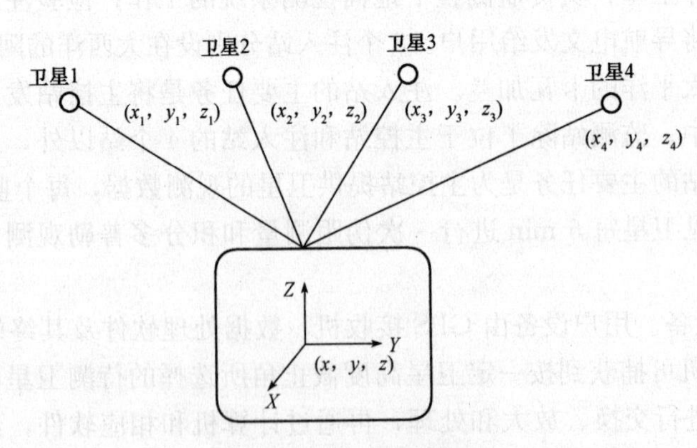

图 5-9　GPS 定位原理

利用 GPS 进行定位的方式有多种，按用户接收机天线所处的状态来分，可分为静态定位和动态定位；按参考点的位置不同，可分为单点定位和相对定位。

(1)静态定位与动态定位。

1)静态定位。静态定位是指 GPS 接收机在进行定位时，待定点的位置相对其周围的点位没有发生变化，其天线位置处于固定不动的静止状态。此时接收机可以连续不断地在不同历元同步观测不同的卫星，获得充分的多余观测量，根据 GPS 卫星的已知瞬间位置，解算出接收机天线相对中心的三维坐标。由于接收机的位置固定不动，就可以进行大量的重复观测，因此，静态定位可靠性强，定位精度高，在大地测量工程测量中得到了广泛的应用，是精密定位中的基本模式。

2)动态定位。动态定位是指在定位过程中，接收机位于运动着的载体上，天线也处于运动状态的定位。动态定位使用 GPS 信号实时地测得运动载体的位置。如果按照接收机载体的运行速度，还可将动态定位分为低动态(几十米/秒)、中等动态(几百米/秒)、高动态(几千米/秒)三种形式。其特点是测定一个动点的实时位置，多余观测量少，定位精度较低。

(2)单点定位和相对定位。

1)单点定位。单点定位也称绝对定位，如图 5-10 所示，就是采用一台接收机进行定位的模式，它所确定的是接收机天线相位中心在 WGS—84 世界大地坐标系统中的绝对位置，因此，单点定位的结果也属于该坐标系统。GPS 绝对定位的基本原理是以 GPS 卫星和用户接收机天线之间的距离(或距离差)观测量为基础，并根据已知可见卫星的瞬时坐标来确定用户接收机天线相位中心的位置。该方法广泛应用于导航和测量中的单点定位工作。

单点定位的实质是空间距离的后方交会。在一个观测站上，原则上需有三个独立的观测距离才可以算出测站的坐标，这时观测站应位于以 3 颗卫星为球心，相应距离为半径的球面与地面交线的交点上。因此，接收机对这 3 颗卫星的点位坐标分量再加上钟差参数，共有 4 个未知数，所以，至少需要 4 个同步伪距观测值，也就是说，至少必须同时观测 4 颗卫星，如图 5-10 所示。

GPS 绝对定位方法的优点是只需要一台接收机，数据处理比较简单，定位速度快；但其缺点是精度较低，只能达到米级的精度。

2)相对定位。GPS 相对定位又称差分 GPS 定位，是采用两台以上的接收机(含两台)同步观测相同的 GPS 卫星，以确定接收机天线间相互位置关系的一种方法，如图 5-11 所示。其最基本的情况是用两台接收机分别安置在基线的两端，同步观测相同的 GPS 卫星，确定基线端点在世界大地坐标系统中的相对位置或坐标差(基线向量)，在一个端点坐标已知的情况下，用基线向量推求另一待定点的坐标。相对定位可以推广到多台接收机安置在若干条基线的端点，通过同步观测 GPS 卫星确定多条基线向量。

当然，也可以使用多台接收机分别安置在若干条基线的端点，通过同步观测以确定各条基线的向量数据。相对定位对于中等长度的基线，其精度可达 10^{-7}～10^{-6}。相对定位也可按用户接收机在测量过程中所处的状态，分为静态相对定位和动态相对定位两种。

①静态相对定位。静态相对定位的最基本情况是用两台 GPS 接收机分别安置在基线的两端，固定不动；同步观测相同的 GPS 卫星，以确定基线端点在坐标系中的相对位置或基线向量，由于在测量过程中，通过重复观测取得了充分的多余观测数据，从而提高了 GPS 定位的精度。

②动态相对定位。动态相对定位的数据处理有两种方式：一种是实时处理；另一种是

测后处理。前者的观测数据无须存储，但难以发现粗差，精度较低；后者在基线长度为数千米的情况下，精度为1～2 cm，较为常用。

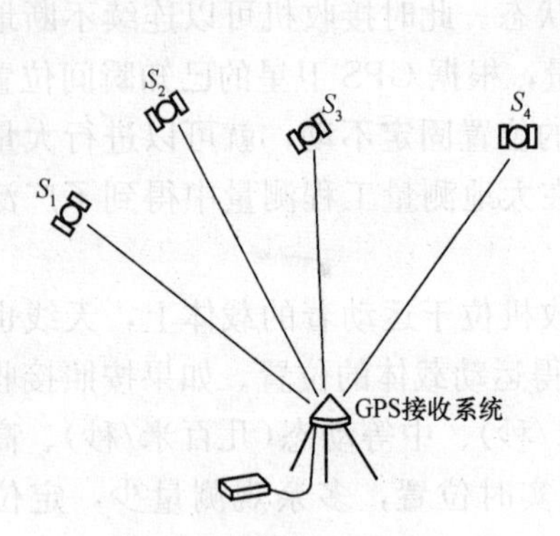

图 5-10 GPS 单点定位

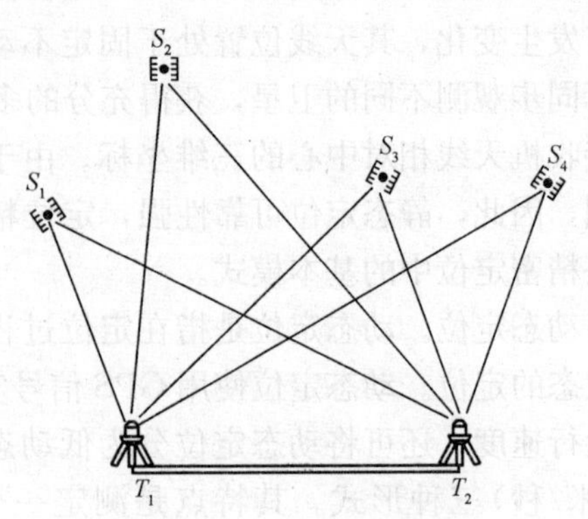

图 5-11 GPS 相对定位

二、GPS 定位测量的技术要求

(1)各等级卫星定位测量控制网的主要技术要求，应符合表 5-15 的规定。

表 5-15 卫星定位测量控制网的主要技术要求

等级	平均边长 /km	固定误差 A /mm	比例误差系数 B /(mm·km^{-1})	约束点间的边长相对中误差	约束平差后最弱边相对中误差
二等	9	≤10	≤2	≤1/250 000	≤1/120 000
三等	4.5	≤10	≤5	≤1/150 000	≤1/70 000
四等	2	≤10	≤10	≤1/100 000	≤1/40 000
一级	1	≤10	≤20	≤1/40 000	≤1/20 000
二级	0.5	≤10	≤40	≤1/20 000	≤1/10 000

(2)各等级控制网的基线精度，按式(5-3)计算：

$$\sigma=\sqrt{A^2+(B\cdot d)^2} \tag{5-3}$$

式中 σ——基线长度中误差(mm)；

A——固定误差(mm)；

B——比例误差系数(mm/km)；

d——平均边长(km)。

(3)卫星定位测量控制网观测精度的评定，应满足下列要求：

1)控制网的测量中误差，按式(5-4)计算：

$$m=\sqrt{\frac{1}{3N}\left[\frac{WW}{n}\right]} \tag{5-4}$$

式中 m——控制网的测量中误差(mm)；

N——控制网中异步环的个数；

n——异步环的边数；

W——异步环环线全长闭合差(mm)。

2)控制网的测量中误差，应满足相应等级控制网的基线精度要求，并符合式(5-5)的规定：

$$m \leqslant \sigma \tag{5-5}$$

(4)卫星定位测量控制网的布设，应符合下列要求：

1)应根据测区的实际情况、精度要求、卫星状况、接收机的类型和数量以及测区已有的测量资料进行综合设计。

2)首级网布设时，宜联测2个以上高等级国家控制点或地方坐标系的高等级控制点；对控制网内的长边，宜构成大地四边形或中点多边形。

3)控制网应由独立观测边构成一个或若干个闭合环或附合路线；各等级控制网中构成闭合环或附合路线的边数不宜多于6条。

4)各等级控制网中独立基线的观测总数，不宜少于必要观测基线数的1.5倍。

5)加密网应根据工程需要，在满足精度要求的前提下可采用比较灵活的布网方式。

6)对于采用GPS-RTK测图的测区，在控制网的布设中应顾及参考站点的分布及位置。

(5)卫星定位测量控制点位的选定，应符合下列要求：

1)点位应选在土质坚实、稳固可靠的地方，同时要有利于加密和扩展，每个控制点至少应有一个通视方向。

2)点位应选在视野开阔，高度角在15°以上的范围内，应无障碍物；点位附近不应有强烈干扰接收卫星信号的干扰源或强烈反射卫星信号的物体。

3)充分利用符合要求的已有控制点。

三、GPS控制网的布设形式

GPS网的技术设计是一项基础性的工作。这项工作应根据GPS网的用途和用户的要求进行，其主要内容包括精度指标的确定和网的图形设计等。

(1)精度指标的确定。GPS测量控制网的精度指标是以网中基线观测的距离误差m_D来定义的。

$$m_D = a + b \times 10^{-6} D \tag{5-6}$$

式中　a——距离固定误差；

　　　b——距离比例误差；

　　　D——基线距离。

城市及工程GPS控制网的精度指标见表5-16。

表5-16　城市及工程GPS控制网精度指标

等级	平均距离/km	a/m	$b/10^{-6}$	最弱边相对中误差
二等	9	≤10	≤2	1/12万
三等	5	≤10	≤5	1/8万
四等	2	≤10	≤10	1/4.5万
一级	1	≤10	≤10	1/2万
二级	<1	≤15	≤20	1/1万

(2)网的图形设计。

GPS 网的图形设计主要取决于用户的要求、经费、时间、人力以及所投入的接收机的类型、数量和后勤保障条件。根据不同的用途，GPS 网的图形布设通常有点连式、边连式、网连式和边点混连式四种基本连接方式。除此之外，也有布设成星形连接、三角锁式连接、导线网式连接等。选择何种组网，取决于工程所需要的精度、野外条件和接收机台数等因素。

1)点连式。点连式图形相邻同步图形之间仅有一个公共点连接，如图 5-12 所示。这种方式所构成的图形几何强度很弱，没有或极少有非同步图形闭合条件，一般不能单独采用。图 5-12 中，有 15 个定位点，无多余观测(无异步检核条件)，最少观测时段 7 个(同步环)，最少观测基线为 $n-1=14$ 条(n 为点数)。

2)边连式。边连式同步图形之间有一条公共基线连接，如图 5-13 所示。这种网的几何强度较高，有较多的复测边和异步图形闭合条件。采用相同的仪器台数，观测时段数将比点连式增加很多。

3)网连式。网连式图形相邻同步图形之间由两个以上公共点相连接，如图 5-14 所示。这种方式需要 4 台以上接收机。显然这种密集的布点方法，其图形的几何强度和可靠性指标非常高，但花费的时间和经费也较多，一般只适用于较高精度的控制网。

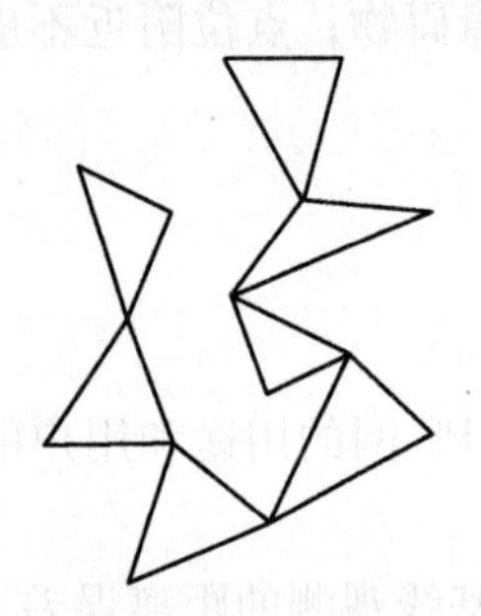

图 5-12　点连式图形

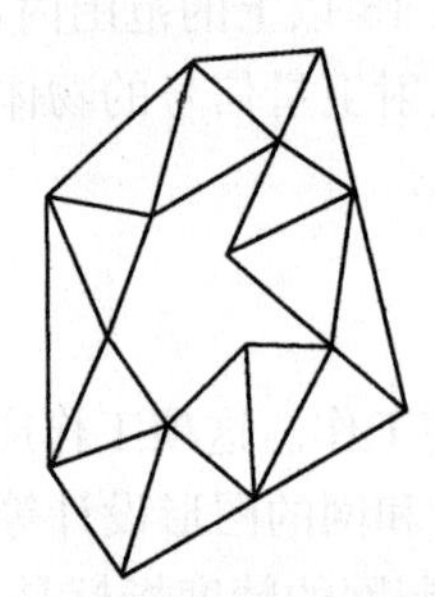

图 5-13　边连式图形

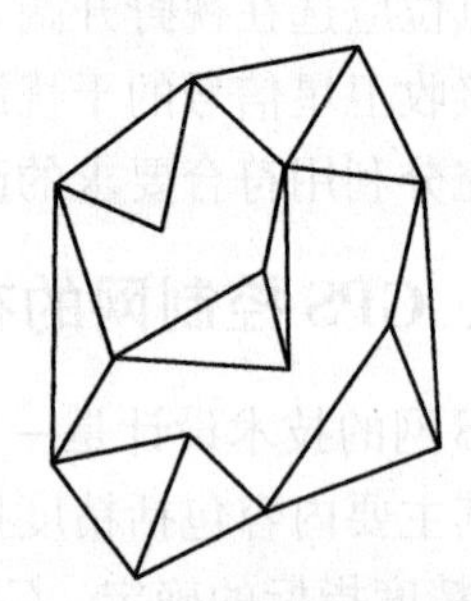

图 5-14　网连式图形

4)边点混连式。边点混连式图形将点连式和边连式有机地结合起来组网，以保证网的几何强度和可靠性指标，如图 5-15 所示。其优点是既保证了强度和可靠性，又减少了作业量，降低了成本，是一种较为理想的布网方法。

5)星形网连接。星形网图形简单，直接观测边之间不构成任何图形，抗粗差能力极差，如图 5-16 所示。其作业只需两台接收机，是一种快速定位的作业图形，常用于快速静态定位与准动态定位。因此，星形网广泛应用于精度较低的工程测量，如地质、地籍和地形测量。

6)三角锁式连接。三角锁式连接图形是用点连式或边连式组成连续发展的三角锁同步图形，如图 5-17 所示。这种连接方式适用于狭长地区的 GPS 布网，如铁路、公路、渠道及管线工程控制。

7)导线网式连接。导线网式连接图形是将同步图形布设为直伸状，形如导线结构式的 GPS 网，各独立边应构成封闭形状，形成非同步图形，以增加可靠性，适用于精度较高的 GPS 布网，如图 5-18 所示。

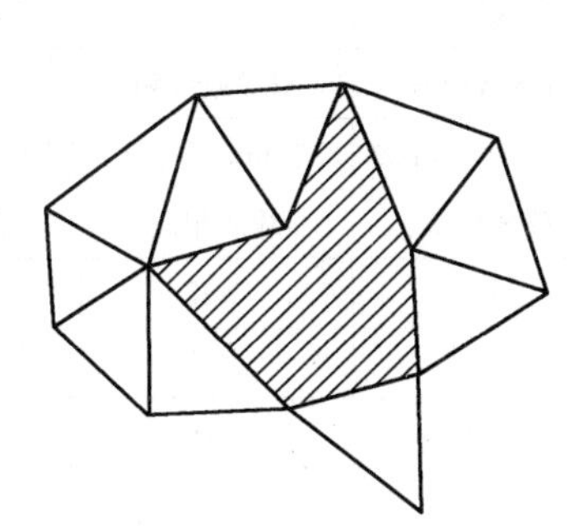

图 5-15　边点混连式图形

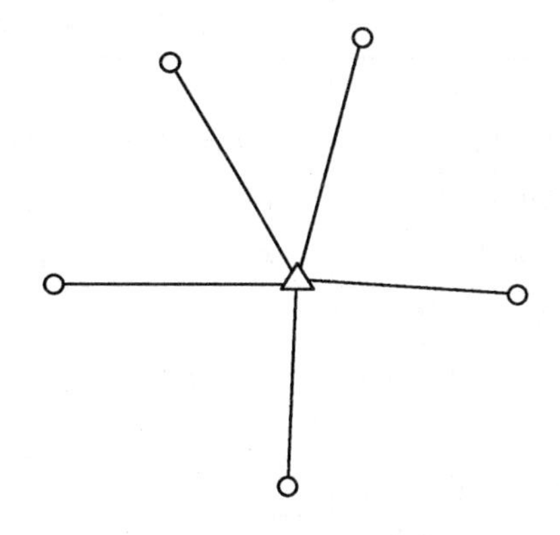

图 5-16　星形网连接图形

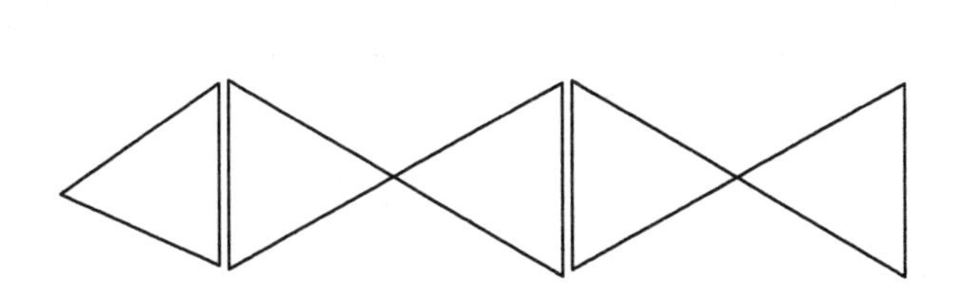

图 5-17　三角锁式连接图形

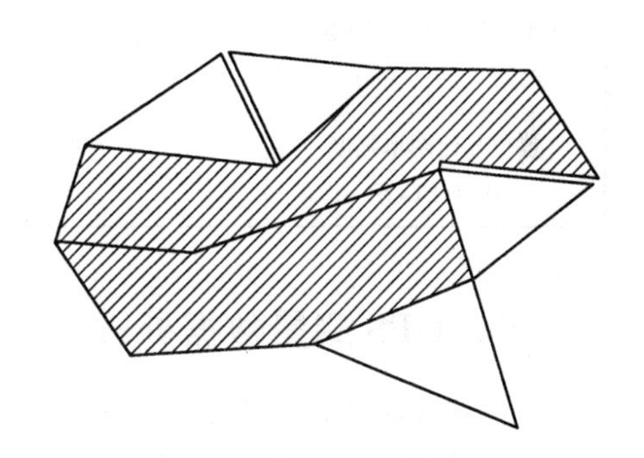

图 5-18　导线网式连接图形

四、GPS 测量外业实施

(1)技术要求。GPS 控制测量作业的基本技术要求，应符合表 5-17 的规定。

(2)外业观测。GPS 外业观测工作主要包括天线安置、开机观测、观测记录等内容。

1)天线安置。观测前，应将天线安置在测站上，对中、整平，并保证天线定向误差不超过 3°～5°，测定天线的高度及气象参数。天线的定向标志应指向正北，兼顾当地磁偏角，以减弱天线相位中心偏差的影响。

2)开机观测。在离开天线适当位置安放 GPS 接收机，接通接收机与电源、天线、控制器的连接电缆，并通过预热和静置，可启动接收机进行观测。测站观测员应按照说明书正确输入测站信息；注意查看接收机的观测状态；不得远离接收机；一个观测时段中，不得关机或重新启动，不得改变卫星高度角、采样间隔及删除文件；不能靠近接收机使用手机、对讲机；雷雨天应防雷击；严格按照统一指令，同时开、关机，确保观测同步。

3)观测记录。接收机锁定卫星并开始记录数据后，观测员可使用专用功能键和选择菜单，查看有关信息，如接收卫星数量、各通道信噪比、相位测量残差、实时定位的结果及其变化、存储介质记录等情况。观测记录形式主要有测量记录和测量手簿两种。测量记录由 GPS 接收机自动进行，均记录在存储介质上；测量手簿是在接收机启动前及观测过程中，由观测者按规程规定的记录格式进行记录。

表 5-17　GPS 控制测量作业的基本技术要求

等　级		二等	三等	四等	一级	二级
接收机类型		双频	双频或单频	双频或单频	双频或单频	双频或单频
仪器标称精度		10 mm+2 ppm	10 mm+5 ppm	10 mm+5 ppm	10 mm+5 ppm	10 mm+5 ppm
观测量		载波相位	载波相位	载波相位	载波相位	载波相位
卫星高度角/(°)	静态	≥15	≥15	≥15	≥15	≥15
	快速静态	—	—	—	≥15	≥15
有效观测卫星数	静态	≥5	≥5	≥4	≥4	≥4
	快速静态	—	—	—	≥5	≥5
观测时段长度/min	静态	30～90	20～60	15～45	10～30	10～30
	快速静态	—	—	—	10～15	10～15
数据采样间隔/s	静态	10～30	10～30	10～30	10～30	10～30
	快速静态	—	—	—	5～15	5～15
点位几何图形强度因子 PDOP		≤6	≤6	≤6	≤8	≤8

五、GPS 测量数据处理

(1)基线解算，应满足下列要求：

1)起算点的单点定位观测时间不宜少于 30 min。

2)解算模式既可采用单基线解算模式，也可采用多基线解算模式。

3)解算成果应采用双差固定解。

(2)GPS 控制测量外业观测的全部数据应经同步环、异步环和复测基线检核，并应满足下列要求：

1)同步环各坐标分量闭合差及环线全长闭合差，应满足式(5-7)～式(5-11)的要求：

$$W_x \leqslant \frac{\sqrt{n}}{5}\sigma \tag{5-7}$$

$$W_y \leqslant \frac{\sqrt{n}}{5}\sigma \tag{5-8}$$

$$W_z \leqslant \frac{\sqrt{n}}{5}\sigma \tag{5-9}$$

$$W = \sqrt{W_x^2 + W_y^2 + W_z^2} \tag{5-10}$$

$$W \leqslant \frac{\sqrt{3n}}{5}\sigma \tag{5-11}$$

式中　n——同步环中基线边的个数；

W——同步环环线全长闭合差(mm)。

2)异步环各坐标分量闭合差及环线全长闭合差，应满足式(5-12)～式(5-16)的要求：

$$W_x \leqslant 2\sqrt{n}\sigma \tag{5-12}$$

$$W_y \leqslant 2\sqrt{n}\sigma \tag{5-13}$$

$$W_z \leqslant 2\sqrt{n}\sigma \tag{5-14}$$

$$W = \sqrt{W_x^2 + W_y^2 + W_z^2} \tag{5-15}$$

$$W \leqslant 2\sqrt{3n}\sigma \tag{5-16}$$

式中 n——异步环中基线边的个数；

W——异步环环线全长闭合差(mm)。

3)复测基线的长度较差，应满足式(5-17)的要求：

$$\Delta d \leqslant 2\sqrt{2}\sigma \tag{5-17}$$

(3)当观测数据不能满足检核要求时，应对成果进行全面分析，并舍弃不合格基线，但应保证舍弃基线后，所构成异步环的边数不超过卫星定位测量技术要求的规定。否则，应重测该基线或有关的同步图形。

(4)外业观测数据检验合格后，应按规定对GPS网的观测精度进行评定。

(5)GPS测量控制网的无约束平差，应符合下列规定：

1)应在WGS—84坐标系中进行三维无约束平差，并提供各观测点在WGS－84坐标系中的三维坐标、各基线向量三个坐标差观测值的改正数、基线长度、基线方位及相关的精度信息等。

2)无约束平差的基线向量改正数的绝对值，不应超过相应等级的基线长度中误差的3倍。

(6)GPS测量控制网的约束平差，应符合下列规定：

1)应在国家坐标系或地方坐标系中进行二维或三维约束平差。

2)对于已知坐标、距离或方位，可以强制约束，也可加权约束。约束点间的边长相对中误差，应满足表5-15中相应等级的规定。

3)平差结果，应输出观测点在相应坐标系中的二维或三维坐标、基线向量的改正数、基线长度、基线方位角等，以及相关的精度信息。需要时，还应输出坐标转换参数及其精度信息。

4)控制网约束平差的最弱边边长相对中误差，应满足表5-15中相应等级的规定。

六、GPS RTK技术

1. GPS RTK技术简介

RTK(Real Time Kinematic)技术是以载波相位观测量为基础的实时差分GPS测量技术，它不仅具有GPS技术的所有优点，而且可实时获得观测结果及精度，大大提高了作业效率，是GPS定位技术的一个新的里程碑。

建筑工程测量中常规测量方法受横向通视和作业条件的限制，作业强度大，且效率低，大大延长了施工周期。目前，在建筑工程勘测设计中，建立勘测、设计、施工、后期管理一体化的数据链，实现“内外业一体化”的要求，是建筑工程勘测设计技术发展的趋势。RTK技术满足了这一技术要求，因其高精度、实时性和高效性而在建筑工程测量测图和放线中得到了广泛应用。

RTK测量的基本思想是在基线上安置一台GPS接收机，对所有可见GPS卫星进行连续地测量，并将其观测数据通过无线电传输设备实时地发送给用户观测站。在用户观测站上，GPS接收机在接收GPS卫星信号的同时，通过无线电接收设备，接收基准站传输的观测数据，然后根据相对定位的原理，实时地计算并显示用户站的三维坐标及其精度。

2. GPS RTK 技术作业模式

RTK 数据采集

根据用户的要求，目前实时动态测量采用的作业模式主要有如下三种：

(1)快速静态测量。采用这种测量模式，要求 GPS 接收机在每一用户站上，静止地进行观测。在观测过程中，连同接收到的基准站的同步观测数据，实时地结算整周未知数和用户站的三维坐标。如果解算结果的变化趋于稳定，且其精度已满足设计要求，便可适时地结束观测。这种模式的定位精度可达 1～2 cm，主要应用于城市、矿山等区域性的控制测量、工程测量和地籍测量等。

(2)准动态测量。采用这种测量模式，通常要求流动的接收机在观测工作开始之前，首先在某一起始点上静止地进行观测，以便采用快速解算整周未知数的方法实时地进行初始化工作。初始化后，流动的接收机在每一观测站，只需静止观测数历元，并连同基准站的同步观测数据，实时地解算流动站的三维坐标。目前，其定位精度可达厘米级。这种模式通常应用于地籍测量、碎部测量、路线测量和工程放样等。

(3)动态测量。采用这种测量模式，首先在某一起始点上静止地观测数分钟，以便进行初始化工作。其后，运动的接收机按预定的采样时间间隔自动地进行观测，并连同基准站的同步观测数据，实时地确定采样点的空间位置。目前，其定位的精度可达厘米级。这种模式主要应用于航空摄影测量和航空物探中采样点的实时定位、航空测量、道路中线测量，以及运动目标的精度导航等。

本章小结

本章主要讲述了全站仪的分类、主要特点、基本功能、结构与操作方法，GPS 定位测量等内容。

1. 全站仪是一种集光、机、电为一体的高技术测量仪器，是集水平角、垂直角、距离(斜距、平距)、高差测量功能于一体的测绘仪器系统。全站仪广泛用于地上大型建筑和地下隧道施工等精密工程测量或变形监测领域。

2. 全站仪按其外观结构，可分为积木型全站仪和整体型全站仪。全站仪按测距仪测距可分为短距离测距全站仪、中测程全站仪、长测程全站仪三类。

3. 全站仪测量工作主要包括测量前的准备、角度测量、距离测量、坐标测量、放样测量和程序测量等。

4. GPS 系统是美国国防部研制的采用距离交会原理进行工作的新一代军民两用的卫星导航定位系统，由 GPS 空间卫星星座、地面监控和 GPS 用户设备三部分组成。

5. GPS 网的图形布设通常有点连式、边连式、网连式和边点混连式四种基本连接方式。除此之外，也有布设成星形网连接、三角锁式连接、导线网式连接等。

6. RTK 技术是以载波相位观测量为基础的实时差分 GPS 测量技术，它不仅具有 GPS 技术的所有优点，而且可实时获得观测结果及精度，大大提高了作业效率，是 GPS 定位技术的一个新的里程碑。

复习思考题

一、填空题

1. 全站仪按其外观结构，可分为__________和__________。

2. 全站仪的键盘分为__________和__________两部分。

3. 在使用全站仪开始进行测量前，应先做好的准备工作有__________、__________和__________。

4. 全球定位系统(GPS)由__________、__________和__________三部分组成。

5. GPS工作卫星的地面监控系统包括__________个主控站、__________个注入站和__________个监测站。

6. 利用GPS进行定位的方式有多种，按用户接收机天线所处的状态来分，可分为__________和__________；按参考点的位置不同，可分为__________和__________。

二、选择题(有一个或多个答案)

1. 下列关于全站仪的应用说法，不正确的是(　　)。

A. 可使控制测量和碎部测量同时进行

B. 可将设计好的管线、道路、工程建设中的建筑物、构筑物等的位置按图纸设计数据测设到地面上

C. 可进行导线测量、前方交会测量、后方交会测量等

D. 不能将全站仪与计算机、绘图仪连接在一起，形成一套完整的外业实时测绘系统

2. 全站仪功能键(软键)信息显示在显示屏的(　　)。

A. 上行　　B. 中间　　C. 底行　　D. 任意位置

3. 全站仪距离测量若使用的气压单位是mmHg，按1 hPa=(　　)mmHg进行换算。

A. 0.50　　B. 0.65　　C. 0.76　　D. 0.80

4. 全站仪坐标测量须先输入(　　)。

A. 测站点坐标　　B. 后视点坐标　　C. 已知方位角　　D. 已知水平角

5. 使用全站仪进行面积测量时，计算面积的点组成的图形不能(　　)。

A. 平行　　B. 重合　　C. 交叉　　D. 重叠

6. GPS绝对定位方法的优点是(　　)。

A. 只需一台接收机　　B. 数据处理比较简单

C. 定位速度快　　D. 精度较低，只能达到米级的精度

7. 卫星定位测量控制点位的选定应符合的要求是(　　)。

A. 点位应选在土质坚实、稳固可靠的地方，同时，要有利于加密和扩展，每个控制点至少应有一个通视方向

B. 点位应选在视野开阔，高度角在15°以上的范围内，应无障碍物

C. 充分利用符合要求的旧有控制点

D. 点位附近不应有强烈干扰接收卫星信号的干扰源或强烈反射卫星信号的物体

三、简答题

1. 简述全站仪的主要特点。
2. 全站仪的使用有哪些注意事项？
3. 简述 GPS 系统的组成。
4. 卫星定位测量控制网的布设应符合哪些要求？
5. GPS RTK 测量的基本思想是什么？

第六章　小区域控制测量

学习目标

通过本章的学习，了解控制测量的基本知识，导线测量的技术要求，三角形网测量的主要技术要求，三、四等水准测量的技术要求；熟悉导线测量的外业工作，三角形网测量的观测作业，三、四等水准测量的外业观测，三角高程测量的原理与技术要求；掌握导线测量内业计算方法，三角形网测量数据处理方法，三、四等水准测量的内业计算方法，常用三角高程测量方法。

能力目标

明确小区域控制测量(平面控制测量和高程控制测量)的基本原理和方法，能够进行导线测量，三、四等水准测量，三角高程测量的外业观测和内业计算。

第一节　控制测量概述

一、控制测量的概念

无论是测绘地形图还是施工放样，测量过程中都不可避免地会产生误差。为了限制测量误差的累积，保证测图和施工测量的精度和速度，测量工作必须采取正确的测量程序和方法，即遵循“从整体到局部，先控制后碎部”的原则。也就是说，测量工作必须先进行控制测量，同时，通过控制测量统一测量所用的坐标系统和高程系统。

在测区内，按测量任务所要求的精度，测定一系列控制点的平面位置和高程，建立起测量控制网，作为各种测量的基础，这种测量工作称为控制测量；测定控制点平面位置的工作称为平面控制测量。测定控制点高程的工作称为高程控制测量。

二、平面控制测量

平面控制测量的主要方法有三角测量和导线测量。

1. 三角测量

(1)三角锁(网)。按要求在地面上选择一系列具有控制作用的控制点，组成互相连接的三角形，若三角形排列成条状，称为三角锁[图 6-1(a)]；若扩展成网状，称为三角网[图 6-1(b)]。

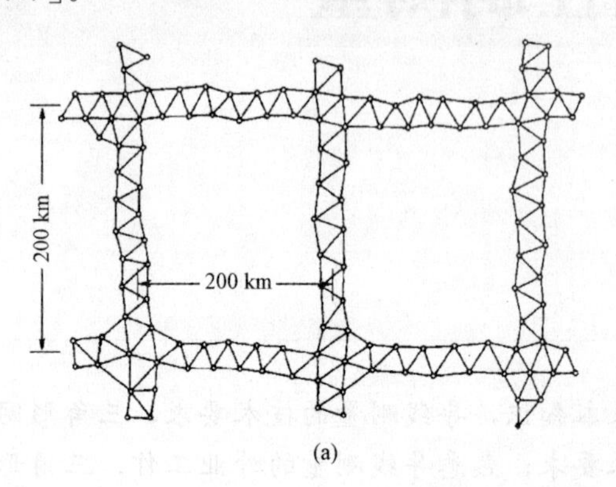

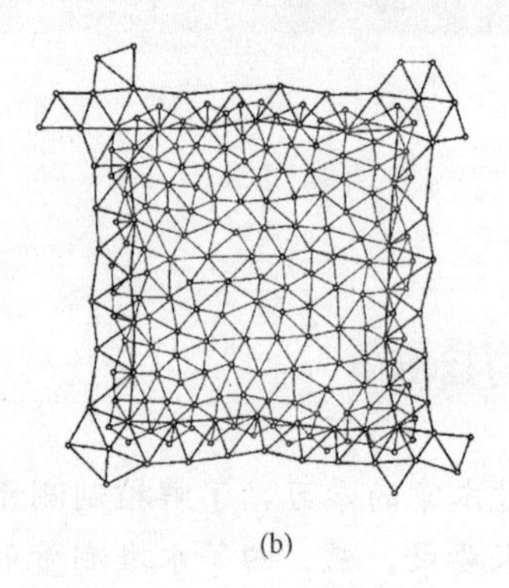

图 6-1　国家三角网

(2)三角测量。三角测量是用精密仪器观测三角锁(网)中所有三角形的内角，并精确测定起始边的边长和方位角，然后根据三角公式解算出各点的坐标。

在全国范围内统一建立的三角网，称为国家平面控制网。国家平面控制网按精度从高到低分为一等、二等、三等、四等 4 个等级。其中，一等三角锁是国家平面控制网的骨干；二等三角网布设于一等三角锁环内，是国家平面控制网的全面基础；三等、四等三角网是二等三角网的进一步加密。

2. 导线测量

将相邻控制点依次用直线相连而组成的折线称为导线。构成导线的控制点称为导线点。导线测量就是依次测量各导线边的水平距离以及相邻导线边的水平夹角，然后根据起算数据，推算各导线边的坐标方位角，从而求出各导线点的平面坐标。

导线测量是建立小地区平面控制网常用的一种方法，特别是地物分布较复杂的建筑区、视线障碍较多的隐蔽区和带状地区，多采用导线测量的方法。

三、高程控制测量

高程控制测量的方法主要有水准测量和三角高程测量。高程控制测量精度等级的划分，依次为二等、三等、四等、五等。各等级高程控制宜采用水准测量，四等及以下等级可采用电磁波测距三角高程测量；五等也可采用 GPS 拟合高程测量。首级高程控制网的等级，应根据工程规模、控制网的用途和精度要求合理选择。首级网应布设成环形网，加密网宜布设成附合路线或结点网。测区的高程系统，宜采用 1985 年国家高程基准。在已有高程控制网的地区测量时，可沿用原有的高程系统；当小测区联测有困难时，也可采用假定高程系统。高程控制点间的距离，一般地区应为 1～3 km，工业厂区、城镇建筑区宜小于 1 km。但一个测区及周围至少应有 3 个高程控制点。

四、小区域平面控制测量

在小区域(面积≤15 km^2)内建立的平面控制网，称为小区域平面控制网。小区域平面控制网应尽可能与当地已经建立的国家或城市控制网联测，并以国家或城市控制网的数据

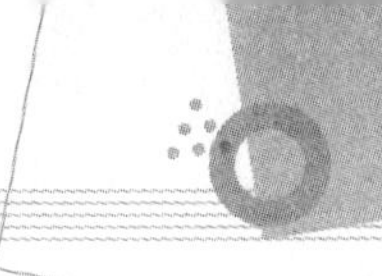

作为起算和校核标准。如果测区范围附近没有合适的高等级控制点，或附近有合适的高等级控制点但不方便联测，也可以建立测区独立控制网。

小区域平面控制网也应由高级到低级分级建立。测区范围内建立最高一级的控制网，称为首级控制网；最低一级的直接为测图而建立的控制网，称为图根控制网。首级控制与图根控制的关系见表 6-1。

表 6-1　首级控制与图根控制的关系

测区面积/km^2	首级控制	图根控制
1～10	一级小三角或一级导线	两级图根
0.5～2	二级小三角或二级导线	两级图根
0.5 以下	图根控制	

直接用于地形测图的控制点称为图根控制点，简称图根点。图根点位置的测定工作，称为图根控制测量。图根点的密度取决于测图比例尺和地形的复杂程度，具体应符合表 6-2 的规定。

表 6-2　图根点密度

测图比例尺	图根点密度/(点·km^{-2})
1∶5 000	5
1∶2 000	15
1∶1 000	50
1∶500	150

第二节　导线测量

一、导线的布设形式

根据测区的不同情况和具体要求，导线可按下列三种形式进行布设。

1. 闭合导线

闭合导线是从一个已知点 B 出发，经过若干个导线点 1、2、3、4、…又回到原已知点 B 上，形成一个闭合多边形，如图 6-2 所示。

2. 附合导线

附合导线是从一个已知边的一个已知点出发，经过一系列导线点，最后附合到另一个已知边的一个已知点上，如图 6-3 所示。

3. 支导线

支导线是从一个已知控制点和一个已知方向出发，既不附合到另一已知控制点，也不回到原起点上，如图 6-4 所示。

支导线只具有必要的起始数据，缺少对观测成果的检核，因此，仅用于图根控制测量，而且一条导线上布设的导线点一般不得超过 4 个。

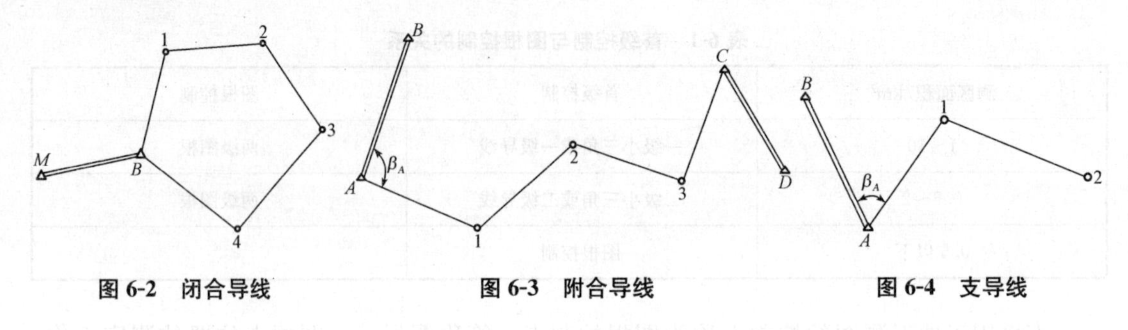

图 6-2　闭合导线　　图 6-3　附合导线　　图 6-4　支导线

二、导线测量的技术要求

(1)各等级导线测量的主要技术要求应符合表 6-3 的规定。

表 6-3　导线测量的主要技术要求

等级	导线长度/km	平均边长/km	测角中误差/(″)	测距中误差/mm	测距相对中误差	测回数			方位角闭合差/(″)	导线全长相对闭合差
						1″级仪器	2″级仪器	6″级仪器		
三等	14	3	1.8	20	1/150 000	6	10	—	$3.6\sqrt{n}$	≤1/55 000
四等	9	1.5	2.5	18	1/80 000	4	6	—	$5\sqrt{n}$	≤1/35 000
一级	4	0.5	5	15	1/30 000	—	2	4	$10\sqrt{n}$	≤1/15 000
二级	2.4	0.25	8	15	1/14 000	—	1	3	$16\sqrt{n}$	≤1/10 000
三级	1.2	0.1	12	15	1/7 000	—	1	2	$24\sqrt{n}$	≤1/5 000

注：1. 表中 n 为测站数。

2. 当测区测图的最大比例尺为 1∶1 000 时，一、二、三级导线的导线长度、平均边长可适当放长，但最大长度不应大于表中规定相应长度的 2 倍。

(2)当导线平均边长较短时，应控制导线边数不超过表 6-3 相应等级导线长度和平均边长算得的边数；当导线长度小于表 6-3 规定长度的 1/3 时，导线全长的绝对闭合差不应大于 13 cm。

(3)导线网中，结点与结点、结点与高级点之间的导线段长度不应大于表 6-3 中相应等级规定长度的 0.7。

(4)导线网的布设应符合下列规定：

1)导线网用作测区的首级控制时，应布设成环形网，且宜联测 2 个已知方向。

2)加密网可采用单一附合导线或结点导线网形式。

3)结点间或结点与已知点间的导线段宜布设成直伸形状，相邻边长不宜相差过大，网内不同环节上的点也不宜相距过近。

三、导线测量外业工作

闭合导线外业观测

导线测量的外业工作包括选点、测角、量边、定向等。

1. 选点

在选点前，应首先收集测区已有地形图和高一级控制点的成果资料，然后到现场踏勘，了解测区现状和寻找已知控制点，再拟订导线的布设方案，最后到野外踏勘，选定导线点的位置。

导线点位的选定应符合下列规定：

(1)点位应选在土质坚实、稳固可靠、便于保存的地方，视野应相对开阔，便于加密、扩展和寻找。

(2)相邻点之间应通视良好，其视线距障碍物的距离，三等、四等不宜小于1.5 m，四等以下宜保证便于观测，以不受旁折光的影响为原则。

(3)当采用电磁波测距时，相邻点之间视线应避开烟囱、散热塔、散热池等发热体及强电磁场。

(4)相邻两点之间的视线倾角不宜过大。

(5)充分利用已有控制点。

(6)导线点应有足够的密度，分布要均匀，以便于控制整个测区。

(7)导线边长应大致相等，尽量避免相邻边长相差悬殊，以保证和提高测角精度。

导线点选定后，应用明显的标志固定下来，通常是用一木桩打入土中，桩顶高出地面1～2 cm，并在桩顶钉一小钉，作为临时标志，如图6-5(a)所示。当导线点选择在水泥、沥青等坚硬地面时，可直接钉一钢钉作为标志，需要长期保存使用的导线点，应埋设混凝土桩，桩顶刻“十”字，作为永久性标志，如图6-5(b)所示。导线点选定后，应进行统一编号，并绘制导线线路草图和点之记。

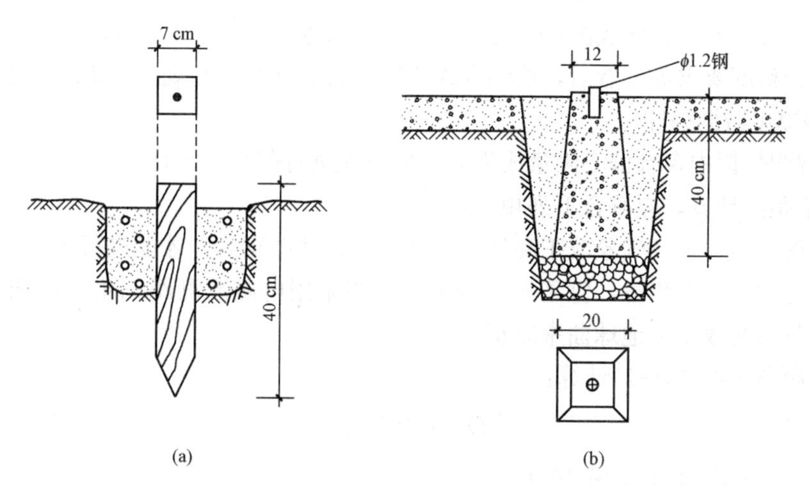

图6-5　导线点的埋设

(a)临时导线点；(b)永久导线点

2. 测角

导线转折角有左、右之分，以导线为界，沿前进方向向左侧的角称为左角；沿前进方向向右侧的角称为右角。在附合导线中一般测量其左角，在闭合导线中一般测量其内角。闭合导线若按逆时针方向编号，其内角即为左角；反之，均为右角。对于图根导线，一般用 DJ_6 型经纬仪观测一个测回，盘左、盘右测得角度之差不得大于 40″，并取平均值作为最后角度。

3. 量边

用来计算导线点坐标的导线边长应是水平距离。边长可以用全站仪观测，也可用检定过的钢尺丈量。对于等级导线，应按规范进行精密测距；对于图根导线，若用钢尺量距，可以往、返各丈量 1 次，也可以同一方向丈量 2 次，取其平均值，其相对误差不大于 1/3 000。

4. 定向

导线定向的目的，是使导线点的坐标纳入国家坐标系或该地区的统一坐标系中。当导线与测区已有控制点连接时，必须测出连接角即导线边与已知边发生联系的角，如图 6-6 所示。

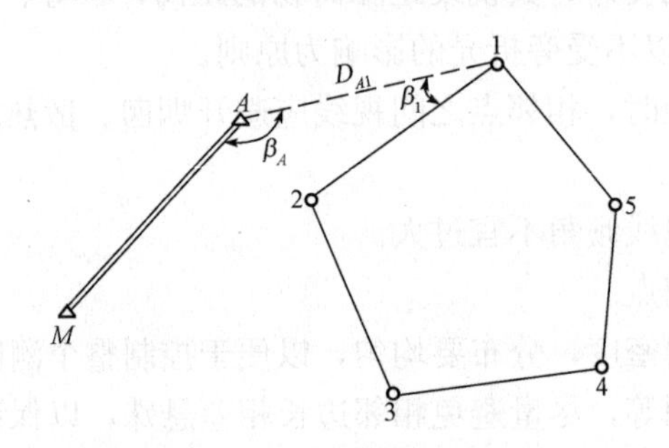

图 6-6　连接测量示意

四、导线测量内业工作

导线测量内业计算的目的是根据已知点的起始数据和外业观测结果计算各导线点的坐标。计算前，应全面检查导线测量的外业记录，如数据是否齐全，有无遗漏、记错或算错，成果是否符合精度要求等。然后，绘制导线略图，将已知数据和观测成果标注于草图上。

1. 导线测量数据处理

(1)当观测数据中含有偏心测量成果时，应首先进行归心改正计算。

(2)水平距离计算，应符合下列规定：

1)测量的斜距，须经气象改正和仪器的加、乘常数改正后，才能进行水平距离计算。

2)两点之间的高差测量，宜采用水准测量。当采用电磁波测距三角高程测量时，其高差应进行大气折光改正和地球曲率改正。

3)水平距离可按式(6-1)计算：

$$D_p = \sqrt{S^2 - h^2} \tag{6-1}$$

式中　D_p——测线的水平距离(m)；

S——经气象及加、乘常数等改正后的斜距(m)；

h——仪器的发射中心与反光镜的反射中心之间的高差(m)。

(3)导线网水平角观测的测角中误差，应按式(6-2)计算：

$$m_\beta=\sqrt{\frac{1}{N}\left[\frac{f_\beta f_\beta}{n}\right]} \tag{6-2}$$

式中 f_β——导线环的角度闭合差或附合导线的方位角闭合差(″)；

n——计算 f_β 时的相应测站数；

N——闭合环及附合导线的总数。

(4)测距边的精度评定，应按式(6-3)和式(6-4)计算；当网中的边长相差不大时，可按式(6-5)计算网的平均测距中误差。

1)单位权中误差：

$$\mu=\sqrt{\frac{[Pdd]}{2n}} \tag{6-3}$$

式中 d——各边往、返测的距离较差(mm)；

n——测距边数；

P——各边距离的先验权，其值为$\frac{1}{\sigma_D^2}$，σ_D 为测距的先验中误差，可按测距仪器的标称精度计算。

2)任一边的实际测距中误差：

$$m_{Di}=\mu\sqrt{\frac{1}{p_i}} \tag{6-4}$$

式中 m_{Di}——第 i 边的实际测距中误差(mm)；

p_i——第 i 边距离测量的先验权。

3)网的平均测距中误差：

$$m_{Di}=\sqrt{\frac{[dd]}{2n}} \tag{6-5}$$

式中 m_{Di}——平均测距中误差(mm)。

(5)测距边长度的归化投影计算，应符合下列规定：

1)归算到测区平均高程面上的测距边长度，应按式(6-6)计算：

$$D_H=D_p\left(1+\frac{H_p-H_m}{R_A}\right) \tag{6-6}$$

式中 D_H——归算到测区平均高程面上的测距边长度(m)；

D_p——测线的水平距离(m)；

H_p——测区的平均高程(m)；

H_m——测距边两端点的平均高程(m)；

R_A——参考椭球体在测距边方向法截弧的曲率半径(m)。

2)归算到参考椭球面上的测距边长度，应按式(6-7)计算：

$$D_0=D_p\left(1-\frac{H_m+h_m}{R_A+H_m+h_m}\right) \tag{6-7}$$

式中 D_0——归算到参考椭球面上的测距边长度(m)；

h_m——测区大地水准面高出参考椭球面的高差(m)。

3)测距边在高斯投影面上的长度，应按式(6-8)计算：

$$D_g=D_0\left(1+\frac{y_m^2}{2R_m^2}+\frac{\Delta y^2}{24R_m^2}\right) \tag{6-8}$$

式中 D_g——测距边在高斯投影面上的长度(m)；

y_m——测距边两端点横坐标的平均值(m)；

R_m——测距边中点处在参考椭球面上的平均曲率半径(m)；

Δy——测距边两端点横坐标的增量(m)。

(6)一级及以上等级的导线网计算，应采用严密平差法；二级、三级导线网，可根据需要采用严密或简化平差方法。当采用简化平差方法时，成果表中的方位角和边长应采用坐标反算值。

(7)平差后的精度评定，应包含有单位权中误差、点位误差椭圆参数或相对点位误差椭圆参数、边长相对中误差或点位中误差等。当采用简化平差时，平差后的精度评定可作相应简化。

(8)内业计算中数字取位，应符合表 6-4 的规定。

表 6-4 内业计算中数字取位要求

等级	观测方向值及各项修正数/(″)	边长观测值及各项修正数/m	边长与坐标/m	方位角/(″)
三等、四等	0.1	0.001	0.001	0.1
一级及以下	1	0.001	0.001	1

2. 闭合导线计算

现以图 6-7 所示的闭合导线为例，介绍闭合导线内业计算的步骤，具体运算过程及结果参见表 6-5。

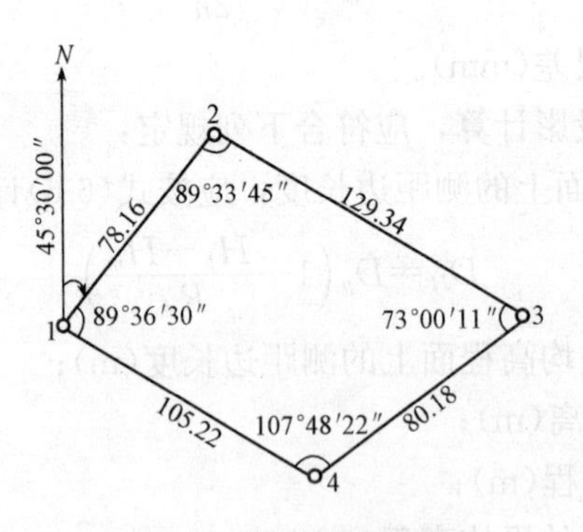

图 6-7 闭合导线草图

表 6-5 闭合导线坐标计算表

点号	观测角 β /(° ′ ″)	改正数 /(″)	改正后角值 /(° ′ ″)	坐标方位角 α /(° ′ ″)	距离 D /m	纵坐标增量 Δx 计算值 /m	纵坐标增量 Δx 改正数 /cm	纵坐标增量 Δx 改正后 /m	横坐标增量 Δy 计算值 /m	横坐标增量 Δy 改正数 /cm	横坐标增量 Δy 改正后 /m	坐标值 x/m	坐标值 y/m	点号
1	2	3	4	5	6	7	8	9	10	11	12	13	14	15

续表

点号	观测角 β /(° ′ ″)	改正数 /(″)	改正后角值 /(° ′ ″)	坐标方位角 α /(° ′ ″)	距离 D /m	纵坐标增量 Δx			横坐标增量 Δy			坐标值		点号
						计算值 /m	改正数 /cm	改正后 /m	计算值 /m	改正数 /cm	改正后 /m	x/m	y/m	
1												320.00	280.00	1
				45 30 00	78.16	+54.78	+2	+54.80	+55.75	−1	55.74			
2	89 33 45	+18	89 34 03									374.80	335.74	2
				135 55 57	129.34	−92.93	+3	−92.90	+89.96	−3	+89.93			
3	73 00 11	+18	73 00 29									281.90	425.67	3
				242 55 28	80.18	−36.50	+2	−36.48	−71.39	−1	−71.40			
4	107 48 22	+18	107 48 40									245.42	354.27	4
				315 06 48	105.22	+74.55	+3	+74.58	−74.25	−2	−74.27			
1	89 36 30	+18	89 36 48									320.00	280.00	1
				45 30 00										
$\sum$	359 58 48	+72	360 00 00		392.90	−0.10	+0.10	0.00	+0.07	−0.07	0.00			

辅助计算

$$f_\beta = \sum \beta_{测} - \sum \beta_{理} = 359°58'48'' - 360° = -72''$$

$$f_{\beta容} = \pm 60''\sqrt{4} = \pm 120''(f_\beta < f_{\beta容})$$

$$f_x = \sum \Delta x = -0.10\ \text{m}$$

$$f_y = \sum \Delta y = +0.07\ \text{m}$$

$$f_D = \sqrt{f_x^2 + f_y^2} = 0.12\ \text{m}$$

$$K = \frac{|f_D|}{\sum D} = \frac{0.12}{392.90} = \frac{1}{3\ 270}(K < K_{容})$$

计算之前，首先将导线草图中的点号、角度的观测值、起始边的方位角以及边长的量测值、起始点的坐标等填入“闭合导线坐标计算表”中，见表 6-5 中的第 1 栏、第 2 栏、第 5 栏、第 6 栏、第 13 栏和第 14 栏的第一项所示。然后，按以下步骤进行计算：

(1)角度闭合差的计算与调整。闭合导线在几何上是一个多边形，其内角和的理论值为

$$\sum \beta_{理} = (N-2) \times 180° \tag{6-9}$$

但在实际观测过程中，由于存在着误差，实测的多边形的内角和不等于上述理论值，二者的差值称为闭合导线的角度闭合差，习惯以 f_β 表示，即有

$$f_\beta = \sum \beta_{测} - \sum \beta_{理} = \sum \beta_{测} - (N-2) \times 180° \tag{6-10}$$

式中 $\sum \beta_{理}$——转折角的理论值；

$\sum \beta_{测}$——转折角的外业观测值。

如果 $f_\beta > f_{\beta容}$，则说明角度闭合差超限，不满足精度要求，应返工重测，直到满足精度要求；如果 $f_\beta \leqslant f_{\beta容}$，则说明所测角度满足精度要求，在此情况下，可将角度闭合差进行调整。因为各角观测均在相同的观测条件下进行，所以可认为各角产生的误差相等。因此，角度闭合差调整的原则是将 f_β 以相反的符号平均分配到各观测角中，若不能均分，一般情况下，将余数分配给短边的夹角，即各角度的改正数为

$$v_\beta = -f_\beta / N$$

则各转折角调整以后的值(又称改正值)为

$$\beta = \beta_{测} + v_\beta \tag{6-11}$$

调整后的内角和必须等于理论值，即 $\sum \beta = (N-2) \times 180°$。

(2)导线边坐标方位角的推算。根据起始边的已知坐标方位角及调整后的各内角值，可以推导出前一边的坐标方位角 $\alpha_{前}$ 与后一边的坐标方位角 $\alpha_{后}$ 的关系式：

$$\alpha_{前} = \alpha_{后} \pm \beta \mp 180° \tag{6-12}$$

但在具体推算时要注意以下几点：

1)式(6-12)中的"$\pm\beta\mp180°$"项，若 β 角为左角，则应取"$+\beta-180°$"；若 β 角为右角，则应取"$-\beta+180°$"。

2)如用公式推导出 $\alpha_{前}<0°$，则应加上 360°；若 $\alpha_{前}>360°$，则应减去 360°，使各导线边的坐标方位角在 0°～360°的取值范围内。

3)起始边的坐标方位角最后也能推算出来，推算值应与原已知值相等，否则推算过程有误。

(3)坐标增量的计算。一导线边两端点的纵坐标(或横坐标)之差，称为该导线边的纵坐标(或横坐标)增量，常以 Δx(或 Δy)表示。

设 i、j 为两相邻的导线点，测量两点之间的边长为 D_{ij}，已根据观测角调整后的值推出了坐标方位角为 α_{ij}，由三角几何关系可计算出 i、j 两点之间的坐标增量(在此称为观测值) Δx_{ij} 和 Δy_{ij}，分别为

$$\begin{cases} \Delta x_{ij测} = D_{ij} \cdot \cos\alpha_{ij} \\ \Delta y_{ij测} = D_{ij} \cdot \sin\alpha_{ij} \end{cases} \tag{6-13}$$

(4)坐标增量闭合差的计算与调整。因闭合导线从起始点出发，经过若干个导线点，最后又回到了起始点，其坐标增量之和的理论值为零，如图 6-8(a)所示。

$$\begin{cases} \sum \Delta x_{ij理} = 0 \\ \sum \Delta y_{ij理} = 0 \end{cases} \tag{6-14}$$

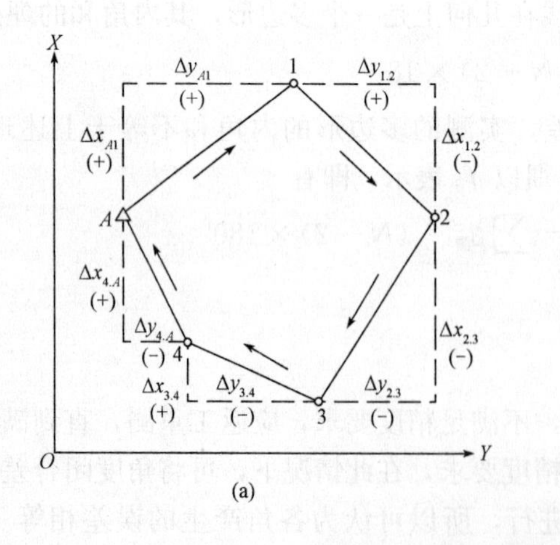

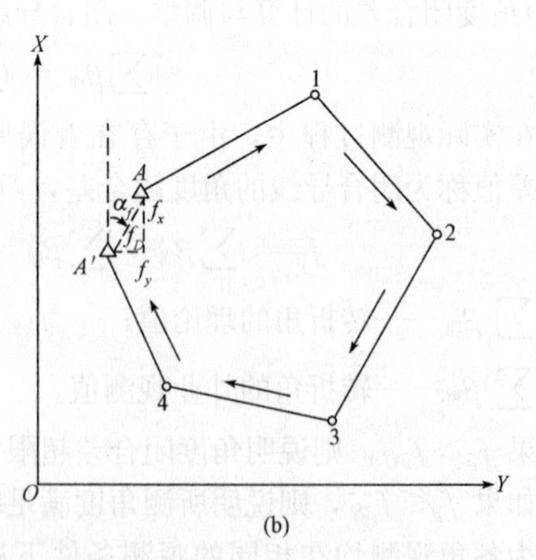

图 6-8　闭合导线坐标增量及闭合差

(a)坐标增量；(b)坐标增量闭合差

实际上，从式(6-13)中可以看出，坐标增量由边长 D_{ij} 和坐标方位角 α_{ij} 计算而得，但是

边长同样存在误差，从而导致坐标增量带有误差，即坐标增量的实测值之和 $\sum \Delta x_{ij测}$ 和 $\sum \Delta y_{ij测}$ 一般情况下不等于零，这就是坐标增量闭合差，通常以 f_x 和 f_y 表示，如图 6-8(b)所示，即

$$\begin{cases} f_x = \sum \Delta x_{ij测} \\ f_y = \sum \Delta y_{ij测} \end{cases} \tag{6-15}$$

由于坐标增量闭合差存在，根据计算结果绘制出来的闭合导线图形不能闭合，如图 6-8(b)所示，不闭合的缺口距离，称为导线全长闭合差，通常以 f_D 表示。按几何关系，用坐标增量闭合差可求得导线全长闭合差 f_D。

$$f_D = \sqrt{f_x^2 + f_y^2} \tag{6-16}$$

导线全长闭合差 f_D 随着导线的长度增大而增大，导线测量的精度是用导线全长相对闭合差 K(即导线全长闭合差 f_D 与导线全长 $\sum D$ 之比值)来衡量的，即

$$K = \frac{f_D}{\sum D} = \frac{1}{\sum D / f_D} \tag{6-17}$$

导线全长相对闭合差 K 常用分子是 1 的分数形式表示。

若 $K \leqslant K_{容}$，表明测量结果满足精度要求，可将坐标增量闭合差反符号后，按与边长成正比的方法分配到各坐标增量上去，从而得到各纵、横坐标增量的改正值，以 ΔX_{ij} 和 ΔY_{ij} 表示：

$$\begin{cases} \Delta X_{ij} = \Delta x_{ij测} + v_{\Delta x_{ij}} \\ \Delta Y_{ij} = \Delta y_{ij测} + v_{\Delta y_{ij}} \end{cases} \tag{6-18}$$

式中，$v_{\Delta x_{ij}}$、$v_{\Delta y_{ij}}$ 分别称为纵、横坐标增量的改正数，即

$$\begin{cases} v_{\Delta x_{ij}} = -\dfrac{f_x}{\sum D} D_{ij} \\ v_{\Delta y_{ij}} = -\dfrac{f_y}{\sum D} D_{ij} \end{cases} \tag{6-19}$$

(5)导线点坐标计算。根据起始点的已知坐标和改正后的坐标增量 ΔX_{ij} 和 ΔY_{ij}，可按下列公式依次计算各导线点的坐标：

$$\begin{cases} x_j = x_i + \Delta X_{ij} \\ y_j = y_i + \Delta Y_{ij} \end{cases} \tag{6-20}$$

3. 附合导线计算

(1)角度闭合差的计算。附合导线首尾有两条已知坐标方位角的边，如图 6-3 中的 BA 边和 CD 边，称为始边和终边，由于已测得导线各个转折角的大小，所以，可以根据起始边的坐标方位角及测得的导线各转折角，推算出终边的坐标方位角。这样，导线终边的坐标方位角有一个原已知值 $\alpha_{终}$，还有一个由始边坐标方位角和测得的各转折角所得的推算值 $\alpha'_{终}$。

由于测角存在误差，导致两个数值不相等，两值之差即为附合导线的角度闭合差 f_β，即

$$f_\beta = \alpha'_{终} - \alpha_{终} = \alpha_{始} - \alpha_{终} \pm \sum \beta \mp n \times 180^\circ \tag{6-21}$$

(2)坐标增量闭合差的计算。附合导线的首尾各有一个已知坐标值的点，如图 6-3 所示的 A 点和 C 点，称为始点和终点。附合导线的纵、横坐标增量的代数和，在理论上应等于终点与始点的纵、横坐标差值，即

$$\begin{cases} \sum \Delta x_{ij理} = x_{终} - x_{始} \\ \sum \Delta y_{ij理} = y_{终} - y_{始} \end{cases} \tag{6-22}$$

但由于量边和测角有误差，根据观测值推算出来的纵、横坐标增量的代数和 $\sum \Delta x_{ij测}$ 和 $\sum \Delta y_{ij测}$，与理论值通常是不相等的，二者之差即为纵、横坐标增量闭合差：

$$\begin{cases} f_x = \sum \Delta x_{ij测} - (x_{终} - x_{始}) \\ f_y = \sum \Delta y_{ij测} - (y_{终} - y_{始}) \end{cases} \tag{6-23}$$

4. 支导线计算

由于支导线没有多余观测值，不会产生任何闭合差，因此，导线的转折角和坐标增量不需要进行改正。支导线的计算应按下列步骤进行：

(1)根据观测的转折角推算各边的坐标方位角；

(2)根据各边的边长和坐标方位角计算各边的坐标增量；

(3)根据各边的坐标增量推算各点的坐标。

第三节　三角形网测量

一、三角形网测量的主要技术要求

(1)各等级三角形网测量的主要技术要求，应符合表 6-6 的规定。

表 6-6　三角形网测量的主要技术要求

等级	平均边长/km	测角中误差/(″)	测边相对中误差	最弱边边长相对中误差	测回数			三角形最大闭合差/(″)
					1″级仪器	2″级仪器	6″级仪器	
二等	9	1	≤1/250 000	≤1/120 000	12	—	—	3.5
三等	4.5	1.8	≤1/150 000	≤1/70 000	6	9	—	7
四等	2	2.5	≤1/100 000	≤1/40 000	4	6	—	9
一级	1	5	≤1/40 000	≤1/20 000	—	2	4	15
二级	0.5	10	≤1/20 000	≤1/10 000	—	1	2	30

注：当测区测图的最大比例尺为 1∶1 000 时，一、二级网的平均边长可适当放长，但不应大于表中规定长度的 2 倍。

(2)三角形网中的角度宜全部观测，边长可根据需要选择观测或全部观测；观测的角度和边长均应作为三角形网中的观测量参与平差计算。

(3)首级控制网定向时，方位角传递宜联测2个已知方向。

二、三角形网的设计、选点与埋石

三角网测量作业前，应进行资料收集和现场踏勘，对收集到的相关控制资料和地形图(以1∶100 000～1∶10 000为宜)进行综合分析，并在图上进行网形设计和精度估算，在满足精度要求的前提下，合理确定网的精度等级和观测方案。

三角形网的布设，应符合下列要求：

(1)首级控制网中的三角形，宜布设为近似等边三角形。其三角形的内角不应小于30°；当受地形条件限制时，个别角可放宽，但不应小于25°。

(2)加密的控制网，可采用插网、线形网或插点等形式。

(3)三角形网点位的选定应符合规定，二等网视线与障碍物的距离不宜小于2 m。

三角形网点位的埋石应符合《工程测量规范》(GB 50026—2007)附录B的规定，二等、三等、四等点应绘制点之记，其他控制点可视需要而定。

三、三角形网观测

(1)三角形网的水平角观测，宜采用方向观测法。二等三角形网也可采用全组合观测法。

(2)三角形网的水平角观测，除满足表6-6的规定外，其他要求按上述导线测量的有关规定执行。

(3)二等三角形网测距边的边长测量除满足表6-6和表6-7外，其他技术要求按上述导线测量的有关规定执行。

表6-7 二等三角形网边长测量主要技术要求

平面控制网等级	仪器精度等级	每边测回数		一测回读数较差/mm	单程各测回较差/mm	往返测距较差/mm
		往	返			
二等	5 mm级仪器	3	3	≤5	≤7	≤2($a+b\cdot D$)

注：1. 测回是指照准目标一次，读数2～4次的过程。
2. 根据具体情况，测边可采取不同时间段测量代替往返观测。

(4)三等及以下等级的三角形网测距边的边长测量，除满足表6-6外，其他要求按上述导线测量的有关规定执行。

(5)二级三角形网的边长也可采用钢尺量距，按表6-8的规定执行。

表6-8 普通钢尺量距的主要技术要求

等级	边长量距较差相对误差	作业尺数	量距总次数	定线最大偏差/mm	尺段高差较差/mm	读定次数	估读值至/mm	温度读数值至/℃	同尺各次或同段各尺的较差/mm
二级	1/20 000	1～2	2	50	≤10	3	0.5	0.5	≤2

续表

等级	边长量距较差相对误差	作业尺数	量距总次数	定线最大偏差/mm	尺段高差较差/mm	读定次数	估读值至/mm	温度读数值至/℃	同尺各次或同段各尺的较差/mm
三级	1/10 000	1～2	2	70	≤10	2	0.5	0.5	≤3
注：1. 量距边长应进行温度、坡度和尺长改正。 2. 当检定钢尺时，其相对误差不应大于1/100 000。									

四、三角形网测量数据处理

(1)当观测数据中含有偏心测量成果时，应首先进行归心改正计算。

(2)三角形网的测角中误差，应按式(6-24)计算：

$$m_\beta=\sqrt{\frac{[WW]}{3n}} \tag{6-24}$$

式中　m_β——测角中误差(″)；

W——三角形闭合差(″)；

n——三角形的个数。

(3)水平距离计算和测边精度评定，按前述导线测量中水平距离计算和测边精度评定的相关内容执行。

(4)当测区需要进行高斯投影时，四等及以上等级的方向观测值，应进行方向改化计算。四等网也可采用简化公式。

方向改化计算公式：

$$\delta_{1,2}=\frac{\rho}{6R_m^2}(x_1-x_2)(2y_1+y_2) \tag{6-25}$$

$$\delta_{2,1}=\frac{\rho}{6R_m^2}(x_2-x_1)(y_1+2y_2) \tag{6-26}$$

方向改化简化计算公式：

$$\delta_{1,2}=-\delta_{2,1}=\frac{\rho}{2R_m^2}(x_1-x_2)y_m \tag{6-27}$$

式中　$\delta_{1,2}$——测站点1向照准点2观测方向的方向改化值(″)；

$\delta_{2,1}$——测站点2向照准点1观测方向的方向改化值(″)；

x_1、y_1、x_2、y_2——1、2两点的坐标值(m)；

R_m——测距边中点处在参考椭球面上的平均曲率半径(m)；

y_m——1、2两点的横坐标平均值(m)。

(5)高山地区二、三等三角形网的水平角观测，如果垂线偏差和垂直角较大，其水平方向观测值应进行垂线偏差的修正。

(6)三角形网外业观测结束后，应计算网的各项条件闭合差。各项条件闭合差不应大于相应的限值。

1)角-极条件自由项的限值。

$$W_{j}=2\frac{m_{\beta}}{\rho}\sqrt{\sum\cot^{2}\beta} \tag{6-28}$$

式中　W_j——角-极条件自由项的限值；

m_β——相应等级的测角中误差(″)；

β——求距角。

2)边(基线)条件自由项的限值。

$$W_{b}=2\sqrt{\frac{m_{\beta}^{2}}{\rho^{2}}\sum\cot^{2}\beta+\left(\frac{m_{S_{1}}}{S_{1}}\right)^{2}+\left(\frac{m_{S_{2}}}{S_{2}}\right)^{2}} \tag{6-29}$$

式中　W_b——边(基线)条件自由项的限值；

$\frac{m_{S_1}}{S_1}$，$\frac{m_{S_2}}{S_2}$——起始边边长相对中误差。

3)方位角条件自由项的限值。

$$W_{f}=2\sqrt{m_{\alpha1}^{2}+m_{\alpha2}^{2}+nm_{\beta}^{2}} \tag{6-30}$$

式中　W_f——方位角条件自由项的限值(″)；

$m_{\alpha1}$，$m_{\alpha2}$——起始方位角中误差(″)；

n——推算路线所经过的测站数。

4)固定角自由项的限值。

$$W_{g}=2\sqrt{m_{g}^{2}+m_{\beta}^{2}} \tag{6-31}$$

式中　W_g——固定角自由项的限值(″)；

m_g——固定角的角度中误差(″)。

5)边-角条件的限值。三角形中观测的一个角度与由观测边长根据各边平均测距相对中误差计算所得的角度限差，应按下式进行检核：

$$W_{r}=2\sqrt{2\left(\frac{m_{D}}{D}\rho\right)^{2}(\cot^{2}\alpha+\cot^{2}\beta+\cot\alpha\cot\beta)+m_{\beta}^{2}} \tag{6-32}$$

式中　W_r——观测角与计算角的角值限差(″)；

$\frac{m_D}{D}$——各边平均测距相对中误差；

α，β——三角形中观测角之外的另两个角；

m_β——相应等级的测角中误差(″)。

6)边-极条件自由项的限值。

$$W_{z}=2\rho\frac{m_{D}}{D}\sqrt{\sum\alpha_{w}^{2}+\sum\alpha_{f}^{2}} \tag{6-33}$$

$$\alpha_{w}=\cot\alpha_{i}+\cot\beta_{i} \tag{6-34}$$

$$\alpha_{f}=\cot\alpha_{i}\pm\cot\beta_{i-1} \tag{6-35}$$

式中　W_z——边-极条件自由项的限值(″)；

α_w——与极点相对的外围边两端的两底的余切函数之和；

α_f——中点多边形中与极点相连的辐射边两侧的相邻底角的余切函数之和、四边形中内辐射边两侧的相邻底角的余切函数之和以及外侧的两辐射边的相邻底角的余切函数之差；

i——三角形编号。

(7)三角形网平差时，观测角(或观测方向)和观测边均应视为观测值参与平差。角度和距离的先验中误差，应按规定的方法计算，也可用数理统计等方法求得的经验公式估算先验中误差的值，并用以计算角度(或方向)及边长的权。

(8)三角形网内业计算中数字取位，二等应符合表6-9的规定，其余各等级应符合表6-4的规定。

表6-9　三角形网内业计算中数字取位要求

等级	观测方向值及各项修正数/(″)	边长观测值及各项修正数/m	边长与坐标/m	方位角/(″)
二等	0.01	0.000 1	0.001	0.01

第四节　交会测量

在进行平面控制测量时，当测区内已有的控制点密度不能满足要求，但需加密的控制点数量不多时，可采用交会法来加密控制点，称为交会定点。交会定点，按交会的图形分为前方交会、侧方交会和后方交会。

一、前方交会

如图6-9所示，前方交会是分别在已知两点 $O(x_A、y_A)$、$M(x_B、y_B)$ 处安置经纬仪，观测出 α、β，通过三角形的余切公式求出待定点 P 的坐标。待定点 P 坐标的计算方法如下。

按导线计算公式，由图6-9可知：

因

$$x_p = x_o + \Delta x_{om} = x_o + D_{op} \cdot \cos\alpha_{op}$$

$$\alpha_{op} = \alpha_{om} - \alpha$$

$$D_{op} = D_{om} \cdot \sin\beta / \sin(\alpha+\beta)$$

则

$$x_p = x_o + D_{op} \cdot \cos\alpha_{op} = x_o + \frac{D_{om} \cdot \sin\beta\cos(\alpha_{om}-\alpha)}{\sin(\alpha+\beta)}$$

$$= x_o + \frac{(x_m - x_o)\cot\alpha + (y_m - y_o)}{\cot\alpha + \cot\beta}$$

同理得

$$\left.\begin{aligned} x_p &= \frac{x_o\cot\beta + x_m\cot\alpha + (y_m - y_o)}{\cot\alpha+\cot\beta} \\ y_p &= \frac{y_o\cot\beta + y_m\cot\alpha + (x_o - x_m)}{\cot\alpha+\cot\beta} \end{aligned}\right\} \tag{6-36}$$

在实际工作中，为了校核和提高 P 点坐标的精度，通常采用三个已知点的前方交会图形。如图6-10所示，在三个已知点1、2、3上设站，测定 α_1、β_1 和 α_2、β_2，构成两组前方交会，然后分别解算两组 P 点坐标。由于测角有误差，所以解算得两组 P 点坐标不可能相等，如果两组坐标较差不大于两倍比例尺精度，取两组坐标的平均值作为 P 点最后的坐标，即

$$f_D=\sqrt{\delta_x^2+\delta_y^2}\leqslant f_{容}=2\times 0.1M(\mathrm{mm}) \tag{6-37}$$

式中 δ_x、δ_y——两组 x_p、y_p 坐标值之差；

M——测图比例尺分母。

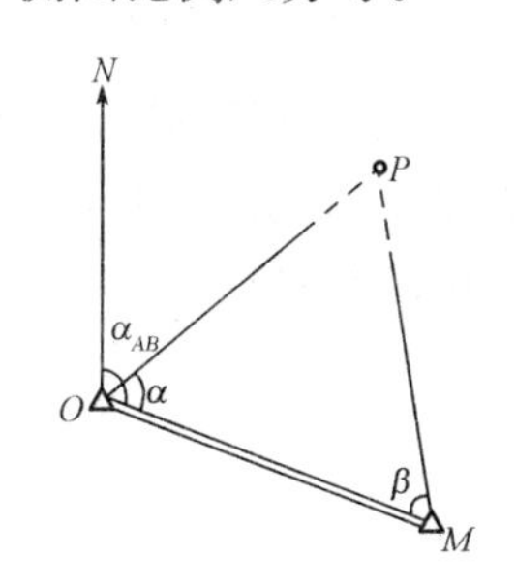

图 6-9　前方交会法基本图形

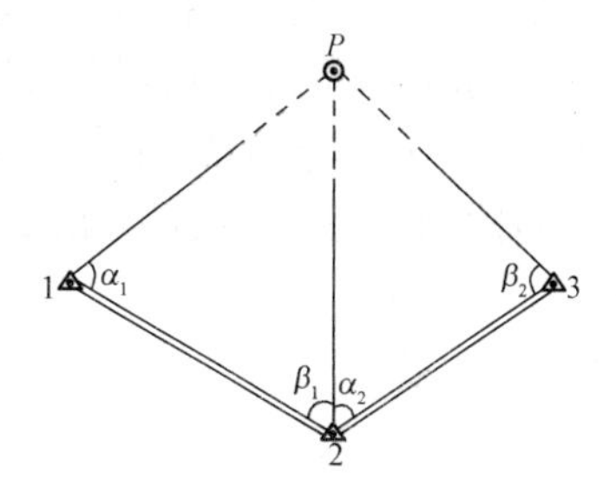

图 6-10　三点前方交会

二、侧方交会

如图 6-11 所示，侧方交会是分别在一个已知点(如 A 点)和待定点 P 上安置经纬仪，观测水平角 α、γ 和检查角 θ，进而确定 P 点的平面坐标。

计算时先由 $\beta=180°-(\alpha+\gamma)$ 求出 β 角，再按前方交会的方法计算 P 点的平面坐标。

三、后方交会

如图 6-12 所示，A、B、C 为 3 个已知控制点，P 为待定点。后方交会是在 P 点安置经纬仪，观测水平角 α 和 β，根据 3 个已知点的坐标和 α、β 角计算 P 点的坐标。

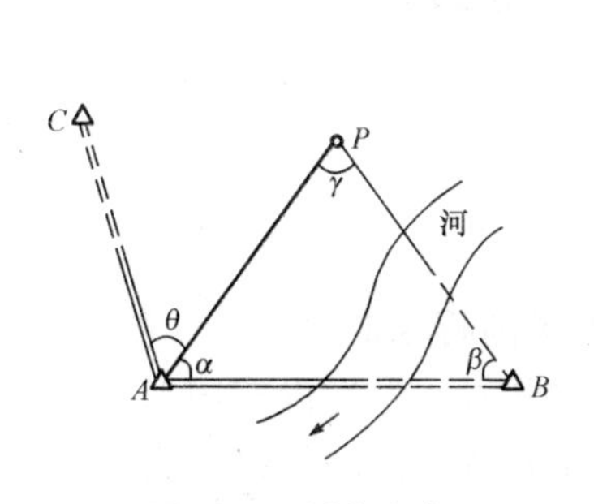

图 6-11　侧方交会

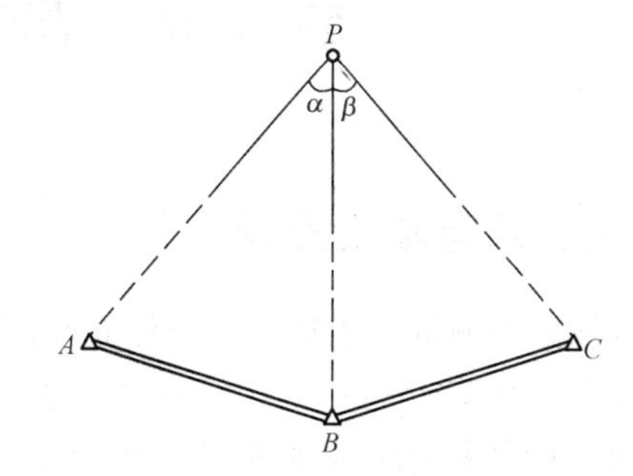

图 6-12　后方交会后

后方交会法的计算公式很多，这里仅介绍其中一种。其计算步骤和计算公式如下：

(1)计算 B 点至 P 点的方位角正切值。

$$\tan\alpha_{BP}=\frac{(y_B-y_A)\cdot\cot\alpha+(y_B-y_C)\cdot\cot\beta+(x_A-x_C)}{(x_B-x_A)\cdot\cot\alpha+(x_B-x_C)\cdot\cot\beta-(y_A-y_C)} \tag{6-38}$$

(2)计算坐标增量。

$$\left.\begin{aligned}\Delta x_{BP}&=\frac{(y_B-y_A)\cdot(\cot\alpha-\tan\alpha_{BP})-(x_B-x_A)\cdot(1+\cot\alpha\cdot\tan\alpha_{BP})}{1+\tan^2\alpha_{BP}}\\\Delta y_{BP}&=\Delta x_{BP}\cdot\tan\alpha_{BP}\end{aligned}\right\}\quad(6\text{-}39)$$

(3)计算 P 点坐标。

$$\left.\begin{aligned}x_P&=x_B+\Delta x_{BP}\\y_P&=y_B+\Delta y_{BP}\end{aligned}\right\}\quad(6\text{-}40)$$

为了检核，实际工作中通常是观测 4 个已知点，每次用 3 个点，共组成两组后方交会，若两组坐标值的较差的一组符合规定的要求，取其平均值作为 P 点的最后坐标。

测量上称由不在一条直线上的三个已知点 A、B、C 构成的圆为危险圆，如图 6-13 所示。当 P 点位于危险圆上时，无法计算出 P 点的坐标。因此，在选定 P 点时，应避免使 P 点位于危险圆上。

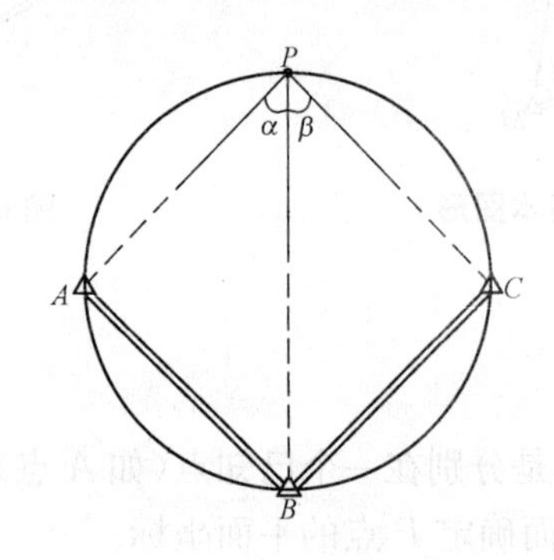

图 6-13　危险圆

第五节　高程控制测量

一、三、四等水准测量

三、四等水准测量，能够应用于建立小区域首级高程控制网。三、四等水准测量的起算点高程应尽量从附近的一、二等水准点引测，如果测区附近没有国家一、二等水准点，则在小区域范围内采用闭合水准路线建立独立的首级高程控网，作为假定起算点的高程。三、四等水准测量一般采用双面尺法观测。

(一)三、四等水准测量技术要求

(1)三、四等水准测量及等外水准测量的精度要求见表 6-10。

三、四等水准观测

表 6-10　水准测量的主要技术要求

<table>
<tr><th rowspan="2">等级</th><th rowspan="2">路线长度/km</th><th rowspan="2">水准仪</th><th rowspan="2">水准尺</th><th colspan="2">观测次数</th><th colspan="2">往返较差、闭合差</th></tr>
<tr><th>与已知点联测</th><th>附合或环线</th><th>平地/mm</th><th>山地/mm</th></tr>
<tr><td rowspan="2">三等</td><td rowspan="2">≤45</td><td>DS_1</td><td>铟瓦</td><td rowspan="2">往返各一次</td><td>往一次</td><td rowspan="2">$\pm 12\sqrt{L}$</td><td rowspan="2">$\pm 4\sqrt{L}$</td></tr>
<tr><td>DS_2</td><td>双面</td><td>往返各一次</td></tr>
<tr><td>四等</td><td>≤16</td><td>DS_3</td><td>双面</td><td>往返各一次</td><td>往一次</td><td>$\pm 20\sqrt{L}$</td><td>$\pm 6\sqrt{n}$</td></tr>
<tr><td>等外</td><td>≤5</td><td>DS_3</td><td>单面</td><td>往返各一次</td><td>往一次</td><td>$\pm 40\sqrt{L}$</td><td>$\pm 12\sqrt{n}$</td></tr>
<tr><td colspan="8">注：L 为路线长度(km)；n 为测站数。</td></tr>
</table>

(2)三、四等水准测量一般采用双面尺法观测，其在一个测站上的技术要求见表 6-11。

表 6-11　水准观测的主要技术要求

<table>
<tr><th>等级</th><th>水准仪的型号</th><th>视线长度/m</th><th>前后视较差/m</th><th>前后视累积差/m</th><th>视线离地面最低高度/m</th><th>黑红面读数较差/mm</th><th>黑红面高差较差/mm</th></tr>
<tr><td rowspan="2">三等</td><td>DS_1</td><td>100</td><td rowspan="2">3</td><td rowspan="2">6</td><td rowspan="2">0.3</td><td>1.0</td><td>1.5</td></tr>
<tr><td>DS_2</td><td>75</td><td>2.0</td><td>3.0</td></tr>
<tr><td>四等</td><td>DS_3</td><td>100</td><td>5</td><td>10</td><td>0.2</td><td>3.0</td><td>5.0</td></tr>
<tr><td>等外</td><td>DS_3</td><td>100</td><td>大致相等</td><td>—</td><td>—</td><td>—</td><td>—</td></tr>
</table>

(二)三、四等水准测量方法

1. 测站观测程序

(1)三等水准测量每测站照准标尺分划顺序。

1)后视标尺黑面，精平，读取上、下、中丝读数，记为(A)、(B)、(C)。

2)前视标尺黑面，精平，读取上、下、中丝读数，记为(D)、(E)、(F)。

3)前视标尺红面，精平，读取中丝读数，记为(G)。

4)后视标尺红面，精平，读取中丝读数，记为(H)。

三等水准测量测站观测顺序简称为“后—前—前—后”(或“黑—黑—红—红”)，其优点是可消除或减弱仪器和尺垫下沉误差的影响。

(2)四等水准测量每测站照准标尺分划顺序。

1)后视标尺黑面，精平，读取上、下、中丝读数，记为(A)、(B)、(C)。

2)后视标尺红面，精平，读取中丝读数，记为(D)。

3)前视标尺黑面，精平，读取上、下、中丝读数，记为(E)、(F)、(G)。

4)前视标尺红面，精平，读取中丝读数，记为(H)。

四等水准测量测站观测顺序简称为“后—后—前—前”(或“黑—红—黑—红”)。

2. 测站计算与校核

(1)视距计算。

后视距离：(I)=[(A)－(B)]×100

前视距离：(J)=[(D)－(E)]×100

前、后视距差：(K)=(I)－(J)

前、后视距累积差：本站(L)=本站(K)＋上站(L)

(2)同一水准尺黑、红面中丝读数校核。

前尺：(M)=(F)＋K_1－(G)

后尺：(N)=(C)＋K_2－(H)

(3)高差计算及校核。

黑面高差：(O)=(C)－(F)

红面高差：(P)=(H)－(G)

校核计算：红、黑面高差之差(Q)=(O)－[(P)±0.100]或(Q)=(N)－(M)

高差中数：(R)=[(O)＋(P)±0.100]/2

在测站上，当后尺红面起点为 4.687 m，前尺红面起点为 4.787 m 时，取＋0.100 0；反之，取－0.100 0。

(4)每页计算校核。

1)高差部分。每页上，后视红、黑面读数总和与前视红、黑面读数总和之差，应等于红、黑面高差之和，还应等于该页平均高差总和的两倍，即

①对于测站数为偶数的页，为

$$\sum[(C)+(H)]-\sum[(F)+(G)]=\sum[(O)+(P)]=2\sum(R)$$

②对于测站数为奇数的页，为

$$\sum[(C)+(H)]-\sum[(F)+(G)]=\sum[(O)+(P)]=2\sum(R)\pm 0.100$$

2)视距部分。末站视距累积差值：

$$末站(L)=\sum(I)-\sum(J)$$

$$总视距=\sum(I)+\sum(J)$$

3. 成果计算与校核

在每个测站计算无误，并且各项数值都在相应的限差范围之内时，根据每个测站的平均高差，利用已知点的高程，推算出各水准点的高程。

二、电磁波测距三角高程测量

当地形高低起伏、两点之间高差较大，不便用水准测量方法测量时，可采用三角高程测量的方法，但必须用水准测量的方法在测区内引测一定数量的水准点，作为高程起算的依据。

1. 三角高程测量的原理

三角高程测量是根据两点之间的水平距离和竖直角来计算两点的高差，然后求出所求点的高程。如图 6-14 所示，在 M 点安置仪器，用望远镜中丝瞄准 N 点觇标的顶点，测得竖直角 α，并量取仪器高 i 和觇标高 v，若测出 M、N 两点之间的水平距离 D，则可求得 M、N 点间的高差，即

$$h_{MN}=D\cdot\tan\alpha+i-v$$

N 点高程为

$$H_N=H_M+D\cdot\tan\alpha+i-v$$

三角高程测量，一般应进行往返观测，即由 M 向 N 观测(称为直觇)，又由 N 向 M 观测(称为反觇)，这样的观测称为对向观测或双向观测。对向观测可以消除地球曲率和大气折光的影响。三角高程测量对向观测所求得的高差较差不应大于 0.1Dm(D 为平距，以 km 为单位)，若符合要求，则取两次高差的平均值。

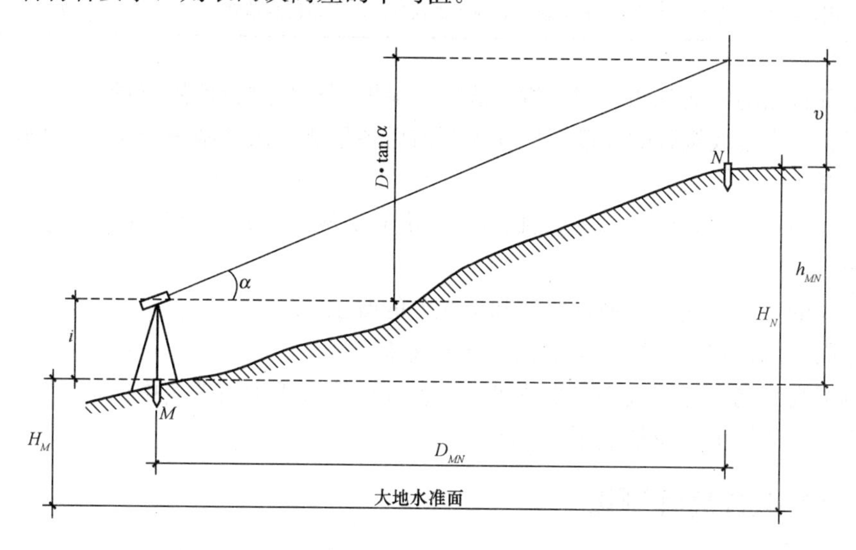

图 6-14　三角高程测量原理

2. 电磁波测距三角高程测量

电磁波测距三角高程测量，宜在平面控制点的基础上布设成三角高程网或高程导线。

(1)电磁波测距三角高程测量的主要技术要求。电磁波测距三角高程测量的主要技术要求应符合表 6-12 的规定。

表 6-12　电磁波测距三角高程测量的主要技术要求

等级	每千米高差全中误差/mm	边长/km	观测方式	对向观测高差较差/mm	附合或环形闭合差/mm
四等	10	≤1	对向观测	$40\sqrt{D}$	$20\sqrt{\sum D}$
五等	15	≤1	对向观测	$60\sqrt{D}$	$30\sqrt{\sum D}$

注：1. D 为测距边的长度(km)。
2. 起讫点的精度等级，四等应起讫于不低于三等水准的高程点上，五等应起讫于不低于四等水准的高程点上。
3. 路线长度不应超过相应等级水准路线的长度限值。

(2)电磁波测距三角高程观测。电磁波测距三角高程观测的技术要求，应符合下列规定：

1)电磁波测距三角高程观测的主要技术要求应符合表 6-13 的规定。

表 6-13　电磁波测距三角高程观测的主要技术要求

等级	垂直角观测				边长测量	
	仪器精度等级	测回数	指标差较差/(″)	测回较差/(″)	仪器精度等级	观测次数
四等	2″级仪器	3	≤7	≤7	10 mm 级仪器	往返各一次
五等	2″级仪器	2	≤10	≤10	10 mm 级仪器	往一次
注：当采用 2″级光学经纬仪进行垂直角观测时，应根据仪器的垂直角检测精度，适当增加测回数。						

2)对于垂直角的对向观测，当直觇完成后，应即刻迁站进行反觇测量。

3)仪器、反光镜或觇牌的高度，应在观测前后各量测一次并精确至 1 mm，取其平均值作为最终高度。

(3)电磁波测距三角高程测量的数据处理。电磁波测距三角高程测量的数据处理，应符合下列规定：

1)直返觇的高差，应进行地球曲率和折光差的改正。

2)平差前，应按规定计算每千米高差全中误差。

3)各等级高程网，应按最小二乘法进行平差并计算每千米高差全中误差。

4)高程成果的取值，应精确至 1 mm。

三、GPS 拟合高程测量

GPS 拟合高程测量仅适用于平原或丘陵地区的五等及五等以下等级高程测量。GPS 拟合高程测量宜与 GPS 平面控制测量一起进行。

1. GPS 拟合高程测量的主要技术要求

(1)GPS 网应与四等或四等以上的水准点联测。联测的 GPS 点，宜分布在测区的四周和中央。若测区为带状地形，则联测的 GPS 点应分布于测区两端及中部。

(2)联测点数宜大于选用计算模型中未知参数个数的 1.5 倍，点间距宜小于 10 km。

(3)地形高差变化较大的地区，应适当增加联测的点数。

(4)地形趋势变化明显的大面积测区，宜采取分区拟合的方法。

(5)GPS 观测的技术要求，应按有关规定执行；其天线高应在观测前后各量测一次，取其平均值作为最终高度。

2. GPS 拟合高程计算

GPS 拟合高程计算应充分利用当地的重力大地水准面模型或资料，应对联测的已知高程点进行可靠性检验，并剔除不合格点。对于地形平坦的小测区，可采用平面拟合模型；对于地形起伏较大的大面积测区，宜采用曲面拟合模型。对拟合高程模型应进行优化。

GPS 点的高程计算，不宜超出拟合高程模型所覆盖的范围。

3. GPS 点的拟合高程成果检验

检测点数不少于全部高程点的 10%且不少于 3 个点；高差检验可采用相应等级的水准测量方法或电磁波测距三角高程测量方法进行，其高差较差不应大于 $30\sqrt{D}$ mm(D 为检查路线的长度，单位为 km)。

本章小结

本章主要讲述了国家平面和高程控制网、导线测量、三角形网测量、交会测量和高程控制测量等内容。

1. 在测区内，按测量任务所要求的精度，测定一系列控制点的平面位置和高程，建立起测量控制网，作为各种测量的基础，这种测量工作称为控制测量，测定控制点平面位置的工作称为平面控制测量。测定控制点高程的工作称为高程控制测量。

2. 平面控制测量的主要方法有三角测量和导线测量。

3. 三角测量是用精密仪器观测三角锁(网)中所有三角形的内角，并精确测定起始边的边长和方位角，然后根据三角公式解算出各点的坐标。在全国范围内统一建立的三角网，称为国家平面控制网。国家平面控制网按精度从高到低，分为一等、二等、三等、四等4个等级。

4. 将相邻控制点依次用直线相连而组成的折线称为导线，构成导线的控制点称为导线点。导线测量就是依次测量各导线边的水平距离以及相邻导线边的水平夹角，然后根据起算数据，推算各导线边的坐标方位角，从而求出各导线点的平面坐标。

5. 高程控制测量的方法主要有水准测量和三角高程测量。高程控制测量精度等级的划分，依次为二等、三等、四等、五等。各等级高程控制宜采用水准测量，四等及以下等级可采用电磁波测距三角高程测量，五等也可采用GPS拟合高程测量。

复习思考题

一、填空题

1. 测定控制点平面位置的工作称为__________；测定控制点高程的工作称为__________。

2. 在全国范围内统一建立的三角网，称为__________。

3. 各等级高程控制宜采用__________，四等及以下等级可采用__________，五等也可采用__________。

4. 在小区域(面积__________)内建立的平面控制网，称为小区域平面控制网。

5. 根据测区的不同情况和具体要求，导线可按__________、__________、__________三种形式进行布设。

6. 导线测量的外业工作包括__________、__________、__________、__________等。

7. 三角形网的水平角观测，宜采用__________。二等三角形网也可采用__________。

8. 三等、四等水准测量的起算点高程应尽量从__________引测，如果测区附近没有__________，则在小区域范围内采用建立独立的首级高程控网，假定起算点的高程。

9. 三角高程测量是根据两点之间的__________和__________来计算两点的高差，然后求出所求点的高程。

二、选择题(有一个或多个答案)

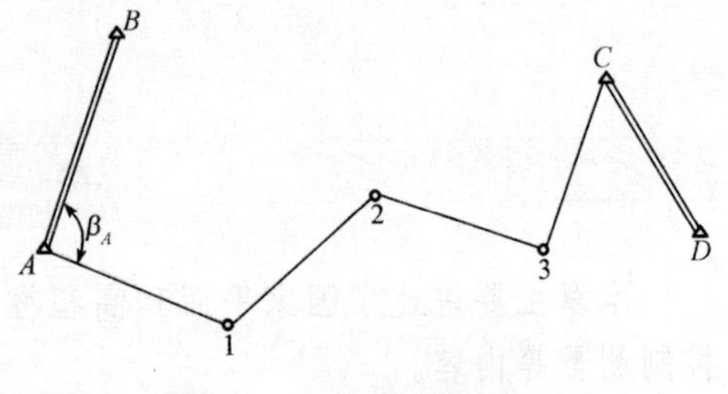

图 6-15 导线示意图

1. 图 6-15 所示的导线属于(　　)。

   A. 闭合导线

   B. 附合导线

   C. 支导线

   D. 以上答案都正确

2. 导线测量角度闭合差的调整方法是(　　)。

   A. 反号按角度个数平均分配　　B. 反号按角度大小比例分配

   C. 反号按边数平均分配　　D. 反号按边长比例分配

3. 衡量导线测量精度的一个重要指标是(　　)。

   A. 坐标增量闭合差　　B. 导线全长闭合差

   C. 导线全长相对闭合差　　D. 以上答案都正确

4. 首级控制网定向时，方位角传递宜联测(　　)个已知方向。

   A. 1　　B. 2　　C. 3　　D. 4

5. 三等、四等水准测量一般采用(　　)观测。

   A. 单面尺法　　B. 双面尺法　　C. 方向观测法　　D. 回测法

三、简答题

1. 什么是控制测量？为什么要进行控制测量？
2. 导线的布设形式有哪些？试绘图说明。
3. 简述导线测量的外业工作。
4. 进行三等、四等水准测量时，测站的观测程序是什么？
5. 在什么情况下采用三角高程测量？为什么要采用对向观测？

四、计算题

1. 附合导线已知数据和观测数据见表 6-14。请计算出各导线点的坐标值。

表 6-14　附合导线已知数据和观测数据

点号	观测角/(° ′ ″)	距离/m	坐标值/m x	坐标值/m y
A'				
$A(P_1)$	186 35 22		167.81	219.17
		86.09		
P_2	163 31 14			
		133.06		
P_3	184 39 00			
		155.64		
P_4	194 22 30			
		155.02		
$B(P_5)$	163 02 47		134.37	742.69
B'				

2. 图 6-16 所示为角度前方交会法示意图，已知数据为：

$$\begin{cases}x_A=37\,477.54\\y_A=16\,307.24\end{cases}\quad\begin{cases}x_B=37\,327.20\\y_B=16\,266.42\end{cases}\quad\begin{cases}x_C=37\,163.69\\y_C=16\,046.65\end{cases}$$

观测数据为：

$$\begin{cases}\alpha_1=40°41'57''\\\beta_1=75°19'02''\end{cases}\quad\begin{cases}\alpha_2=58°11'35''\\\beta_2=69°06'23''\end{cases}$$

试计算 P 点的坐标 x_P、y_P。

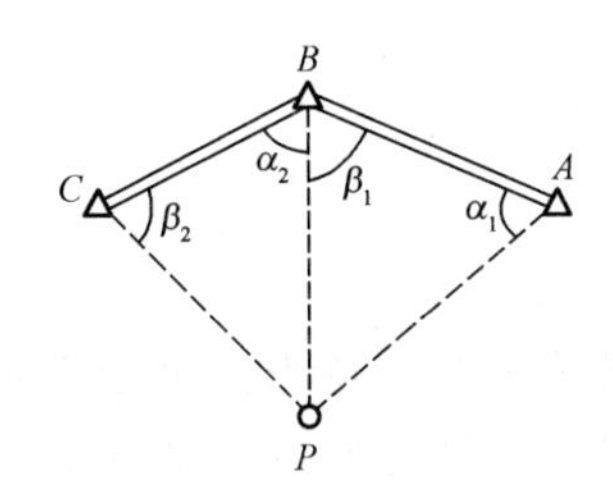

图 6-16　计算题 2 图

第七章　地形图的测绘与应用

学习目标

通过本章的学习，了解地形图的概念，地形图测绘前的准备工作；熟悉比例尺及其精度，地形图绘制的基本要求，地形图的识读方法；掌握大比例尺地形图的分幅与编号方法，地物、地貌在地形图上的表示方法及等高线的特征，地形图的测绘方法，地形图在工程建设中的具体应用。

能力目标

能够正确阅读、绘制地形图，具备测绘大比例尺地形图的基本技能，能够利用地形图确定线路的最佳方案，完成断面图的绘制，确定汇水面积并根据地形图进行场地平整。

第一节　地形图的基本知识

一、地形图的概念

地形图是通过实地测量，将地面上各种地物、地貌的平面位置和高程位置，按一定的比例尺，用统一规定的符号和注记缩绘在图纸上的平面图形。它既表示地物的平面位置，又表示地貌形态。地物是指地球表面上轮廓明显、具有固定性的物体。地物又分为人工地物(如道路、房屋等)和自然地物(如江河、湖泊等)。地貌是指地球表面高低起伏的形态(如高山、丘陵、平原、洼地等)。地物和地貌统称为地形。

地形图是地球表面实际情况的客观反映，各项经济建设和国防工程建设都需首先在地形图上进行规划、设计，特别是大比例尺(常用的有1∶500、1∶1 000、1∶2 000、1∶5 000等)地形图，也是城乡建设和各项建筑工程进行规划、设计、施工的重要基础资料之一。

二、地形图的比例尺

1. 比例尺的种类

地形图上任一线段的长度 d 与地面上相应线段的实际水平距离 D 之比，称为地形图比例尺。比例尺可分为数字比例尺和图式比例尺两种。

(1)数字比例尺。数字比例尺即在地形图上直接用数字表示的比例尺。数字比例尺通常用分子为1的分数式 $1/M$ 来表示，其中，"M"称为比例尺分母，则有

$$\frac{d}{D}=\frac{1}{M}=\frac{1}{D/d} \tag{7-1}$$

式中，M 越小，比例尺越大，图上所表示的地物、地貌越详尽；相反，M 越大，比例尺越小，图上所表示的地物、地貌越粗略。

(2)图式比例尺。常绘制在地形图的下方，用以直接量度图内直线的水平距离。根据量测精度，又可分为直线比例尺(图 7-1)和复式比例尺。

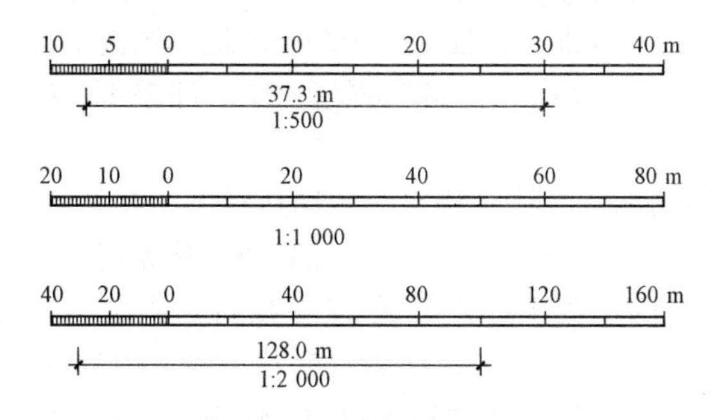

图 7-1 直线比例尺

通常将比例尺为 1∶500、1∶1 000、1∶2 000、1∶5 000 的地形图，称为大比例尺地形图；比例尺为 1∶10 000、1∶25 000、1∶50 000、1∶100 000 的地形图，称为中小比例尺地形图；比例尺为 1∶200 000、1∶500 000、1∶1 000 000 的地形图，称为小比例尺地形图。

1∶500 和 1∶1 000 的大比例尺地形图一般用经纬仪、全站仪或 GPS 测绘；1∶2 000 和 1∶5 000 的地形图一般由 1∶500 或 1∶1 000 的地形图缩小编绘而成。若测图面积较大，也可用航空摄影测量方法成图。中比例尺地形图由国家专业测绘部门负责测绘，目前均用航空摄影测量方法成图；小比例尺地形图一般由中比例尺地形图缩小编绘而成。

2. 比例尺精度

人眼的分辨率为 0.1 mm，在地形图上分辨的最小距离也是 0.1 mm。因此，把相当于图上 0.1 mm 的实地水平距离称为比例尺精度。比例尺大小不同，其比例尺的精度也不同，见表 7-1。

表 7-1 大比例尺地形图的比例尺精度

比例尺	1∶500	1∶1 000	1∶2 000	1∶5 000
比例尺精度	0.05	0.10	0.20	0.50

比例尺精度的概念对测图和设计用图都具有非常重要的意义。例如，在测 1∶2 000 图时，实地只需取到 0.2 m，因为量得再精细，在图上也表示不出。又如，在设计用图时，要求在图上能反映地面上 0.05 m 的精度，则所选的比例尺不能小于 1∶500。

三、地形图的分幅与编号

为了方便测绘、管理和使用地形图，需将同一地区的地形图进行统一的分幅与编号。地形图的分幅方法有两种：一种是按经纬线分幅的梯形图，坐标以角度单位表示，用于较小比例尺的国家基本地形图的分幅；另一种是按照平面直角坐标格网划分的矩形图，坐标以长度单位表示，多用于工程建设的大比例尺地形图的分幅。

1. 梯形分幅

梯形分幅是按经纬线进行分幅的。

(1)1∶1 000 000 地形图的分幅与编号。1∶1 000 000 地形图的分幅与编号采用国际1∶1 000 000地图分幅与编号标准。每幅 1∶1 000 000 地形图范围是经差 6°、纬差 4°；纬度60°～76°为经差 12°、纬差 4°；纬度 76°～88°为经差 24°、纬差 4°(在我国范围内没有纬度 60°以上的需要合幅的图幅)。

1∶1 000 000 地形图的编号方法是将整个地球从经度 180°起，自西向东按 6°经差分成60 个纵列，自西向东依次用数字 1、2、…、60 编列数；从赤道起，分别由南向北、由北向南，在纬度 0°～88°的范围内，按 4°纬差分成 22 个横行，依次用大写字母 A、B、C、…、V 表示。图 7-2 所示为 1∶1 000 000 地形图的分幅与编号。由经线和纬线围成的每一个梯形小格为一幅 1∶1 000 000 地形图，它们的编号由该图所在的行号与列号组合而成。例如，我国首都北京所在的 1∶1 000 000 地形图的图幅编号为 J50。

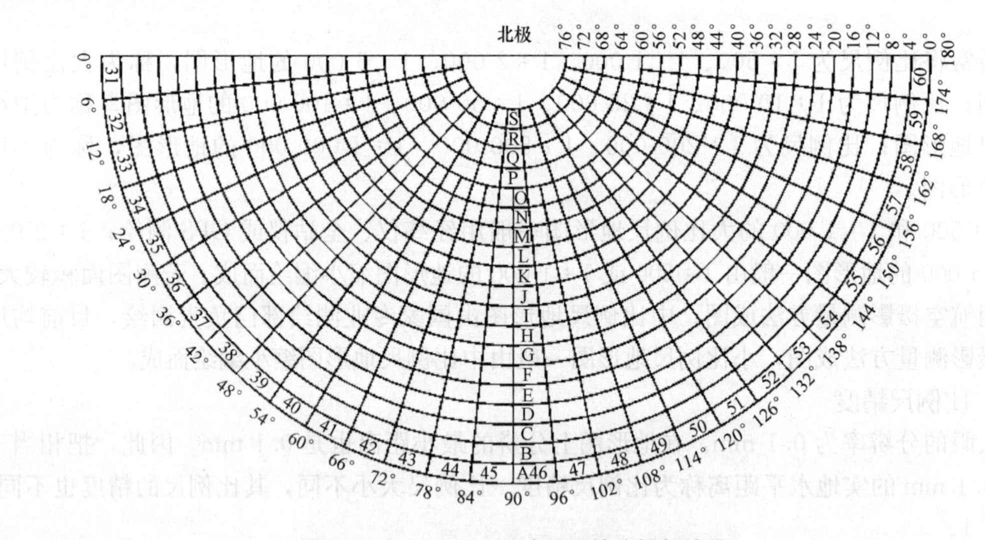

图 7-2 1∶1 000 000 地形图的分幅与编号

(2)1∶500 000～1∶5 000 地形图的分幅与编号。1∶500 000～1∶5 000 地形图均以1∶1 000 000 地形图为基础，按规定的经差和纬差划分图幅。

1)每幅 1∶1 000 000 地形图划分为 2 行 2 列，共 4 幅 1∶500 000 地形图，每幅 1∶500 000地形图的范围是经差 3°、纬差 2°。

2)每幅 1∶1 000 000 地形图划分为 4 行 4 列，共 16 幅 1∶250 000 地形图，每幅 1∶250 000地形图的范围是经差 1°30′、纬差 1°。

3)每幅 1∶1 000 000 地形图划分为 12 行 12 列，共 144 幅 1∶100 000 地形图，每幅 1∶100 000 地形图的范围是经差 30′、纬差 20′。

4)每幅 1∶1 000 000 地形图划分为 24 行 24 列，共 576 幅 1∶50 000 地形图，每幅 1∶50 000 地形图的范围是经差 15′、纬差 10′。

5)每幅 1∶1 000 000 地形图划分为 48 行 48 列，共 2 304 幅 1∶25 000 地形图，每幅 1∶25 000 地形图的范围是经差 7′30″、纬差 5′。

6)每幅 1∶1 000 000 地形图划分为 96 行 96 列，共 9 216 幅 1∶10 000 地形图，每幅 1∶10 000 地形图的范围是经差 3′45″、纬差 2′30″。

7)每幅 1∶1 000 000 地形图划分为 192 行 192 列，共 36 864 幅 1∶5 000 地形图，每幅 1∶5 000 地形图的范围是经差 1′52.5″、纬差 1′15″。

1∶1 000 000～1∶500 地形图的图幅范围、行列数量和图幅数量关系见表 7-2。

1∶500 000～1∶5 000 地形图的编号均以 1∶1 000 000 地形图编号为基础，采用行列编号方法。其编号的组成如图 7-3 所示。其中，比例尺代码见表 7-3 所示。行、列编号(图 7-4)是将 1∶1 000 000 地形图按所含各比例尺地形图的经差和纬差划分成若干行和列，横行从上到下、纵列从左到右按顺序分别用三位阿拉伯数字(数字码)表示，不足三位者，前面补零，取行号在前、列号在后的排列形式注记。

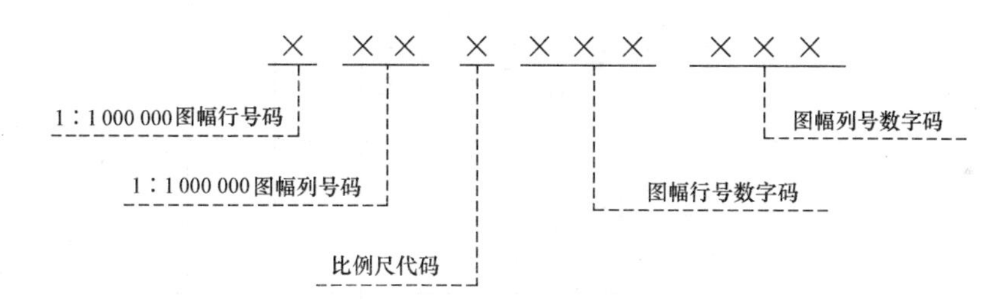

图 7-3　1∶500 000～1∶5 000 地形图编号构成

表 7-2　1∶1 000 000～1∶500 地形图的图幅范围、行列数量和图幅数量关系

比例尺		1∶1 000 000	1∶500 000	1∶250 000	1∶100 000	1∶50 000	1∶25 000	1∶10 000	1∶5 000	1∶2 000	1∶1 000	1∶500
图幅范围	经差	6°	3°	1°30′	30′	15′	7′30″	3′45″	1′52.5″	37.5″	18.75″	9.375″
	纬差	4°	2°	1°	20′	10′	5′	2′30″	1′15″	25″	12.5″	6.25″
行列数量关系	行数	1	2	4	12	24	48	96	192	576	1 152	2 304
	列数	1	2	4	12	24	48	96	192	576	1 152	2 304
图幅数量关系（图幅数量＝行数×列数）		1	4 (2×2)	16 (4×4)	144 (12×12)	576 (24×24)	2 304 (48×48)	9 216 (96×96)	36 864 (192×192)	331 776 (576×576)	1 327 104 (1 152×1 152)	5 308 416 (2 304×2 304)
			1	4 (2×2)	36 (6×6)	144 (12×12)	576 (24×24)	2 304 (48×48)	9 216 (96×96)	82 944 (288×288)	331 776 (576×576)	1 327 104 (1 152×1 152)
				1	9 (3×3)	36 (6×6)	144 (12×12)	576 (24×24)	2 304 (48×48)	20 736 (144×144)	82 944 (288×288)	331 776 (576×576)
					1	4 (2×2)	16 (4×4)	64 (8×8)	256 (16×16)	2 304 (48×48)	9 216 (96×96)	36 864 (192×192)
						1	4 (2×2)	16 (4×4)	64 (8×8)	576 (24×24)	2 304 (48×48)	9 216 (96×96)
							1	4 (2×2)	16 (4×4)	144 (12×12)	576 (24×24)	2 304 (48×48)
								1	4 (2×2)	36 (6×6)	144 (12×12)	576 (24×24)
									1	9 (3×3)	36 (6×6)	144 (12×12)
										1	4 (2×2)	16 (4×4)
											1	4 (2×2)

表 7-3　1∶500 000～1∶5 000 地形图的比例尺代码

比例尺	1∶500 000	1∶250 000	1∶100 000	1∶50 000	1∶25 000	1∶10 000	1∶5 000
代码	B	C	D	E	F	G	H

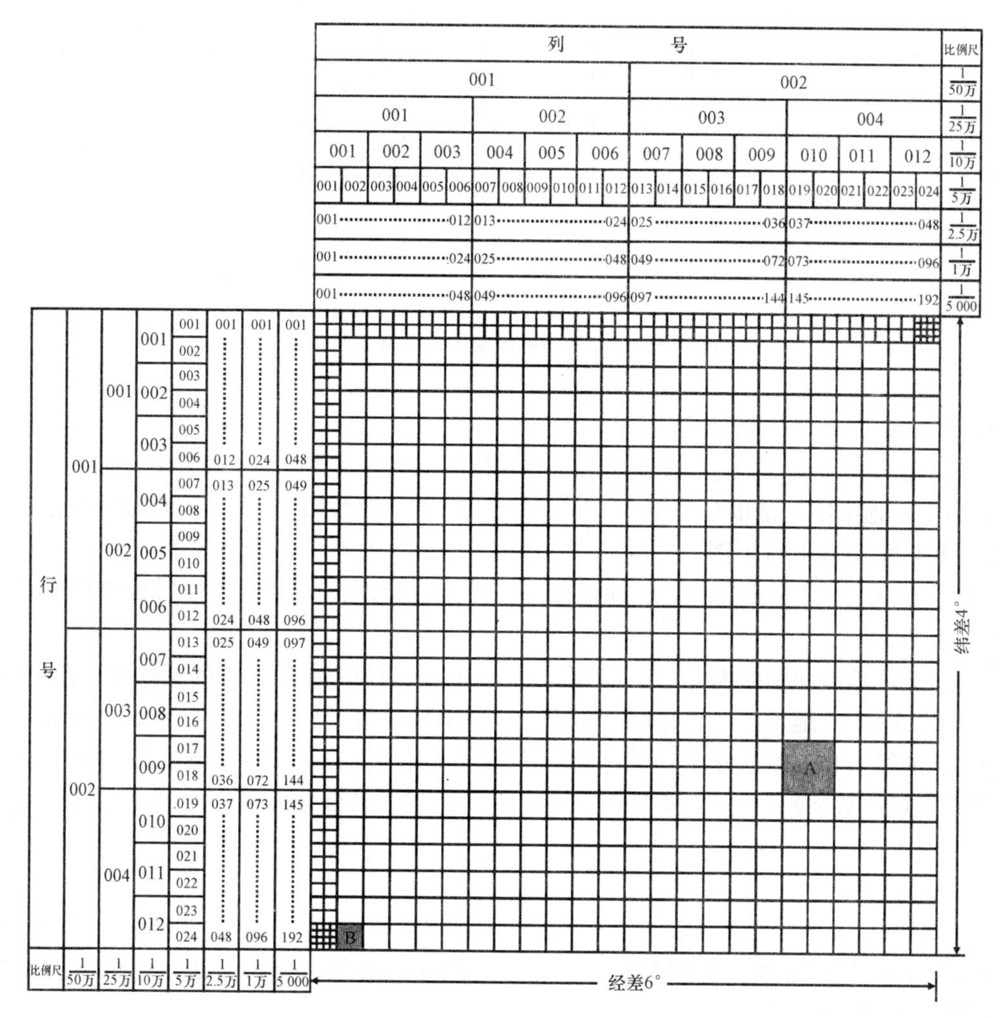

图 7-4　1∶500 000～1∶5 000 地形图的行、列编号

图 7-5 所示为 1∶250 000 地形图的图幅编号示例，图中带斜线区域所示的图幅编号为 J50C003004。

(3)1∶2 000、1∶1 000、1∶500 地形图的分幅和编号。1∶2 000、1∶1 000、1∶500 地形图宜以 1∶1 000 000 地形图为基础，按规定的经差和纬差划分图幅。

1)每幅 1∶1 000 000 地形图划分为 576 行 576 列，共 331 776 幅 1∶2 000 地形图，每幅 1∶2 000 地形图的范围是经差 37.5″、纬差 25″，即每幅 1∶5 000 地形图划分为 3 行3 列，共 9 幅 1∶2 000 地形图。

2)每幅 1∶1 000 000 地形图划分为 1 152 行 1 152 列，共 1 327 104 幅 1∶1 000 地形图，每幅 1∶1 000 地形图的范围是经差 18.75″、纬差 12.5″，即每幅 1∶2 000 地形图划分为 2 行

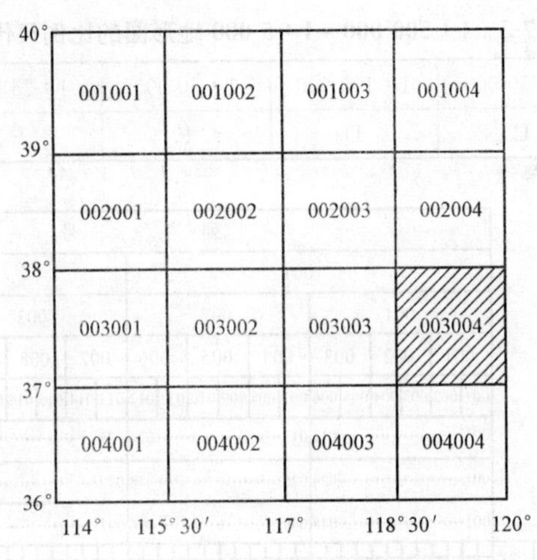

图 7-5　1∶250 000 地形图的图幅编号示例

2 列，共 4 幅 1∶1 000 地形图。

3)每幅 1∶1 000 000 地形图划分为 2 304 行 2 304 列，共 5 308 416 幅 1∶500 地形图，每幅 1∶500 地形图的范围是经差 9.375″、纬差 6.25″，即每幅 1∶1 000 地形图划分为 2 行 2 列，共 4 幅 1∶500 地形图。

1∶2 000、1∶1 000、1∶500 地形图经、纬度分幅的图幅范围、行列数量和图幅数量关系见表 7-2。

1∶2 000 地形图图幅编号方法宜与 1∶500 000～1∶5 000 地形图的图幅编号方法相同。1∶1 000、1∶500 地形图经、纬度分幅的行、列编号是将 1∶1 000 000 地形图按所含比例尺地形图的经差和纬差划分成若干行和列，横行从上到下、纵列从左到右按顺序分别用四位阿拉伯数字(数字码)表示，不足四位者，前面补零，取行号在前、列号在后的排列形式标记。

2. 矩形分幅

1∶2 000、1∶1 000、1∶500 地形图也可根据需要采用 50 cm×50 cm 正方形分幅和 40 cm×50 cm 矩形分幅，其图幅编号一般采用图廓西南角坐标编号法，也可选用流水编号法和行列编号法。

(1)坐标编号法。采用图廓西南角坐标千米数编号时，x 坐标千米数在前，y 坐标千米数在后，1∶2 000、1∶1 000 地形图取至 0.1 km(如 10.0～21.0)；1∶500 地形图取至 0.01 km(如 10.40～27.75)。

(2)流水编号法。带状测区或小面积测区可按测区统一顺序编号，一般从左到右、从上到下用阿拉伯数字 1、2、3、4、…编定。示例如图 7-6 所示，图中带斜线区域所示的图幅编号为××-8(××为测区代号)。

(3)行列编号法。行列编号法一般采用以字母(如 A、B、C、D、…)为代号的横行从上到下排列，以阿拉伯数字为代号的纵列从左到右排列来编定，先行后列。图 7-7 所示带斜线区域的图幅编号为 A-4。

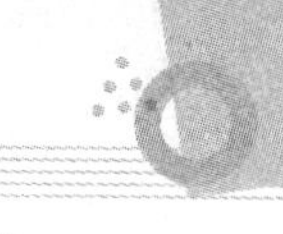

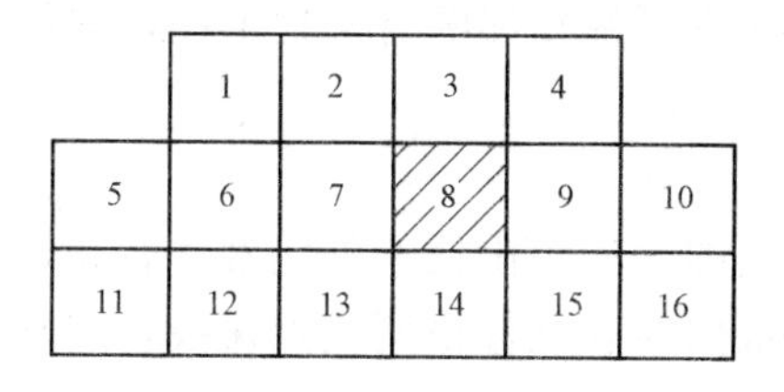

图 7-6　流水编号法

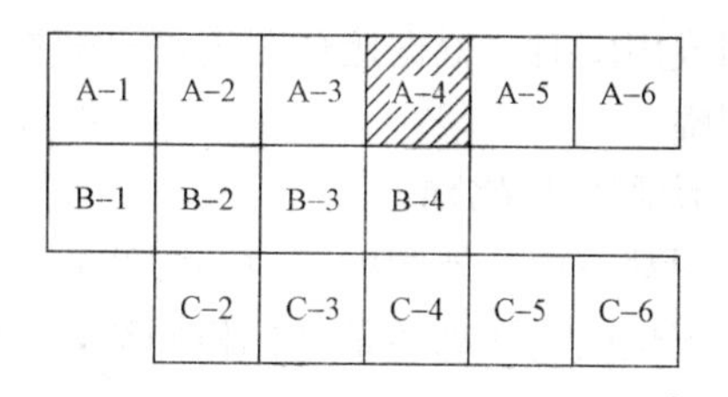

图 7-7　行列编号法

四、地形图的图外注记

对于一幅标准的大比例尺地形图，图廓外应注有图名、图号、接图表、比例尺、图廓、坐标格网和其他图廓外注记等，如图 7-8 所示。

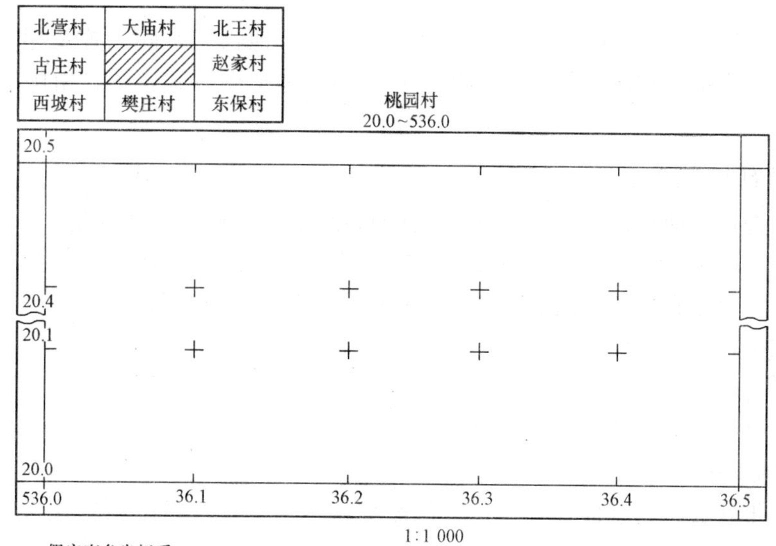

图 7-8　地形图廓和接图表

1. 图名

图名可以采用文字、数字图名并用，这样便于地形图的测绘、管理和使用。文字图名通常使用图幅内具有代表性的地名、村庄或企事业单位名称命名。数字图名可以由当地测绘部门根据具体情况编制。图名标注在地形图北图廓外上方中央。

2. 图号

图号是保管和使用地形图时，为使图纸有序存放、检索和使用而将地形图按统一规定进行编号。大比例尺地形图通常是以该图幅西南角点的纵、横坐标公里数编号。当测区较小且只测一种比例尺图时，通常采用数字顺序编号，数字编号的顺序是由左到右、由上到下。图号注记在图名的正下方。

3. 接图表

接图表是本图幅与相邻图幅之间位置关系的示意简表，表上注有邻接图幅的图名或图号。读图或用图时，根据接合图表可迅速找到与本图幅相邻的有关地形图，并可用它来拼接相邻图幅。

4. 图廓和坐标格网

地形图都有内、外图廓。内图廓线较细，是图幅的范围线；外图廓线较粗，是图幅的装饰线。图幅的内图廓线是坐标格网线，在图幅内绘有坐标格网交点短线，图廓的四角注记有坐标。

5. 其他注记

大比例尺地形图应在外图廓线下面中间位置注记数字比例尺，标明测图所采用的坐标系和高程系，标明成图方式和绘图时执行的地形图图式，注明测量员、绘图员、检查员等。

五、地物符号和地貌符号

地形图主要运用规定的符号反映地球表面的地貌、地物的空间位置及相关信息。地形图的符号分为地物符号和地貌符号，这些符号总称为地形图图式，图式由国家有关部门统一制定。

(一)地物符号

地物符号是指在地形图上表示各种地物的形状、大小及其位置的符号。表 7-4 所示是国家标准 1∶500、1∶1 000、1∶2 000 地形图图式所规定的部分地物的符号。

根据形状、大小和描绘方法的不同，地物符号可分为以下四类。

1. 比例符号

有些地物的轮廓较大，其形状和大小均可依比例尺缩绘在图上，同时配以规定的符号表示，这种符号称为比例符号，如房屋、稻田、湖泊等。

2. 半比例符号

对于一些带状或线状延伸地物，按比例尺缩小后，其长度可依测图比例尺表示，而宽度不能依比例尺表示的符号称为半比例尺符号，如围墙、篱笆、电力线、通信线等地物的符号。符号的中心线一般表示其实地地物的中心线位置。

3. 非比例符号

地面上轮廓较小的地物，按比例尺缩小后无法描绘在图上，应采用规定的符号表示，这种符号称为非比例符号，如三角点、导线点、水准点、独立树、路灯、检修井等。非比例符号的中心位置和实际地物的位置关系如下。

(1)规则几何图形符号，如导线点、水准点等，符号中心就是实物中心。

(2)宽底符号，如水塔、烟囱等，符号底线中心为地物中心。

(3)底部为直角的符号，如独立树，符号底部的直角顶点反映实物的中心位置。

比例符号、半比例符号和非比例符号不是一成不变的，主要依据测图比例尺与实物轮廓而定。

4. 注记符号

注记符号就是用文字、数字或特定的符号对地形图上的地物作补充和说明，如图上注明的地名、控制点名称、高程、房屋层数及河流名称、深度、流向等。

表 7-4　地物符号(部分)

编号	符号名称	图例
1	三角点 a. 土堆上的 张湾岭、黄土岗—点名 156.718、203.623—高程 5.0—比高	3.0 张湾岭/156.718 a 5.0 黄土岗/203.623
2	导线点 a. 土堆上的 Ⅰ16、Ⅰ23—等级、点号 84.46、94.40—高程 2.4—比高	2.0 Ⅰ16/84.46 a 2.4 Ⅰ23/94.40
3	埋石图根点 a. 土堆上的 12、16—等级 275.46、175.64—高程 2.5—比高	3.0 12/275.46 a 2.5 16/175.64
4	不埋石图根点 18—等级 84.47—高程	3.0 18/84.47
5	水准点 Ⅱ—等级 京石 5—点名、点号 32.805—高程	3.0 Ⅱ京石5/32.805
6	卫星定位等级点 B—等级 14—点名、点号 495.263—高程	1.0 B14/495.263
7	建筑中的房屋	建
8	破坏房屋	破 3.0 1.0
9	钟楼、鼓楼、城楼、古关塞 a. 依比例尺的 b. 不依比例尺的	a　b 2.4
10	单幢房屋 a. 一般房屋 b. 有地下室的房屋 c. 凸出房屋 d. 简易房屋 混、钢—房屋结构 1、3、28—房屋层数 2—地下房屋层数	0.8 a 混1　b 混3—2 3.0 1.0 c 钢28　d 简
11	棚房 a. 四边有墙的 b. 一边有墙的 c. 无墙的	a 1.0 b 1.0 c 1.0 1.0 0.6
12	窑洞 a. 地面上的 a1. 依比例尺的 a2. 不依比例尺的 a3. 房屋式的窑洞 b. 地面下的 b1. 不依比例尺的 b2. 依比例尺的	a1　a2　a3 b1　b2
13	学校	0.5 0.4 0.8 文 0.4
14	医疗点	3.3 0.8 3.3
15	商场、超市	混凝土4 M
16	门墩 a. 依比例尺的 b. 不依比例尺的	a 1.0 b
17	纪念塔、北回归线标志塔 a. 依比例尺的 b. 不依比例尺的	a　b
18	旗杆	1.0 3.0 4.0 3.0

(续表)

编号	符号名称	图例
19	庙宇	0.4 1.2 3.3 1.8 1.8 2.4
20	气象台(站)	3.8 3.0 1.0
21	宝塔、经塔、纪念塔 a. 依比例尺的 b. 不依比例尺的	a b 381.3
22	围墙 a. 依比例尺的 b. 不依比例尺的	a 30.0 0.3 b 0.3 30.0 0.3
23	栅栏、栏杆	10.0 1.0
24	篱笆	10.0 1.0 0.8
25	活树篱笆	8.0 1.0 0.1
26	台阶	0.8 1.0 1.0
27	路灯	1.4 0.3 0.8 3.0 3.0
28	岗亭、岗楼 a. 依比例尺的 b. 不依比例尺的	a b
29	假石山	
30	电杆	1.0
31	电线架	8.0
32	电线塔(铁塔) a. 依比例尺的 b. 不依比例尺的	a 4.0 1.0 b 4.0
33	高压输电线 架空的 a. 电杆 35—电压(kV) 地面下的 a. 电缆标 输电线入地口 a. 依比例尺的 b. 不依比例尺的	0 35 4.0 11.0 1.0 4.0 a b
34	水龙头	3.6 1.0
35	消火栓	1.0 3.0 3.0
36	阀门	1.0 3.0 1.8
37	高速公路 a. 临时停车点 b. 隔离带 c. 建筑中的	a 0.4 b 0.4 6 c 0.4 0 3.0 35.0

（续表）

编号	符号名称	图例
38	国道 a. 一级公路 a1. 隔离设施 a2. 隔离带 b. 二～四级公路 c. 建筑中的 ①、②—技术等级代码 （G305）、（G301）—国道代码及编号	a 0.3 0.3 0.3 a1 a2 ①(G305) b ②(G301) 0.3 c 0.3 3.0 30.0
39	专用公路 a. 有路肩的 b. 无路肩的 ②—技术等级代码 (Z301)—专用公路代码及编号 c. 建筑中的	a 0.2 ②(Z301) 0.3 b ②(Z301) c 3.0 39.0
40	内部道路	1.0 1.0
41	机耕路(大路)	8.0 2.0
42	小路、栈道	4.0 1.0
43	人行桥、时令桥 a. 依比例尺的 b. 不依比例尺的	a b 1.0
44	隧道 a. 依比例尺的出入口 b. 不依比例尺的出入口	a b 1.0 45°
45	路堤	a b
46	等高线及其注记 a. 首曲线 b. 计曲线 c. 间曲线 25—高程	a 0.18 b 25 0.3 c 1.0 5.0 0.18
47	高程点及其注记 1 520.3、−16.3—高程	0.5 ● 1 520.3 ◆ −16.3
48	旱地	1.3 2.6 10.0 10.0
49	菜地	10.0 10.0
50	果树	1.5 3.0 1.0
51	果园	1.2 3.5 10.0 10.0
52	斜坡 a. 未加固的 b. 已加固的	3.0 4.0 a b

(二)地貌符号

地貌是指地表高低起伏的形态，是地形图反映的重要内容。在地形图上表示地貌的方法很多，但在测量上最常用的方法是等高线法。

1. 等高线

等高线是地面上高程相等的各相邻点连成的闭合曲线。如图 7-9 所示，有一高地被等间距的水平面 H_1、H_2 和 H_3 所截，故各水平面与高地相应的截线就是等高线。将各水平面上的等高线沿铅垂方向投影到一个水平面上，并按规定的比例尺缩绘到图纸上，便得到用等高线来表示的该高地的地貌图。等高线的形状是由高地表面形状来决定的，用等高线来表示地貌是一种很形象的方法。

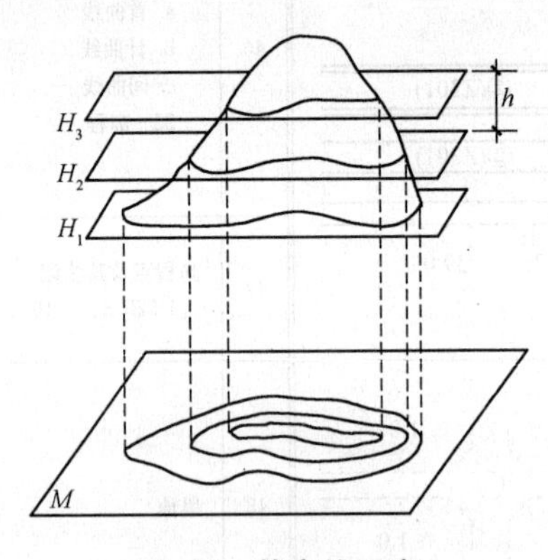

图 7-9　等高线示意

2. 等高距与等高线平距

地形图上相邻两条等高线之间的高差，称为等高距，常用 h 表示。在同一幅图内，等高距一定是相同的。等高距的大小是根据地形图的比例尺、地面坡度及用图目的而选定的。等高线的高程必须是所采用的等高距的整数倍，如果某幅图采用的等高距为 3 m，则该幅图的高程必定是 3 m 的整数倍，如 30 m、60 m 等，而不能是 31 m、61 m 或 66.5 m 等。

地形图中的基本等高距，应符合表 7-5 的规定。

表 7-5　地形图的基本等高距　　m

地形类别	比例尺			
	1∶500	1∶1 000	1∶2 000	1∶5 000
平坦地	0.5	0.5	1	2
丘陵地	0.5	1	2	5
山地	1	1	2	5
高山地	1	2	2	5

注：1. 一个测区同一比例尺，宜采用一种基本等高距。

2. 水域测图的基本等深距，可按水底地形倾角所比照地形类别和测图比例尺选择。

相邻等高线之间的水平距离，称为等高线平距，用 d 表示。在不同地方，等高线平距不同，它取决于地面坡度的大小，地面坡度越大，等高线平距越小；相反，地面坡度越小，等高线平距越大；若地面坡度均匀，则等高线平距相等，如图 7-10 所示。

3. 等高线的种类

地形图上的等高线可分为首曲线、计曲线、间曲线和助曲线四种，如图 7-11 所示。

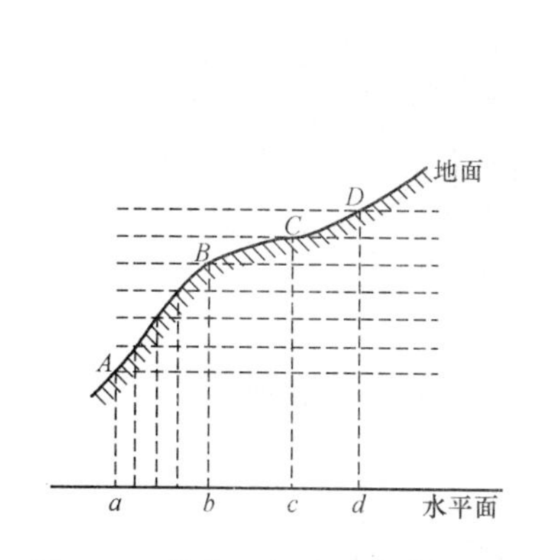

图 7-10　等高距与地面坡度的关系

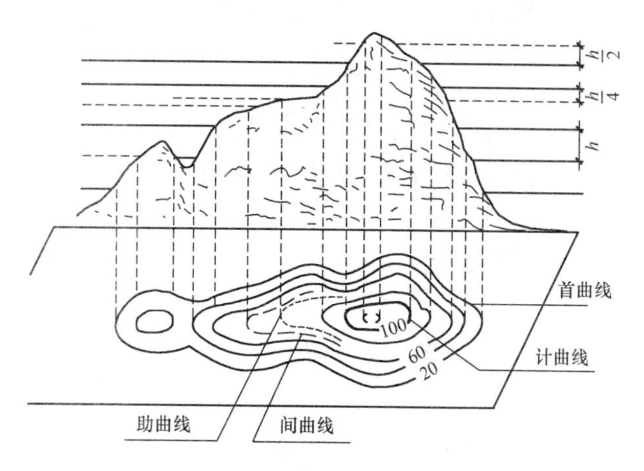

图 7-11　四种等高线

(1)首曲线。在地形图上，从高程基准面起算，按规定的基本等高距描绘的等高线称为首曲线。首曲线一般用细实线表示，它是地形图上最主要的等高线。

(2)计曲线。为了方便看图和计算高程，从高程基准面起算，每隔 5 个基本等高距(即 4 条首曲线)加粗一条等高线，称为计曲线。计曲线一般用粗实线表示。

(3)间曲线。当首曲线不足以显示局部地貌特征时，可在相邻两条首曲线之间绘制 1/2 基本等高距的等高线，称为间曲线。间曲线一般用长虚线表示，描绘时可不闭合。

(4)助曲线。当首曲线和间曲线仍不足以显示局部地貌特征时，可在相邻两条间曲线之间绘制 1/4 基本等高距的等高线，称为助曲线。助曲线一般用短虚线表示，描绘时可不闭合。

4. 几种典型地貌的等高线

(1)山头和洼地。地势向中间凸起而高于四周的高地称为山头；地势向中间凹下而低于四周的低地称为洼地。山头和洼地的等高线都是由一组闭合的曲线组成的，地形图上区分它们的方法是：等高线上所注明的高程，内圈等高线比外圈等高线所注的高程大时，表示山头，如图 7-12 所示；内圈等高线比外圈等高线所注高程小时，表示洼地，如图 7-13 所示。另外，还可使用示坡线表示，示坡线是指示地面斜坡下降方向的短线，一端与等高线连接并垂直于等高线，表示此端地形高，不与等高线连接端地形低。

(2)山脊和山谷。山脊是从山顶到山脚的凸起部分。山脊最高点的连线称为山脊线或分水线，如图 7-14 所示。两山脊之间延伸而下降的凹槽部分称为山谷，如图 7-15 所示。山谷内最低点的连线，称为山谷线或合水线。

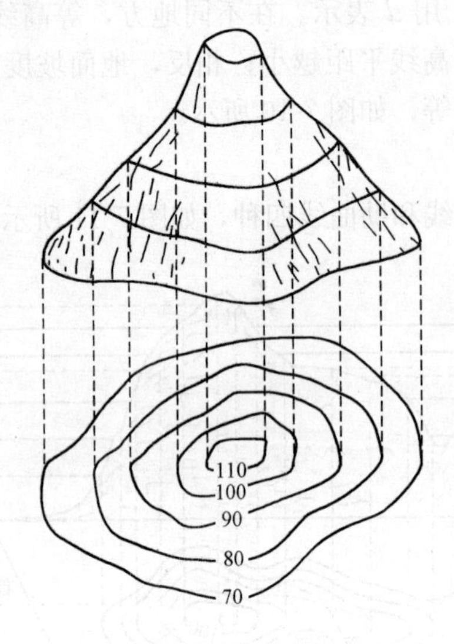

图 7-12　山头

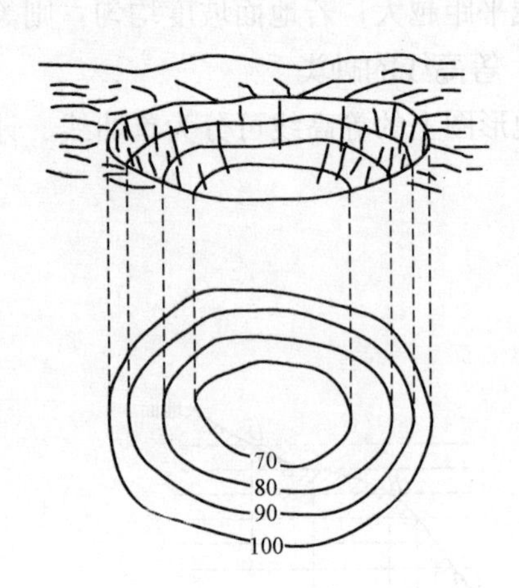

图 7-13　洼地

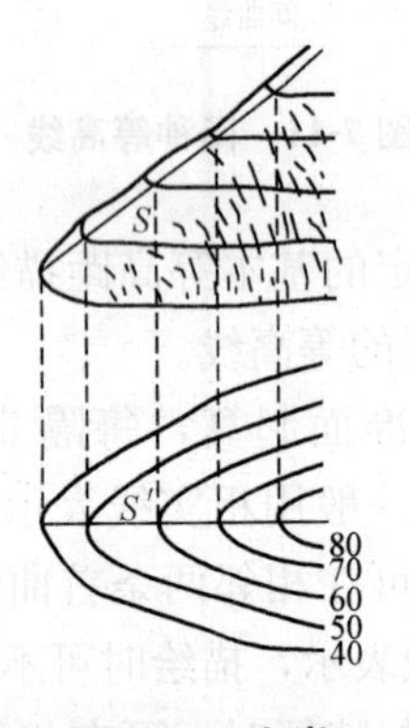

图 7-14　山脊

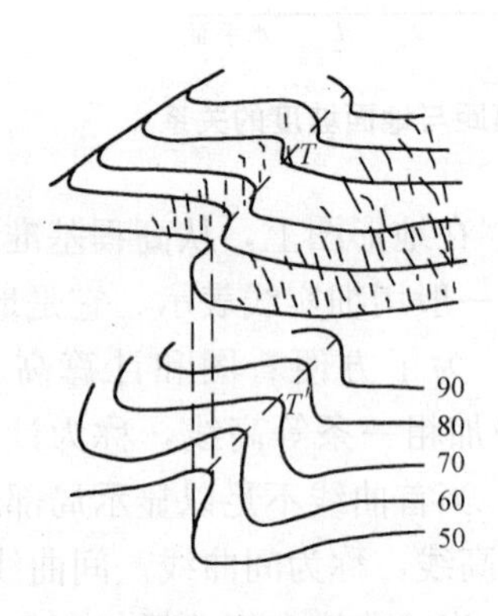

图 7-15　山谷

山脊与山谷由山脉的延伸与走向而形成，山脊线与山谷线是表示地貌特征的线，故又称为地性线。地性线构成山地地貌的骨架，它在测图、识图和用图中具有重要的意义。地形图上山地地貌显示是否真实、形象、逼真，主要是看山脊线与山谷线表达得是否正确。

(3)鞍部。相邻两个山头之间的低凹处形似马鞍状的部分，称为鞍部。通常，鞍部既是山谷的起始高点，又是山脊的终止低点。所以，鞍部的等高线是两组相对的山脊与山谷等高线的组合，如图 7-16 所示。

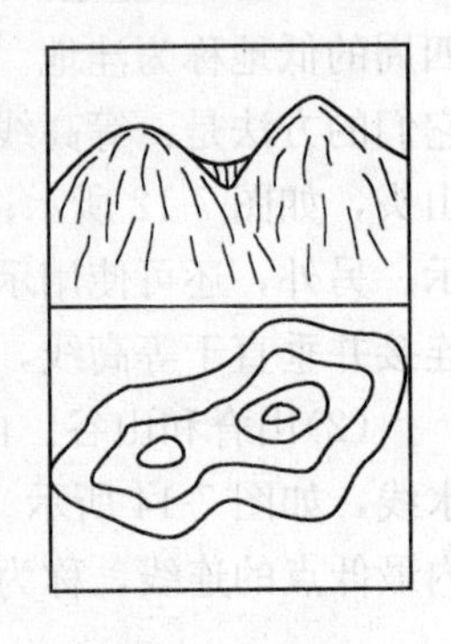

图 7-16　鞍部

(4)悬崖和陡崖。悬崖是上部突出、下部凹进的陡崖。悬崖上部的等高线投影到水平面时，与下部的等高线相交，下部凹进的等高线部分用虚线表示，如图 7-17(a)所示。陡崖是坡度在 70°以上的陡峭崖壁，有石质和土质之分。如用等高线表示，将非常密集或重合为一条线，因此采用陡崖符号来表示，如图 7-17(b)和图 7-17(c)所示。

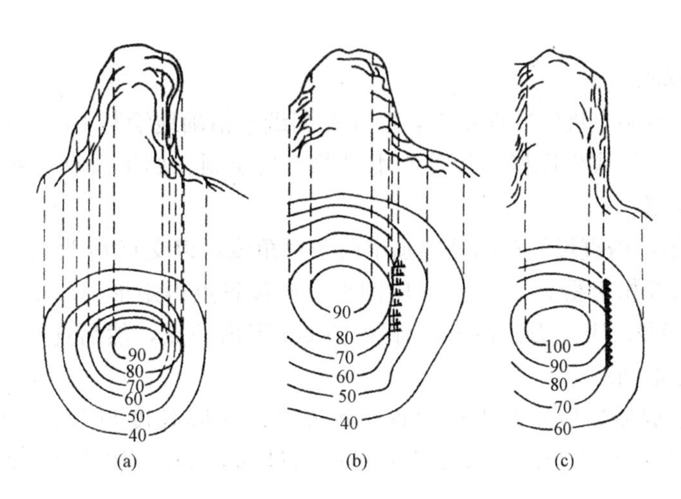

图 7-17　悬崖与陡崖的表示

(a)悬崖；(b)、(c)陡崖

5. 等高线的特征

(1)同一条等高线上各点的高程必相等，而高程相等的地面点却不一定在同一条等高线上。

(2)等高线是一闭合曲线，如不在本幅图内闭合，则在相邻的其他图幅内闭合。但间曲线和助曲线作为辅助线，可以在图幅内中断。

(3)除悬崖、峭壁外，不同高程的等高线不能相交或重合。

(4)在同一幅图内，等高线的平距大，表示地面坡度缓；平距小，则表示地面坡度陡；平距相等，则表示坡度相同。倾斜地面上的等高线是间距相等的平行直线。

(5)山脊与山谷的等高线与山脊线和山谷线成正交关系，即过等高线与山脊线或山谷线的交点作等高线的切线，始终与山脊线或山谷线垂直。

第二节　大比例尺地形图测绘

控制测量工作结束后，人们就可以控制点为测站，测定地物、地貌特征点的平面位置和高程，并按规定的比例尺和符号缩绘成地形图。

一、测图前的准备工作

1. 图纸准备

测绘地形图应选用优质图纸。目前，测绘部门广泛采用聚酯薄膜图纸。聚酯薄膜是一种无色透明的薄膜，其厚度为 0.03～0.1 mm，表面经过打毛后，便可代替图纸使用。聚酯薄膜的主要优点是透明度好、伸缩性小、不怕潮湿和牢固、耐用，并可直接在底图上着墨复晒蓝图，加快出图速度；其主要缺点是易燃、易折和易老化，故使用保管时，应注意防火、防折。

2. 绘制坐标网格

为了准确地将控制点展绘在图纸上，应先在图纸上精确地绘制 10 cm×10 cm 的直角坐标格网，然后用坐标仪或坐标格网尺等专用仪器工具绘制。如果没有这些仪器工具，则可按下述对角线法绘制。

如图 7-18 所示，用直尺先在图纸上画出两条对角线，以交点 O 为圆心，取适当长度为半径画弧，与对角线相交得 A、B、C、D 四点，连接各点得矩形 $ABCD$。从 A、B、D 点起，分别沿 AB、AD、BC、DC 各边，每隔 10 cm 定出一点，然后连接各对边的相应点，即得所需的坐标方格网。

坐标方格网绘成后，应立即进行检查，各方格网实际长度与名义长度之差不应超过 0.2 mm，图廓对角线长度与理论长度之差不应超过 0.3 mm。如超过限差，应重新绘制。

3. 控制点展绘

根据图号、比例尺，将坐标格网线的坐标值注在相应图格线的外侧，如图 7-19 所示。如采用独立坐标系统只测一幅图时，要根据控制点的最大和最小坐标，参考测区情况，考虑将整个测区绘在图纸中央(或适当位置)，来确定方格网的起始坐标。

展绘时，首先应确定所绘点所在的方格。如图 7-19 所示，假设 1 号点的坐标为 $x_1=680.32$ m，$y_1=580.54$ m，则它位于以 k、l、m、n 表示的方格内，分别从 k、l 向上量取 80.32 mm(相当于实地 80.32 m)，得 a、b 点，再分别从 k、n 向右量取 80.54 mm(相当于实地 80.54 m)，得 c、d 点，a、b 连线和 c、d 连线的交点即为 1 号点的图上位置。用同样的方法将其他各控制点展绘在图上。

控制点展绘完毕，必须进行校核。方法是用比例尺量出各相邻控制点之间的距离，与控制测量成果表中相应距离比较，其差值在图上不得超过 0.3 mm，否则应重新展绘。

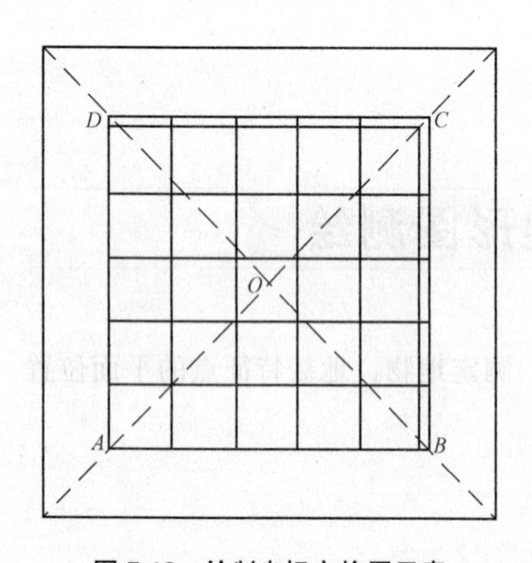

图 7-18　绘制坐标方格网示意

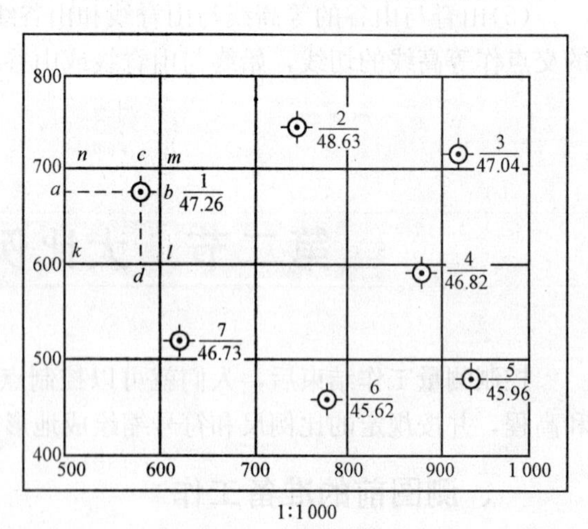

图 7-19　控制点展绘示意

二、地形图绘制的基本要求

(1)轮廓符号的绘制，应符合下列规定：

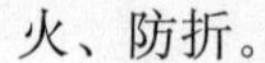

1)依比例尺绘制的轮廓符号，应保持轮廓位置的精度。

2)半依比例尺绘制的线状符号，应保持主线位置的几何精度。

3)不依比例尺绘制的符号，应保持其主点位置的几何精度。

(2)居民地的绘制，应符合下列规定：

1)城镇和农村的街区、房屋，均应按外轮廓线准确绘制。

2)街区与道路的衔接处，应留出 0.2 mm 的间隔。

(3)水系的绘制，应符合下列规定：

1)水系应先绘桥、闸，其次绘双线河、湖泊、渠、海岸线、单线河，然后绘堤岸、陡岸、沙滩和渡口等。

2)当河流遇桥梁时，应中断；当单线沟渠与双线河相交时，应将水涯线断开，弯曲交于一点；当两双线河相交时，应互相衔接。

(4)交通及附属设施的绘制，应符合下列规定：

1)当绘制道路时，应先绘铁路，再绘公路及大车路等。

2)当实线道路与虚线道路、虚线道路与虚线道路相交时，应实部相交。

3)当公路遇桥梁时，公路和桥梁应留出 0.2 mm 的间隔。

(5)等高线的绘制，应符合下列规定：

1)应保证精度，线条应均匀、光滑自然。

2)当图上的等高线遇双线河、渠和不依比例尺绘制的符号时，应中断。

(6)境界线的绘制，应符合下列规定：

1)凡绘制有国界线的地形图，必须符合国务院批准的有关国界线的绘制规定。

2)境界线的转角处，不得有间断，并应在转角上绘出点或曲折线。

(7)各种注记的配置，应分别符合下列规定：

1)文字注记，应使所指示的地物能明确判读。一般情况下，字头应朝北。道路河流名称，可随现状弯曲的方向排列。各字侧边或底边，应垂直或平行于线状物体。各字间隔尺寸应在 0.5 mm 以上；远间隔的也不宜超过字号的 8 倍。注字应避免遮断主要地物和地形的特征部分。

2)高程的注记，应注于点的右方，离点位的间隔应为 0.5 mm。

3)等高线的注记字头应指向山顶或高地，不应朝向图纸的下方。

(8)外业测绘的纸质原图，宜进行着墨或映绘，其成图应墨色黑实光润、图面整洁。

(9)每幅图绘制完成后，应进行图面检查和图幅接边、整饰检查，如发现问题，及时修改。

三、碎部测量方法

在地形图测绘中，决定地物、地貌位置的特征点称为碎部点。碎部测量就是测定碎部点的平面位置和高程。碎部测量的方法有经纬仪测绘法、平板测图法等传统方法，也有全站仪测图法、GPS RTK 测图法等现代方法。

(一)经纬仪测绘法

1. 碎部点的选择

选择正确的碎部点是保证成图质量和提高测图效率的关键。碎部点应尽量选在地物、地貌的特征点上。

(1)地物特征点的选择。

1)用比例符号表示的地物，其地物特征点为其轮廓点，如居民地。但由于地物形状不规则，一般规定地物在图上的凹凸部分大于0.4 mm时，这些轮廓点选为地物特征点，否则忽略不计。

2)用半比例符号表示的地物，如道路、管线等一些线状地物，当其宽度无法按比例尺在图上进行表示时，只对其位置和长度进行测定，可将这些地物的起始点和中途方向或坡度变换点选作地物特征点。

3)非比例符号的地物，如电杆、水井、三角点、纪念碑等，应以其中心位置作为地物特征点。

(2)地貌特征点的选择。

1)能用等高线表示的地貌，尽量选择地貌斜面交线或楞线等地性线以及地性线上的坡度变化点和方向改变点、峰顶、鞍部的中心、盆地的最低点等作为特征点，如山头、盆地等。

2)不能用等高线表示的地貌，以这些地貌的起始位置、范围大小等作为选择，如陡崖、冲沟等。

为了能真实地用等高线表示地貌形态，除对明显的地貌特征点必须选测外，还需要其间保持一定的立尺密度，使相邻立尺点间的最大间距不超过表7-6的规定。

表7-6　地貌点间视距长度

测图比例尺	立尺点间隔/m	视距长度单位/m	
		主要地物	次要地物地形点
1∶500	15	80	100
1∶1 000	30	100	150
1∶2 000	50	180	250
1∶5 000	100	300	350

2. 测绘步骤

(1)安置仪器。如图7-20所示，在测站点A上安置经纬仪(包括对中、整平)，测定竖盘指标差x(一般应小于1′)，量取仪器高i，设置水平度盘读数为0°00′00″，后视另一控制点B，则AB称为起始方向，记入手簿。

将图板安置在测站近旁，目估定向，以便对照实地绘图。连接图上相应控制点A、B，并适当延长，得图上起始方向线AB。然后，用小针通过量角器圆心的小孔插在A点，使量角器原心固定在A点上。

(2)定向。置水平度盘读数为0°00′00″，并后视另一控制点B，即起始方向AB的水平度盘读数为0°00′00″(水平度盘的零方向)，此时复测器扳手在上或将度盘变换手轮盖扣紧。

(3)立尺。立尺员将标尺依次立在地物或地貌特征点上(如图7-20所示中的1点)。立尺前，应根据测区范围和实地情况，立尺员、观测员与测绘员共同商定跑尺路线，选定立尺点，做到不漏点、不废点，同时立尺员在现场应绘制地形点草图，对各种地物、地貌应分别指定代码，供绘图员参考。

(4)观测、记录与计算。观测员将经纬仪瞄准碎部点上的标尺，使中丝读数v在i值附近，读取视距间隔 KL，然后使中丝读数 v 等于 i 值，再读竖盘读数 L 和水平角 β，记入测量手簿，并依据下列公式计算水平距离 D 与高差 h：

$$D=KL\cos^2\alpha \tag{7-2}$$

$$h=\frac{1}{2}KL\sin2\alpha+i-v \tag{7-3}$$

(5)展绘碎部点。如图 7-20 所示，将量角器底边中央小孔精确对准图上测站 a 点处，并用小针穿过小孔固定量角器圆心位置。转动量角器，使量角器上等于 β 角值的刻划线对准图上的起始方向 ab(相当于实地的零方向 AB)，此时，量角器的零方向即为碎部点 1 的方向，然后根据测图比例尺按所测得的水平距离 D 在该方向上定出点 1 的位置，并在点的右侧注明其高程。地形图上高程点的注记，字头应朝北。

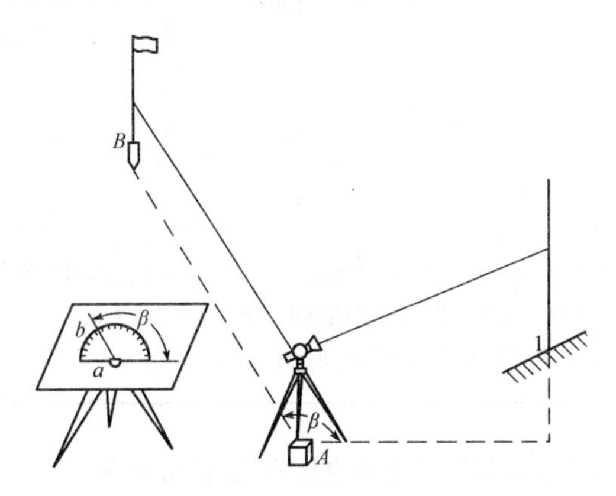

图 7-20　经纬仪测绘法示意图

(二)平板测图法

(1)平板测图，可选用经纬仪配合展点器测绘法和大平板仪测绘法。

(2)地形原图的图纸，宜选用厚度为 0.07～0.10 mm，伸缩率小于 0.2%的聚酯薄膜。

(3)图廓格网线绘制和控制点的展点误差，不应大于 0.2 mm。图廓格网的对角线、图根点间的长度误差，不应大于 0.3 mm。

(4)平板测图所用的仪器和工具，应符合下列规定：

1)视距常数范围应为 100±0.1。

2)垂直度盘指标差，不应超过 2′。

3)比例尺尺长误差，不应超过 0.2 mm。

4)量角器半径，不应小于 10 cm，其偏心差不应大于 0.2 mm。

5)坐标展点器的刻划误差，不应超过 0.2 mm。

(5)当解析图根点不能满足测图需要时，可增补少量图解交会点或视距支点。图解交会点应符合下列规定：

1)图解交会点，必须选多余方向作校核，交会误差三角形内切圆直径应小于 0.5 mm，相邻两线交角应为 30°～150°。

2)视距支点的长度，不宜大于相应比例尺地形点最大视距长度的 2/3，并应往返测定，其较差不应大于实测长度的 1/150。

3)图解交会点、视距支点的高程测量，其垂直角应一测回测定。由两个方向观测或往、返观测的高程较差，在平地不应大于基本等高距的1/5，在山地不应大于基本等高距的1/3。

(6)平板测图的视距长度，不应超过表7-7的规定。

表7-7 平板测图的最大视距长度

比例尺	最大视距长度/m			
	一般地区		城镇建筑区	
	地物	地形	地物	地形
1∶500	60	100	—	70
1∶1 000	100	150	80	120
1∶2 000	180	250	150	200
1∶5 000	300	350	—	—

注：1. 垂直角超过±10°范围时，视距长度应适当缩短；平坦地区成像清晰时，视距长度可放长20%。
2. 城镇建筑区1∶500比例尺测图，测站点至地物点的距离应实地丈量。
3. 城镇建筑区1∶5 000比例尺测图不宜采用平板测图。

(7)平板测图时，测站仪器的设置及检查应符合下列要求：

1)仪器对中的偏差，不应大于图上0.05 mm。

2)以较远一点标定方向，另一点进行检核，其检核方向线的偏差不应大于图上0.3 mm，每站测图过程中和结束前应注意检查定向方向。

3)检查另一测站点的高程，其较差不应大于基本等高距的1/5。

(8)测图时，每幅图应测出图廓线外5 mm。

(三)全站仪测图法

全站仪测图法主要分为准备工作、数据获取、数据输入、数据处理、数据输出五个阶段。准备工作阶段包括资料准备、控制测量、测图准备等，与传统地形测图一样，在此不再赘述。

应用全站仪测图法进行测图具体应符合以下要求：

(1)全站仪测图所使用的仪器宜使用6″级全站仪，其测距标称精度，固定误差不应大于10 mm，比例误差系数不应大于5×10^{-6}。测图的应用程序，应满足内业数据处理和图形编辑的基本要求。数据传输后，宜将测量数据转换为常用数据格式。

(2)全站仪测图的方法，可采用编码法、草图法或内外业一体化的实时成图法等。当布设的图根点不能满足测图需要时，可采用极坐标法增设少量测站点。

(3)全站仪测图的仪器安置及测站检核，应符合下列要求：

1)仪器的对中偏差不应大于5 mm，仪器高和反光镜高的量取应精确至1 mm。

2)应选择较远的图根点作为测站定向点，并施测另一图根点的坐标和高程，作为测站检核。检核点的平面位置较差不应大于图上0.2 mm，高程较差不应大于基本等高距的1/5。

3)作业过程中和作业结束前，应对定向方位进行检查。

(4)全站仪测图的测距长度，不应超过表 7-8 的规定。

表 7-8　全站仪测图的最大测距长度

比例尺	最大测距长度/m	
	地物点	地形点
1∶500	160	300
1∶1 000	300	500
1∶2 000	450	700
1∶5 000	700	1 000

(5)数字地形图测绘，应符合下列要求：

1)当采用草图法作业时，应按测站绘制草图，并对测点进行编号。测点编号与仪器的记录点号应一致。草图的绘制宜简化标示地形要素的位置、属性和相互关系等。

2)当采用编码法作业时，宜采用通用编码格式，也可使用软件的自定义功能和扩展功能建立用户的编码系统进行作业。

3)当采用内外业一体化的实时成图法作业时，应实时确立测点的属性、连接关系和逻辑关系等。

4)在建筑密集的地区作业时，对于全站仪无法直接测量的点位，可采用支距法、线交会法等几何作图方法进行测量，并记录相关数据。

(6)当采用手工记录时，观测的水平角和垂直角宜读记至秒(′)，距离宜读记至厘米(cm)，坐标和高程的计算(或读记)宜精确至 1 cm。

(7)全站仪测图，可按图幅施测，也可分区施测。按图幅施测时，每幅图应测出图廓线外 5 mm；分区施测时，应测出区域界线外图上 5 mm。

(8)对采集的数据应进行检查处理，删除或标注作废数据、重测超限数据、补测错漏数据。对检查修改后的数据，应及时与计算机联机通信，生成原始数据文件并做备份。

(四)GPS RTK 测图法

1. 作业准备

GPS RTK 测图法作业前，应收集下列资料：

(1)测区的控制点成果及 GPS 测量资料。

(2)测区的坐标系统和高程基准的参数，包括参考椭球参数，中央子午线经度，纵、横坐标的加常数，投影面正常高，平均高程异常等。

(3)WGS－84 坐标系与测区地方坐标系的转换参数及 WGS－84 坐标系的大地高基准与测区的地方高程基准的转换参数。

2. 转换关系的建立

基准转换可采用重合点求定参数(七参数或三参数)的方法进行。

坐标转换参数和高程转换参数的确定宜分别进行；坐标转换位置基准应一致，重合点的个数不少于四个，且应分布在测区的周边和中部；高程转换可采用拟合高程测量的方法。

坐标转换参数也可直接应用测区GPS网二维约束平差所计算的参数。对于面积较大的测区，需要分区求解转换参数时，相邻分区应不少于两个重合点。转换参数宜采取多种点组合方式分别计算，再进行优选。

3. 转换参数的应用

转换参数的应用，不应超越原转换参数计算所覆盖的范围，且输入参考站点的空间直角坐标，应与求取平面和高程转换参数(或似大地水准面)时所使用的原GPS网的空间直角坐标成果相同，否则，应重新求取转换参数。

使用前，操作者应对转换参数的精度、可靠性进行分析和实测检查。检查点应分布在测区的中部和边缘。检测结果，平面较差不应大于5 cm，高程较差不应大于$30\sqrt{D}$ mm(D为参考站到检查点的距离，单位为km)；超限时，应分析原因并重新建立转换关系。

对于地形趋势变化明显的大面积测区，应绘制高程异常等值线图，分析高程异常的变化趋势是否同测区的地形变化相一致。当局部差异较大时，应加强检查；超限时，应进一步精确求定高程拟合方程。

4. 参考站点位的选择

参考站点位的选择应根据测区面积、地形地貌和数据链的通信覆盖范围，均匀布设参考站。参考站站点的地势应相对较高，周围无高度角超过15°的障碍物和强烈干扰接收卫星信号或反射卫星信号的物体。参考站的有效作业半径，不应超过10 km。

5. 参考站的设置

接收机天线应精确对中、整平，对中误差不应大于5 mm；天线高的量取应精确至1 mm；正确连接天线电缆、电源电缆和通信电缆等；接收机天线与电台天线之间的距离，不宜小于3 m；正确输入参考站的相关数据，包括点名、坐标、高程、天线高、基准参数、坐标高程转换参数等；电台频率的选择，不应与作业区其他无线电通信频率相冲突。

6. 流动站的作业

流动站作业的有效卫星数不宜少于五个，PDOP值应小于6，并应采用固定解成果。正确的设置和选择测量模式、基准参数、转换参数和数据链的通信频率等，其设置应与参考站相一致。流动站的初始化，应在比较开阔的地点进行。

作业前，宜检测2个以上不低于图根精度的已知点。检测结果与已知成果的平面较差不应大于图上0.2 mm，高程较差不应大于基本等高距的1/5。作业中，如出现卫星信号失锁，应重新初始化，并经重合点测量检查合格后，方能继续作业。结束前，应进行已知点检查。

每日观测结束，应及时转存测量数据至计算机并做好数据备份。

分区作业时，各区应测出图廓线外5 mm。不同参考站作业时，流动站应检测一定数量的地物重合点。点位较差不应大于图上0.6 mm，高程较差不应大于基本等高距的1/3。

对采集的数据应进行检查处理，删除或标注作废数据、重测超限数据、补测错漏数据。

四、地形图的绘制

地形图的绘制是指在测站上测出碎部点并展绘在图纸上后，对照实地描绘地物和勾绘等高线。

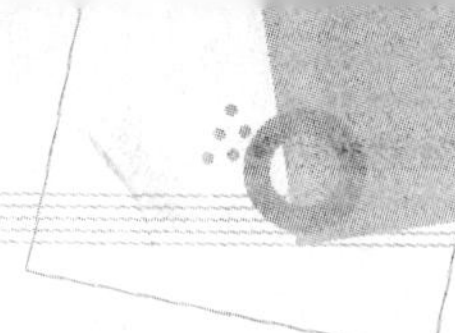

1. 地物的描绘

地物的描绘，主要是连接地物的特征点。能按比例尺表示的地物，如房屋、道路、河流等，按实地形状用直线或光滑的曲线描绘；不能按比例尺描绘的地物，则按《国家基本比例尺地图图式》(GB 20257)所规定的非比例尺符号表示。

2. 等高线勾绘

地貌主要是用等高线来表示。勾绘等高线时，首先用铅笔轻轻描绘出山脊线、山谷线等地性线，再根据碎部点的高程勾绘等高线。不能用等高线表示的地貌，如悬崖、峭壁、土堆、冲沟等，应按《国家基本比例尺地图图式》(GB 20257)中规定的符号表示。

由于等高距都是整米数或半米数，而测得的碎部点高程，绝大多数不会正好在等高线上，因此，必须在相邻碎部点之间，用内插法定出等高线要通过的高程点，把相同高程的相邻点用光滑曲线连接起来，即勾绘出等高线，如图 7-21、图 7-22 所示。等高线应在现场边测图边勾绘，要运用等高线的特性，至少应勾绘出计曲线，以控制等高线的走向。地形图等高距的选择与测图比例尺和地形坡度有关。

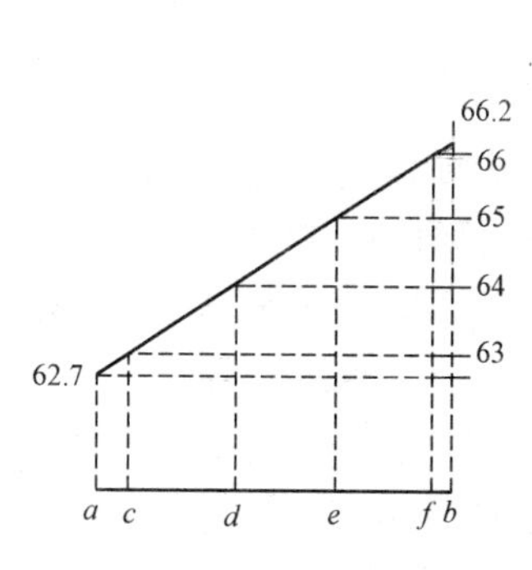

图 7-21　等高线内插原理

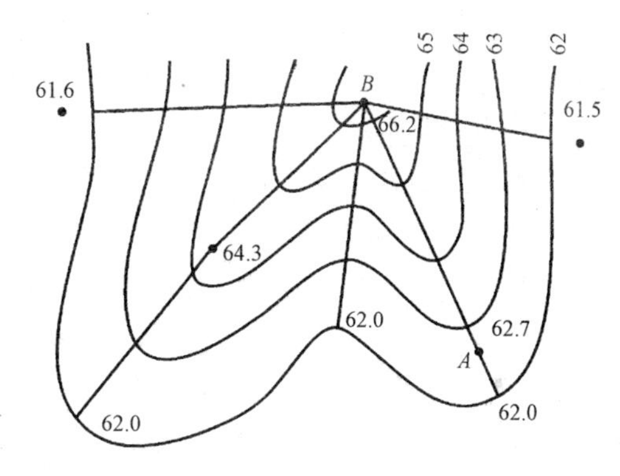

图 7-22　等高线勾绘

五、地形图的拼接、检查与整饰

当测图面积大于一幅地形图的面积时，要分成多幅施测，由于测绘误差的存在，相邻地形图测完后应进行拼接。拼接完成后，还应及时对各图衔接处进行拼接检查。经过检查与整饰，才能获得符合要求的地形图。

采用分幅测图时，为了拼接方便，测图时每幅图的西、南两边应测出图外 5 mm 左右。拼接时，先将相邻两幅共同边界部分的图廓线、坐标方格网及其两侧各 1 cm 范围内的地物和等高线描绘到一条透明纸上，如图 7-23 所示，然后检查它们的衔接情况，若两边地物错开不到 2 mm，等高线错开不超过相邻两等高线间的平距时，则可在透明纸上进行修正(通常取两边的平均位置)，使图形和线条合乎自然地衔接起来，再根据透明纸上修接好的图形套绘到相邻两幅上。如果发现错误或漏测，应当重测或补测。

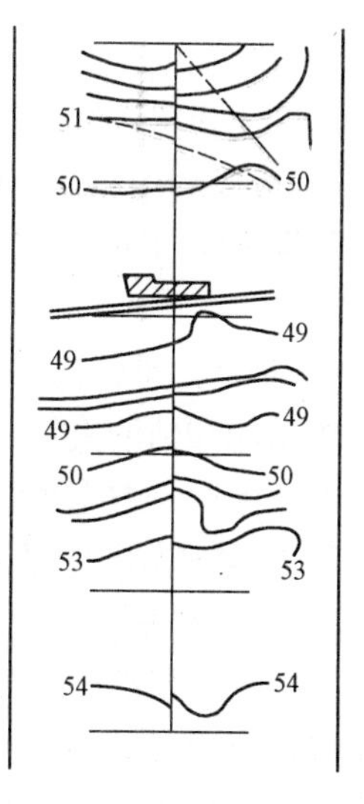

图 7-23　地形图的拼接

为保证成图质量，在地形图测完后，还必须进行全面的自检和互检，检查工作一般分为室内检查和野外检查两部分。室内检查的主要内容是各项观测记录、内业计算和所绘地形图有无遗漏与错误，如发现问题，做好标识，进行野外检查。野外检查又分为巡视检查和仪器检查。巡视检查是将地形图对照实地地物，查找问题，做好标识；仪器检查是以抽查与标识重点相结合，用仪器重新测定测站周围部分点的平面位置和高程，看是否与原测点相同。

最后进行地形图的清绘与整饰工作，使图面更加合理、清晰、美观。清绘与整饰工作的顺序是坐标格网、控制点、独立地物、地物、植被符号、地貌符号以及首曲线和计曲线等，然后是图廓外的整饰。最后注明图名、图号、比例尺、测图单位和日期等。一切工作完成之后，即成一副完整的地形图。

六、数字化测图

数字化测图(digital surveying and mapping，DSM)是以电子计算机为核心，以测绘仪器和打印机等输入、输出设备为硬件，在测绘软件的支持下，对地形空间数据进行采集、传输、编辑处理、入库管理和成图输出的一整套过程。

1. 数字化测图的特点

数字化测图与图解法测图相比，具有明显的优点，主要体现在以下几个方面：

(1)测图精度高。在数字化测图中，野外采集数据采用高精度电子仪器，数据的流动、展点和绘图都在机内运行。因此，绘图精度不受比例尺的影响，减少人为错误发生的机会，提高测图精度。

(2)可实现自动化测图。数字化测图能自动记录、自动解算、自动绘图，向用图者随时提供可处理的精确、规范的数字化地形图。在自动绘图时，必须对地面点赋予三类信息，即点的三维坐标、点的属性、点间关联性。因此，数据采集和点性编码是数字测图的基础。

(3)方便更新测图成果。城镇的发展加速了城镇地物和地貌的变化。数字化测图的成果是以点位信息和地物属性信息存入计算机的，显著改善纸介质地形图频繁更新困难的状况。当实地情况发生改变时，只需要输入变化部分的点位编码和坐标信息，经过编辑，即可得到更新后的新图，始终保持图面整体的实时性和完整性。

(4)成果利用和管理便利。数字化地形图方便实行分图层管理，地形信息可无限存放，图形数据容量可不受图幅负载量的限制，从而提高测量数据的利用率，拓宽了测绘工作的服务面。

(5)帮助地理信息系统(GIS)的建立。地理信息系统具有方便的信息查询检索功能、空间分析功能和辅助决策功能，在国民经济各领域及人们日常生活中都有广泛的应用。GIS的主要任务就是数据采集，而数字化测图能够提供实时性较强的基础地理信息。

2. 数字化测图的基本作业过程

(1)数据采集。各种数字测图系统必须首先获取地形要素的各种信息，然后才能据此成图。地形信息包括所有与成图有关的资料，如测量控制点资料、各种地物和地貌的位置数据和属性以及有关的注记等。这些地形要素的信息通常以地形数据的形式来表达。常见的地形要素数据采集方式有以下三种：

1)用全站仪采集数据。在野外用全站仪采集数据时，数字测记法有“草图法”和“编码法”两种。当采用“草图法”时，全站仪的数据采集步骤如下：

①设置作业。一般全站仪都要进行这项工作，目的是建立一个文件目录用于存放数据。作业名称可以采取操作员姓名加观测日期的方式，这样便于数据文件管理。

②绘制测点草图。应编辑好碎部点的点号及地物关联属性、地性线、地理名称和必要文字注记等。

③安置仪器。将全站仪安置在控制点上，经对中、整平，量取仪器高。

④设置测站。将测站点的名称、坐标、高程、仪器高等数据输入全站仪。可人工输入，或从全站仪内存中调用。

⑤后视定向。照准后视已知控制点，人工输入定向方位角，或输入定向点的坐标值，待全站仪自动计算方位角之后再确认。

⑥碎部点坐标测量。应先测量已知点并进行校核(点位误差应不超过图上 0.2 mm)。后照准待测点进行测量，并注意棱镜高的变化，及时修正。

2)用网络 RTK 技术采集数据。目前，GPS 网络 RTK 技术弥补了 GPS 实时差分定位 RTK 技术单独利用的缺点。其数据处理的方法有虚拟参考站法(简称 VRS)、偏导数法、线性内插法和条件平差法。其中虚拟参考站法(VRS)技术最为成熟。VRS 系统集 GPS、互联网、无线通信和计算机网络管理于一身，整个系统由若干个(3 个以上)GPS 固定基准站、一个 GPS 网络控制中心和多个终端用户构成。

在 VRS 系统中，固定站负责实时采集 GPS 卫星观测数据并传送给 GPS 网络控制中心，网络控制中心既接收固定站发来的数据，也接收流动站发来的概略坐标数据，然后根据用户位置，自动选择最佳的一组固定站数据，整体改正卫星轨道误差和电磁波延迟误差，将经过改正后的高精度差分信号通过无线网络发送给流动站用户，相当于流动站旁边生成一个虚拟参考基站。流动站的 GPS 接收机，加上无线通信的调制解调器，通过无线网络(如手机卡)，一方面将自己的初始位置信息(NMEA)发送给网络控制中心；另一方面接收控制中心发来的差分信号(RTCM)，生成厘米级精度的位置信息，从而实现流动站点的坐标采集。

3)依据底图采集数据。为了充分利用已有的测绘成果，可通过地形图数字化的方法将纸质地形图转换为数字地形图。原图数字化的方法通常有跟踪数字化仪数字化和扫描仪数字化。因跟踪数字化仪数字化所得到的数字地图的精度低于原图，故已逐渐被扫描仪数字化所代替。

(2)数字化测图的数据处理。数据处理主要是指采集数据结束至图形输出前的阶段，对各种图形数据的处理。数据处理包括数据传输、数据预处理、数据转换、数据计算、图形生成、图形编辑与整饰、图形信息的管理与使用等，它是数字测图的关键。其中，数据转换是指将测量坐标转换为屏幕坐标。在测量坐标系中，坐标系原点在图幅的左下角，向上为 x 轴正方向(北)，向右为 y 轴正方向(东)；而在计算机显示器中，坐标系原点在屏幕的左上角，向右为 x 轴正方向，向下为 y 轴正方向。因此，需要将测量坐标系的原点平移至屏幕左上角，并将测量坐标系按顺时针方向旋转 90°，这样，可完成测量坐标向屏幕坐标的转换。

经过数据处理后，可产生平面图形数据文件和数字地面模型文件，然后对原图进行修改、编辑和整理，加上文字和高程注记，填充相应地物符号，再经过图形拼接、分幅和整饰，就可得到一幅规范的地形图。

(3)数字化测图的图形输出。经过数据处理后得到的数字地形图是一个图形文件，它既可以永久地被保存在磁盘上，也可以转换成地理信息图形格式，用以建立或更新 GIS 图形数据库。图形输出是数字测图的主要目的，一般由计算机软件控制绘图仪自动绘出地形图。绘图仪的基本功能是实现(x，y坐标串)和模(矢量)的转换，将计算机中数字图形描绘到图纸上。

第三节　地形图的应用

从前述内容可知，地形图上所提供的信息非常丰富，特别是大比例尺地形图，更是建筑工程规划设计和施工中不可缺少的重要资料，尤其是在规划设计阶段，不仅要以地形图为底图，进行总平面的布设，而且还要根据需要，在地形图上进行一定的量算工作，以便因地制宜地制定合理的规划和设计。因此，正确地阅读和使用地形图，是建筑工程技术人员必须具备的基本技能。

一、地形图的识读

地形图用各种规定的图式符号和注记表示地物、地貌及其他有关资料。要正确使用地形图，首先要熟读地形图。地形图阅读的目的是通过对地形图上的符号和注记的阅读可以判断地貌的自然形态和地物之间的相互关系。

1. 图廓外的注记识读

首先，检查图名、图号，确认所阅读的地形图；其次，了解测图的时间和测绘单位，以判定地形图的新旧，进而确定地形图应用的范围和程度；最后，了解地形图的比例尺、坐标系统、高程系统和基本等高距以及图幅范围与接合图表。

2. 地物的阅读

地物阅读的内容主要包括测量控制点、居民地、工业建筑、公路、铁路、管道、管线、水系、境界等。地物在地形图中是用图示符号来表达的。从图 7-24 中可以看出，从北至南有李家院、柑园村两个居民地，两地之间以清溪河相隔，人渡相连。河的北边有铁路和简易公路；河的南边有四条小溪流入清溪河。从柑园村往东、西、南三方向各有小路通往相邻图幅，柑园村的北面有小桥、墓地、石碑；图的西南角有一庙宇和小三角点 A51；图的正南和东北角分别有 5 号、7 号埋石的图根点。

3. 地貌的阅读

地形图中的地貌阅读主要根据等高线进行，由等高线的特征来判别地面坡度的变化。从图 7-24 中可以看出，西、南两方向是起伏的山地，其中，南面的狮子岭往北是一条山脊，其两侧是谷地，西北角小溪的谷源附近有两处冲沟地段；西南角附近有一个地名叫作凉风垭的鞍部；东北角是起伏不大的山丘；清溪河沿岸是平坦的地带。从图中的高程注记和等高线注记来看，最高的山顶为图根点 A51，其高程为 204.21 m，最低的等高线为 179.6 m，图内最大高差约为 25 m。

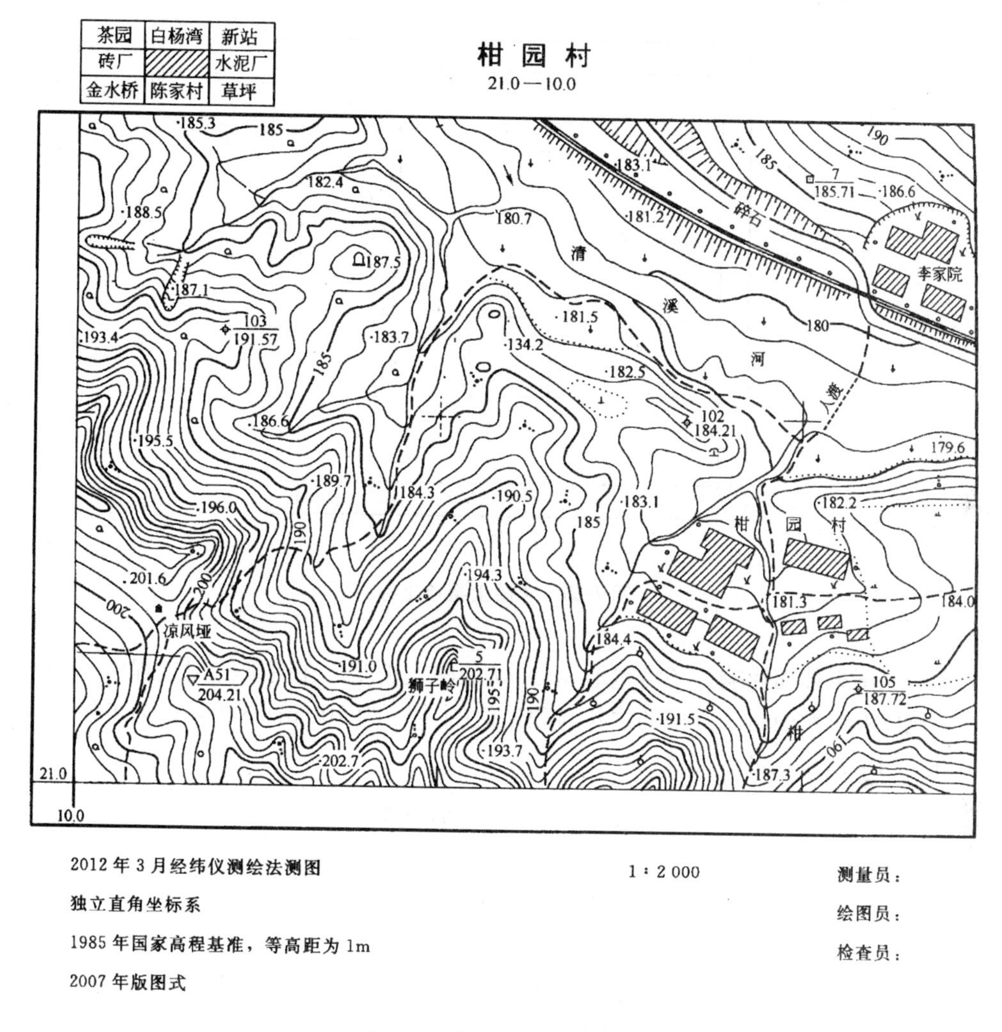

图 7-24　地物和地貌的阅读

二、地形图应用的基本内容

1. 确定图上某点的坐标

点的坐标是根据地形图上标注的坐标格网的坐标值确定的。如图 7-25 所示，求 A 点的坐标，具体方法如下：

(1)确定 A 点所在方格 $abcd$。

(2)过 A 点作方格网的平行线交 A 点所在方格于 p、q 点和 g、f 点。

(3)量取 ap、af 的图上长度分别为 8.1 cm、5.2 cm。

(4)根据下列公式计算 A 点坐标为：

$$x_A = x_a + ap \cdot M = 20\,100 + 0.081 \times 1\,000 = 20\,181(\text{m})$$

$$y_A = y_a + af \cdot M = 10\,200 + 0.052 \times 1\,000 = 10\,252(\text{m})$$

式中，M 为测图比例尺分母。

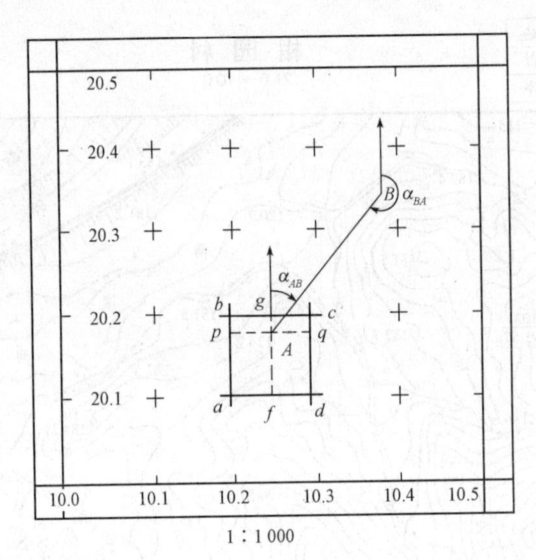

图 7-25　求图上某点坐标

为了消除图纸伸缩影响，还需量取 ab、ad 的图上长度。在图纸使用过程中，会产生伸缩变形，致使方格网中每个方格的边长与理论值(本例 l 为 10 cm)不相等，为了使坐标值更精确，可采用下列公式进行校核：

$$\begin{cases} x_A = x_a + \dfrac{l}{ab} \cdot ap \cdot M \\ y_A = y_a + \dfrac{l}{ad} \cdot af \cdot M \end{cases} \tag{7-4}$$

2. 根据图上直线的长度确定水平距离

如图 7-26 所示，欲求 A、B 两点之间的水平距离 D_{AB}，可以采用图解法或解析法。

(1)图解法。可以采用以下方法求解：

1)先量取图上 A、B 两点之间的长度，再乘以比例尺分母 M。

2)用三棱尺量取图上 A、B 两点之间的实地水平距离。

3)用分规量取 A、B 两点之间的长度，在直线比例尺上读取实地距离。

(2)解析法。解析法是在求得 A、B 两点的坐标后，用下式计算：

$$\begin{aligned} D_{AB} &= \sqrt{(x_B - x_A)^2 + (y_B - y_A)^2} \\ &= \sqrt{\Delta x_{AB}^2 + \Delta y_{AB}^2} \end{aligned} \tag{7-5}$$

3. 确定两点之间直线的坐标方位角

如图 7-26 所示，要确定直线 AB 的坐标方位角 α_{AB}，可用以下两种方法：

(1)图解法。过 A、B 两点分别作坐标值的平行线，然后用测量专用量角器量出 α_{AB}，取其平均值作为最后结果，即

$$\bar{\alpha}_{AB} = \frac{1}{2}[\alpha_{AB} + (\alpha_{AB} \pm 180°)] \tag{7-6}$$

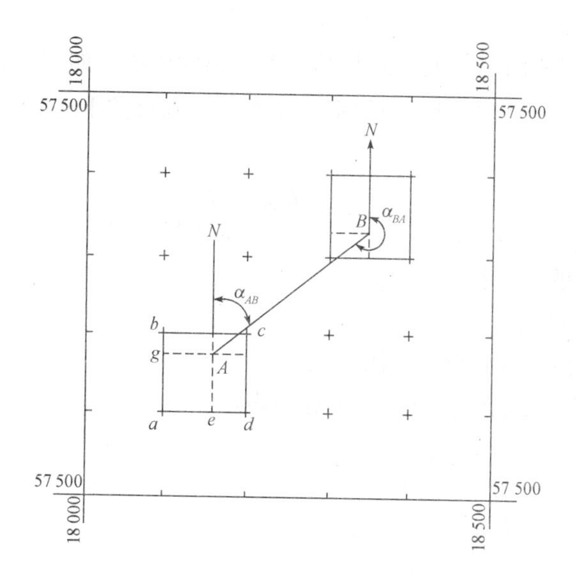

图 7-26　确定两点间水平距离

此法受量角器最小分划的限制，精度不高。当精度要求较高时，可用解析法。

(2)解析法。要确定直线 AB 的坐标方位角 α_{AB}，可根据已经量得的 A、B 两点的平面坐标用下式先计算出象限角 R_{AB}。

$$R_{AB}=\arctan\left(\frac{y_B-y_A}{x_B-x_A}\right) \tag{7-7}$$

然后，根据直线所在的象限参照表 7-9 的规定计算坐标方位角。

表 7-9　象限角 R_{AB} 与坐标方位角 α_{AB} 的关系

象　限	坐标增量	关　系	象　限	坐标增量	关　系
Ⅰ	$\Delta x_{AB}>0$，$\Delta y_{AB}>0$	$\alpha_{AB}=R_{AB}$	Ⅲ	$\Delta x_{AB}<0$，$\Delta y_{AB}<0$	$\alpha_{AB}=R_{AB}+180°$
Ⅱ	$\Delta x_{AB}<0$，$\Delta y_{AB}>0$	$\alpha_{AB}=R_{AB}+180°$	Ⅳ	$\Delta x_{AB}>0$，$\Delta y_{AB}<0$	$\alpha_{AB}=R_{AB}+360°$

由于坐标量算的精度比角度量测的精度高，因此，解析法所获得的方位角比图解法的可靠精度高。

4. 确定点的高程

地形图上的任一点的高程，可以根据等高线及高程标记确定。如图 7-27 所示，A 点正好在等高线上，则其高程与所在的等高线高程相同。如果所求点不在等高线上，如图中的 B 点，则过 B 点作一条大致垂直于相邻等高线的线段 mn，量取 mn 的长度 d，再量取 m_B 的长度 d_1，B 点的高程 H_B 可按比例内插求得

$$H_B=H_m+\Delta h=H_m+\frac{d_1}{d}h \tag{7-8}$$

式中　H_m——m 点的高程；

h——地形图等高距。

5. 确定直线的坡度

直线坡度是指直线段两端点的高差与其水平距离的比值。如图 7-28 所示，若确定了 A、B 两点之间的高差 h_{AB}，再测量 AB 间的水平距离 D，则可按下式计算出地面上 AB 连线的坡度 i。

$$i=\tan\theta=\frac{h_{AB}}{D}=\frac{h_{AB}}{d\cdot M} \tag{7-9}$$

式中 d——AB 连线的图纸长度；

M——比例尺分母；

θ——AB 连线在垂直面投影的倾斜角；

i——直线坡度，一般用百分率或千分率表示。

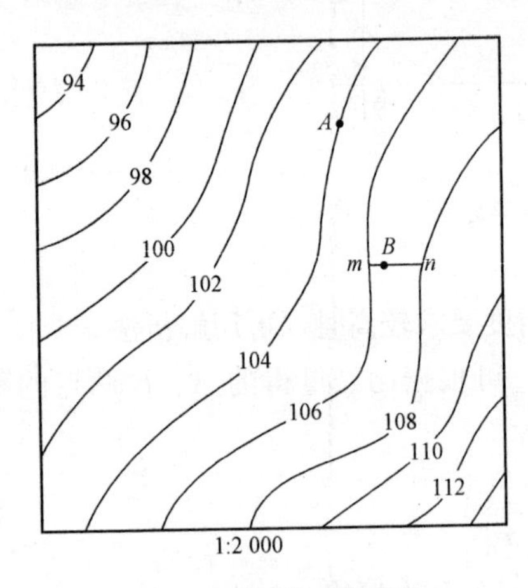

图 7-27 确定点的高程

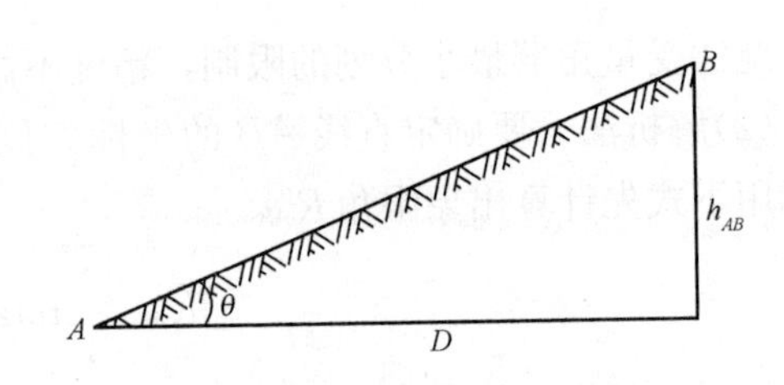

图 7-28 确定直线的坡度

6. 图形面积的量算

在地形图上量算面积的方法较多，应根据具体情况选择不同的方法。

(1)几何图形法。若待量算面积的图形为规则的几何图形，如矩形、三角形、梯形等，可量测其几何要素，用相应的几何面积计算公式计算其面积。也可将多边形划分为若干个几何图形来计算。

如图 7-29 所示，如果图形是由直线连接而成的闭合多边形，则可将多边形分割成若干个三角形或梯形，利用三角形或梯形计算面积的公式计算出各简单图形的面积，最后求得各简单图形的面积总和即为多边形的面积。

(2)透明方格纸法。利用绘有边长为 1 mm 或 2 mm 正方形网格的透明膜片(或透明纸)，蒙图数格量算面积的方法，称为方格法。如图 7-30 所示，要计算曲线内的面积，可将一张透明方格纸覆盖在图形上，数出曲线内的整方格数 n_1 和不足一整格的方格数 n_2。设每个方格的面积为 a(当为 1 mm 方格时，$a=1\ \text{mm}^2$)，则曲线围成的图形实地面积为(计算时应注意 a 的单位)

$$A=\left(n_1+\frac{n_2}{2}\right)aM^2 \tag{7-10}$$

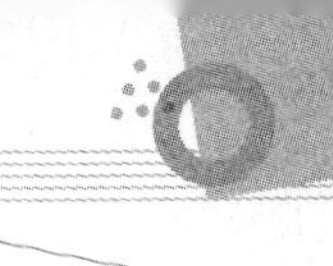

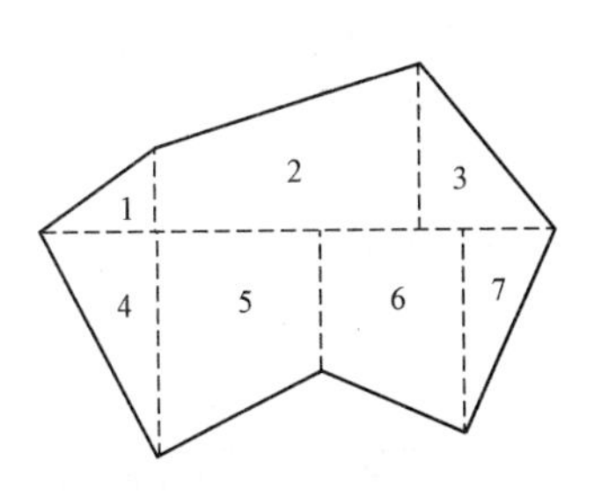

图 7-29　几何图形法

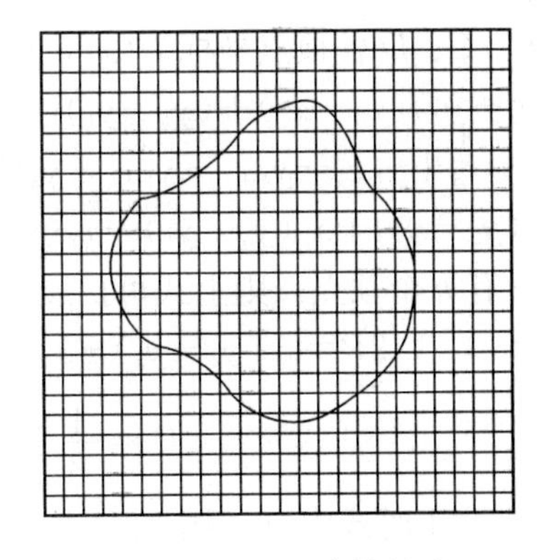

图 7-30　透明方格纸法

(3)平行线法。利用刻有间距 h 为 1 mm 或 2 mm 平行线组的透明膜片，将其覆盖在待量算的图形上量算面积的方法，称为平行线法，又称积距法。

如图 7-31 所示，图形被平行线分割成若干个等高的近似梯形，并使两条平行线与曲线图形边缘相切，用分规和比例尺量取在曲线内的长度为 l_1、l_2、…、l_n，将其累加后乘以梯形的高(平行线间距为 h)，即得到图形的面积：

$$A_1=\frac{1}{2}h(0+l_1)$$

$$A_2=\frac{1}{2}h(l_1+l_2)$$

$$\vdots$$

$$A_n=\frac{1}{2}h(l_{n-1}+l_n)$$

则图形总面积为

$$A=h\sum_{i=1}^{n}l_i \tag{7-11}$$

(4)解析法。如果图形为任意多边形，且各顶点的坐标已在图上量出或已在实地测定，可利用各点坐标用解析法计算面积。如图 7-32 所示，$ABCD$ 为任意四边形，各顶点编号按顺时针编为 1、2、3、4。从图 7-32 可以看出，面积 $ABCD(P)$等于面积 $C'CDD'(P_1)$加面积 $D'DAA'(P_2)$再减去面积 $C'CBB'(P_3)$和面积 $B'BAA'(P_4)$。即

$$P=P_1+P_2-P_3-P_4 \tag{7-12}$$

式中　P——四边形的面积。

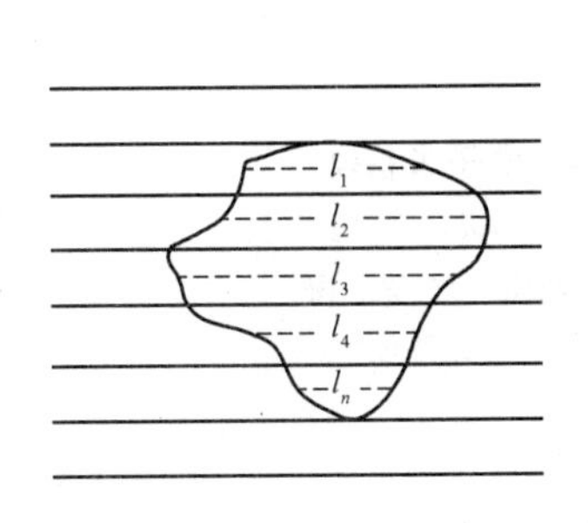

图 7-31　平行线法

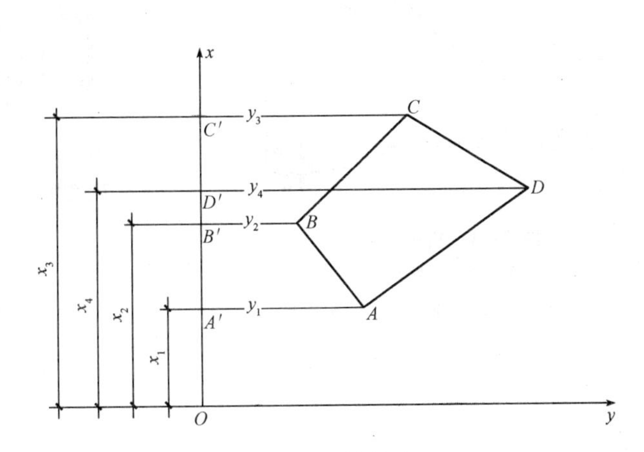

图 7-32　解析法

设 A、B、C、D 各顶点坐标为 (x_1, y_1)、(x_2, y_2)、(x_3, y_3)、(x_4, y_4)，则：

$$
\begin{aligned}
2P &= (y_3+y_4)(x_3-x_4)+(y_4+y_1)(x_4-x_1)-(y_3+y_2)(x_3-x_2)-(y_2+y_1)(x_2-x_1) \\
&= -y_3x_4+y_4x_3-y_4x_1+y_1x_4+y_3x_2-y_2x_3+y_2x_1-y_1x_2 \\
&= x_1(y_2-y_4)+x_2(y_3-y_1)+x_3(y_4-y_2)+x_4(y_1-y_3)
\end{aligned}
$$

如果图形有 n 个顶点，则上式可扩展为

$$2P=x_1(y_2-y_n)+x_2(y_3-y_1)+\cdots+x_n(y_1-y_{n-1}) \tag{7-13}$$

$$P=\frac{1}{2}\sum_{i=1}^{n}x_i(y_{i+1}-y_{i-1}) \tag{7-14}$$

注意，当 $i=1$ 时式中 y_{i-1} 用 y_n。式(7-14)是将各顶点投影于 x 轴算得的。若将各顶点投影于 y 轴，同法可推出：

$$P=\frac{1}{2}\sum_{i=1}^{n}y_i(x_{i-1}-x_{i+1}) \tag{7-15}$$

使用式(7-14)和式(7-15)时，应注意两项括号内坐标的下标，当出现 0 或 $(n+1)$ 时，要分别以 n 或 1 替代。上面两式计算结果，可供比较检核。

(5)求积仪法。求积仪有机械求积仪法(图 7-33)和电子求积仪(图 7-34)两种。电子求积仪具有操作简便、功能全、精度高等特点。

求积仪测定图形面积的原理：面积的大小与求积仪测轮转动的弧长成正比。其方法是：将求积仪的极点固定在图板上的待测范围之外，将描迹针移至欲测图形边界的某一点上，作一记号，并在记数盘、测轮和游标上读出起始读数 n_1，然后拿出描迹针旁的手柄，使描迹针按顺时针方向绕图形边界线缓慢匀速移动，最后回到开始的 A 点，读出终止读数 n_2。两次读数之差 (n_2-n_1)，即为描迹针绕图形一周测轮滚转的格数。将此数乘以求积仪的分划值 C，便得到图形的面积。

$$P=C(n_2-n_1) \tag{7-16}$$

电子求积仪又称数字式求积仪，是在机械式求积仪的基础上，增加了电子脉冲计数设备和微处理器，量测结果能自动显示，并可作比例换算、面积单位换算等，具有量测范围大、精度高、功能多、使用方便等优点。

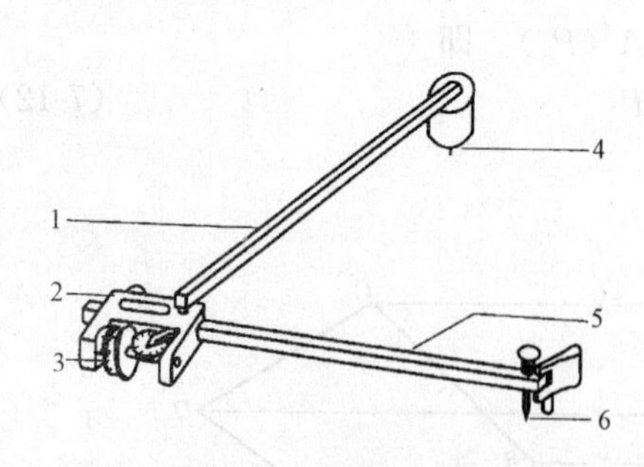

图 7-33　机械求积仪

1—极臂；2—框架；3—测轮；
4—极点；5—描迹臂；6—描迹针

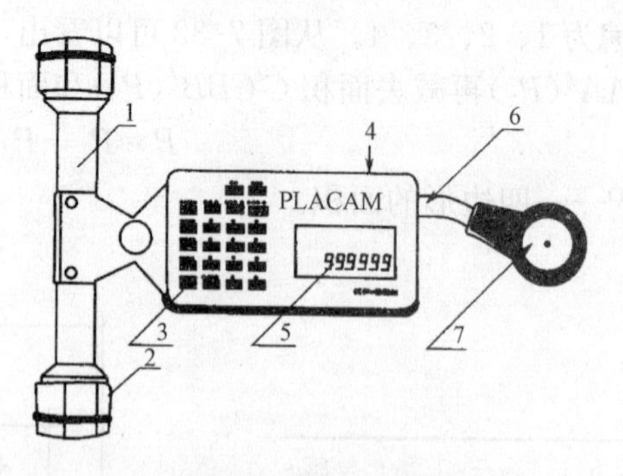

图 7-34　电子求积仪

1—动极轴；2—动极；3—功能键；
4—整流器插座；5—显示窗；
6—跟踪臂；7—跟踪放大镜

三、地形图在工程建设中的应用

1. 按规定的坡度选择最短路线

在山区或丘陵地区进行管线或道路工程设计时，均有指定的坡度要求。在地形图上选线时，先按规定坡度找出一条最短路线，然后综合考虑其他因素，获得最佳设计路线。

如图 7-35 所示，需要从 M 点到 N 点确定一条路线，该路线的坡度要求不超过 5%，图中等高距为 1 m，比例尺为 1∶2 000，可以求得相邻等高线之间的最短水平距离为(式中 2 000 为比例尺分母 M)：

$$d=h/(i\times M)=1/(5\%\times 2\ 000)=0.01(\mathrm{m})=1\ \mathrm{cm}$$

于是，以 M 点为圆心，以 d 为半径画弧交 81 m 等高线于点 1；再以点 1 为圆心，以 d 为半径画弧，交 82 m 等高线于点 2；依此类推，直到 N 点附近为止。然后连接 M，1，2，…，N，便在图上得到符合限制坡度的路线。这只是 M 点到 N 点的路线之一，为了便于选线比较，还需另选一条路线，如 M，1′，2′，…，N。同时考虑其他因素，如少占或不占农田，建筑费用最少，避开不良地质等进行修改，以便确定线路的最佳方案。

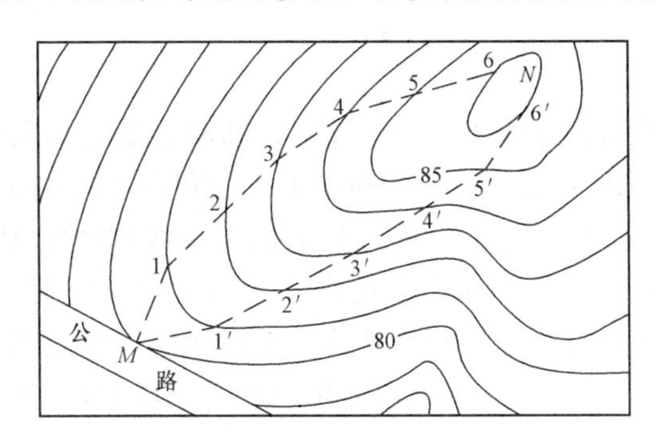

图 7-35　按限制坡度选择最短路线示意

2. 按指定方向绘制纵断面图

纵断面图是显示沿指定方向地球表面起伏变化的剖面图。在各种线路工程设计中，为了进行填挖土(石)方量的概算以及合理地确定线路的纵坡等，都需要了解沿线路方向的地面起伏情况，而利用地形图绘制沿指定方向的纵断面图最为简便，因而得到广泛应用。

如图 7-36(a)所示，在地形图上作 A、B 两点的连线，与各等高线相交，各交点的高程即为交点所在等高线的高程，而各交点的平距可在图上用比例尺量得。在毫米方格纸上画出两条相互垂直的轴线，以横轴 AB 表示平距，以垂直于横轴的纵轴表示高程，在地形图上量取 A 点至各交点及地形特征点的平距，并将其分别转绘在横轴上，以相应的高程作为纵坐标，得到各交点在断面上的位置。连接这些点，即得到 AB 方向的断面图，如图 7-36(b)所示。

绘制纵断面图时，为了更清晰反映地形起伏状况，高程比例尺一般比平距比例尺大 10～20 倍。

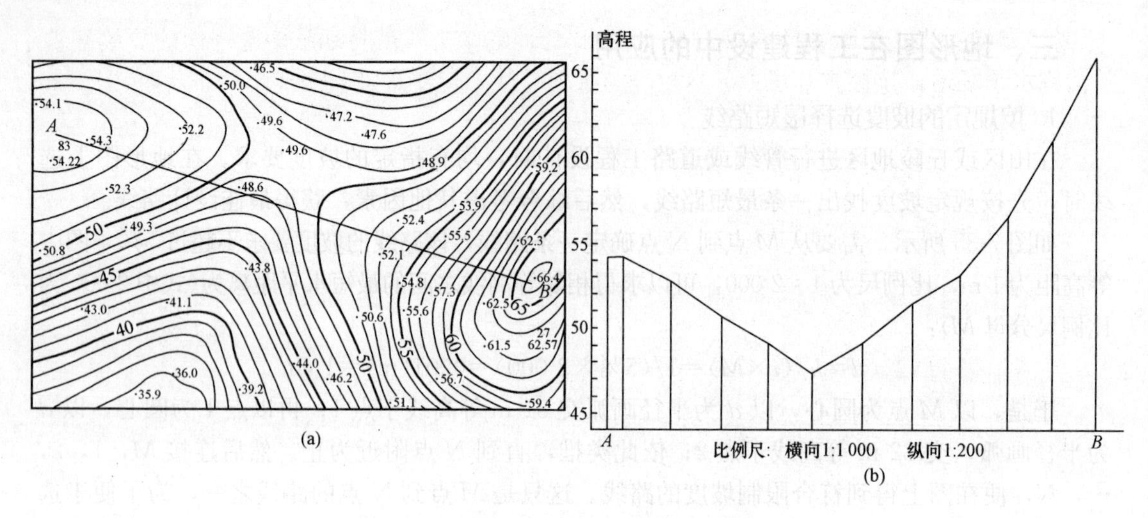

图 7-36 按指定方向绘制纵、断面图

(a)AB 方向地形图；(b)AB 方向断面图

3. 确定汇水面积

在桥梁、涵洞、排水管、水库等工程设计中，都需要知道将来有多大面积的雨水往河流或谷地汇集，也就是要确定汇水面积。确定汇水面积首先要确定出汇水面积的边界线，即汇水范围。汇水面积的边界线是由一系列山脊线(分水线)连接而成的。

山脊线又称为分水线，即落在山脊上的雨水必然要向山脊两旁流下。根据这种原理，只要将某地区的一些相邻山脊线连接起来就构成汇水区面积的界线，它所包围的面积就称为汇水区面积。如图 7-37 所示，由山脊线 AB、BC、CD、DE、EA 所围成的面积就是汇水区面积。

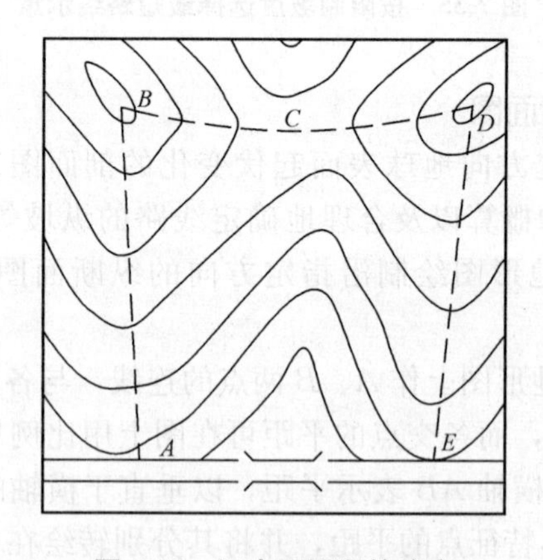

图 7-37 汇水区面积的确定

4. 根据地形图平整场地

在建筑工程建设中，往往需要对原来的地貌进行平整，并计算土石方量，以适应各类建筑物的布置、地面水的排除、交通运输和管线敷设等需要，这种改造工作称为场地平整。在地形图上进行场地平整的方法很多，应用较广泛的有方格网法、断面法和等高线法。

(1)方格网法。如图 7-38 所示，在 1∶1 000 地形图上，需将地形图范围内的原始地貌整治成水平场地，按挖方和填方基本相等的原则设计，其步骤如下。

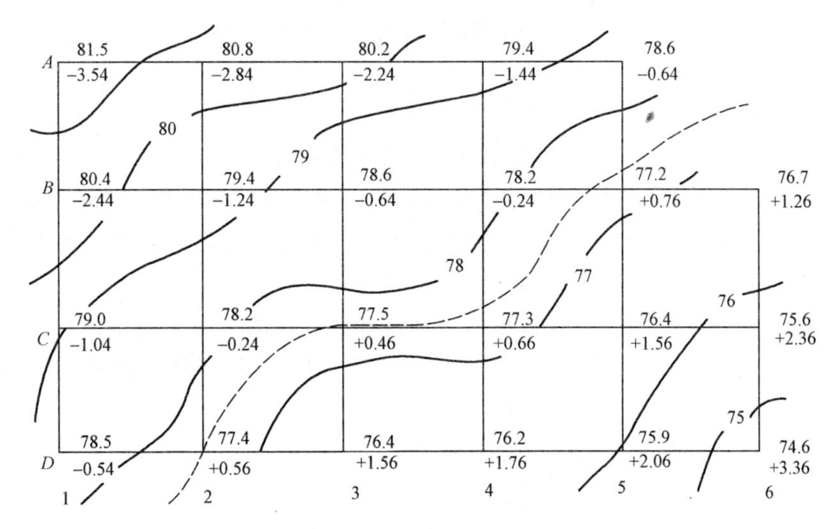

图 7-38 平整水平场地设计

1)在地形图上绘制方格网。在地形图上拟平整场地范围内绘方格网，方格网边长为 2 cm，实际为 20 m(1∶1 000 地形图)。将方格网横线分别编为 1、2、3、4、5、6，纵向分别编为 A、B、C、D。

2)求方格网角点的地面高程。根据方格网角点在地形图上的位置，用等高线内插法目估确定各格角点的地面高程，并注记在格点右上方。

3)计算设计高程。如图 7-38 所示，角点 $A1$、$D1$、$D6$、$B6$、$A5$ 的高程只参加一次计算，边点 $B1$、$C1$、$D2$、$D3$、$D4$、$D5$、$C6$、$A4$、$A3$、$A2$ 的高程参加两次计算，拐点 $B5$ 的高程参加三次计算，中点 $B2$、$C2$、$B3$、$C3$、$B4$、$C4$、$C5$ 的高程参加四次计算，因此，根据加权平均法计算设计高程 H_0 的公式为

$$H_0 = \frac{\sum H_{角} + 2\sum H_{边} + 3\sum H_{拐} + 4\sum H_{中}}{4N} \tag{7-17}$$

式中 N——方格总数。

将图 7-38 中各格点高程代入式(7-17)，求出设计高程为 77.96 m。

4)确定填、挖分界线。在图中用虚线描出 77.96 m 的等高线，称为填、挖分界线或零线。

5)计算各方格网角点填、挖高度。设地面高程为 H_i，则各方格角点的填、挖高度 h_i 为

$$h_i = H_i - H_0 \tag{7-18}$$

将挖、填方高度注记在相应网格角点右下方，“+”号为挖方，“—”号为填方。

6)计算填、挖土(石)方量。填、挖土(石)方量是将角点、边点、拐点、中点的挖、填方高度，分别代表 1/4、2/4、3/4、1 方格面积的平均挖、填方高度，故填、挖土(石)方量分别按下式计算：

$$\begin{cases}角点：挖(填)方高度\times\frac{1}{4}方格面积\\ 边点：挖(填)方高度\times\frac{2}{4}方格面积\\ 拐点：挖(填)方高度\times\frac{3}{4}方格面积\\ 中点：挖(填)方高度\times方格面积\end{cases} \tag{7-18}$$

实际计算时，可按方格线依次计算挖、填方量，然后再计算挖方量总和及填方量总和。由本例计算可知，挖方总量为 3 416 m^3，填方总量为 3 422 m^3，两者基本相等，满足填挖平衡的要求。

(2)断面法。断面法适用于带状地形的土方量计算。在施工场地范围内，以一定的间隔绘出断面图，求出各断面图由设计高程线围成的填、挖方面积，然后计算相邻断面间的土方量，最后求和得到总挖方量和填方量。

如图 7-39 所示，根据两相邻的设计断面的填挖面积的平均值乘以两断面的距离，就得到两相邻横断面之间的填挖土石方的数量，即

$$V=0.5\times(A_1+A_2)L \tag{7-19}$$

式中　A_1，A_2——相邻两横断面的挖方或填方面积，由前面所述的方法进行计算；

L——相邻两横断面之间的距离，一般根据需要选取。

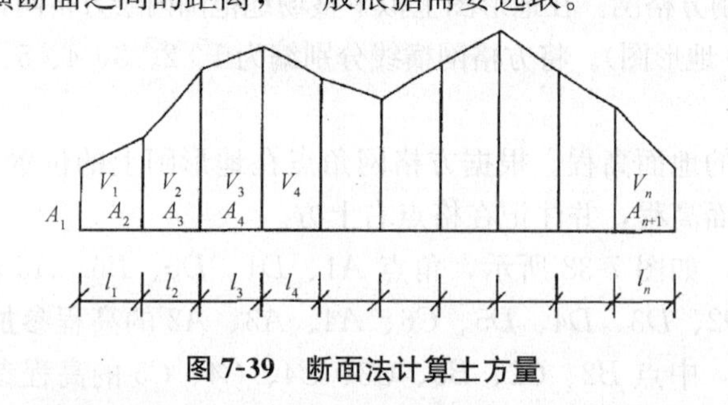

图 7-39　断面法计算土方量

(3)等高线法。当场地地面起伏较大，且仅计算土方量时，可采用等高线法。这种方法是从场地设计的等高线开始，算出各等高线所包围的面积，分别将相邻两条等高线所围面积的平均值与等高距相乘，就是此两等高线平面间的土方量，再求和即得总挖方量。

如图 7-40 所示，分别求出 55 m、56 m、58 m、60 m、62 m 五条等高线所围成的面积 A_{55}、A_{56}、A_{58}、A_{60}、A_{62}，即可算出每层土石方量为

$$V_1=\frac{1}{2}(A_{55}+A_{56})\times1$$

$$V_2=\frac{1}{2}(A_{56}+A_{58})\times2$$

$$V_3=\frac{1}{2}(A_{58}+A_{60})\times2$$

$$V_4=\frac{1}{2}(A_{60}+A_{62})\times2$$

$$V_5=\frac{1}{3}A_{62}\times0.8$$

V_5 是 62 m 等高线以上山头顶部的土(石)方量。

总挖方量为

$$\sum V_W = V_1 + V_2 + V_3 + V_4 + V_5$$

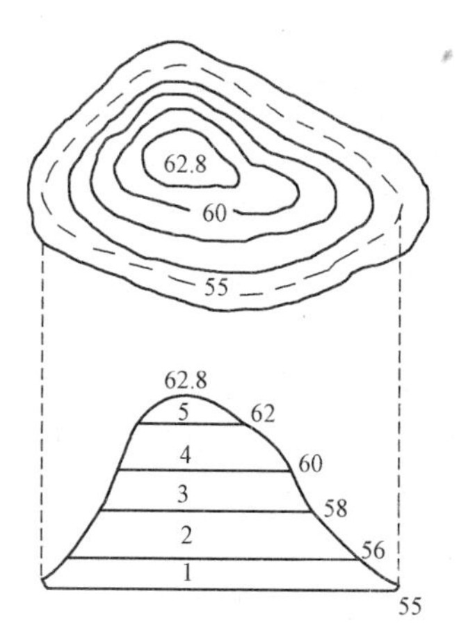

图 7-40　等高线法求土方量

本章小结

本章主要讲述了地形图基本知识、大比例尺地形图测绘和地形图的应用等内容。

1. 地形图是通过实地测量，将地面上各种地物、地貌的平面位置和高程位置，按一定的比例尺，用统一规定的符号和注记，缩绘在图纸上的平面图形，它既表示地物的平面位置，又表示地貌形态。通常把 1∶500、1∶1 000、1∶2 000、1∶5 000 比例尺的地形图，称为大比例尺地形图。

2. 大比例尺地形图测绘应重点掌握测图前的准备工作、碎部测量和地形图的绘制。碎部测量的方法有经纬仪测绘法、平板测图法等传统方法，也有全站仪测图法、GPS RTK 测图法等现代方法。

3. 大比例尺地形图的应用主要包括地形图应用的基本内容和地形图在工程建设中的具体应用。地形图应用的基本内容包括确定图上某点的坐标、根据图上直线的长度确定水平距离、确定两点间直线的坐标方位角、确定点的高程、确定直线的坡度、图形面积的量算。地形图在工程建设中的应用包括按规定的坡度选择最短路线、按指定方向绘制纵断面图、确定汇水面积、根据地形图平整场地。

复习思考题

一、填空题

1. ＿＿＿＿＿＿是指地球表面上轮廓明显、具有固定性的物体，＿＿＿＿＿＿是指地球表面高低起伏的形态。

2. 比例尺可分为________和________两种。

3. 地形图的分幅方法分为________和________两类。

4. 地形图的符号分为________和________，这些符号总称为________。

5. 大比例尺地形图测图前的准备工作主要有________、________和________。

6. 碎部测量就是测定碎部点的________和________。

7. 在地形图上进行场地平整的方法很多，应用较广泛的有________、________和________。

8. 地物的描绘，主要是________。

二、选择题(有一个或多个答案)

1. 地形图的比例尺用分子为1的分数形式表示时，(　　)。

A. 分母大，比例尺大，表示地形详细　B. 分母小，比例尺小，表示地形概略

C. 分母大，比例尺小，表示地形详细　D. 分母小，比例尺大，表示地形详细

2. 地形图上(　　)mm所代表的实地水平距离，称为比例尺精度。

A. 0.1　B. 0.2　C. 0.3　D. 0.4

3. 下列四种比例尺地形图，比例尺最大的是(　　)。

A. 1∶10 000　B. 1∶5 000

C. 1∶2 000　D. 1∶1 000

4. 山脊线也称(　　)。

A. 示坡线　B. 分水线

C. 山谷线　D. 集水线

5. 下列不属于等高线特征的是(　　)。

A. 同一条等高线上各点的高程必相等

B. 等高线是一闭合曲线，如不在本幅图内闭合，则在相邻的其他图幅内闭合

C. 不同高程的等高线不能相交或重合

D. 在同一幅图内，等高线的平距大，表示地面坡度缓；平距小，则表示地面坡度陡；平距相等，则表示坡度相同

6. 轮廓符号的绘制应符合的规定有(　　)。

A. 依比例尺绘制的轮廓符号，应保持轮廓位置的精度

B. 半依比例尺绘制的线状符号，应保持主线位置的几何精度

C. 不依比例尺绘制的符号，应保持其主点位置的几何精度

D. 城镇和农村的街区、房屋，均应按外轮廓线准确绘制

7. 平板测图时，测站仪器对中的偏差，不应大于图上(　　)mm。

A. 0.05　B. 0.06　C. 0.07　D. 0.08

8. 地形图中的地貌阅读主要根据(　　)进行。

A. 坐标　B. 高程　C. 等高线　D. 方向

三、简答题

1. 什么是地形图比例尺？地形图比例尺可分为哪两种？

2. 地形图中地物、地貌如何表示？地物符号中比例符号、非比例符号、半比例符号及

注记符号分别在什么情况下使用？

3. 什么是等高线、等高线平距与等高距？等高线的分类及特性有哪些？

4. 典型地貌有哪些？其等高线各有什么特点？试绘图说明。

5. 地形图测绘前的准备工作有哪些？

6. 如何进行地形图的绘制？

四、计算题

1. 图 7-41 所示为 1∶1 000 比例尺地形图，已给出西南角坐标，试求：

(1)A、B、C 三点的高程及坐标。

(2)用解析法和图解法分别求出 AB、BC、AC 的距离，并进行比较。

(3)用解析法和图解法分别求出方位角 α_{AB}、α_{BC}、α_{AC}，并进行比较。

(4)求出 AC、BC 连线的坡度 i_{AC}、i_{BC}，沿 AB 方向绘制断面图。

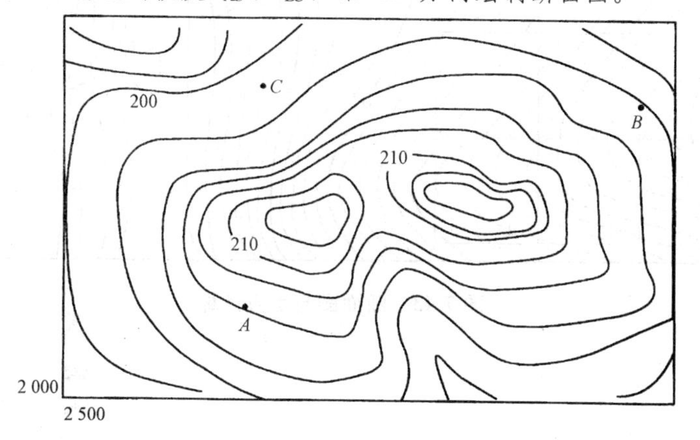

图 7-41　1∶1 000 比例尺地形图

2. 试根据图 7-42 所示的地貌特征点位置和高程勾绘等高距为 5 m 的等高线。

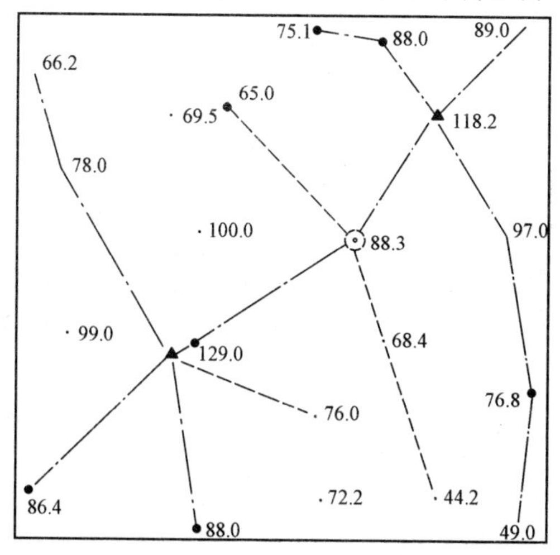

图 7-42　等高线

3. 场地平整范围如图 7-43 方格网所示，方格网的长宽均为 20 m，要求按挖填平衡的原则平整为水平场地，试计算挖填平衡的设计高程 H_0 及挖填土方量，并在图上绘出挖填平衡的边界线。

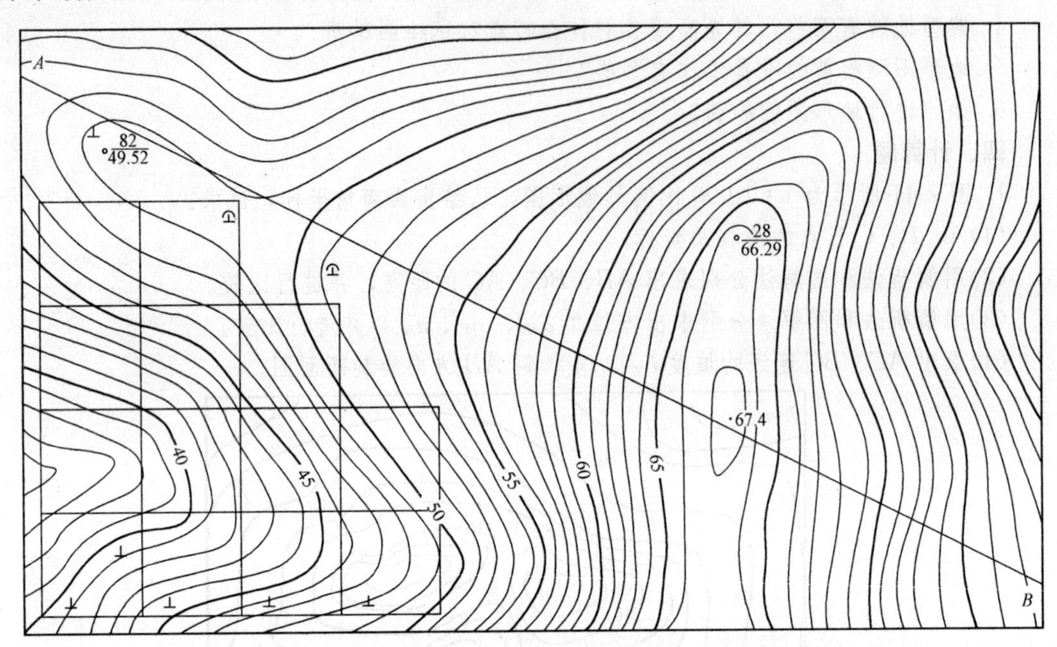

图 7-43　断面图与土方计算

第八章　施工测量的基本工作

学习目标

通过本章的学习，了解施工测量的任务、原则，施工控制网的基本概念；熟悉施工测量的内容及特点，建筑基线的布置形式；理解角度交会法测设点位；掌握已知水平距离、已知水平角、已知高程的测设方法，直角坐标法、极坐标法、距离交会法测设程序，已知坡度线的测设方法，建筑基线、建筑方格网的测设方法，施工场地高程控制测量方法。

能力目标

能够领会已知水平距离、水平角和高程测设的基本工作和方法，能够利用直角坐标法、极坐标法、角度交会法和距离交会法进行点的平面位置的测设，能够进行已知坡度线的测设，能够进行建筑基线、建筑方格网的测设。

第一节　施工测量概述

一、施工测量的概念、内容、原则和特点

1. 施工测量的概念

各种工程在施工阶段所进行的测量工作，称为施工测量。施工测量是工程测量的重要内容，其主要任务是将图纸上规划设计好的建(构)筑物的平面位置和高程，在实地标定出来，作为施工的依据，并在施工过程中进行一系列的测量工作，以指导和衔接施工全过程。

2. 施工测量的内容

(1)施工控制测量。开工前在施工场地上建立施工控制网，以保证施工测设(放样)的整体精度，可分批分片测设，同时开工，以缩短建设工期。

(2)建(构)筑物的测设(放样)工作。在施工过程中，将图纸上设计好的建(构)筑物的平面位置、几何尺寸和标高测设到施工现场和不同的施工部位，设置明显的标志作为施工定位的依据。

(3)检查和验收工作。每道工序完成后，都要通过必要的测量工作检查工程实体是否符

合设计要求，并依据实测资料绘制竣工图，为工程验收以及工程交付使用后管理、扩建和维修提供资料。

(4)变形观测工作。随着工程的进展，测定建(构)筑物的沉降和位移等工作，作为鉴定工程质量和验证工程设计、施工是否合理的依据。

3. 施工测量的原则

施工测量与地形测量一样，也必须遵循“从整体到局部，先控制后细部”的原则。因此，在施工之前，应在施工场地上建立统一的施工平面控制网和高程控制网，作为施工放样各种建筑物和构筑物位置的依据。这一原则能使分布较广的建筑物、构筑物保持同等精度进行测设，以保证各种建筑物、构筑物之间的关系位置正确。

4. 施工测量的特点

(1)测量精度要求较高。对同类建筑物和构筑物来说，测设整个建筑物和构筑物的主轴线，以便确定其相对其他地物的位置关系时，其测量精度要求可以相对低一些；而测设建筑物和构筑物内部有关联的轴线，以及在进行构件安装放样时，精度要求则相对高一些；如要对建筑物和构筑物进行变形观测，为了发现位置和高程的微小变化量，测量精度要求更高。

为了满足较高的施工测量精度要求，应使用经过检校的测量仪器和工具进行测量作业，测量作业的工作程序应符合“先整体后局部，先控制后细部”的一般原则。内业计算和外业测量时均应细心操作，注意复核，以防出错，测量方法和精度应符合相关测量规范和施工规范的要求。

(2)测量与施工进度关系密切。施工测量直接为工程的施工服务，一般每道工序施工前都要进行放样测量，为了不影响施工的正常进行，应按照施工进度及时完成相应的测量工作。特别是现代工程项目规模大、机械化程度高、施工进度快，对放样测量提出了更高的要求。

在施工现场，各工序经常交叉作业，运输频繁，并有大量土方填挖和材料堆放工作，使测量作业的场地条件受到影响，视线被遮挡，测量桩点被破坏等。所以，各种测量标志必须埋设稳固，并设在不易破坏和碰动的位置。除此之外，还应经常检查，如有损坏，应及时恢复，以满足施工现场测量的需要。

二、测设工作的基本内容

建筑物的测设或放样，实质上就是根据设计图纸上的建筑物的特征点(如外墙轴线交点或外墙皮角点)与测量控制点或原有建筑物的角度、距离、高差的相对关系，按设计要求用测量仪器把这些欲建建(构)筑物的平面位置及高程以一定的精度在地面上标定出来。因此，测设的基本工作就是测设已知水平距离、水平角及高程等。

(一)已知水平距离的测设

已知水平距离的测设，就是根据地面上给定的直线起点、给定的方向，测定直线上另外一点，使两点之间的水平距离为给定的已知值。

1. 钢尺测设法

当已知方向在现场已用直线标定，且测设的已知水平距离小于钢卷尺的长度时，测设的一般方法很简单，只需将钢尺的零端与已知始点对齐，沿已知方向水平拉紧钢尺，在钢尺上读数等于已知水平距离的位置定点即可。为了校核和提高测设精度，可将钢尺移动 10～20 cm，用钢尺始端的另一个读数对准已知始点，再测设一次，定出另一个端点，若两次点位的相对误差在限差以内，则取两次端点的平均位置作为端点的最后位置。如图 8-1 所示，M 为已知起点，M 至 N 为已知方向，D 为已知水平距离，P' 为第一次测设所定的端点，P'' 为第二次测设所定的端点，则 P' 和 P'' 的中点 P 即为最后所定的点。MP 即为所要测设的水平距离 D。

若已知方向在现场已用直线标定，而已知水平距离大于钢卷尺的长度，则沿已知方向依次水平丈量若干个尺段，在尺段读数之和等于已知水平距离处定点即可。为了校核和提高测设精度，同样应进行两次测设，然后取中定点，方法同上。

当已知方向没有在现场标定出来，只是在较远处给出另一定向点时，则要先定线再量距。对建筑工程来说，若始点与定向点的距离较短，一般可用拉一条细线绳的方法定线；若始点与定向点的距离较长，则要用经纬仪定线，方法是将经纬仪安置在始点上，对中整平，照准远处的定向点，固定照准部，望远镜视线即为已知方向，沿此方向边定线边量距，使终点至始点的水平距离等于要测设的水平距离，并且位于望远镜的视线上。

2. 电磁波测距仪测设法

目前水平距离的测设，尤其是长距离的测设多采用电磁波测距仪。如图 8-2 所示，安置测距仪于 M 点，瞄准 MN 方向，指挥装在对中杆上的棱镜前后移动，使仪器显示值略大于测设的距离，定出 N' 点。在 N' 点安置反光棱镜，测出竖直角 α 及斜距 L（必要时加测气象改正），计算水平距离 $D'=L\cdot\cos\alpha$，求出 D' 与应测设的水平距离 D 之差 $\Delta D=D-D'$。根据 ΔD 的符号在实地用钢尺沿测设方向将 N' 改正至 N 点，并用木桩标定其点位。为了检核，应将反光镜安置于 N 点，再实测 MN 距离，其不符值应在限差之内，否则应再次进行改正，直至符合限差为止。

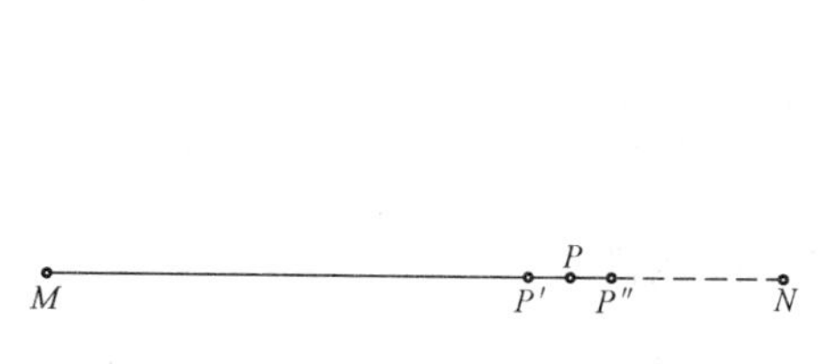

图 8-1　测距仪测设水平距离

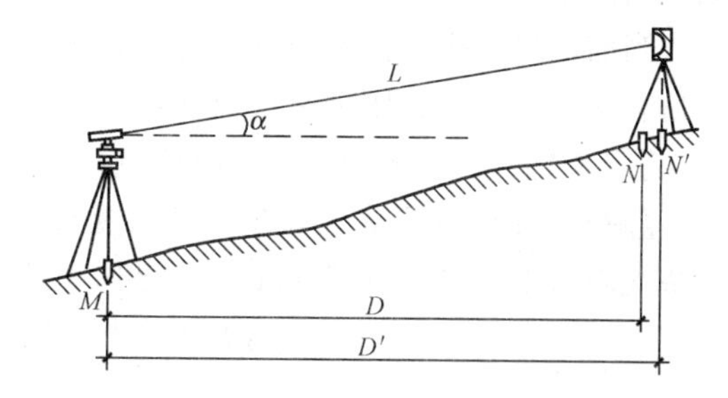

图 8-2　电磁波测距仪测设水平距离

（二）已知水平角的测设

测设已知水平角是根据水平角的已知数据和一个已知方向，把该角的另一个方向测设在地面上。根据精度要求的不同，测设方法有以下几种。

1. 直接测设法

如图 8-3 所示，设 O 为地面上的已知点，OA 为已知方向，要顺时针方向测设已知水平角 β，测设方法如下：

（1）在 O 点安置经纬仪，对中整平。

（2）盘左状态瞄准 A 点，调水平度盘配置手轮，使水平度盘读数为 $0°0'00''$，然后旋转照准部，当水平度盘读数为β时，固定照准部，在此方向上合适的位置定出B'点。

(3)倒转望远镜成盘右状态，用同上的方法测设β角，定出B''点。

(4)取B'和B''的中点B，则$\angle AOB$就是要测设的水平角。

2. 精确测设法

当测设水平角的精度要求较高时，应采用作垂线改正的方法，如图 8-4 所示。在O点安置经纬仪，先用一般方法测设β角值，在地面上定出C'点，再用测回法观测$\angle AOC'$几个测回(测回数由精度要求决定)，取各测回平均值为β_1，即$\angle AOC'=\beta_1$，当β和β_1的差值$\Delta\beta$超过限差($\pm 10''$)时，需进行改正。根据$\Delta\beta$和OC'的长度计算出改正值CC'，即

$$CC'=OC'\times\tan\Delta\beta=OC'\times\frac{\Delta\beta}{\rho} \tag{8-1}$$

式中　ρ——206 265″；

$\Delta\beta$——以秒(″)为单位。

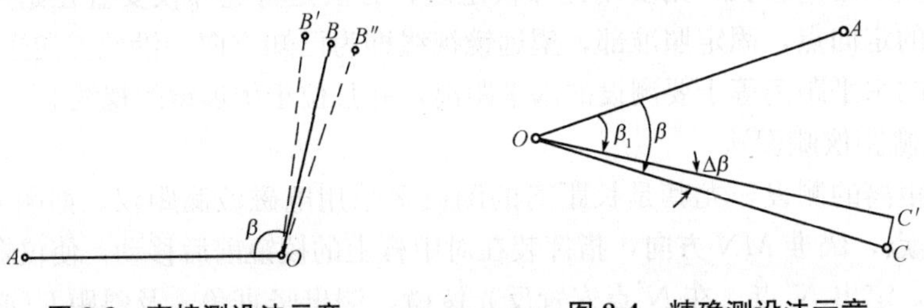

图 8-3　直接测设法示意　　图 8-4　精确测设法示意

过C'点作OC'的垂线，再以C'点沿垂线方向量取CC'，定出C点，则$\angle AOC$就是要测设的β角。当$\Delta\beta=\beta-\beta_1>0$时，说明$\angle AOC'$偏小，应从$OC'$的垂线方向向外改正；反之，则应向内改正。

当前，随着科学技术的日新月异，全站仪的智能化水平越来越高，能同时放样已知水平角和水平距离。若用全站仪放样，可自动显示需要修正的距离和移动的方向。

【例 8-1】　已知地面上A、O两点，要测设直角$\angle AOC$。

【解】　在O点安置经纬仪，盘左盘右测设直角取中数得C'点，量得$OC'=60$ m，用测回法观测三个测回，测得$\angle AOC'=88°50'29''$。

$$\Delta\beta=90°00'00''-88°50'29''=1°9'31''$$

$$CC'=OC'\times\frac{\Delta\beta}{\rho}=60\times\frac{4\ 171''}{206\ 265''}=1.21(\text{m})$$

过C'点作OC'的垂线$C'C$向外量$C'C=1.21$ m 定得C点，则$\angle AOC$为直角。

3. 简易方法测设直角

(1)勾股定理法测设直角。如图 8-5 所示，勾股定理是指直角三角形斜边的平方等于对边与底边的平方和，即

$$c^2=a^2+b^2$$

据此原理，只要使现场上一个三角形的三条边长满足上式，该三角形即为直角三角形，从而得到我们想要测设的直角。

(2)中垂线法测设直角。如图 8-6 所示，AB是现场上已有的一条边，要过P点测设与AB成 90°的另一条边，可用钢尺在直线AB上定出与P点距离相等的两个临时点A'和B'，

再分别以A'和B'为圆心，以大于PA'的长度为半径，画圆弧相交于C点，则PC为$A'B'$的中垂线，即PC与AB成90°角。

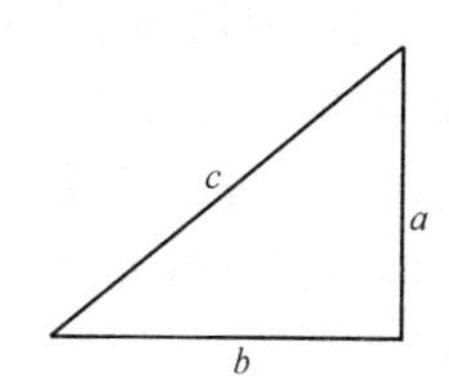

图 8-5　勾股定理法测设直角

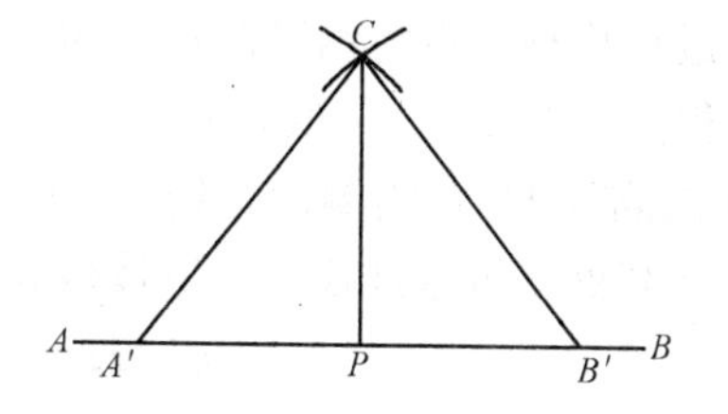

图 8-6　中垂线法测设直角

(三)已知高程的测设

根据已知水准点，在给定的点位上标定出某设计高程的工作，称为已知高程测设。

1. 视线高程法

如图 8-7 所示，设R为已知水准点，高程为H_R，使其高程为设计高程H_A。则A点尺上应读的前视读数为

$$b_{应}=(H_R+a)-H_A \tag{8-2}$$

首先安置水准仪于R、A中间，整平仪器。再在后视水准点R上立尺，读得后视读数为a，则仪器的视线高$H_i=H_R+a$。最后将水准尺紧贴A点木桩侧面上下移动，直至前视读数为$b_{应}$时，在桩侧面沿尺底画一横线，此线即为A点的设计高程的位置。

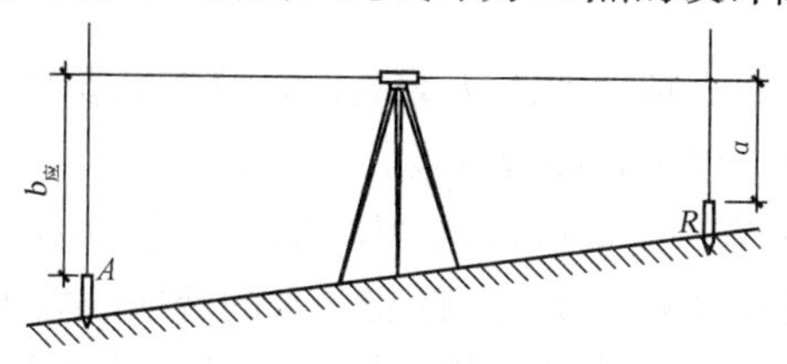

图 8-7　视线高程法

【例 8-2】 R为水准点，H_R=14.650 m，A建筑物室内地坪±0.000 待测点，设计高程H_A=14.810 m，若后视读数a=1.040 m，试求A点尺读数为多少时，尺底就是设计高程H_A。

【解】 $b_{应}=(H_R+a)-H_A=(14.650+1.040)-14.810=0.880(\text{m})$。如果地面坡度较大，无法将设计高程在木桩顶部或一侧标出时，可立尺于桩顶，读取桩顶前视读数，根据下式计算出桩顶改正数：

桩顶改正数＝桩顶前视读数－应读前视读数

假如应读前视读数是 1.700 m，桩顶前视读数是 1.140 m，则桩顶改正数为－0.560 m，表示设计高程的位置在自桩顶往下量 0.560 m 处，可在桩顶上注“向下 0.560 m”即可。如果改正数为正，说明桩顶低于设计高程，应自桩顶向上量改正数得设计高程。

2. 高程传递法

如图 8-8 所示，将钢尺悬挂在坑边的木杆上，下端挂 10 kg 重锤，在地面上和坑内各安置一台水准仪，分别读取地面水准点A和坑内水准点P的水准尺读数a_1和a_2，并读取钢尺读数b_1和b_2，则可根据已知地面水准点A的高程H_A，按下式求得临时水准点P的高

程 H_P：

$$H_P=H_A+a_1-(b_1-b_2)-a_2 \tag{8-3}$$

为了进行检核，可将钢尺位置变动 10～20 cm，同法再次读取这四个数，两次求得的高程相差不得大于 3 mm。从低处向高处测设高程的方法与此类似。如图 8-9 所示，已知低处水准点 A 的高程 H_A，需测设高处 P 的设计高程 H_P，先在低处安置水准仪，读取读数 a_1 和 b_1，再在高处安置水准仪，读取读数 a_2，则高处水准尺的应读读数 b_2 为

$$b_2=H_A+a_1+(a_2-b_1)-H_P \tag{8-4}$$

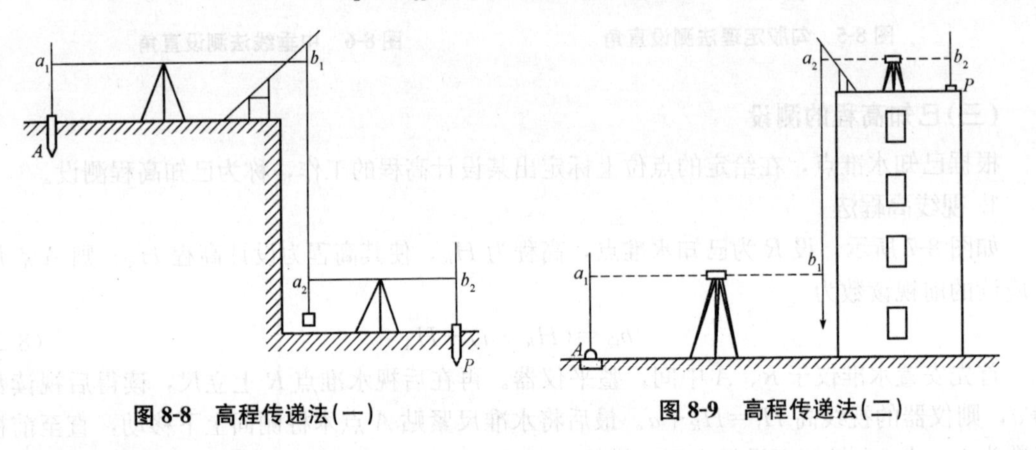

图 8-8　高程传递法(一)　　**图 8-9　高程传递法(二)**

3. 简易高程测设法

在施工现场，当距离较短，精度要求不太高时，施工人员常利用连通管原理，用一条装了水的透明胶管，代替水准仪进行高程测设，方法如下：

如图 8-10 所示，设墙上有一个高程标志 M，其高程为 H_M，想在附近的另一面墙上测设另一个高程标志 P，其设计高程为 H_P。将装了水的透明胶管的一端放在 M 点处，另一端放在 P 点处，两端同时抬高或者降低水管，使 M 端水管水面与高程标志对齐，在 P 处与水管水面对齐的高度作一临时标志 P'，则 P' 高程等于 H_M，然后根据设计高程与已知高程的差 $h=H_P-H_M$，以 P' 为起点垂直往上(h 大于 0 时)或往下(h 小于 0 时)量取 h，作标志 p，则此标志的高程为设计高程。

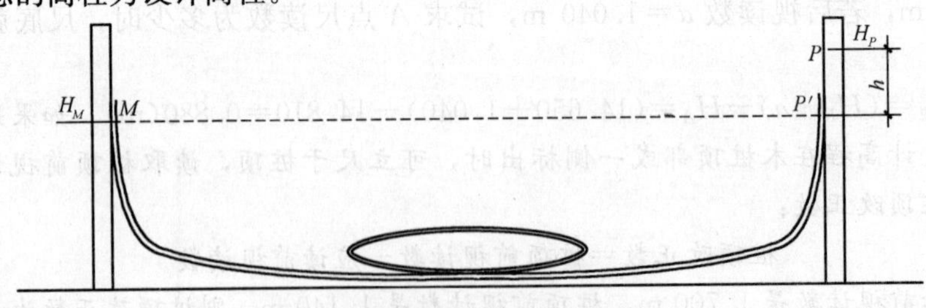

图 8-10　简易高程测设法示意

三、点的平面位置测设

测设点的平面位置，就是根据已知控制点，在地面上标定出一些点的平面位置，使这些点的坐标为给定点的设计坐标。测设点的平面位置的方法有直角坐标法、极坐标法、角

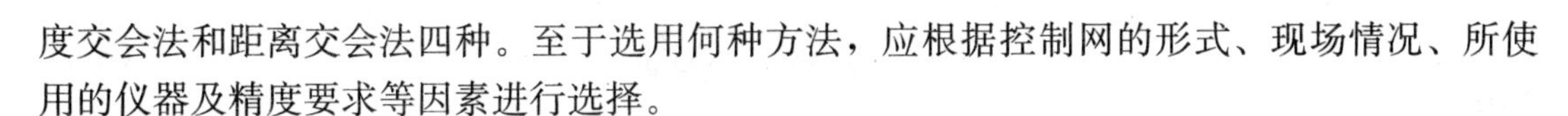

度交会法和距离交会法四种。至于选用何种方法，应根据控制网的形式、现场情况、所使用的仪器及精度要求等因素进行选择。

(一)直角坐标法

适用情况：当在施工现场有互相垂直的主轴线或方格网线时。

直角坐标法是根据直角坐标原理，测设地面点平面位置的方法。如图8-11所示，设A、B、C、D为建筑场地的建筑方格网点，P、S、R、Q为需测设的建筑物的4个角点，根据设计图上各点坐标，即可测设建筑物各角点。

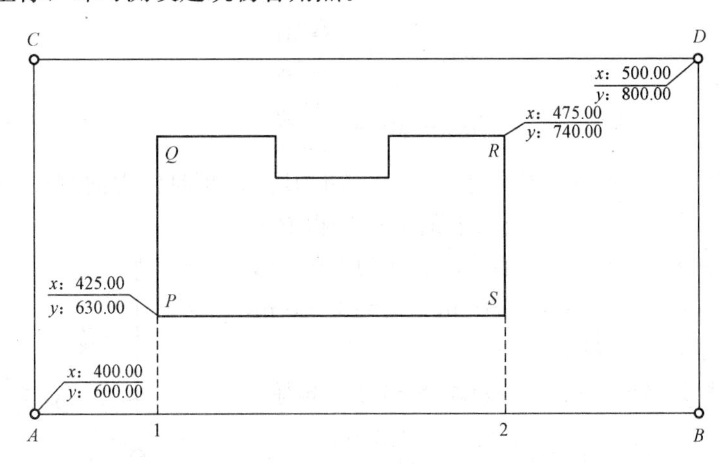

图8-11　直角坐标法

测设方法和步骤如下：

(1)根据A点和P点的坐标计算出测设数据，即

$$\Delta x = x_P - x_A = 425.00 - 400.00 = 25.00(\text{m})$$

$$\Delta y = y_P - y_A = 630.00 - 600.00 = 30.00(\text{m})$$

(2)安置经纬仪于A点，瞄准B点，沿视线方向测设距离$\Delta y=30.00$ m，定出1点。

(3)安置经纬仪于1点，瞄准B点，逆时针方向测设90°角，沿视线方向测设距离$\Delta x=25.00$ m，即可定出P点的平面位置。

同法可测设出其他各点的位置。检查各边边长和对角线，相对误差应达到1/2 000～1/5 000，否则需重新测设。

(二)极坐标法

适用情况：当被测设点附近有测量控制点，且相距较近，便于量距时，常采用极坐标法测设点的平面位置。

1. **极坐标法的计算方法**

如图8-12所示，A、B点是现场已有的测量控制点，其坐标为已知，P点为待测设的点，其坐标为已知的设计坐标，测设方法如下：

(1)根据A、B点和P点来计算测设数据D_{AP}和β。测站为A点，其中，D_{AP}是A、P之间的水平距离，β是A点的水平角$\angle PAB$。

根据坐标反算公式，水平距离D_{AP}为

$$D_{AP}=\sqrt{\Delta x_{AP}^2+\Delta y_{AP}^2} \tag{8-5}$$

式中 $\Delta x_{AP}=x_P-x_A$；

$\Delta y_{AP}=y_P-y_A$。

水平角$\angle PAB$为

$$\beta=\alpha_{AP}-\alpha_{AB} \tag{8-6}$$

式中 α_{AB}——AB的坐标方位角；

α_{AP}——AP的坐标方位角。其计算式为

$$\alpha_{AB}=\arctan\frac{\Delta y_{AB}}{\Delta x_{AB}} \tag{8-7}$$

$$\alpha_{AP}=\arctan\frac{\Delta y_{AP}}{\Delta x_{AP}} \tag{8-8}$$

(2)现场测设P点。安置经纬仪于A点，瞄准B点；顺时针方向测设β角定出AP方向，由A点沿AP方向用钢尺测设水平距离D即得P点。

【例 8-3】 如图 8-12 所示，已知 $x_A=110.00$ m，$y_A=110.00$ m，$x_B=70.00$ m，$y_B=140.00$ m，$x_P=130.00$ m，$y_P=140.00$ m。求测设数据β、D_{AP}。

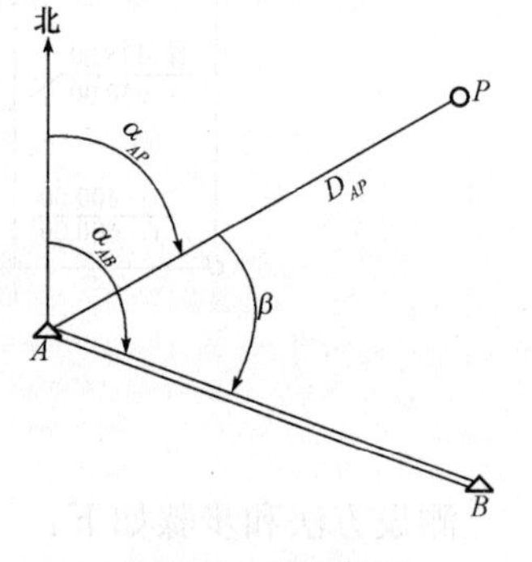

图 8-12 极坐标法

【解】 将已知数据代入式(8-7)和式(8-8)可计算得

$$\alpha_{AB}=\arctan\frac{y_B-y_A}{x_B-x_A}=\arctan\frac{140.00-110.00}{70.00-110.00}$$

$$=\arctan\frac{3}{-4}=143°7'48''$$

$$\alpha_{AP}=\arctan\frac{y_P-y_A}{x_P-x_A}=\arctan\frac{140.00-110.00}{130.00-110.00}$$

$$=\arctan\frac{3}{2}=56°18'35''$$

$$\beta=\alpha_{AB}-\alpha_{AP}=143°7'48''-56°18'35''=86°49'13''$$

$$D_{AP}=\sqrt{(x_P-x_A)^2+(y_P-y_A)^2}$$

$$=\sqrt{(130.00-110.00)^2+(140.00-110.00)^2}$$

$$=\sqrt{20^2+30^2}=36.06(\text{m})$$

2. 全站仪极坐标法测设点位

(1)安置仪器。将全站仪安置在A站，对中、整平。

(2)选择“放样”菜单。

(3)测站设置。输入测站点坐标和高程进行测站设置。

(4)定向。采用坐标定向，输入定向点的坐标。照准B点，进行测站定向。此时，全站仪会自动计算α_{AB}并将水平度盘配成α_{AB}，则全站仪照准某一方向，就显示该方向的方位角。

(5)输入放样点P坐标，全站仪会计算α_{AP}和D_{AP}。

(6)转动照准部，全站仪会实时显示该方向与α_{AP}的差值。当差值为 0 时，全站仪照准的方向就是AP的方向。

(7)指挥扶棱镜人员左右移动，当棱镜中心与十字丝重合时，按“测距”键，全站仪测量

仪器至棱镜的距离并计算与 D_{AP} 的差值，并显示出来。根据此差值指挥扶棱镜人员前后调整，当显示的距离差值为 0 时，棱镜所在位置即为 P 点位置。

(8)重复上述步骤(4)～(6)，可测设其他点位。测量完成后，进行边长和角度校核，以保证点位测设精度。

(三)角度交会法

适用情况：本法是在待测设点离控制点较远或量距困难地区用两个已知水平角测设点位的方法，但必须有第三个方向进行检核，以免错误。

如图 8-13 所示，A、B、C 为控制点，P 为待测设点，其坐标均为已知，测设方法如下：

(1)根据 A、B 点和 P 点的坐标计算测设数据 β_A 和 β_B，即水平角 $\angle PAB$ 和水平角 $\angle PBA$，其中：

$$\beta_A=\alpha_{AB}-\alpha_{AP}$$

$$\beta_B=\alpha_{BP}-\alpha_{BA}$$

(2)现场测设 P 点。在 A 点安置经纬仪，照准 B 点，逆时针测设水平角 β_A，定出一条方向线，在 B 点安置另一台经纬仪，照准 A 点，顺时针测设水平角 β_B，定出另一条方向线，两条方向线的交点的位置就是 P 点。在现场立一根测钎，由两台仪器指挥，前后左右移动，直到两台仪器的纵丝能同时照准测钎，在该点设置标志得到 P 点。

(四)距离交会法

适用情况：在便于量距的地区，且边长较短时(如不超过一整尺长)，宜用本法。

如图 8-14 所示，P 是待测设点，其设计坐标已知，附近有 A、B 两个控制点，其坐标也已知，测设方法如下：

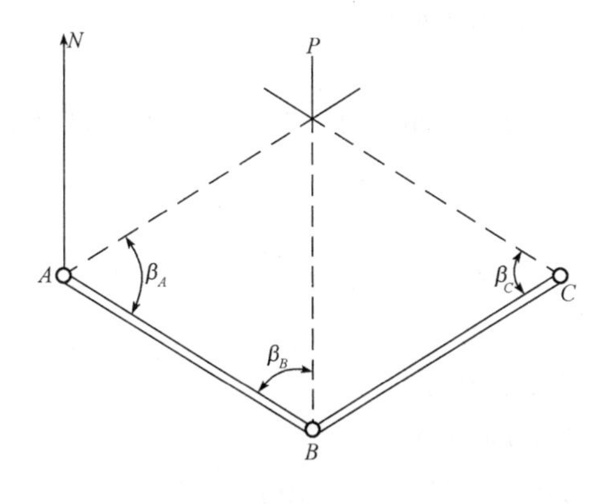

图 8-13　角度交会法

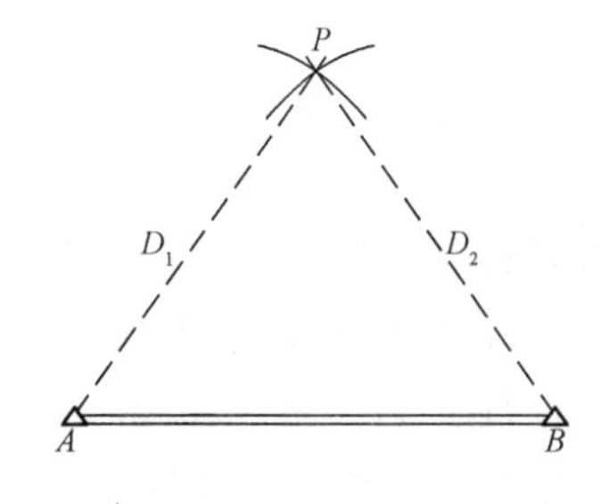

图 8-14　距离交会法

(1)根据 A、B 点和 P 点的坐标计算测设数据 D_1、D_2，即 P 点至 A、B 的水平距离，其中：

$$\begin{cases}D_1=\sqrt{\Delta x_{D_1}^2+\Delta y_{D_1}^2}\\D_2=\sqrt{\Delta x_{D_2}^2+\Delta y_{D_2}^2}\end{cases}\tag{8-9}$$

(2)现场测设 P 点。在现场用一把钢尺分别从控制点 A、B 以水平距离 D_1、D_2 为半径画圆弧，其交点即为 P 点的位置。也可用两把钢尺分别从 A、B 量取水平距离 D_1、D_2，摆动钢尺，其交点即为 P 点的位置。

距离交会法计算简单，不需经纬仪，现场操作简便。

四、已知坡度线的测设

在平整场地、敷设上下水管道及修建道路等工程中，需要在地面上测设给定的坡度线。坡度线的测设是根据附近水准点的高程、设计坡度和坡度线端点的设计高程，用高程测设的方法将坡度线上各点的设计高程标定在地面上。测设方法有水平视线法和倾斜视线法两种。

(一)水平视线法

当坡度不大时，可采用水平视线法。如图 8-15 所示，A、B 为设计坡度线的两个端点，A 点设计高程为 $H_A=56.480$ m，坡度线长度(水平距离)为 $D=110$ m，设计坡度为 $i=-1.4\%$，要求在 AB 方向上每隔距离 $d=15$ m 打一个木桩，并在木桩上定出一个高程标志，使各相邻标志的连线符合设计坡度。设附近有一水准点 M，其高程为 $H_M=56.125$ m，测设方法如下：

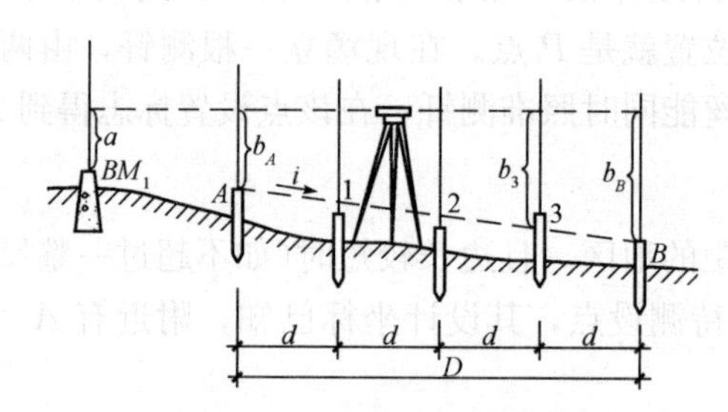

图 8-15 水平视线法测设坡度线

(1)在地面上沿 AB 方向，依次测设间距为 d 的中间点 1、2、3，在点上打好木桩。

(2)计算各桩点的设计高程。

先计算按坡度 i 每隔距离 d 相应的高差：

$$h=i\cdot d=-1.4\%\times 15=-0.21(\text{m})$$

再计算各桩点的设计高程，其中：

第 1 点：$H_1=H_A+h=56.480-0.21=56.270(\text{m})$

第 2 点：$H_2=H_1+h=56.270-0.21=56.060(\text{m})$

同法算出其他各点设计高程为 $H_3=55.850$ m，$H_4=55.640$ m，$H_5=55.430$ m，$H_6=55.220$ m，$H_7=55.010$ m，最后根据 H_7 和剩余的距离计算 B 点设计高程：

$$H_B=55.010+(-1.4\%)\times(110-105)=54.940(\text{m})$$

注意，B 点设计高程也可用下式算出：

$$H_B=H_A+i\cdot D$$

上式用来检核上述计算是否正确，这里 $H_B=56.480-1.4\%\times 110=54.940(\text{m})$，说明高程计算正确。

(3)在合适的位置(与各点通视，距离相近)安置水准仪，后视水准点上的水准尺，设读

数 $a=0.866$ m，先计算仪器视线高：

$$H_{视}=H_M+a=56.125+0.866=56.991(\mathrm{m})$$

再根据各点设计高程，依次计算测设各点时的应读前视读数，例如 A 点为

$$b_A=H_{视}-H_A=56.991-56.480=0.511(\mathrm{m})$$

1 号点为

$$b_1=H_{视}-H_1=56.991-56.270=0.721(\mathrm{m})$$

同理得 $b_2=0.931$ m，$b_3=1.141$ m，$b_4=1.351$ m，$b_5=1.561$ m，$b_6=1.771$ m，$b_7=1.981$，$b_8=2.051$。

(4)水准尺依次贴靠在各木桩的侧面，上下移动尺子，直至尺读数为 b 时，沿尺底在木桩上画一横线，该线即在 AB 坡度线上。也可将水准尺立于桩顶上，读前视读数 b'，再根据应读读数和实际读数的差 $l=b-b'$，用小钢尺自桩顶往下量取高度 l 画线。

(二)倾斜视线法

倾斜视线法是根据视线与设计坡度线平行时，其竖直距离处处相等的原理，以确定设计坡度线上各点高程的一种方法。它适用于地面坡度较大且设计坡度与地面自然坡度较一致的地段。如图 8-16 所示，A、B 为设计坡度线的两个端点，A 点设计高程为 $H_A=131.600$ m，坡度线长度(水平距离)为 $D=70$ m，设计坡度为 $i=-10\%$，附近有一水准点 M，其高程为 $H_M=131.950$ m，测设方法如下：

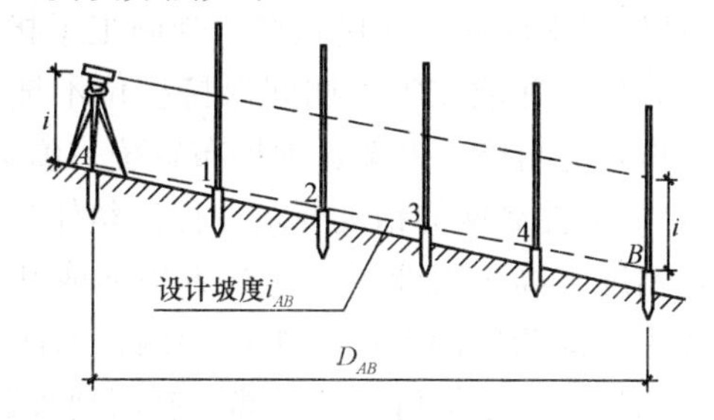

图 8-16　倾斜视线法

(1)根据 A 点设计高程、坡度 i 及坡度线长度 D，计算 B 点设计高程，即

$$H_B=H_A+i\cdot D=131.600-10\%\times 70=124.600(\mathrm{m})$$

(2)按测设已知高程的一般方法，将 A、B 两点的设计高程测设在地面的木桩上。

(3)在 A 点(或 B 点)上安置水准仪，使基座上的一个脚螺旋在 AB 方向上，其余两个脚螺旋的连线与 AB 方向垂直，如图 8-17 所示。粗略对中并调节与 AB 方向垂直的两个脚螺旋基本水平，量取仪器高 l。通过转动 AB 方向上的脚螺旋和微倾螺旋，使望远镜十字丝横丝对准 B 点(或 A 点)水准尺上等于仪器高处，此时，仪器的视线与设计坡度线平行。

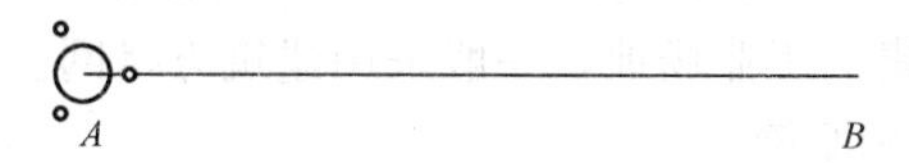

图 8-17　安置水准仪

(4)在 AB 方向的中间各点 1、2、3、…的木桩侧面立水准尺，上下移动水准尺，直至尺上读数等于仪器高时，沿尺底在木桩上画线，则各桩画线的连线就是设计坡度线。

第二节　施工控制测量

一、施工控制测量的特点、种类和选择及坐标换算

建筑工程测量的任务是根据设计图纸要求，按一定精度将设计建筑物或构筑物的平面位置和高程在现场测设出来，作为施工的依据。而施工控制测量是为建立施工控制网进行的测量，其在整个工程施工测量中起架构作用，贯穿整个施工测量，也是竣工测量和变形测量的基础。

施工控制测量是施工测量的关键一步，是整个施工测量的基础。大、中型施工项目，应先建立场区施工控制网，再建立建筑物施工控制网；小规模或精度要求高的独立施工项目，可直接布设建筑物施工控制网。

1. 施工控制网的特点

与测图控制网相比较，施工控制网具有以下特点：

(1)控制点的密度大，精度要求较高，使用频繁，受施工干扰多。这就要求控制点的位置应分布恰当和稳定，使用方便，并能在施工期间保持桩位不被破坏。因此，控制点的选择、测定和桩点的保护等工作，应与施工方案、现场布置统一确定。

(2)在施工控制测量中，局部控制网的精度要求往往比整体控制网的精度要求高。如有些重要厂房的矩形控制网，精度常高于工业场地建筑方格网或其他形状的控制网。在一些重要设备安装时，也往往要建立高精度的专门施工控制网。因此，大范围的控制网只是为局部控制网传递一个起始点的坐标及方位角，而局部控制网则布置成自由网的形式。

2. 施工控制网的种类和选择

施工控制网可分为平面控制网和高程控制网两种。前者可采用导线或导线网、建筑基线或建筑方格网、三角网或GPS网等形式；后者则采用三等、四等水准或图根水准网。

选择平面控制网的形式，应根据建筑总平面图、建筑场地的大小和地形、施工方案等因素综合考虑。

在山区或丘陵地区，常采用三角网作为建筑场地的首级平面控制网。对于地形平坦但同时比较困难的地区，如扩建或改建的施工场地或建(构)筑物布置不很规则，则可采用导线网作为平面控制网。对于地面平坦而又简单的小型建(构)筑物的场地，常布设一条或几条建筑基线，组成简单的图形作为施工测设(放样)的依据。对于地势平坦、建(构)筑物众多且布置比较规则和密集的工业场地，一般采用建筑方格网。

3. 施工控制点的坐标换算

(1)施工坐标系。在设计的总平面图上，建筑物的平面位置一般采用施工坐标系的坐标来表示。施工坐标系是以建筑物的主轴线为坐标轴建立起来的坐标系统。施工坐标系的坐标原点通常建立在整个测区的西南角，使所有建(构)筑物的设计坐标都为正值，轴线通常与建筑物主轴线或主要道路管线平行或垂直，便于采用直角坐标法进行建筑物的放样。施

工坐标系是一个独立的坐标系，也称为建筑坐标系，纵轴用字母 A 表示，横轴用字母 B 表示。

(2)测量坐标系。在进行现场施工测量时，原有的施工控制点是建立在测量坐标系统中的，可能是高斯平面直角坐标系或测区独立平面直角坐标系，坐标原点位置虽有不同，但纵轴均指向正北方，用 x 表示；横轴指向正东方，用 y 表示。

施工坐标系和测量坐标系的位置关系，可用图 8-18 表示。

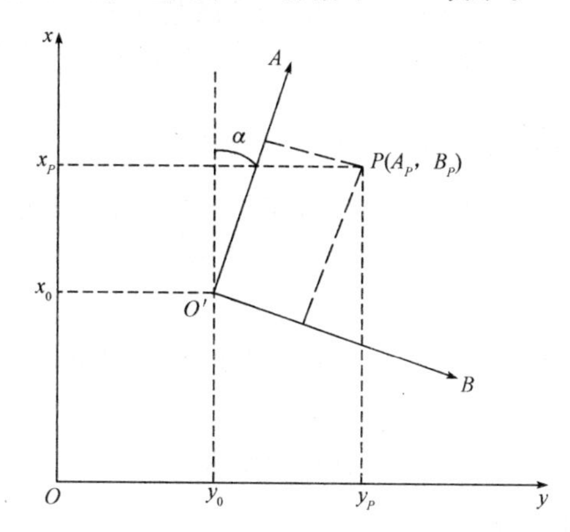

图 8-18　施工坐标系与测量坐标系之间的关系

(3)坐标换算。施工坐标系与测量坐标系往往不一致，在建立施工控制网时，常需要进行施工坐标系与测量坐标系的换算。施工坐标系与测量坐标系之间的关系，可用施工坐标系原点 O' 的测量坐标系的坐标 x_0、y_0 及 $O'A$ 轴的坐标方位角 α 来确定。在进行施工测量时，上述数据由勘测设计单位给出。

如图 8-18 所示，设 xOy 为测量坐标系，$AO'B$ 为施工坐标系，x_0、y_0 为施工坐标系的原点在测量坐标系中的坐标，α 为施工坐标系的纵轴在测量坐标系中的方位角。设已知 P 点的施工坐标为(A_P, B_P)，换算为测量坐标时，可按下列公式计算：

$$\left.\begin{aligned} x_P &= x_0 + A_P\cos\alpha - B_P\sin\alpha \\ y_P &= y_0 + A_P\sin\alpha + B_P\cos\alpha \end{aligned}\right\} \tag{8-10}$$

如已知 P 点的测量坐标为(x_P, y_P)，则可将其换算为建筑坐标(A_P, B_P)：

$$\begin{aligned} A_P &= (x_P - x_0)\cos\alpha + (y_P - y_0)\sin\alpha \\ B_P &= -(x_P - x_0)\sin\alpha + (y_P - y_0)\cos\alpha \end{aligned} \tag{8-11}$$

二、建筑基线

建筑基线是建筑场地施工控制基准线，即在建筑场地中央测设一条长轴线和若干条与其垂直的短轴线，在轴线上布设所需要的点位。由于各轴线之间不一定组成闭合图形，所以建筑基线是一种不甚严密的施工控制，它适用于总图布置比较简单的小型建筑场地。

(一)建筑基线的布置

建筑基线的布置，主要根据建筑物的分布、场地的地形和原有测图控制点的情况而定。建筑基线的布置形式可分为“一”字形、直角形、“丁”字形和“十”字形等形式，如图 8-19 所示。

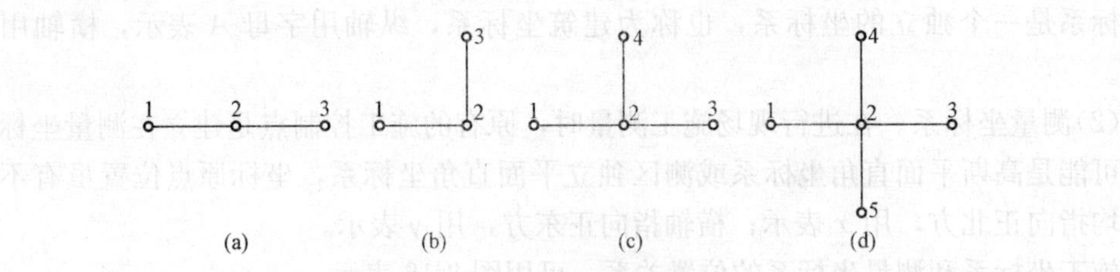

图 8-19　建筑基线的布置形式

(a)"一"字形；(b)直角形；(c)"丁"字形；(d)"十"字形

建筑基线设计时应注意以下几点：

(1)建筑基线应尽量位于厂区中心中央通道的边缘上，其方向应与主要建筑物轴线平行。基线的主点应不少于三个，以便检查点位有无变动。

(2)建筑基线主点间应相互通视，边长为100～400 m。

(3)主点在不受挖土损坏的条件下，应尽量靠近主要建筑物，为了能长期保存，要埋设永久性的混凝土桩。

(4)建筑基线的测设精度应满足施工放样的要求。

(二)测设建筑基线的方法

1. 根据控制点测设基线

如图 8-20 所示，欲测设一条由 M、O、N 三个点组成的"一"字形建筑基线，先根据邻近的测图控制点 1、2，采用极坐标法将三个基线点测设到地面上，得 M'、O'、N' 三点，然后在 O' 点安置经纬仪，观测 $\angle M'O'N'$，检查其值是否为 180°；如果角度误差大于 ±10″，说明三点不在同一直线上，应进行调整。调整时，将 M'、O'、N' 沿与基线垂直的方向移动相等的距离 l，得到位于同一直线上的 M、O、N 三点，l 的计算如下：

设 M、O 距离为 m，N、O 距离为 N，$\angle M'O'N'=\beta$，则有

$$l=\frac{mn}{m+n}\left(90^\circ-\frac{\beta}{2}\right)\frac{1}{\rho} \tag{8-12}$$

式中，$\rho=206\ 265''$。

例如，图 8-20 中 $m=115$ m，$n=170$ m，$\beta=179^\circ40'10''$，则

$$l=\frac{115\times170}{115+170}\times\left(90^\circ-\frac{179^\circ40'10''}{2}\right)\times\frac{1}{206\ 265''}=0.19(\text{m})$$

调整到一条直线上后，用钢尺检查 M、O 和 N、O 的距离与设计值是否一致；若偏差大于 1/10 000，则以 O 点为基准，按设计距离调整 M、N 两点。

如果是图 8-21 所示的直角形建筑基线，测设 M'、O、N' 三点后，在 O 点安置经纬仪，检查 $\angle M'ON'$ 是否为 90°；如果偏差值 $\Delta\beta$ 大于 ±20″，则保持 O 点不动，按精密角度测设时的改正方法，将 M' 和 N' 各改正 $\Delta\beta/2$，其中，M'、N' 改正偏距 L_M、L_N 的计算式分别为

$$\begin{cases} L_M=MO\cdot\dfrac{\Delta\beta}{2\rho} \\ L_N=NO\cdot\dfrac{\Delta\beta}{2\rho} \end{cases}$$

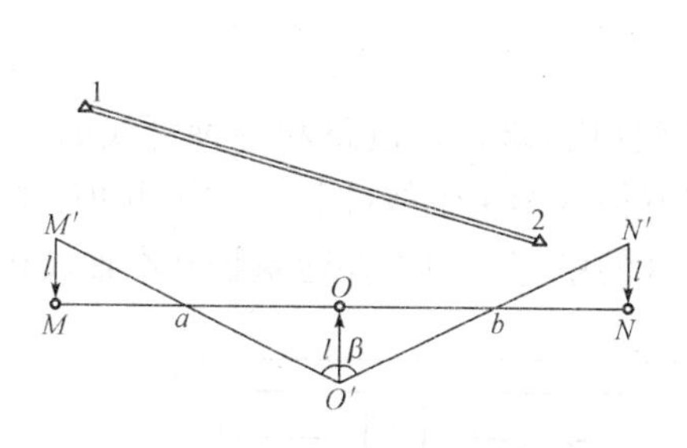

图 8-20 “一”字形建筑基线

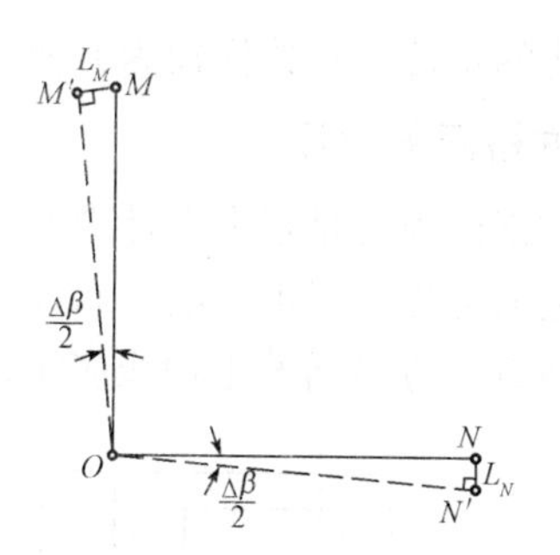

图 8-21 直角形建筑基线

M'和N'沿直线方向上的距离检查与改正方法，同“一”字形建筑基线。

2. 根据边界桩测设建筑基线

建筑用地的边界线，由城市测绘部门根据经审准的规划图测设，又称为“建筑红线”，其界桩可作为测设建筑基线的依据。

如图 8-22 中的 1、2、3 点为建筑边界桩，1—2 线与 2—3 线互相垂直，根据边界线设计直角形建筑基线 MON。测设时采用平行线法，以距离 d_1 和 d_2，将 M、O、N 三点在实地标定出来，再用经纬仪检查基线的角度是否为 90°，用钢尺检查基线点的间距是否等于设计值，必要时对 M、N 进行改正，即可得到符合要求的建筑基线。

3. 根据建筑物测设建筑基线

在建筑基线附近有永久性的建筑物，并且建筑物的主轴线平行于基线时，可以根据建筑物测设建筑基线，如图 8-23 所示。采用拉直线法，沿建筑物的四面外墙延长一定的距离，得到直线 ab 和 cd，延长这两条直线得其交点 O。然后，安置经纬仪于 O 点，分别延长 ab 和 cd，使之符合设计长度，得到 M 点和 N 点。再用上面所述方法对 M 和 N 进行调整，便得到两条互相垂直的基线。

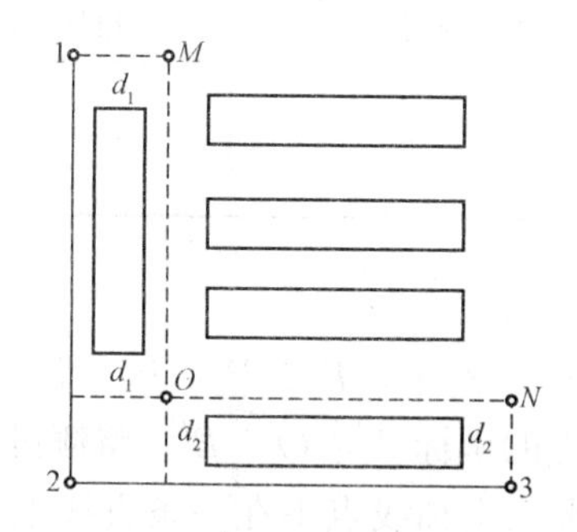

图 8-22 根据边界桩测设建筑基线

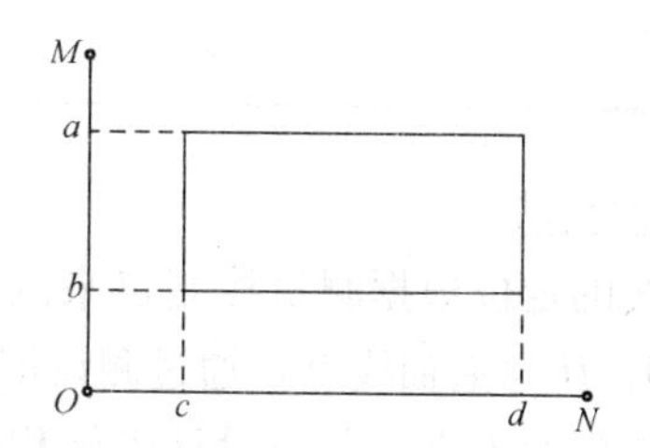

图 8-23 根据建筑物测设建筑基线

三、建筑方格网

在工业建(构)筑物之间的关系要求比较严格或地上、地下管线比较密集的施工现场，常需要测设由正方形或矩形格网组成的施工控制网，称为建筑方格网，或称为矩形网。它是建筑场地中常用的控制网形式之一，也适用于按正方形或矩形布置的建筑群或大型高层建筑的场地，建筑方格网轴线与建(构)筑物轴线平行或垂直，因此，可用直角坐标法进行建(构)筑物的定位，且放样较为方便，精度较高。

(一)方格网的布设

建筑方格网通常是根据设计总平面图上各建(构)筑物、道路和各种管线的布置，并结合施工场地的地形情况拟定的。布设时，先定方格网的主轴线(图 8-24 中 AOB、COD)，再定其他方格点。方格网的主轴线应布设在建筑区的中部，与主要建筑物基本轴线相平行。

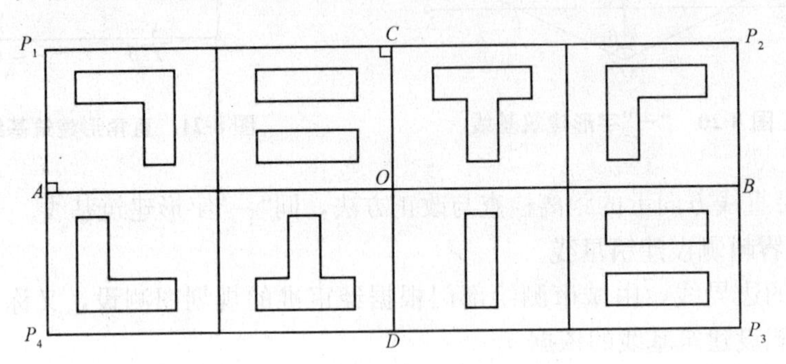

图 8-24 建筑方格网

方格网的布设要求与建筑基线基本相同，另外需注意的是，方格网的主轴线点应接近精度要求较高的建筑物，方格网的轴线彼此严格垂直，方格网点之间互相通视且能长期保存，边长一般取 100～200 mm，为 50 m 的整数倍。

(二)主轴线测设

1. 测设精度

主轴线测设精度应符合表 8-1 的规定。

表 8-1 建筑方格网的主要技术要求

等级	边长/m	测角中误差/(″)	边长相对中误差
一级	100～300	5	≤1/30 000
二级	100～300	8	≤1/20 000

2. 测设方法

主轴线的定位根据测量控制点来测设。如图 8-24 所示，P_1、P_2、P_3、P_4 为测量控制点，A、O、B 为主轴线点，通过测设即可定出主点的坐标 A'、O'、B'。将测设的主点坐标用混凝土桩标示出来，并与设计坐标相比较，如果三主轴线点不在一条直线上，则应对点位进行调整，直到满足限差要求为止。如图 8-25(a)所示，可在中间主点 O 上安装经纬仪，精确测出 $A'O'B'$ 的角度值 β'；如果 β' 与 180°相差大于±10″，那么应将测出来的点位调整至 A、O、B，并按下式计算调整量 δ：

$$\delta=\frac{ab}{a+b}\times\frac{180^\circ-\beta'}{2\rho''} \tag{8-13}$$

式中 δ——各点的调整值(m)；

a，b——分别为中间主点到两端主点的距离；

ρ''——取值为 206 265″。

需要注意的是，A'、B'与中间主点O'的调整方向相反。

如图 8-25(b)所示，设定好 A、O、B 三点后，将经纬仪安置在 O 点，瞄准 A 点，分别向右、左向测设 90°角，沿此方向测设出距离 L_1、L_2，定出 C、D 的大概位置 C'、D'。利用经纬仪精确测定$\angle AOC'$和$\angle AOD'$，计算出两个角度与 90°的差值 ε_1、ε_2。如果 ε 超出了限差，则需要按式(8-14)计算调整量 l_1、l_2。

$$l_i=\frac{\varepsilon''}{\rho''}L_i \tag{8-14}$$

将 C'、D'点分别沿垂直方向移动 l_1、l_2，即可得 C、D 两点。

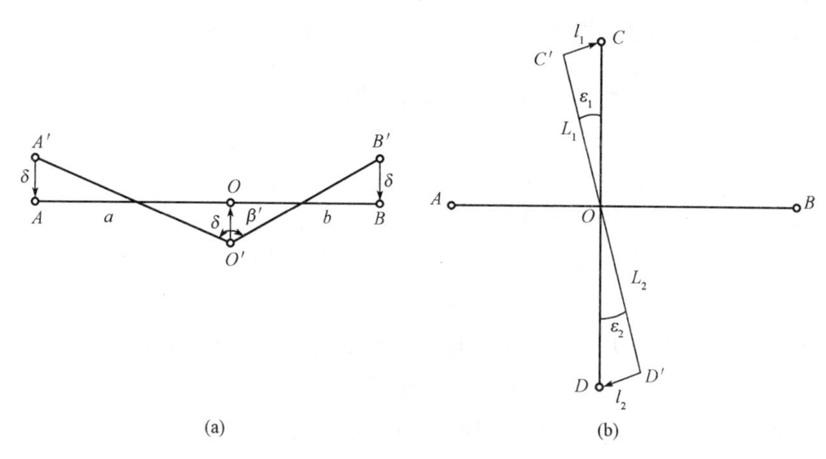

图 8-25　主轴线校正

(三)建筑方格网的测设

1. 建筑方格网的测设方法

(1)建筑方格网点的初步定位。建筑方格网测量前，应以主轴线为基础，将方格点的设计位置进行初步放样。要求初步放样的点位误差(对方格网起算点而言)不大于 5 cm。初步放样的点位用木桩临时标定，然后埋设永久标桩。如设计点所在位置地面标高与设计标高相差很大，这时应在方格点设计位置附近的方向线上埋设临时木桩。

(2)建筑方格网点坐标测定方法。方格网点实地位置定出以后，一般采用导线测量法，或者三角测量法来建立建筑方格网。

1)导线测量法。采用导线测量法建立方格网一般有下列三种：

①中心轴线法。在建筑场地不大，布设一个独立的方格网就能满足施工定线要求时，则一般先行建立方格网中心轴线，如图 8-26 所示，AB 为纵轴，CD 为横轴，中心交点为 O，轴线测设调整后，再测设方格网，从轴线端点定出 N_1、N_2、N_3 和 N_4 点，组成大方格，通过测角、量边、平差、调整后，构成一个 4 个环形的Ⅰ级方格网，然后根据大方格边上点位，定出边上的内分点和交会出方格中的中间点，作为网中的Ⅱ级点。

②附合于主轴线法。如果建筑场地面积较大，各生产连续的车间可以按其不同精度要求建立方格网，则可以在整个建筑场地测设主轴线，在主轴线下分部建立方格网，图 8-27 所示为在一条三点直角形主轴线下建立由许多分部构成的一个整体建筑方格网。

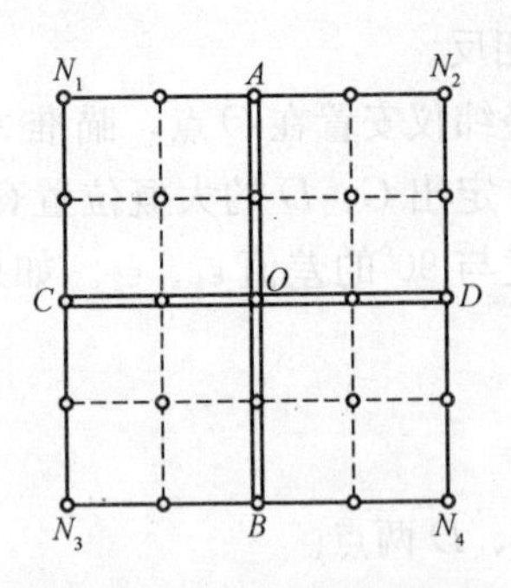

图 8-26　中心轴线方格图

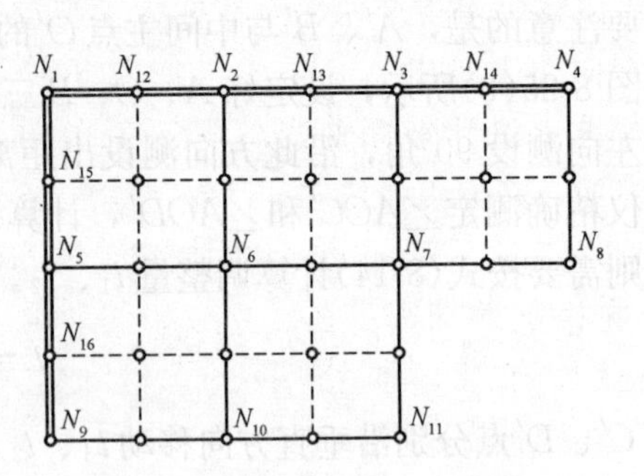

图 8-27　附合于主轴线方格网图

图 8-27 中，N_1—N_9 为纵轴，N_1—N_4 为横轴，测设方法先在主轴线上定出 N_2、N_3、N_5、N_{12}、N_{13}、N_{14}、N_{15}、N_{16} 等点，作为方格网的起算数据，然后根据这些已知点各作与主轴线垂直方向线相交定出，中间 N_6、N_7、N_8、N_{10} 和 N_{11} 等环形结点，构成五个方格环形，经过测角、量距、平差、调整的工作后成为Ⅰ级方格网。再作内分点、中间点的加密作为Ⅱ级方格点，这样就形成一个有 31 个点的建筑方格网。

③一次布网法。一般小型建筑场地和在开阔地区中建立方格网，可以采用一次布网。测设方法有两种情况：一种方法不测设纵、横主轴线，尽量布成Ⅱ级全面方格网，如图 8-28 所示，可以将长边 N_1—N_5 先行定出，再从长边作垂直方向线定出其他方格点 N_6—N_{15} 构成八个方格环形，通过测角、量距、平差、调整后的工作，构成一个Ⅱ级全面方格网；另一种方法只布设纵、横轴线作为控制，不构成方格网形。

2)三角测量法。采用三角测量法建立方格网有两种形式：一种形式是附合在主轴线上的三角网，如图 8-29 所示，为中心六边形的三角网附合在主轴线 AOB 上；另一种形式是将三角网或三角锁附合在起算边上。

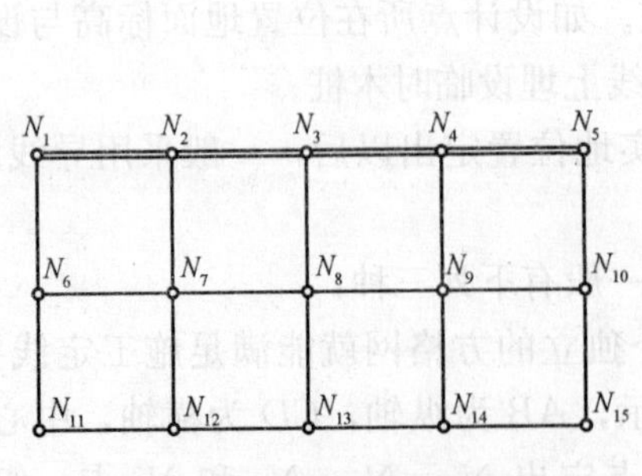

图 8-28　一次布设方格网图

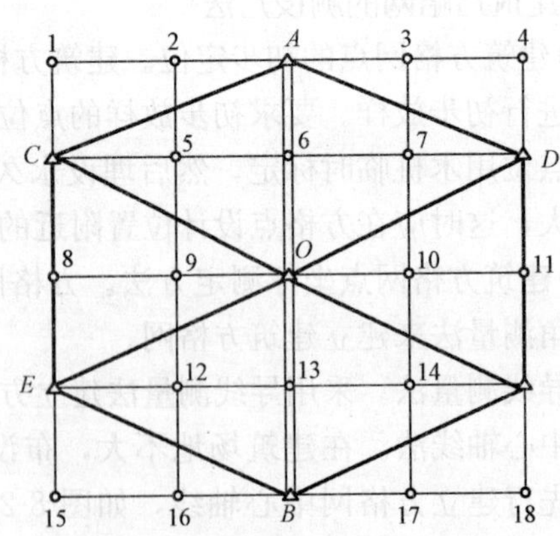

图 8-29　附合三角网方格网图

(3)建筑方格网点的归化改正。方格网点经实测和平差计算后的实际坐标往往与设计坐标不一致，则需要在标桩的标板上进行调整。其调整的方法是先计算出方格点的实际坐标与设计坐标的坐标差，计算式是

$$\left.\begin{aligned}\Delta x&=x_{设计}-x_{实际}\\ \Delta y&=y_{设计}-y_{实际}\end{aligned}\right\}\tag{8-15}$$

然后以实际点位至相邻点在标板上方向线来定向，用三角尺在定向边上量出 Δx 与 Δy，如图 8-30 所示，并依据其数值平行推出设计坐标轴线，其交点 A 即为方格点正式点位。标定后，将原点位消去。

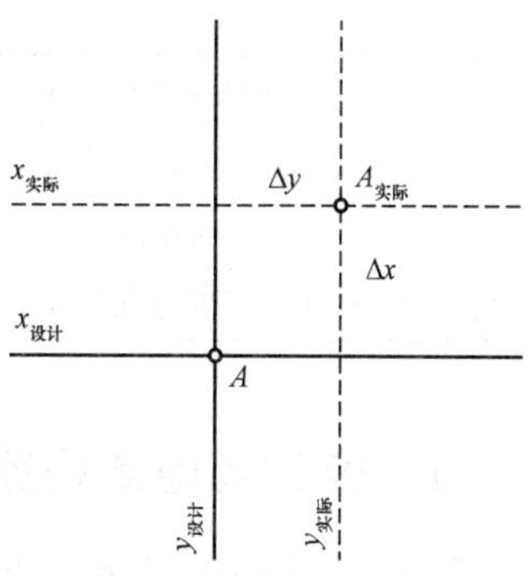

图 8-30　方格网点位改正图

2. 建筑方格网的加密和最后检查

(1)方格网的加密。在建立方格网时，应先建立边长较长的方格网，然后再加密中间的方格网点。方格网的加密，常采用下述两种方法：

1)直线内分点法。在一条方格边上的中间点加密方格点时，如图 8-31 所示，从已知点 A 沿 AB 方向线按设计要求精密丈量定出 M 点，由于定线偏差得 M'。置经纬仪于 M'。测定 $AM'B$ 的角值 β，按下式求得偏差值：

$$\delta=\frac{S\cdot\Delta\beta}{2\rho} \tag{8-16}$$

式中　S——AM'的距离；

　　$\Delta\beta$——$180°-\beta$。

按 δ 值对 M'进行纠正，得 M。

2)方向线交会法。如图 8-32 所示，在方格点 N_1 和 N_2 上置经纬仪，瞄准 N_4 和 N_3，N_1N_4 与 N_2N_3 相交，得 a 点，即方格网加密点。

检测和纠正的方法是在 a 点置经纬仪，先把 a 点纠正到 N_1N_4 直线上，再把新点 a 纠正到 N_2N_3 直线上，即得 a 的正确位置。

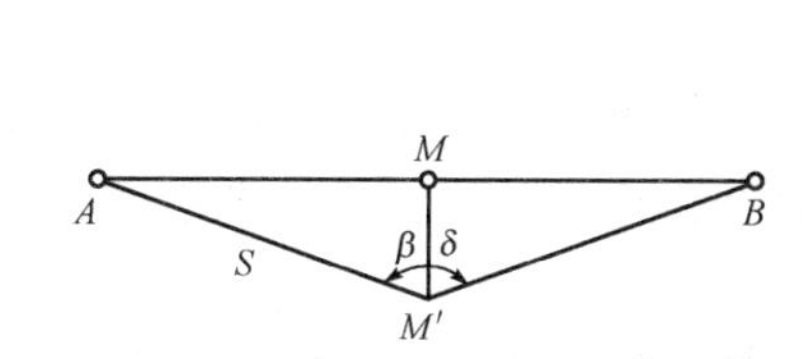

图 8-31　直线内分点法加密方格点示意

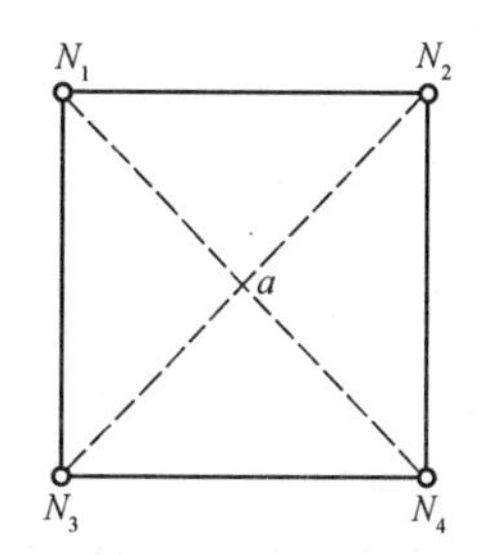

图 8-32　方向线交会法加密方格点示意

(2)建筑方格网的检查。建筑方格网的归化改正和加密工作完成以后，应对方格网进行全面的实地检查测量。检查时，可隔点设站测量角度并实量几条边的长度，检查的结果应满足表 8-2 的要求；如个别误差超出规定，应合理地进行调整。

表 8-2　方格网的精度要求

等　　级	主轴线或方格网	边长精度	直线角误差	主轴线交角或直角误差
Ⅰ	主轴线	1∶50 000	±5″	±3″
	方格网	1∶40 000		±5″
Ⅱ	主轴线	1∶25 000	±10″	±6″
	方格网	1∶20 000		±10″

续表

等　级	主轴线或方格网	边长精度	直线角误差	主轴线交角或直角误差
Ⅲ	主轴线	1∶10 000	±15″	±10″
	方格网	1∶8 000		±15″
注：小型厂房、民用建筑和施工不复杂的建筑场地，应采用Ⅲ级布设。				

四、施工场地高程控制测量

建筑施工场地的高程控制测量多采用水准测量方法。所布置的水准网应尽量与国家水准点联测。水准点应布设在土质坚实，不受震动影响，便于长期保存、使用的地方，并埋设永久性标志。水准点可单独设置，建筑基线点、建筑方格网点等平面控制点也可兼作高程控制点。

大型的施工场地高程控制网一般布设两级，首级为整个场地的高程基本控制，相应的水准点称为基本水准点，用来检核其他水准点是否稳定；另一级为加密网，相应的水准点称为施工水准点，用来直接测设建(构)筑物的高程。

对于中、小型建筑场地的水准点，一般可用三等、四等水准测量的方法测定其高程。

施工高程控制测量应符合以下要求：

(1)水准点的密度尽可能满足在施工放样时一次安置仪器即可测设出所需的高程点的要求。

(2)在施工期间，高程控制点的位置应保持不变。

本章小结

本章主要讲述施工测量的内容、原则及特点，施工测设的基本工作，点的平面位置的测设，已知坡度线的测设，施工控制测量的基本知识、建筑基线、建筑方格网和施工场地的高程控制测量等内容。

1. 施工测量与施工有着密切的关系，它贯穿于整个施工过程中，施工测量必须遵循“从整体到局部、先控制后细部”的原则和工作程序。

2. 测设已知水平距离、测设已知水平角、测设已知高程，是施工测设的三项基本工作。

3. 测设点的平面位置的方法有直角坐标法、极坐标法、角度交会法和距离交会法；坡度线测设的方法有水平视线法和倾斜视线法两种。

4. 施工控制测量是施工测量的关键一步，是整个施工测量的基础。大、中型施工项目，应先建立场区施工控制网，再建立建筑物施工控制网；小规模或精度要求高的独立施工项目，可直接布设建筑物施工控制网。

5. 建筑基线是建筑场地施工控制基准线，即在建筑场地中央测设一条长轴线和若干条与其垂直的短轴线，在轴线上布设所需要的点位。建筑基线的布置，主要根据建筑物的分布、场地的地形和原有测图控制点的情况而定。

6. 在一般工业建(构)筑物之间的关系要求比较严格或地上、地下管线比较密集的施工现场，常需要测设由正方形或矩形格网组成的施工控制网，称为建筑方格网，或称为矩形网。它是建筑场地中常用的控制网形式之一。

7. 建筑施工场地的高程控制测量多采用水准测量方法。所布置的水准网应尽量与国家水准点联测。

复习思考题

一、填空题

1. 在施工之前，应在施工场地上，建立统一__________和__________，作为施工放样各种建筑物和构筑物位置的依据。

2. 测设的基本工作就是测设__________、__________及__________等。

3. 测设点的平面位置的方法有__________、__________、__________和__________。

4. 测设已知坡度线的方法有__________和__________两种。

5. 施工坐标系是以建筑物的__________为坐标轴建立起来的坐标系统。

6. 建筑基线的布设形式可分为__________、__________、__________和__________等形式。

7. 布设方格网时，先定方格网的__________，再定__________。

8. 大型的施工场地高程控制网一般布设__________。

二、选择题(有一个或多个答案)

1. 施工测设的三项基本工作是(　　)。

A. 测设已知的角度，测设已知的距离，测设已知的高差

B. 测设已知的高差，测设已知的水平角，测设已知的距离

C. 测设已知的高程，测设已知的水平角，测设已知的水平距离

D. 测设已知的边长，测设已知的高程，测设已知的角度

2. 如应读前视读数是 1.700 m，桩顶前视读数是 1.140 m，则桩顶改正数为(　　)m。

A. −0.280　　B. 0.280　　C. −0.560　　D. 0.560

3. 设 A、B 为平面控制点，已知：$\alpha_{AB}=26°37'$，$x_B=287.36$，$y_B=364.25$，待测点 P 的坐标 $x_P=303.62$，$y_P=338.28$，设在 B 点安置仪器用极坐标法测设 P 点，计算的测设数据 BP 的距离为(　　)m。

A. 39.64　　B. 30.64　　C. 31.64　　D. 32.64

4. 在待测设点离控制点较远或量距较困难的地区，放样点位应选用(　　)方法。

A. 直角坐标　　B. 极坐标　　C. 角度交会　　D. 距离交会

5. 距离交会法适用于场地平坦、量距方便且控制点离待测设点的距离不超过(　　)整尺长的地区。

A. 一　　B. 二　　C. 三　　D. 四

6. 建筑施工控制网与测图控制网相比，不具有的特点是(　　)。

A. 控制范围大　　B. 精度要求高

C. 使用频繁　　D. 受施工干扰多

7. 对于扩建或改建工程的建筑场地，可采用(　　)作为施工控制网。

A. 建筑基线　　B. 建筑方格网　　C. 导线网　　D. 结点网

8. 建筑基线的基线点不能少于(　　)个，便于检核。

A. 1　　B. 2　　C. 3　　D. 4

9. 方格网的主轴线应布设在建筑区的(　　)，与主要建筑物基本轴线相平行。

A. 前部　　B. 中部　　C. 后部　　D. 任意位置

10. 关于建筑工程施工场地的高程控制网布设的说法，下列正确的是(　　)。

A. 大型的施工场地高程控制网一般布设两级

B. 对于大型建筑场地的水准点，一般可用三等、四等水准测量的方法测定其高程

C. 水准点的密度尽可能满足在施工放样时一次安置仪器即可测设出所需的高程点的要求

D. 以上答案都正确

三、简答题

1. 施工测量应遵循的原则是什么？
2. 施工测量的主要内容有哪些？
3. 测设的基本工作有哪些？
4. 测设点位的方法有哪几种？各适用于什么场合？
5. 建筑基线的测设方法有哪几种？试举例说明。
6. 建筑方格网如何布置？主轴线应如何选定？方格网布设的要求有哪些？

四、计算题

1. 要测设角值为120°的$\angle ACB$，先用经纬仪精确测得$\angle ACB'=120°00'15''$，已知CB'的距离为$D=180$ m，问如何移动B'点才能使角值为120°？应移动多少距离？

2. 利用高程为7.531 m的水准点，测设高程为7.831 m的室内±0.000标高。设尺立在水准点上时，按水准仪的水平视线在尺上画了一条线，请问在该尺上的什么地方再画一条线，才能使视线对准此线时，尺子底部就在±0.000高程的位置。

3. 设M、N为控制点，已知：$x_M=169.45$ m，$y_M=145.56$ m，$x_N=118.35$ m，$y_N=198.25$ m，P点的设计坐标为$x_P=158.00$ m，$y_P=208.00$ m，试分别用极坐标法、角度交会法和距离交会法测设P点所需的放样数据，并绘出测设略图。

4. 如图8-33所示，已知施工坐标原点O'的测图坐标为$x_0=187.500$ m，$y_0=112.500$ m，建筑基线点P的施工坐标为$A_P=135.000$ m，$B_P=90.000$ m，设两坐标系轴线间的夹角$\alpha=16°00'00''$。试求P点的测图坐标值。

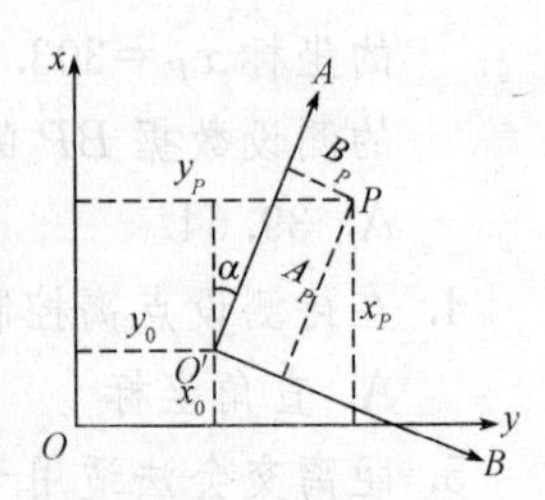

图8-33　坐标换算

5. “一”字形的建筑基线三点A'、B'、C'已测设于地面上，测得$\angle A'B'C'=180°00'18''$，已知$A'B'=140$ m，$B'C'=160$ m，试求各基线点的调整值，并绘图说明如何改正才能使三基线点成一直线。

第九章　民用建筑施工测量

学习目标

通过本章的学习，了解民用建筑施工测量前的准备工作；熟悉民用建筑物的定位与放线与基础工程施工测量方法，墙体工程施工测量中各层轴线测设及标高引测方法；掌握高层建筑施工测量中竖向测量方法，高层建筑的高程传递的方法。

能力目标

具备民用建筑物定位与放线及施工测量的能力，能够进行高层建筑的竖向测量与高程传递测设。

工程测量规范

民用建筑一般是指供人们日常生活及进行各种社会活动用的建筑物，如住宅楼、办公楼、学校、医院、商店、影剧院、车站等。民用建筑施工测量的主要任务是按设计要求，配合施工进度，测设建筑物的平面位置及高程，以保证工程按图纸施工。由于类型不同，民用建筑测设(放样)的方法及精度要求虽有所不同，但过程基本相同，大致为准备工作，建筑物的定位、放线，基础工程施工测量，墙体工程施工测量，各层轴线投测及标高传递等。在施工测量之前，必须做好各种准备工作。

第一节　测量前的准备工作

工程开工之前，测量技术人员必须对整个项目施工测量的内容全面了解，并进行充分的准备工作。

一、熟悉设计图纸

设计图纸是施工测量的依据，所以，应首先熟悉图纸，掌握施工测量的内容与要求，并对图纸中的有关尺寸、内容进行审核。设计图纸主要包括以下内容。

1. 建筑总平面图

建筑总平面图(图 9-1)反映新建建筑物的位置朝向、室外场地、道路、绿化等的布置，以及建筑物首层地面与室外地坪标高、地形、风向频率等，是新建建筑物定位、放线、土方施工的依据。在熟悉图纸的同时，应掌握新建建筑物的定位依据和定位条件，对用地红线桩、控制点、建筑物群的几何关系进行坐标、尺寸、距离等校核，检查室内外地坪标高和坡度是否对应、合理。

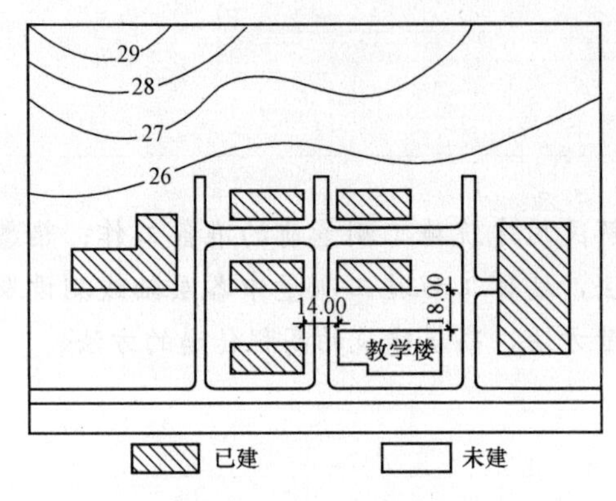

图 9-1　建筑总平面图

2. 建筑平面图

建筑平面图(图 9-2)给出的是建筑物各定位轴线间的尺寸关系及室内地坪标高等，它是测设建筑物细部轴线的依据。

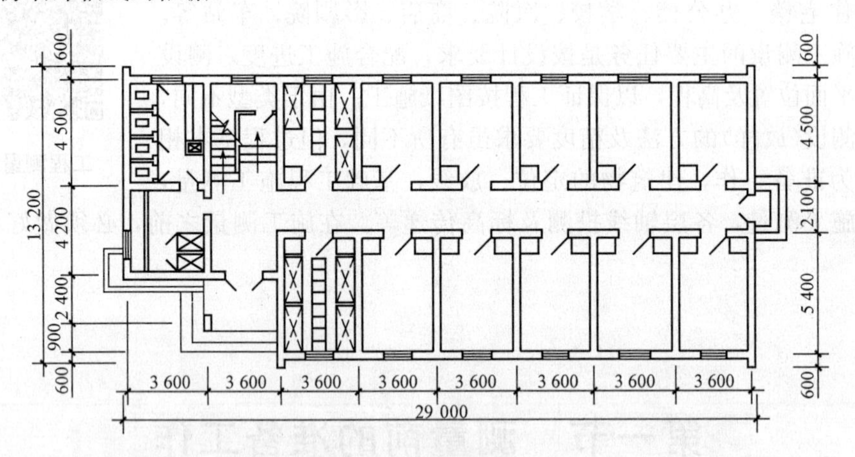

图 9-2　建筑平面图

3. 基础平面图及基础详图

基础平面图[图 9-3(a)]和基础详图[图 9-3(b)]给出的是基础边线与定位轴线的平面尺寸、基础布置与基础详图位置关系，基础立面尺寸、设计标高、宽度变化及基础边线与定位轴线的尺寸关系等，它是测设基槽(坑)开挖边线和开挖深度的依据，也是基础定位和细部放样的依据。

4. 立面图和剖面图

立面图和剖面图(图 9-4)给出的是基础、地坪、门窗、楼板、屋架和屋面等设计高程，它们是高程测设的主要依据。

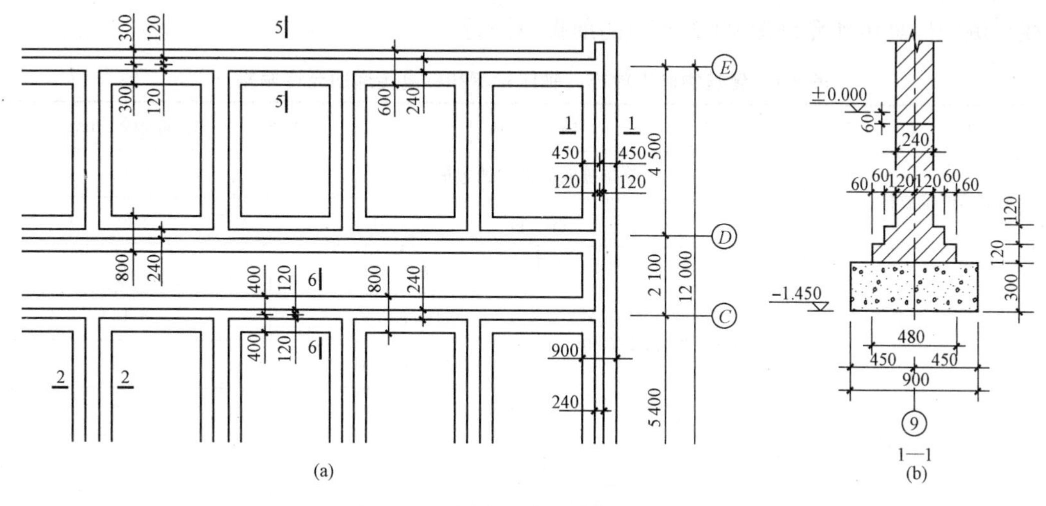

图 9-3　基础平面图及基础详图

(a)基础平面图；(b)基础详图

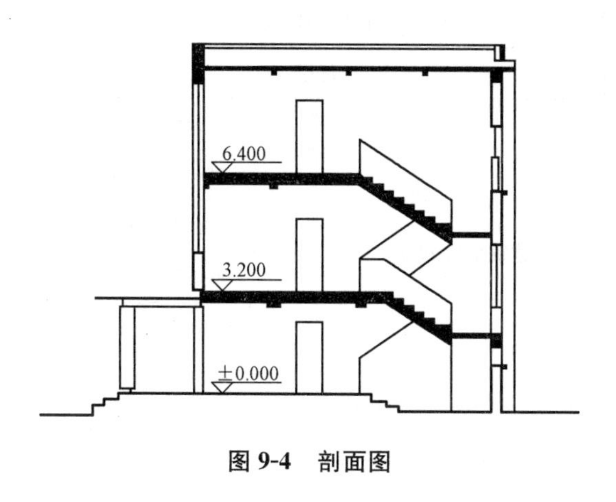

图 9-4　剖面图

二、仪器配备与检校

根据工程性质、规模和难易程度准备测量仪器，并在开工之前将仪器设备送到相关单位进行检定、校正，以保证工程按质按量完成。

三、现场踏勘

现场踏勘的目的是了解现场的地物、地貌以及控制点的分布情况，并调查与施工测量有关的问题。对建筑物地面上的平面控制点，在使用前应校核点位是否正确，并应实地检测水准点的高程。通过校核，取得正确的测量起始数据和点位。

四、编制施工测设方案

在熟悉设计图纸、掌握施工计划和施工进度的基础上，结合现场条件和实际情况，拟定测设方案。测设方案包括测设方法、测设步骤、采用的仪器工具、精度要求、时间安排等。

施工测设方案的确定，在满足《工程测量规范》(GB 50026—2007)的建筑物施工放样、轴线投测和标高传递允许偏差(表 9-1)的前提下进行。

表 9-1　建筑物施工放样、轴线投测和标高传递的允许偏差

项　目	内　容		允许偏差/mm
基础桩位放样	单排桩或群桩中的边桩		±10
	群　桩		±20
各施工层上放线	外廓主轴线长度 L/m	$L\leqslant 30$	±5
		$30<L\leqslant 60$	±10
		$60<L\leqslant 90$	±15
		$L>90$	±20
	细部轴线		±2
	承重墙、梁、柱边线		±3
	非承重墙边线		±3
	门窗洞口线		±3
轴线竖向投测	每层		3
	建筑总高 H/m	$H\leqslant 30$	5
		$30<H\leqslant 60$	10
		$60<H\leqslant 90$	15
		$90<H\leqslant 120$	20
		$120<H\leqslant 150$	25
		$H>150$	30
标高竖向传递	每层		±3
	建筑总高 H/m	$H\leqslant 30$	±5
		$30<H\leqslant 60$	±10
		$60<H\leqslant 90$	±15
		$90<H\leqslant 120$	±20
		$120<H\leqslant 150$	±25
		$H>150$	±30

五、准备测设数据

在每次现场测设前，应根据设计图纸和测量控制点的分布情况，准备好相应的测设数据并对数据进行检核。除计算必需的测设数据外，还需要从下列图纸上查取房屋内部平面尺寸和高程数据：

(1)从建筑总平面图上查出或计算出设计建筑物与原有建筑物或测量控制点之间的平面

尺寸和高差，并以此作为测设建筑物总体位置的依据。

(2)在建筑平面图中查取建筑物的总尺寸和内部各定位轴线之间的尺寸关系，这是施工放样的基本资料。

(3)从基础平面图中查取基础边线与定位轴线的平面尺寸，以及基础布置与基础剖面的位置关系。

(4)从基础详图中查取基础立面尺寸、设计标高，以及基础边线与定位轴线的尺寸关系，这是基础高程测设的依据。

(5)从建筑物的立面图和剖面图中，查取基础、地坪、门窗、楼板、屋面等设计高程，这是高程测设的主要依据。

第二节　民用建筑物的定位与放线

一、民用建筑物的定位

(一)民用建筑物定位的方法

民用建筑物的定位是把建筑物外廓各轴线交点测设在地面上，然后再根据这些点进行细部放样。民用建筑物的定位方法主要有以下五种。

1. 根据测量控制点定位

从测量控制点上测设拟建建筑物，一般都是采用极坐标法或角度前方交会法。如图 9-5 所示，测量控制点 A、B 和拟建建筑物外交点 M、N 坐标由设计图纸给定。若 M 点用极坐标法测设，则要计算出图中的角 α_2 及距离 S。若 M 点用角度交会法测设，则利用相应点的坐标反算出各边的方位角，就可计算夹角 α_1 和 β_1。

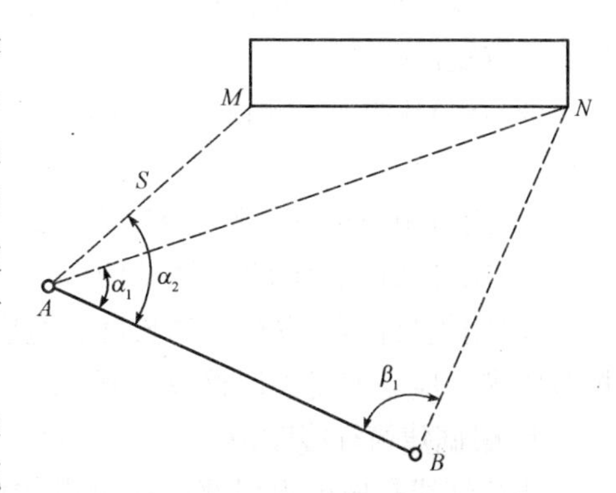

图 9-5　控制点定位

在设计图纸中所给定的拟建建(构)筑物的坐标值，大多数为外角坐标，测设出的点位为建筑物的外墙皮角点，施工时必须根据此点位测设出轴线交点桩。

2. 根据建筑方格网定位

在建筑场地已测设有建筑方格网，可根据建筑物和附近方格网点的坐标，用直角坐标法测设。如图 9-6 所示，MN 为建筑方格网的一条边，根据它进行建筑物 $ABCD$ 的定位放线，测设方法如下：

(1)在建筑总平面图上查得 A 点的坐标值。从而计算得 $MA'=20$ m、$AA'=15$ m、$AD=15$ m、$AB=65$ m。

(2)用直角坐标法测设 A、B、C、D 四个角点。

(3)用经纬仪检查四个角是否为直角，用钢尺检查放样点之间的长度。如不符合规范的有关技术要求，亦应复查调整或重测。

3. 根据建筑基线定位

如图 9-7 所示，AB 为建筑基线，根据它进行新建筑物 $EFGH$ 的定位放线，测设方法如下：

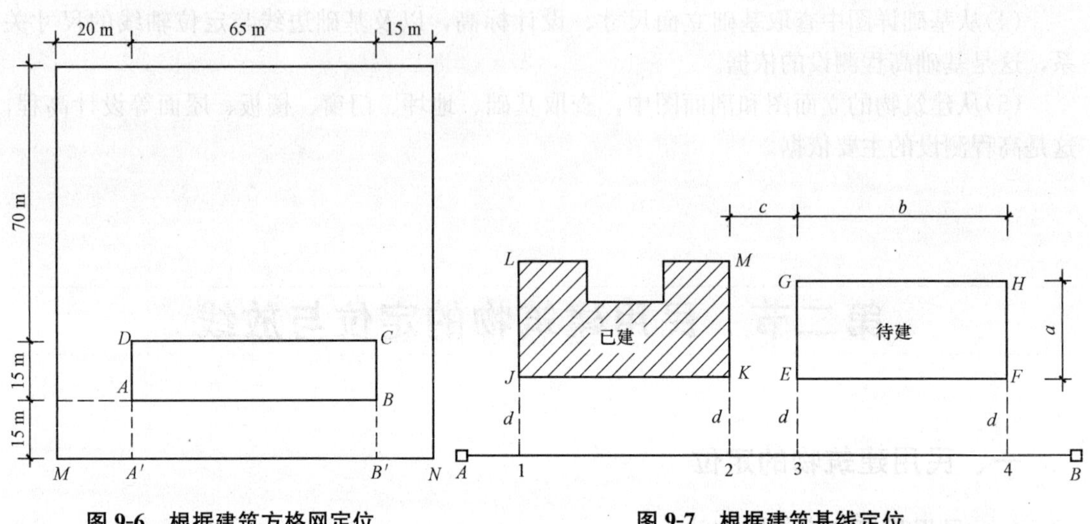

图 9-6　根据建筑方格网定位　　**图 9-7　根据建筑基线定位**

(1)先从建筑总平面图上，查得该建筑物轴线 EF 与建筑基线的间距 d、建筑物的长度 b、宽度 a 和新旧建筑的间距 c。用麻线引出旧建筑两山墙的轴线 LJ、MK，在引出线上测设 $J1=K2=d$(注意 JK 也为旧建筑的轴线)，得 1、2 两点，用经纬仪检查两点是否在基线 AB 上，如不符应复查调整。

(2)在 AB 线上，测设 2、3 两点的距离等于 c，得点 3；又测设 3、4 两点的距离等于 b，得点 4。

(3)用直角坐标法可测设 E、F、G、H 四点。

(4)用经纬仪检查 $EFGH$ 的四个角是否为直角。

(5)用钢尺检查 $EFGH$ 的长度和宽度，与 b、a 比较，看是否符合规范要求；如不符合规范要求，应立即复查调整或重测。

4. 根据建筑红线定位

建筑红线是城市规划部门所测设的城市道路规划用地与单位用地的界址线，新建筑物的设计位置与红线的关系应得到政府部门的批准。因此，靠近城市道路的建筑物设计位置应以城市规划道路的红线为依据。

图 9-8 中，Ⅰ、Ⅱ、Ⅲ三点为实地标定的场地边界点，其边线Ⅰ—Ⅱ、Ⅱ—Ⅲ称为建筑红线。

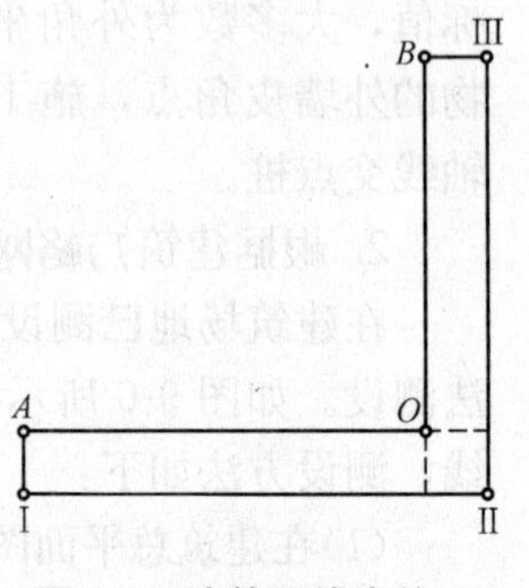

图 9-8　建筑红线定位

建筑物的主轴线 AO、OB 和建筑红线平行或垂直，所以，根据建筑红线用直角坐标法来测设主轴线 AOB。当 A、O、B 三点在实地标定后，应在 O 点安置经纬仪，检查$\angle AOB$ 是否等于 90°。

OA、OB 的长度也要实量检验，使其在容许误差内。施工单位放线人员在施工前应对城市勘察(土地部门)负责测设的桩点位置及坐标进行校核，正确无误后，才可以根据建筑红线进行建筑物主轴线的测设。

5. 根据与原有建筑物的关系定位

在建筑区新建、扩建或改建建筑物时，一般设计图上都绘出了新建筑物与附近原有建筑物的相互关系。如图 9-9(a)所示，拟建建筑物的外墙边线与原有建筑的外墙边线在同一条直线上，两栋建筑物的间距为 15 m，拟建建筑物四周长轴为 45 m，短轴为 20 m，轴线与外墙边线间距为 0.15 m，可按下述方法测设其四个轴线交点：

(1)沿原有建筑物的两侧外墙拉线，用钢尺顺线从墙角往外量一段较短的距离(这里设为 3 m)，在地面上定出 C_1 和 C_2 两个点，C_1 和 C_2 的连线即为原有建筑物的平行线。

(2)在 C_1 点安置经纬仪，照准 C_2 点，用钢尺从 C_2 点沿视线方向量 15 m+0.15 m，在地面上定出 C_3，再从 C_3 点沿视线方向量 45 m，在地面上定出 C_4 点，C_3 和 C_4 的连线即为拟建建筑物的平行线，其长度等于长轴尺寸。

(3)在 C_3 点安置经纬仪，照准 C_4 点，逆时针测设 90°，在视线方向上量 3 m+0.15 m，在地面上定出 D_1 点，再从 D_1 点沿视线方向量 20 m，在地面上定出 D_4 点。同理，在 C_4 点安置经纬仪，照准 C_3 点，顺时针测设 90°，在视线方向上量 3 m+0.15 m，在地面上定出 D_2 点，再从 D_2 点沿视线方向量 20 m，在地面上定出 D_3 点。则 D_1、D_2、D_3 和 D_4 点，即为拟建建筑物的四个定位轴线点。

(4)在 D_1、D_2、D_3 和 D_4 点上安置经纬仪，检核四个大角是否为 90°，用钢尺丈量四条轴线的长度，检核长轴是否为 45 m，短轴是否为 20 m。

如果是图 9-9(b)所示的情况，则在得到原有建筑物的平行线并延长到 C_3 点后，应在 C_3 点测设 90°并量距，定出 D_1 和 D_2 点，得到拟建建筑物的一条长轴，再分别在 D_1 和 D_2 点测设 90°并量距，定出另一条长轴上的 D_4 和 D_3 点。注意不能先定短轴的两个点(例如 D_1 和 D_4 点)，在这两个点上设站测设另一条短轴上的两个点(例如 D_2 和 D_3 点)，误差容易超限。

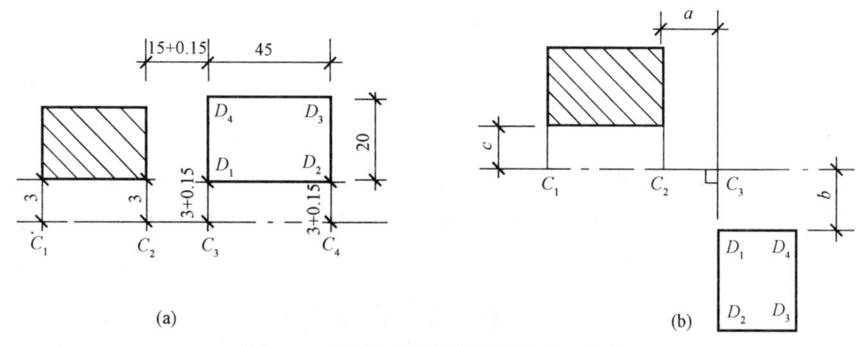

图 9-9　根据与原有建筑物的关系定位

(二)民用建筑物定位的注意事项

(1)认真熟悉设计图纸及有关技术资料，审核各项尺寸，发现图纸有不符之处应与有关技术部门核实改正。施测前绘制测量定位略图，并标注相关测设数据。

(2)施测过程中对每个环节都要精心操作，尽量做到以长方向控制短方向，引测过程的精度不低于控制网精度。

(3)标注桩位时，应注意写清轴线编号、偏移距离和方向，避免将中线、轴线、边线搞混看错。

(4)控制桩要做好明显标志，以便引起人们注意。桩周围要设置保护措施，防止碰撞破坏。应定期进行检测，保证测量精度。

(5)寒冷地区应采取防冻措施。

二、民用建筑物的放线

民用建筑物的放线是指根据定位的主轴线桩，详细测设其他各轴线交点的位置，并用木桩(桩上钉小钉)标定出来，称为中心桩。常据此按基础宽和放坡宽用白灰线撒出基槽边界线。民用建筑的放线一般包括以下工作。

1. 测设中心桩

如为基础大开挖，则可先不进行此项工作。

2. 钉设轴线控制桩或龙门板

建筑物定位后，由于定位桩、中心桩在开挖基础时将被挖掉，一般在基础开挖前把建筑物轴线延长到安全地点，并做好标志，作为开槽后各阶段施工中恢复轴线的依据。延长轴线的方法有两种：一是在建筑物外侧设置龙门桩和龙门板；二是在轴线延长线上打木桩，称为轴线控制桩(又称引桩)。

(1)龙门板法。在建筑物四角和中间隔墙的两端，距离基槽边线 2 m 以外，牢固地埋设大木桩，称为龙门桩，并使桩的一侧平行于基槽，如图 9-10 所示。

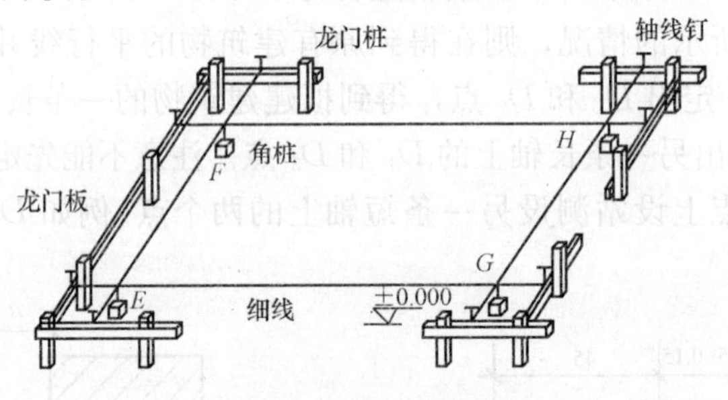

图 9-10　龙门桩示意

根据附近水准点，用水准仪将±0.000 标高测设在每个龙门桩的外侧上，并画出横线标志。如果现场条件不允许，也可测设比±0.000 高或低一定数值的标高线，同一建筑物最好只用一个标高，如因地形起伏大用两个标高时，一定要标注清楚，以免使用时发生错误。在相邻两龙门桩上钉设木板，称为龙门板，龙门板的上沿应和龙门桩上的横线对齐，使龙门板的顶面标高在一个水平面上，并且标高为±0.000，或比±0.000 高或低一定的数值，龙门板顶面标高的误差应在±5 mm 以内。

根据轴线桩，用经纬仪将各轴线投测到龙门板的顶面，并钉上小钉作为轴线标志，称为轴线钉，投测误差应在±5 mm 以内。对小型的建筑物，也可用拉细线绳的方法延长轴线，再钉上轴线钉。如事先已打好龙门板，可在测设细部轴线的同时钉设轴线钉，以减少重复安置仪器的工作量。龙门板法适用于一般小型的民用建筑物。

(2)轴线控制桩法。在建筑物施工时，沿房屋四周在建筑物轴线方向上设置的桩，叫作轴线控制桩，如图 9-11 所示。轴线控制桩是在测设建筑物角桩和中心桩时，把各轴线延长到基槽开挖边线以外、不受施工干扰，并便于引测和保存桩位的地方。桩顶面钉小钉标明轴线位置，以便在基槽开挖后恢复轴线之用。如附近有固定性建筑物，应把各线延伸到建筑物上，以便校对控制桩。

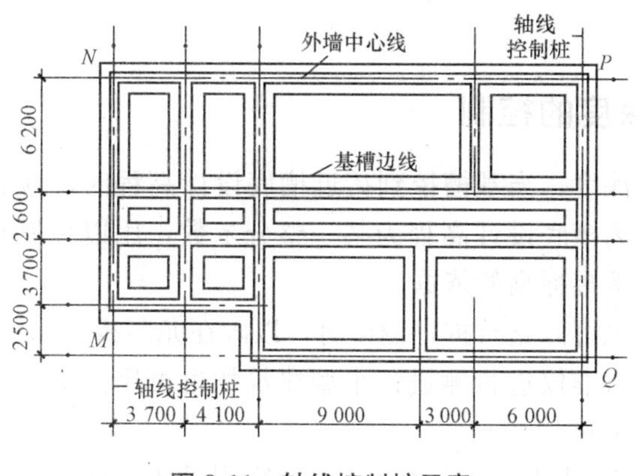

图 9-11　轴线控制桩示意

3. 确定开挖边界线

应先根据槽底设计标高、原地面标高、基槽开挖坡度计算轴线两侧的开挖宽度。轴线一侧的开挖宽度按下式计算：

$$W=W_1+W_2+\frac{h}{i} \tag{9-1}$$

式中　W——轴线一侧的开挖宽度；

W_1——轴线一侧的结构宽度；

W_2——预留工作面宽度；

h——槽深；

i——边坡坡度，$i=h/D$。

如图 9-12 所示，$W_1=650$ mm，$W_2=500$ mm，左侧坡度为 2∶1，右侧坡度为 2.5∶1，原地面高程为 56.100 m，槽底高程为 53.780 m。则轴线左侧开槽宽度 $W_{左}=0.65+0.5+(56.100-53.780)/2=2.310$(m)

轴线右侧开槽宽度 $W_{右}=0.65+0.5+(56.100-53.780)/2.5=2.078$(m)

按上述宽度，用白灰在轴线两侧撒出开槽线。

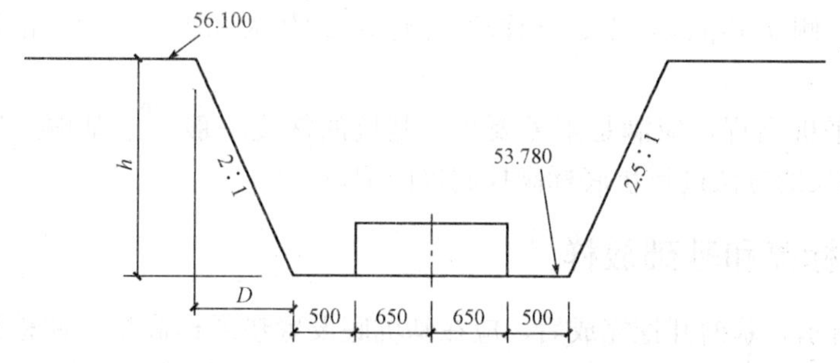

图 9-12　基槽开挖边界线确定

第三节　建筑物基础施工测量

一、基础开挖深度的控制

为了控制基槽开挖深度，当基槽挖到接近槽底设计高程时，应在槽壁上测设一些水平桩，使水平桩的上表面离槽底设计高程为某一整分米数，用以控制挖槽深度，也可作为槽底清理和打基础垫层时掌握标高的依据。

水平桩可以是木桩也可以是竹桩，测设时，以画在龙门板或周围固定地物的±0.000标高线为已知高程点，用水准仪进行测设；小型建筑物也可用连通水管法进行测设。水平桩上的高程误差应在±10 mm以内。

如图9-13所示，槽底设计标高为1.700 m，欲测设比槽底设计标高高出0.500 m的水平桩，测设方法如下。

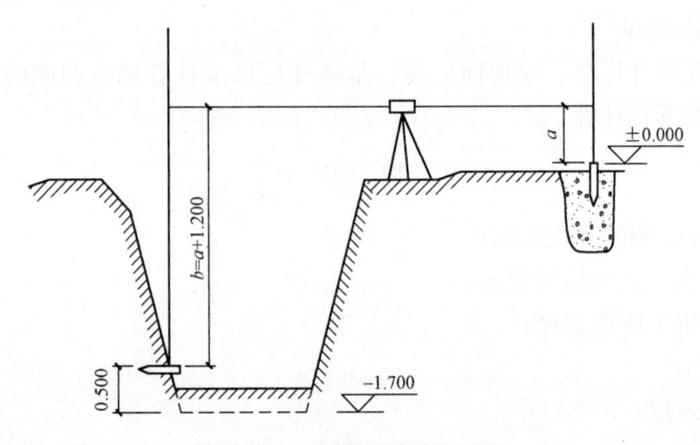

图9-13　基槽开挖深度控制

(1)在适当位置安置水准仪，照准后视标尺，读取±0.000点标尺读数$a=1.250$ m。

(2)计算前视尺读数$b_{应}$。

$$b_{应}=a-(-1.700+0.500)=1.250+1.200=2.450(\text{m})$$

(3)在槽内一侧立水准尺，上、下移动，当标尺读数为2.450 m时，沿尺底在槽壁上打入一木桩。

(4)检核水平桩高程，应满足限差要求。基坑的深度一般大于基槽，当基坑深度较深时，可采用吊钢尺的方法进行坑底标高控制桩的测设。

二、垫层标高和基础放样

如图9-14所示，基槽开挖完成后，应在基坑底设置垫层标高桩，使桩顶面的高程等于垫层设计高程，作为垫层施工的依据。垫层施工完成后，根据轴线控制桩，用拉线的方法，吊垂球将墙基轴线投设到垫层上，用墨斗弹出墨线，用红油漆画出标记。墙基轴线投设完成后，应按设计尺寸复核。

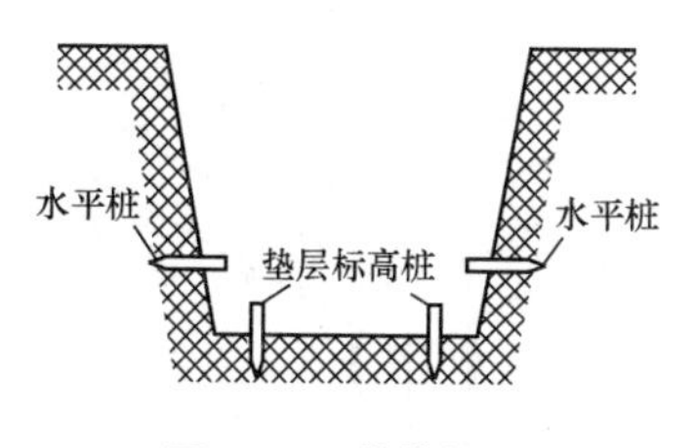

图 9-14　基槽抄平

三、基层标高的控制和弹线

房屋基础墙(±0.000 以下的砖墙)的高度是利用基础皮数杆来控制的。基础皮数杆是一根木制的杆子，如图 9-15 所示，在杆上事先按照设计尺寸，将砖、灰缝厚度画出线条，并标明±0.000 和防潮层等的标高位置。

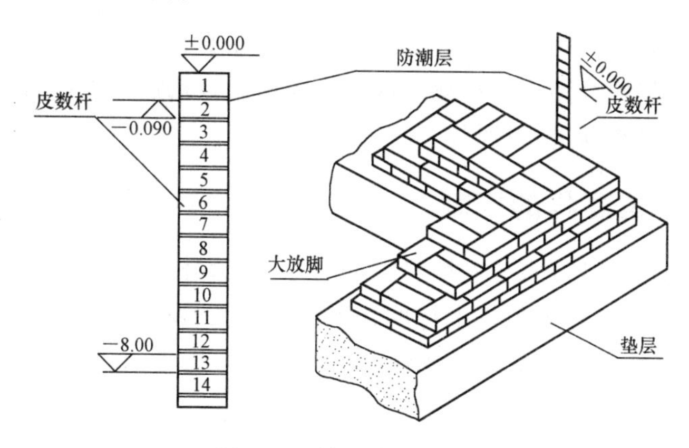

图 9-15　基础墙标高控制

根据龙门板或控制桩所示轴线及基础设计宽度，在垫层上弹出中心线及边线。由于整个建筑将以此为基准，所以，要按设计尺寸严格校核。

第四节　墙体工程施工测量

一、墙体定位

为防基础施工土方及材料的堆放与搬运产生碰动，基础工程结束后，应及时对控制桩进行检查。复核无误后，用控制桩将轴线测设到基础顶面(或承台、地梁)上，并用墨线弹出墙中心线和墙边线。检查外墙轴线交角是否为直角，符合要求后，把墙轴线延伸并画在外墙基础上，做好标志，如图 9-16 所示，作为向上层投测轴线的依据。同时，把门、窗和其他洞口的边线，也画在外墙基础立面上。

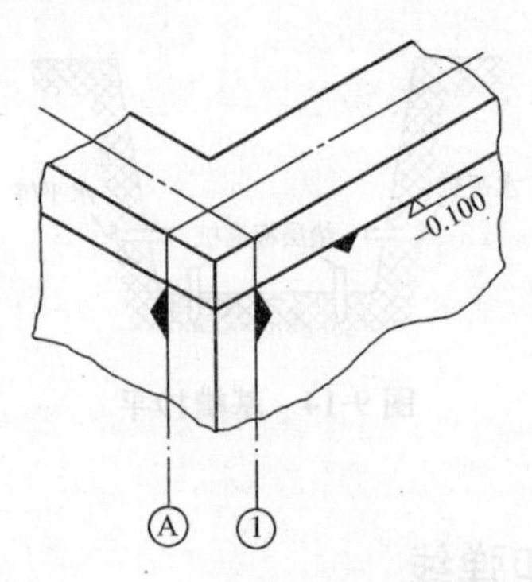

图 9-16　墙体轴线及标高控制

二、轴线投测

施工轴线的投测，宜使用 2″级激光经纬仪或激光铅直仪进行。控制轴线投测至施工层后，应在结构平面上按闭合图形对投测轴线进行校核。合格后，才能进行本施工层上的其他测设工作；否则，应重新进行投测。

三、墙体各部位高程的控制

墙体施工通常也用皮数杆来控制墙身细部高程，皮数杆可以准确控制墙身各部位构件的位置。如图 9-17 所示，在皮数杆上标明±0.000、门、窗、楼板、过梁、圈梁等构件高度位置，并根据设计尺寸，在墙身皮数杆上，画出砖、灰缝处线条，这样可保证每皮砖、灰缝厚度均匀。

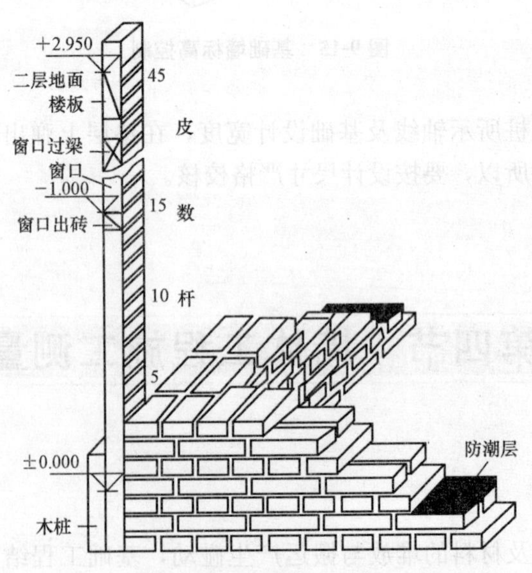

图 9-17　墙体细部标高控制及墙身皮数杆

立皮数杆时，先在地面上打一木桩，用水准仪测出±0.000标高位置，并画一横线作为标志；然后，把皮数杆上的±0.000线与木桩上±0.000对齐、钉牢。皮数杆钉好后要用水准仪进行检测，并用垂球来校正皮数杆的竖直。

皮数杆一般设立在建筑物内(外)拐角和隔墙处。采用里脚手架砌砖时，皮数杆应立在墙外侧；采用外脚手架时，皮数杆应立在墙内侧。砌框架或钢筋混凝土柱墙时，每层皮数杆可直接画在构件上，而不立皮数杆。

墙身皮数杆的测设与基础皮数杆相同。一般在墙身砌起1 m后，就在室内墙身上定出+0.5 m的标高线，作为该层地面施工及室内装修的依据。在第二层以上墙体施工中，为了使同层四角的皮数杆立在同一水平面上，要用水准仪测出楼板面四角的标高，取平均值作为本层的地坪标高，并以此作为本层立皮数杆的依据。当精度要求较高时，可用钢尺沿墙身自±0.000起向上直接丈量至楼板外侧，确定立杆标志。

四、多层建筑物轴线投测与标高引测

在多层建筑物的砌筑过程中，为了保证轴线位置的正确传递，常采用吊垂球或经纬仪将底层轴线投测到各层楼面上，作为各层施工的依据。

1. 轴线投测

在砖墙体砌筑过程中，经常采用垂球校验纠正墙角(或轴线)，使墙角(或轴线)在一铅垂线上，这样就把轴线逐层传递上去了。在框架结构施工中将较重垂球悬吊在楼板边缘，当垂球尖对准基础上定位轴线，垂球线在楼板边缘的位置即为楼层轴线端点位置，画一标志，同样投测该轴线的另一端点，两端的连线即为定位轴线。同法投测其他轴线，用钢尺校核各轴线间距，无误后方可进行施工，以此就可把轴线逐层自下而上传递。

为了保证投测精度，每隔三、四层可用经纬仪把地面上的轴线投测到楼板上进行校核，其投测步骤如下：

第一步：在轴线控制桩上安置经纬仪，后视墙底部的轴线标点，用正倒镜取中的方法，将轴线投到上层楼板边缘或柱顶上。

第二点：用钢尺对轴线进行测量，作为校核。

第三步：开始施工。

经纬仪轴线投测应符合以下要求：

(1)用钢尺对轴线间距进行校核时，其相对误差不得大于1/2 000。

(2)为了保证投测质量，使用的仪器一定要经检验校正，安置仪器一定要严格对中、整平。

(3)为了防止投点进仰角过大，经纬仪与建筑物的水平距离要大于建筑物的高度，否则应采用正倒镜延长直线的方法将轴线向外延长，然后再向上投点。

2. 标高传递

施工层标高的传递，宜采用悬挂钢尺代替水准尺的水准测量方法进行，并应对钢尺读数进行温度、尺长和拉力改正。

(1)传递点的数目，应根据建筑物的大小和高度确定。规模较小的工业建筑或多层民用建筑，宜从两处分别向上传递；规模较大的工业建筑或高层民用建筑，宜从三处分别向上传递。

(2)传递的标高较差小于 3 mm 时，可取其平均值作为施工层的标高基准，否则应重新传递。

施工的垂直度测量精度，应根据建筑物的高度、施工的精度要求、现场观测条件和垂直度测量设备等综合分析确定，但不应低于轴线竖向投测的精度要求。

第五节 高层建筑施工测量

一、高层建筑施工测量的特点、基本准则及主要任务

1. 高层建筑施工测量的特点

(1)由于高层建筑层数多、高度高，结构竖向偏差直接影响工程受力情况，故施工测量中要求竖向投点精度高，所选用的仪器和测量方法要适应结构类型、施工方法和场地情况。

(2)由于高层建筑结构复杂，设备和装修标准较高，特别是高速电梯的安装等，对施工测量精度要求更高。一般情况下，在设计图纸中有说明总的允许偏差值，由于施工时也有误差产生，为此测量误差只能控制在总偏差值之内。

(3)由于高层建筑平面、立面造型既新颖又复杂多变，故要求开工前先应制定施测方案、仪器配备、测量人员的分工，并经工程指挥部组织有关专家论证后方可实施。

2. 高层建筑施工测量的基本准则

(1)遵守国家法令、政策和规范，明确为工程施工服务。

(2)遵守先整体、后局部和高精度控制低精度的工作程序。

(3)要有严格的审核制度。

(4)建立一切定位、放线工作要经自检、互检合格后，方可申请主管部门验收的工作制度。

3. 高层建筑施工测量的主要任务

与普通多层建筑物的施工测量相比，高层建筑施工测量的主要任务是将轴线精确地向上引测和进行高程传递。

二、高层建筑的定位与放线

(一)桩位放样

在软土地基区的高层建筑常用桩基，一般都打入钢管桩或钢筋混凝土方桩。由于高层建筑的上部荷重主要由钢管桩或钢筋混凝土方桩承受，所以对桩位要求较高，按规定钢管桩及钢筋混凝土桩的定位偏差不得超过 1/2D(D 为圆桩直径或方桩边长)，为此在定桩位时必须按照建筑施工控制网，实地定出控制轴线，再按设计的桩位图中所示尺寸逐一加以定出桩位，定出的桩位之间尺寸必须再进行一次校核，以防定错，如图 9-18 所示。

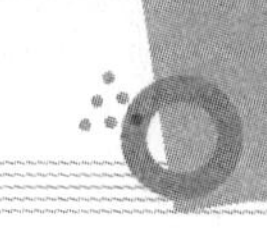

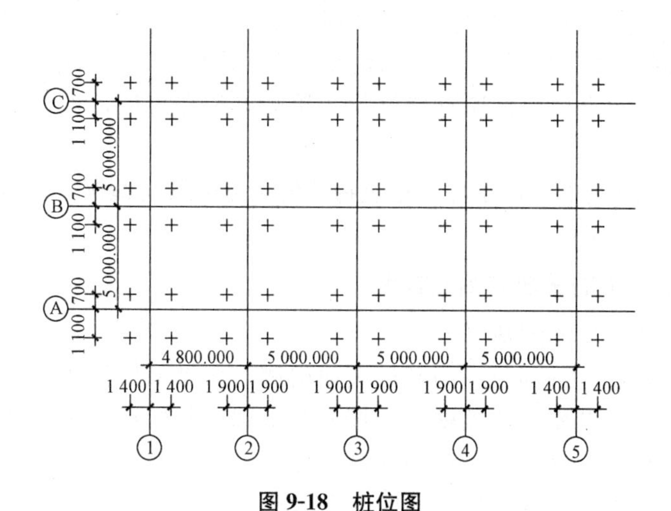

图 9-18　桩位图

(二)建筑物基坑与基础的测定

高层建筑采用箱形基础和桩基础较多，其基坑较深，有的达 20 多米。在开挖基坑时，应当根据规范和设计所规定的精度(高程和平面)完成土方工程。

基坑下轮廓线的定线和土方工程的定线，可以沿着建筑物的设计轴线，也可以沿着基坑的轮廓线进行定点，最理想的是根据施工控制网来定线。

根据设计图纸进行放样，常用的方法有以下几种：

(1)投影法。根据建筑物的对应控制点，投影建筑物的轮廓线。具体作法如图 9-19 所示。将仪器设置在 A_2，后视 A_2'，投影 A_2A_2'方向线，将仪器移至 A_3，后视 A_3'，定出 A_3A_3'方向线。用同样方法在 B_2B_3 控制点上定出 B_2B_2'、B_3B_3'方向线，此方向线的交点即为建筑物的四个角点，然后按设计图纸用钢尺或皮尺定出其开挖基坑的边界线。

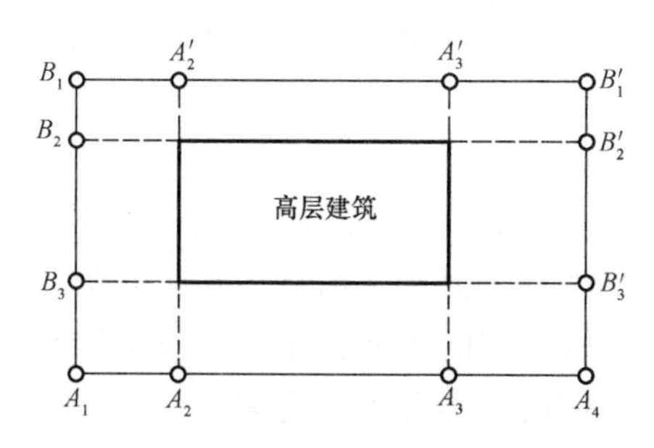

图 9-19　建筑物放样示意

(2)主轴线法。建筑方格网一般都确定一条或两条主轴线。主轴线的形式有“L”形、“T”形或“十”字形等布置形式。这些主轴线是作为建筑物施工的主要控制依据。因此，当建筑物放样时，按照建筑物柱列线或轮廓线与主轴线的关系，在建筑场地上定出主轴线后，然后根据主轴线逐一定出建筑物的轮廓线。

(3)极坐标法。由于建筑物的造型格式从单一的方形向“S”形、扇面形、圆筒形、多面体形等复杂的几何图形发展，这样，对建筑物的放样定位带来了一定的复杂性，极坐标法是比较灵活的放样定位方法。极坐标法是先根据设计要素(如轮廓坐标、曲线半径、圆心坐标等)与施工控制网点的关系，计算其方向角及边长，并在工作控制点上按其计算所得的方向角和边长，逐一测定点位。将所有建筑物的轮廓点位定出后，再行检查是否满足设计要求。

总之，根据施工场地的具体条件和建筑物几何图形的繁简情况，测量人员可选择最合适的工作方法进行放样定位。

(三)建筑物基础上的平面与高程控制

1. 建筑物基础上的平面控制

由外部控制点(或施工控制点)向基础表面引测。如果采用流水作业法施工，当第一层的柱子立好后，马上开始砌筑墙壁时，标桩与基础之间的通视很快就会阻断。由于高层建筑的基础尺寸较大，因而就不得不在高层建筑基础表面上作出许多要求精确测定的轴线。而所有这一切都要求在基础上直接标定起算轴线标志，使定线工作转向基础表面，以便在其表面上测出平面控制点。建立这种控制点时，可将建筑物对称轴线作为起算轴线。如果基础面上有了平面控制点，那就能完全保证在规定的精度范围内进行精密定线工作。

高层建筑施工在基础面上放样，要根据实际情况采取切实可行的方法进行，必须经过校对和复核，以确保无误。

当用外控法投测轴线时，应每隔数层用内控法测一次，以提高精度，减少竖向偏差的积累。为保证精度应注意以下几点：

(1)轴线的延长控制点要准确，标志要明显，并要保护好。

(2)尽量选用望远镜放大倍率大于25倍、有光学投点器的经纬仪，以T2级经纬仪投测为好。

(3)仪器要进行严格的检验和校正。

(4)测量时尽量选在早晨、傍晚、阴天、无风的天气条件下进行，以减少旁折光的影响。

2. 建筑物基础上的高程控制

建筑物基础上的高程控制主要作用是利用工程标高保证高层建筑施工各阶段的工作。高程控制水准点必须满足基础的整个面积，而且还要有高精度的绝对标高。必须用Ⅱ等水准测量确定水准标面的标高。水准网的主要技术要求按工程测量规范，必须将水准仪置于两水准尺的中间，Ⅱ等水准前后视距不等差不得大于1 m，Ⅲ等水准前后视距不等差不得大于2 m，Ⅳ等水准前后视距不等差不得大于4 m。如果采用带有平行玻璃板的水准仪并配有铟钢水准尺时，那就利用主副尺读数。主副尺的常数一般为3.015 50，主副尺之读数差≤±0.3 mm，视线距离地面高不应小于0.5 m。若无上述仪器，可采用三丝法，这种方法不需要水准气泡两端的读数。基础上的整个水准网附合在2～3个外部控制水准标志上。

水准测量必须做好野外记录，观测结束后及时计算高差闭合差，看是否超限，如Ⅱ等水准允许线路闭合限差为$4\sqrt{L}$或$1/\sqrt{N}$(L为公里数、N为测站数)。结果满足精度要求后，即可将水准线路的不符值按测站数进行平差，计算各水准点的高程，编写水准测量成果表。

三、高层建筑中的竖向测量

竖向测量也称垂准测量，是工程测量的重要组成部分。它的应用比较广泛，适用于大型工业工程的设备安装、高耸构筑物(高塔、烟囱、筒仓)的施工、矿井的竖向定向，以及高层建筑施工和竖向变形观测等。在高层建筑施工中，竖向测量一般可分为经纬仪引桩投测法和激光垂准仪投测法两种。

1. 经纬仪引桩投测法

当建筑物高度不超过 10 层时，可采用经纬仪投测轴线。在基础工程完成后，用经纬仪将建筑物的主轴线精确投测到建筑物底部，并设标志，以供下一步施工与向上投测用。

如图 9-20 所示，通常先将原轴线控制桩引测到离建筑物较远的安全地点，如 A_1、B_1、A'_1、B'_1点，以防止控制桩被破坏，同时，避免轴线投测时仰角过大，以便减小误差，提高投测精度。然后将经纬仪安置在轴线控制桩 A_1、B_1、A'_1、B'_1上，严格对中、整平。用望远镜照准已在墙角弹出的轴线点 a_1、a'_1、b_1、b'_1，用盘左和盘右两个竖盘位置向上投测到上一层楼面上，取得 a_2、a'_2、b_2、b'_2点，再精确测出 $a_2a'_2$和 $b_2b'_2$两条直线的交点 O_2，然后根据已测设 $a_2O_2a'_2$和 $b_2O_2b'_2$的两轴线在楼面上详细测设其他轴线。

按照上述步骤逐层向上投测，即可获得其他各楼层的轴线。

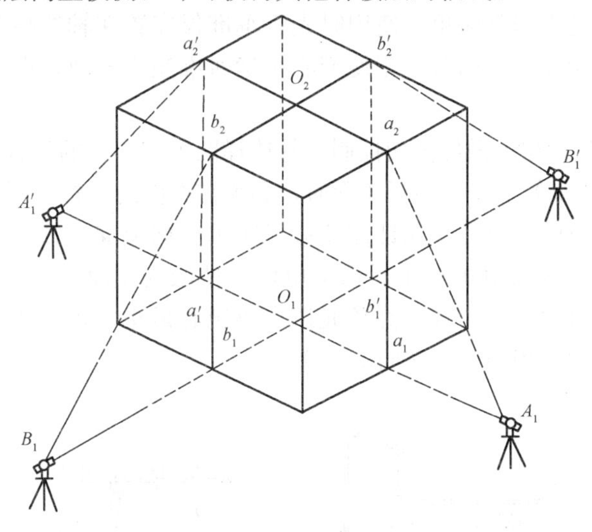

图 9-20 经纬仪轴线投测

当楼层逐渐增高，而轴线控制桩距离建筑物又较近时，经纬仪投测时的仰角较大，操作不方便，误差也较大，此时应将轴线控制桩用经纬仪引测到远处(距离大于建筑物高度)稳固的地方，然后继续往上投测。如果周围场地有限，也可引测到附近建筑物的屋面上。如图 9-21 所示，先在轴线控制桩 M_1 上安置经纬仪，照准建筑物底部的轴线标志，将轴线投测到楼面上 M_2 点处，然后在 M_2 上安置经纬仪，照准 M_1 点，将轴线投测到附近建筑物屋面上 M_3 点处，以后就可在 M_3 点安置经纬仪，投测更高楼层的轴线。

需要注意的是，上述投测工作均应采用盘左盘右取中法进行，以减少投测误差。

所有主轴线投测出来后，应进行角度和距离的检核，合格后再以此为依据测设其他轴线。

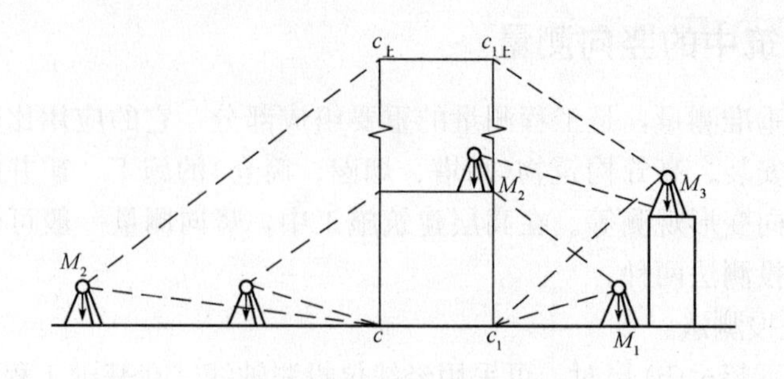

图 9-21　经纬仪引桩投测法

2. 激光垂准仪投测法

高层建筑随着层数增加，经纬仪投测的难度也增加，精度会降低。因此，当建筑物层数多于 10 层时，通常采用激光垂准仪(激光铅垂仪)进行轴线投测。

激光垂准仪是利用望远镜发射的铅直激光束到达光靶(放样靶，透明塑料玻璃，规格 25 cm×25 cm)，在靶上显示光点，投测定位的仪器。垂准仪可向上投点，也可向下投点。其向上投点精度为 1/45 000。

激光垂准仪操作起来非常简单。使用时先将垂准仪安置在轴线控制点(投测点)上，对中整平后，向上发射激光，利用激光靶使靶心精确对准激光光斑，即可将投测轴线点标定在目标面上。

投测时必须在首层面层上做好平面控制，并选择四个较合适的位置作控制点(图 9-22)或用中心“十”字控制，在浇筑上升的各层楼面时，必须在相应的位置预留 200 mm×200 mm 与首层层面控制点相对应的小方孔，保证能使激光束垂直向上穿过预留孔。在首层控制点上架设激光铅垂仪，调置仪器对中整平后启动电源，使激光铅垂仪发射出可见的红色光束，投射到上层预留孔的接收靶上，查看红色光斑点离靶心最小之点，此点即为第二层上的一个控制点。其余的控制点用同样方法向上传递。

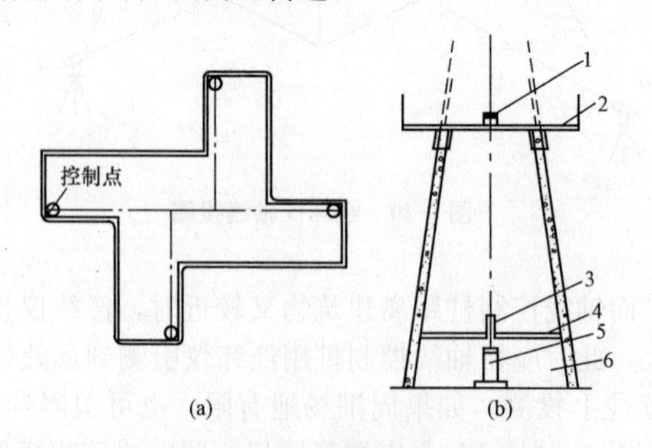

图 9-22　内控制布置

(a)控制点设置；(b)垂向预留孔设置

1—中心靶；2—滑模平台；3—通光管；

4—防护棚；5—激光铅垂仪；6—操作间

四、高层建筑的高程传递

在高层建筑施工中，要由下层楼面向上层传递高程，以使上层楼板、门窗、室内装修等工程的标高符合设计要求。传递高程的方法有钢尺直接丈量法、悬吊钢尺法和全站仪法三种。

1. 钢尺直接丈量法

钢尺直接丈量是从±0.000或+0.500线(称为50线)开始，沿结构外墙、边柱或楼梯间、电梯间直接向上垂直量取设计高差，确定上一层的设计标高。利用该方法应从底层至少3处向上传递。所传递标高利用水准仪检核互差应不超过±3 mm。

2. 悬吊钢尺法

悬吊钢尺法是采用悬吊钢尺配合水准测量的一种方法。在外墙或楼梯间悬吊一根钢尺，分别在地面和楼面上安置水准仪，将标高传递到楼面上。用于高层建筑传递高程的钢尺应经过检定，量取高差时尺身应铅直和用规定的拉力，并应进行温度改正。

如图9-23所示，由地面上已知高程点A，向建筑物楼面B传递高程，先从楼面上(或楼梯间)悬挂一支钢尺，钢尺下端悬一重锤。在观测时，为了使钢尺比较稳定，可将重锤浸于一盛满油的容器中。然后，在地面及楼面上各安置一台水准仪，按水准测量方法同时读得a_1、b_1和a_2、b_2，则楼面上B点的高程H_B为

$$H_B=H_A+a_1-b_1+a_2-b_2 \tag{9-2}$$

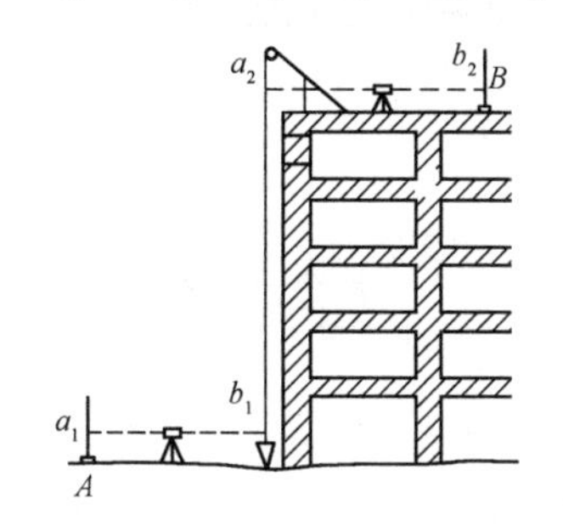

图9-23　悬吊钢尺法传递高程

3. 全站仪法

对于超高层建筑，用钢尺测量有困难时，可以在投测点或电梯井安置全站仪，采用对天顶方向测距的方法进行高程传递，如图9-24所示。具体操作方法如下：

(1)在投测点上安置全站仪，使望远镜视线水平(置竖盘读数为90°)，读取竖立在首层+5.0 m标高线上水准尺上的读数为a_1，即为全站仪横轴到+0.50 m标高线的仪器高。

(2)将望远镜视线指向天顶(置竖盘读数为0°)，在需要测设高程的第i层楼投测洞口上，水平安放一块400 mm×400 mm×5 mm、中间有一个ϕ30圆孔的钢板。听从仪器观测员指挥，使圆孔中心对准望远镜视线，将测距反射片扣在圆孔上，进行测距为d_i。

(3)在第i层楼上安置水准仪，在钢板上立一水准尺并读取后视读数a_i，在预测设+0.50 m标高线处立另一水准尺，设该尺读数为b_i，则第i层楼面的设计高程H_i为

$$H_i=a_1+d_i+(a_i-b_i) \tag{9-3}$$

(4)由式(9-3)可解出应读前视为

$$b_i = a_1 + d_i + (a_i - H_i) \tag{9-4}$$

(5)上下移动水准尺，使其读数为 b_i，沿尺底在墙面上画线，即为第 i 层楼的 $+0.50$ m 标高线。

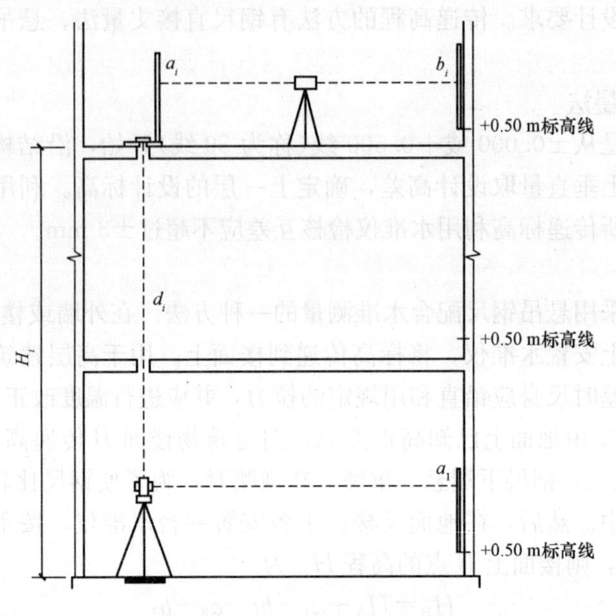

图 9-24　全站仪法高程传递

本章小结

本章主要讲述了民用建筑施工测量前的准备工作、民用建筑物的定位与放线、建筑物基础施工测量、墙体工程施工测量、高层建筑施工测量等内容。

1. 在进行民用建筑施工测量前，应做好的测设准备工作有熟悉图纸、仪器配备与检校、现场踏勘、编制施工测设方案和准备测设数据。

2. 民用建筑施工测量的工作内容主要有建筑物的定位与放线、基础工程施工测量、墙体工程施工测量、各层轴线投测及标高传递等。

3. 与普通多层建筑物的施工测量相比，高层建筑施工测量的主要任务是将轴线精确地向上引测和进行高程传递。

复习思考题

一、填空题

1. 施工测量时必须具备的图纸资料有________、________、________、________、________和________。

2. 施工测设方案包括________、________、________、________、________等。

3. 建筑物的定位方法主要有__________、__________、__________、__________和__________。

4. 建筑物的放线就是根据定位的__________，详细测设其他各轴线。

5. 房屋基础墙(±0.000 以下的砖墙)的高度利用__________来控制的。

6. 在多层建筑物的砌筑过程中，为了保证轴线位置的正确传递，常采用__________或__________将底层轴线投测到各层楼面上，作为各层施工的依据。

7. 在高层建筑施工中，竖向测量一般分为__________和__________两种。

8. 在高层建筑施工中，传递高程的方法有__________、__________和__________三种。

二、选择题(有一个或多个答案)

1. 建筑平面图给出的是建筑物(　　)等。

   A. 各定位轴线间的尺寸关系

   B. 基础轴线间的尺寸关系和编号

   C. 室内地坪标高

   D. 基础、地坪、门窗、楼板、屋架和屋面等设计高程

2. 建筑物的定位，就是把建筑物外廓各(　　)测设在地面上，然后再根据这些点进行细部放样。

   A. 轴线交点　　B. 细部　　C. 坐标点　　D. 边线

3. 龙门板法延长轴线适用于一般(　　)的民用建筑物。

   A. 小型　　B. 中型　　C. 大型　　D. 所有

4. 施工轴线的投测，宜使用(　　)级激光经纬仪或激光铅直仪进行。

   A. 1″　　B. 2″　　C. 3″　　D. 4″

5. 采用里脚手架砌砖时，皮数杆应立在墙(　　)，采用外脚手架时，皮数杆应立在墙(　　)。

   A. 内侧，内侧　　B. 内侧，外侧　　C. 外侧，内侧　　D. 外侧，外侧

6. 施工的垂直度测量精度，应根据(　　)等综合分析确定。

   A. 建筑物的高度　　B. 施工的精度要求

   C. 现场观测条件　　D. 垂直度测量设备

7. 下列不属于高层建筑施工测量基本准则的是(　　)。

   A. 遵守国家法令、政策和规范，明确为工程施工服务

   B. 遵守先局部后整体和高精度控制低精度的工作程序

   C. 要有严格审核制度

   D. 建立一切定位、放线工作要经自检、互检合格后，方可申请主管部门验收的工作制度

三、简答题

1. 民用建筑施工测量前的准备工作有哪些？

2. 设置龙门板或引桩的作用有哪些？

3. 在建筑物基槽施工中，如何控制开挖深度？

4. 简述多层建筑物采用吊垂球投测轴线的方法。

四、计算题

如图 9-25 所示，已知原有建筑物与拟建建筑物的相对位置关系，试问如何根据原有建筑物甲测设出拟建建筑物乙？又如何根据已知水准点 BM_A 的高程为 26.740 m，在 2 点处测设出室内地坪标高±0.000 m=26.990 m 的位置(乙建筑为一砖半墙)？

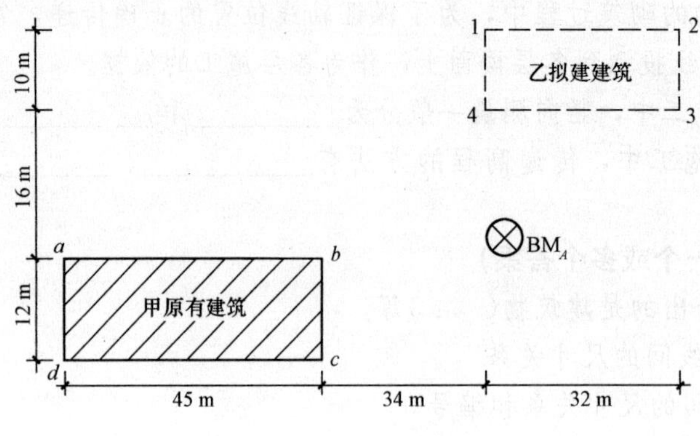

图 9-25　建筑物的定位

第十章　工业建筑施工测量

学习目标

通过本章的学习，了解工业厂房控制网测设前的准备工作；熟悉各种工业厂房控制网的测设方法，厂房柱列轴线的测设方法，烟囱的定位与放线工作程序，钢柱基础施工测量方法；掌握混凝土柱基施工测量方法，柱子、吊车梁、屋架的安装测量方法和钢结构工程施工测量方法，烟囱基础及筒身施工测量方法。

能力目标

具备厂房控制网和厂房柱列轴线的测设能力，能够进行厂房基础施工测量，柱子、吊车梁屋架等厂房构件的安装测量，烟囱施工测量。

工业建筑主要指工业企业的生产性建筑，如厂房、运输设施、动力设施、仓库等，其主体是生产厂房。一般厂房多是金属结构及装配式钢筋混凝土结构单层厂房。其施工测量的工作内容与民用建筑大致相似，主要包括厂房控制网的测设、厂房柱列轴线测设、基础施工测量、厂房构件安装测量等。

第一节　工业厂房控制网和柱列轴线的测设

一、工业厂房控制网的测设

工业建筑主要以厂房为主，而工业厂房多为排柱式建筑，跨距和间距大、隔墙少、平面布置简单，而且其施工测量精度又明显高于民用建筑，故其定位一般是根据现场建筑方格网，采用由柱轴线控制桩组成的矩形方格网作为厂房的基本控制网。

(一)控制网测设前的准备工作

1. 制订厂房矩形控制网的测设方案及计算测设数据

厂房矩形控制网的测设方案，通常根据厂区的总平面图、厂区控制网、厂房施工图和现场地形情况等资料来制订。其主要内容包括确定主轴线位置、矩形控制网位置、距离指标桩的点位、测设方法和精度要求。在确定主轴线点及矩形控制网位置时，要考虑到控制点能长期保存，应避开地上和地下管线；位置应距离厂房基础开挖边线以外 1.5～4 m。距离指标桩即沿厂房控制网各边每隔若干柱间距离埋设一个控制桩，故其间距一般为厂房柱距的倍数，但不要超过所用钢尺的整尺长。

2. 绘制测设略图

根据厂区的总平面图、厂区控制网、厂房施工图等资料，按一定比例绘制测设略图，为测设工作做好准备。

(二)中、小型工业厂房控制网的测设

如图 10-1 所示，根据测设方案与测设略图，将经纬仪安置在建筑方格网点 E 上，分别精确照准 D、H 点。自 E 点沿视线方向分别量取 $E_b=35.00$ m 和 $E_c=28.00$ m，定出 b、c 两点。然后，将经纬仪分别安置于 b、c 两点上，用测设直角的方法分别测出 bⅣ、cⅢ方向线，沿 bⅣ方向测设出Ⅳ、Ⅰ两点，沿 cⅢ方向测设出Ⅱ、Ⅲ两点，分别在Ⅰ、Ⅱ、Ⅲ、Ⅳ四个点上钉上木桩，做好标志。最后，检查控制桩Ⅰ、Ⅱ、Ⅲ、Ⅳ各点的直角是否符合精度要求，一般情况下，其误差不应超过±10″，各边长度相对误差不应超过 1/10 000～1/25 000。

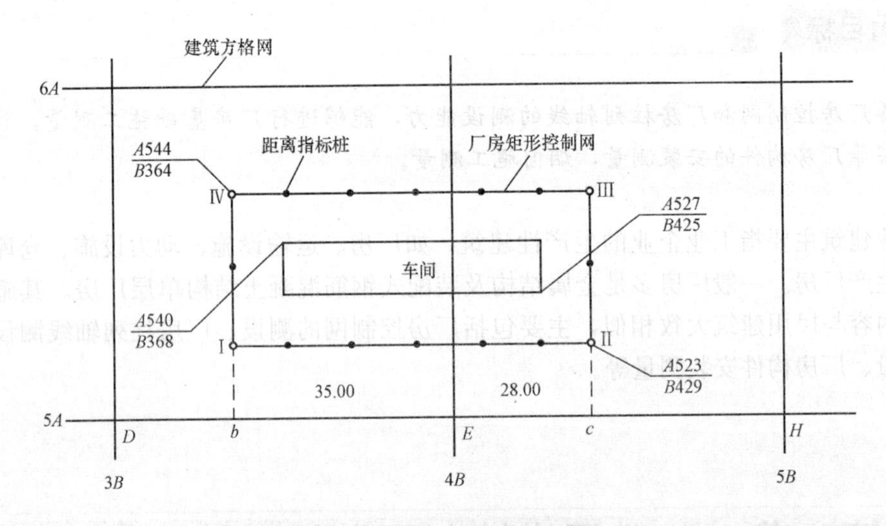

图 10-1　矩形控制网示意

(三)大型工业厂房控制网的测设

对于大型或设备基础复杂的厂房，由于施测精度要求较高，为了保证后期测设的精度，其矩形厂房控制网的建立一般分两步进行。首先依据厂区建筑方格网，精确测设出厂房控制网的主轴线及辅助轴线(可参照建筑方格网主轴线的测设方法进行)，当校核达到精度要求后，再根据主轴线测设厂房矩形控制网，并测设各边上的距离指示桩，一般距离指示桩位于厂房柱列轴线或主要设备中心线方向上。最终应进行精度校核，直至达到要求。大型厂房的主轴线的测设精度，边长的相对误差不应超过 1/30 000，角度偏差不应超过±5″。

如图 10-2 所示，主轴线 MON 和 HOG 分别选定在厂房柱列轴线©和③轴上，Ⅰ、Ⅱ、Ⅲ、Ⅳ为控制网的四个控制点。

测设时，首先按主轴线测设方法将 MON 轴测设于地面上，再以 MON 轴为依据测设短

轴 HOG，并对短轴方向进行方向改正，使轴线 MON 与 HOG 正交，限差为 $\pm5''$。主轴线方向确定后，以 O 点为中心，用精密丈量的方法测定纵轴、横轴端点 M、N、H、G 的位置，主轴线长度相对精度为 1/5 000。主轴线测设后，可测设矩形控制网，测设时分别将经纬仪安置在 M、N、H、G 四点上，瞄准 O 点测设 90°方向，交会定出Ⅰ、Ⅱ、Ⅲ、Ⅳ四个角点，精密丈量 MⅠ、MⅡ、NⅡ、NⅣ、HⅠ、HⅣ、GⅣ、GⅢ的长度，精度要求同主轴线，不满足时应进行调整。

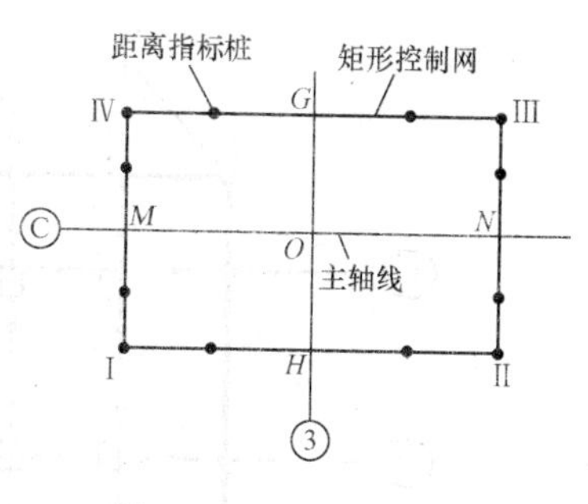

图 10-2　大型厂房矩形控制网的测设

(四)厂房扩建与改建的测量

在旧厂房进行扩建或改建前，最好能找到原有厂房施工时的控制点，作为扩建与改建时进行控制测量的依据；但原有控制点必须与已有的吊车轨道及主要设备中心线联测，将实测结果提交设计部门。

如原厂房控制点已不存在，应按下列不同情况恢复厂房控制网：

(1)厂房内有吊车轨道时，应以原有吊车轨道的中心线为依据。

(2)扩建与改建的厂房内的主要设备与原有设备有联动或衔接关系时，应以原有设备中心线为依据。

(3)厂房内无重要设备及吊车轨道，以原有厂房柱子中心线为依据。

二、厂房柱列轴线的测设

在厂房控制网建立以后，即可按柱列间距和跨距用钢尺从靠近的距离指标桩量起，沿矩形控制网各边定出各柱列轴线桩的位置，并在桩顶上钉入小钉，作为桩基放线和构件安置的依据。

厂房控制桩应埋设固定标桩。丈量时应以相邻的两个距离指示桩为起点分别进行，以便检核，如图 10-3 所示。

第二节　基础施工测量

一、混凝土杯形基础施工测量

1. 桩基定位

用两台经纬仪安置在两条相互垂直的柱列轴线控制桩上，沿轴线方向交会出桩基定位点(定位轴线交点)，再根据定位点和定位轴线，按基础详图上的设计尺寸和基坑放坡宽度，用特制角尺放出基坑开挖边线，并撒上白灰；同时，在基坑外的轴线上，离开挖边线的 2 m 处，各打入一个基坑定位桩，桩顶钉小钉作为修坑和立模的依据。

如图 10-4 所示，首先将两台经纬仪分别安置在Ⓒ轴与⑤轴一端的轴线控制桩上，瞄准

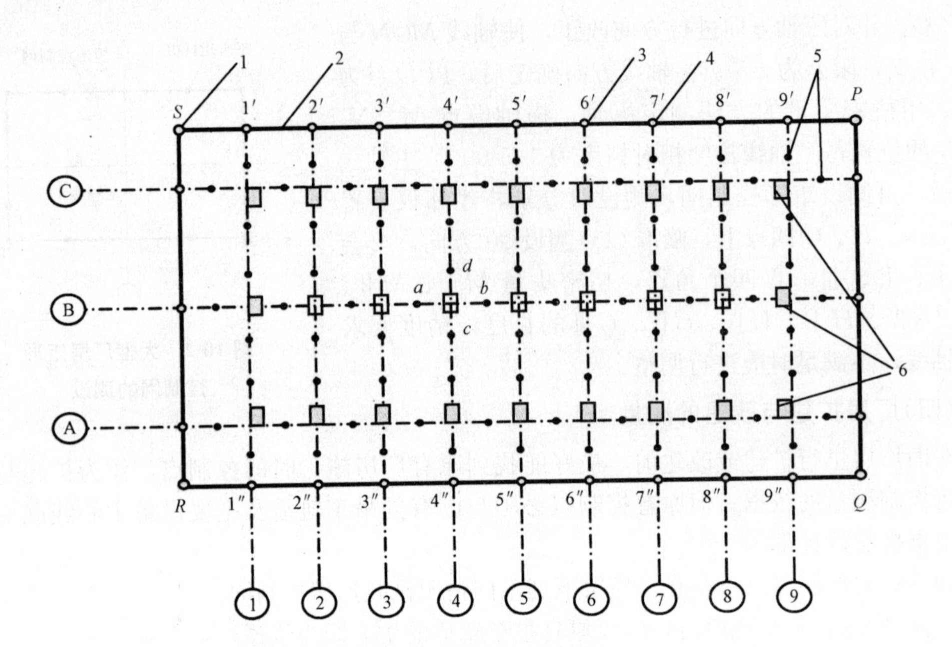

图 10-3　厂房柱列轴线测设

1—控制桩；2—矩形控制网；3—柱列轴线控制桩；4—距离指标桩；5—定位小木桩；6—桩基础

各自轴线另一端的轴线控制桩，交会定出轴线交点作为该基础的定位点。沿轴线在基础开挖边线以外 2 m 处的轴线上打入 4 个基础定位桩 1、2、3、4，并在桩上用小钉标明位置，按柱基施工图的尺寸用白灰标出基础开挖边线。

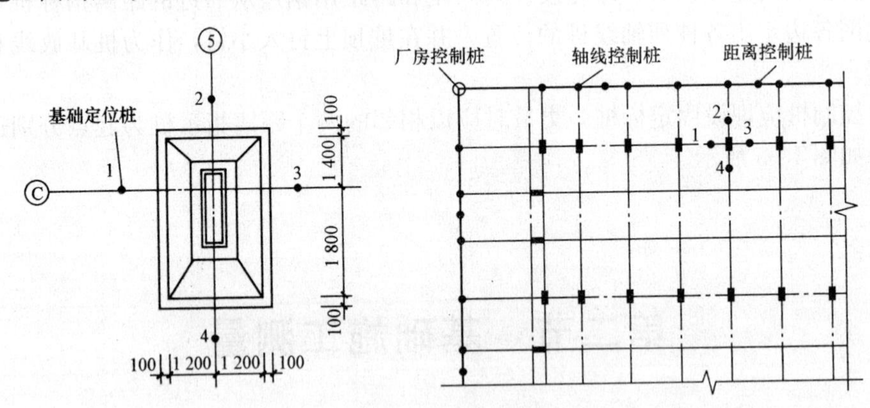

图 10-4　柱基测设

2. 柱基施工测量

(1)基坑标高控制。将标高引测到厂房控制桩上，当基坑挖到一定深度时，应在基坑四壁离基坑底设计标高 0.5 m 处测设水平桩，作为检查基坑底标高和控制垫层的依据，如图 10-5 所示。

垫层打好后，根据基坑定位桩在垫层上放出基础中心线，并弹墨线标明，作为支模板的依据。模板支好后，应用拉线、吊垂线等方法检查上口的位置，如图 10-5 所示。然后用

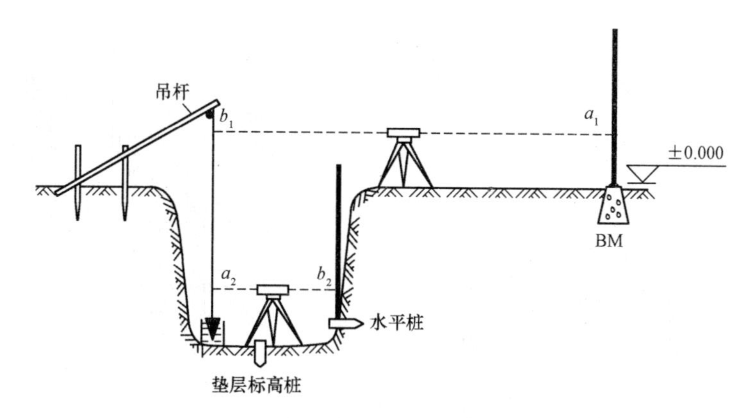

图 10-5　基坑开挖深度的控制

水准仪在模板内壁测设出基础面设计标高线。在支杯底模板时，应注意使实际浇灌出的杯底面略低于设计标高 3～5 cm，以便以后杯底找平。

(2)杯形基础立模测量。基础垫层打好后，根据基坑周边定位小木桩，用拉线吊垂球的方法，把柱基定位线投测到垫层上，弹出墨线，用红漆画出标志，作为柱基立模板和布置基础钢筋的依据。立模时，将模板底线对准垫层上的定位线，并用垂球检查模板是否垂直。将柱基顶面设计标高测设在模板内壁，作为浇灌混凝土的高度依据。

二、设备基础施工测量

设备基础施工测量主要包括基础定位、基础槽底放线、基础上层放线、地脚螺栓安装放线、中心标板投点等。其中，钢柱柱基的定位、槽底放线、垫层放线及标高测设方法与混凝土柱基的测设方法相同，不同之处是钢柱的锚碇地脚螺栓的定位放线精度要求较高。

1. 钢柱基础中线投测

垫层混凝土凝固后，应根据控制桩用经纬仪把柱中心线投测到垫层上，同时，根据中线弹出螺栓固定架位置，如图 10-6 所示。

2. 安装螺栓固定架

为保证地脚螺栓的正确位置，工程中常用型钢制成固定架来固定螺栓，固定架要有足够的刚度，防止在浇筑混凝土过程中发生变形。固定架的内口尺寸应是螺栓的外边线，以便焊接螺栓。安置固定架时，用吊线的方法把固定架上的中线与垫层上的中线对齐，将固定架四角用钢板垫稳垫平，然后再把垫板、固定架、斜支撑与垫层中的预埋件焊牢，如图 10-7 所示。

3. 固定架标高抄测

用水准仪在固定架四角的立角钢上抄测出基础顶面的设计标高线，作为安装螺栓和控制混凝土标高的依据。

4. 安装螺栓

先在固定架上拉标高线，并在螺栓上画出同一标高线。安置螺栓时，将螺栓上的标高线与固定架上的标高线对齐，待螺栓的距离、高度、垂直度校正好后，将螺栓与固定架上、下横梁焊牢。

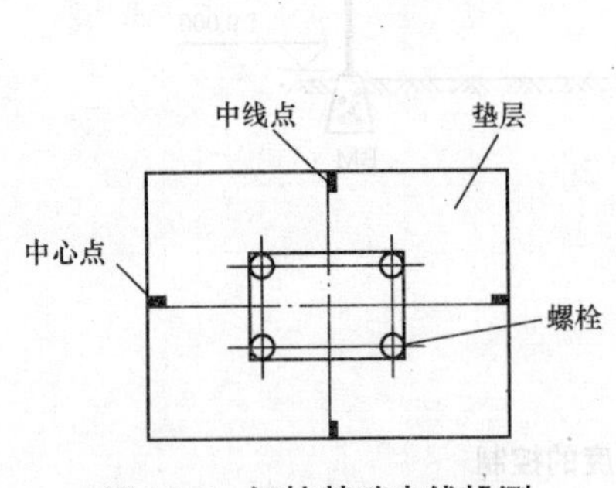

图 10-6　钢柱基础中线投测

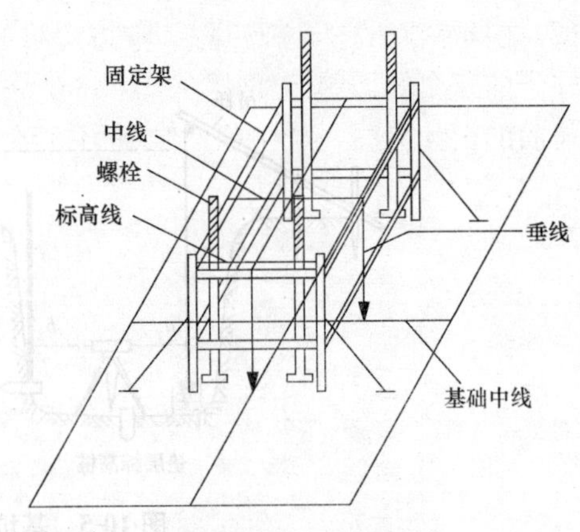

图 10-7　柱中线固定架

5. 检查校正

用经纬仪检查固定架中线，其投点误差应不大于 2 mm。

用水准仪检查基础顶面标高线，地脚螺栓不要低于设计标高，允许偏差为＋20 mm、中心线位移为±5 mm。基础混凝土浇筑后，应立即对地脚螺栓进行检查，发现问题及时处理。

第三节　工业厂房构件的安装测量

一、柱子安装测量

混凝土柱是厂房结构的主要构件，其安装质量直接影响整个厂房结构的安装质量，因此，要特别重视柱子安装测量这一环节，确保柱位准确、柱身铅直、牛腿面标高正确。

1. 柱子安装的精度要求

(1)柱子中心线应与相应的柱列中心线一致，其允许偏差为±5 mm。

(2)牛腿顶面及柱顶面的实际标高应与设计标高一致，其允许偏差为：当柱高≤5 m时，应不大于±5 mm；当柱高＞5 m时，应不大于±8 mm。

(3)柱身垂直允许误差：当柱高≤10 m时，应不大于 10 mm；当柱高＞10 m时，限差为柱高的 1‰，且不超过 20 mm。

2. 柱子安装前的准备工作

(1)投测柱列轴线。在杯形基础拆模后，用经纬仪根据柱列轴线控制桩，将柱列轴线投测到杯口顶面上，如图 10-8 所示，并弹出墨线，用红漆画出“▶”标志，作为安装柱子时确定轴线的依据。如果柱列轴线不通过柱子的中心线，应在杯形基础顶面上加弹柱中心线。

用水准仪，在杯口内壁，测设一条一般为－0.600 m 的标高线(一般杯口顶面的标高为－0.500 m)，并画出“▼”标志，作为杯底找平的依据，如图 10-8 所示。

(2)柱身弹线。柱子安装前，应将每根柱子按轴线位置进行编号。如图 10-9 所示，在每根柱子的三个侧面弹出柱中心线，并在每条线的上端和下端近杯口处画出“▶”标志。根据牛腿面的设计标高，从牛腿面向下用钢尺量出－0.600 m 的标高线，并画出“▼”标志。

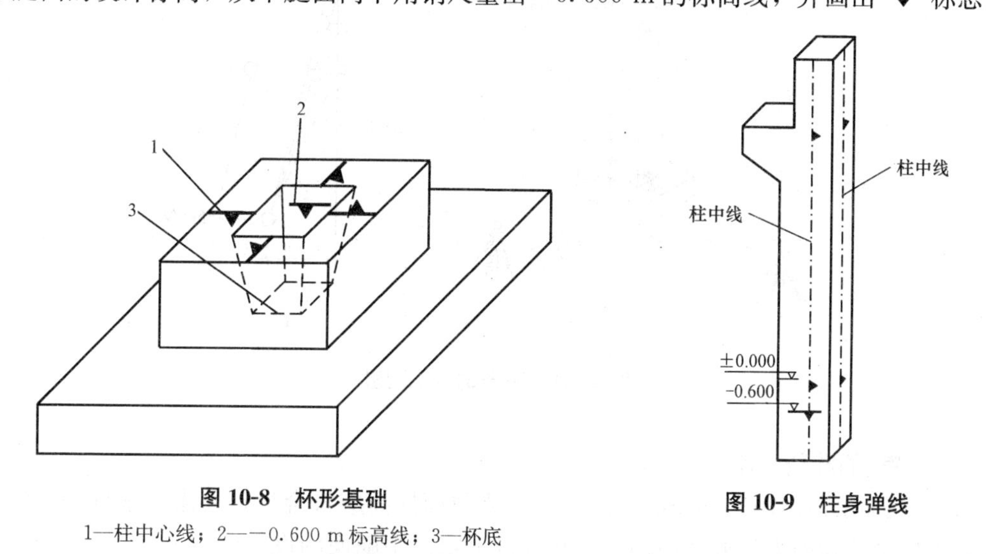

图 10-8　杯形基础

1—柱中心线；2——0.600 m 标高线；3—杯底

图 10-9　柱身弹线

(3)杯底找平。先量出柱子的－0.600 m 标高线至柱底面的长度，再在相应的柱基杯口内，量出－0.600 m 标高线至杯底的高度，并进行比较，以确定杯底找平厚度，用 1∶2 水泥砂浆找平杯底，使牛腿面的标高符合设计高程。

3. 柱子安装的施工测量

(1)定位测量。柱子吊入杯口后，先将柱面中心线与杯口顶面的柱轴线在两个互相垂直的方向对齐，用楔子临时固定，使柱身大致垂直，然后敲击楔子使柱脚中心线精确对准杯形基础上的柱列中心线，偏差不超过 5 mm。

(2)标高控制。柱子的标高控制和定位几乎是同时进行的，使柱下平线与杯口水平线对齐即可。

(3)柱子垂直度控制。如图 10-10 所示，将两台经纬仪安置在互相垂直的两条轴线的控制桩上，照准柱子，固定经纬仪水平制动螺旋，转动望远镜，使十字丝中心沿柱子中心线自柱底向柱顶移动，如果十字丝始终在柱子中心线上，则说明柱子垂直；否则，通过紧楔子的方法校正。在实际工作中，可以将经纬仪偏离轴线不超过 15°架设，可同时校正几根柱子。

4. 柱子安装测量的注意事项

(1)所使用的经纬仪必须严格校正。操作时，应使照准部水准管气泡严格居中。

(2)校正时，除应保证柱子垂直外，还应随时检查柱子中心线是否对准杯口柱列轴线标志，以防柱子安装就位后产生水平位移。

(3)在校正变截面的柱子时，经纬仪必须安置在柱列轴线上，以免产生差错。

(4)在日照下校正柱子的垂直度时，应考虑日照使柱顶向阴面弯曲的影响，为避免此种影响，宜在早晨或阴天校正。

二、吊车梁安装测量

吊车梁安装测量主要是保证吊车梁中心位置和吊车梁的标高满足设计要求。

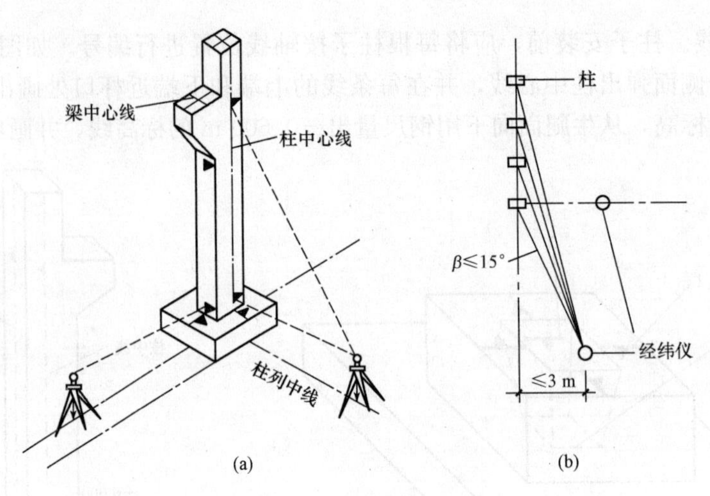

图 10-10　柱子的校正测量

1. 安装前的准备工作

(1)在柱面上量出吊车梁顶面标高。吊车梁顶面标高应符合设计要求。根据±0.000 标高线，沿柱子侧面向上量取一段距离，在柱身上定出牛腿面的设计标高点，作为修平牛腿面及加垫板的依据，同时在柱子的上端比梁顶面高 5～10 cm 处测设一标高点，据此修平梁顶面。梁顶面置平以后，应安置水准仪于吊车梁上，以柱子牛腿上测设的标高点为依据，检测梁顶面的标高是否符合设计要求，其容许误差应不超过±3 mm。

(2)在吊车梁上弹出梁的中心线。用墨线弹出吊车梁面中心线和两端中心线，如图 10-11 所示。

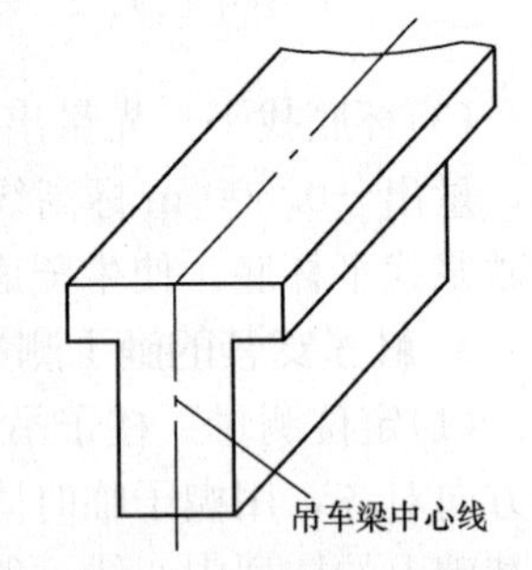

图 10-11　吊车梁中心线

(3)在牛腿面上弹出梁的中心线。根据厂房中心线 A_1A_1 和设计跨距，由中心线向两侧量出 1/2 跨距 d，在地面上标出轨道中心线 $A'A'$ 和 $B'B'$。分别安置经纬仪于轨道中心线一端的端点 A' 和 B' 上，瞄准另一端的端点 A' 和 B'，固定照准部，抬高望远镜，将轨道中心投测到各柱子的牛腿面上，如图 10-12(a)所示。

2. 吊车梁安装测量

安装时，使吊车梁两端的梁中心线与牛腿面梁中心线重合，使吊车梁初步定位。采用平行线法，对吊车梁的中心线进行检测校正，校正方法如下：

(1)如图 10-12(b)所示，在地面上，从吊车梁中心线，向厂房中心线方向量出长度 a(1 m)，得到平行线 $A''A''$ 和 $B''B''$。

(2)分别在平行线一端的端点 A'' 和 B'' 上安置经纬仪，瞄准另一端的端点 A'' 和 B''，固定照准部，抬高望远镜进行测量。

(3)此时，另外一人在梁上移动横放的钢板尺，当视线正对准尺上 1 m 刻划线时，尺的零点应与梁面上的中心线重合。若不重合，可用撬杠移动吊车梁，使吊车梁中心线到 $A''A''$ 和 $B''B''$ 的间距均等于 1 m 为止。

吊车梁安装就位后，先按柱面上定出的吊车梁设计标高线对吊车梁面进行调整，然后将水准仪安置在吊车梁上，每隔 3 m 测一点高程，并与设计高程比较，误差应在 3 mm 以内。

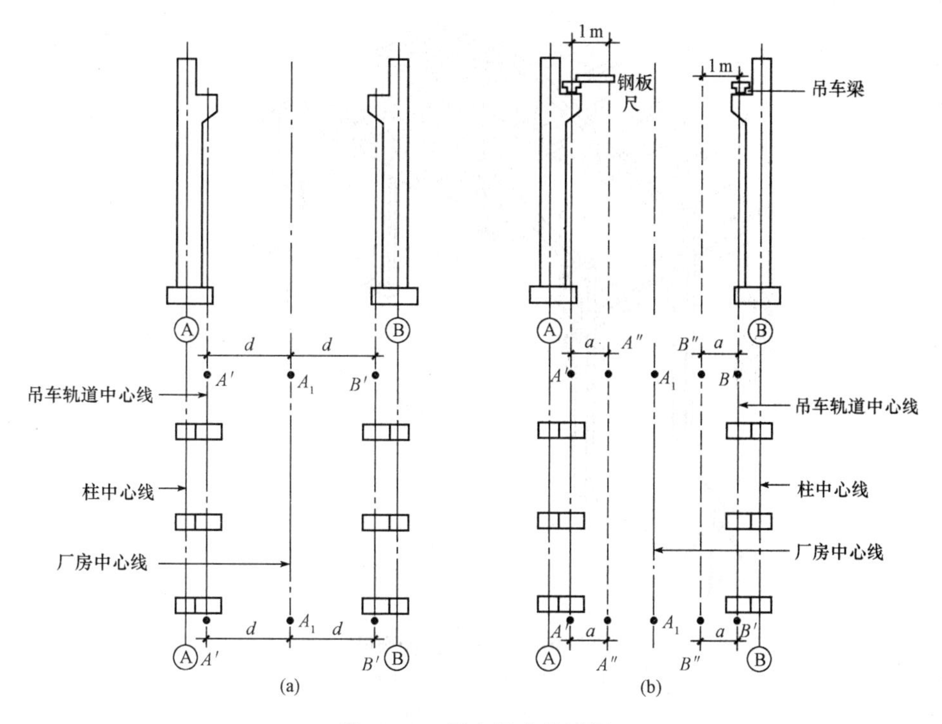

图 10-12　吊车梁安装测量

三、屋架安装测量

屋架安装是以安装后的柱子为依据，使屋架中心线与柱子上相应的中心线对齐。为保证屋架竖直，可用吊垂球的方法或用经纬仪进行校正。

屋架吊装前，用经纬仪或其他方法在柱顶面上，测设出屋架定位轴线。在屋架两端弹出屋架中心线。屋架吊装就位时，应使屋架的中心线与柱顶面上的定位轴线对准，容许误差为 5 mm。屋架的垂直度可用垂球或者经纬仪进行检查。如图 10-13 所示，在屋架上安装三把卡尺，一把卡尺安装在屋架上弦中点附近，另外两把分别安装在屋架的两端。自屋架几何中心沿卡尺向外量出一定距离，一般为 500 mm，作为标记。然后，在地面上距屋架中线同样距离处安置经纬仪，观测三把卡尺的标志是否在同一竖直面内；如果屋架竖向偏差较大，则用机具校正，最后将屋架固定。

四、钢结构工程施工测量

1. 平面控制

建立施工控制网对高层钢结构施工极为重要。控制网距离施工现场不能太近，应考虑到钢柱的定位、检查和校正。

2. 高程控制

高层钢结构工程标高测设极为重要，其精度要求高，故施工场地的高程控制网，应根据城市二等水准点来建立一个独立的三等水准网，以便在施工过程中直接应用。在进行标高引测时，必须先对水准点进行检查。三等水准高差闭合差的容许误差应达到$\pm3\sqrt{N}$mm，

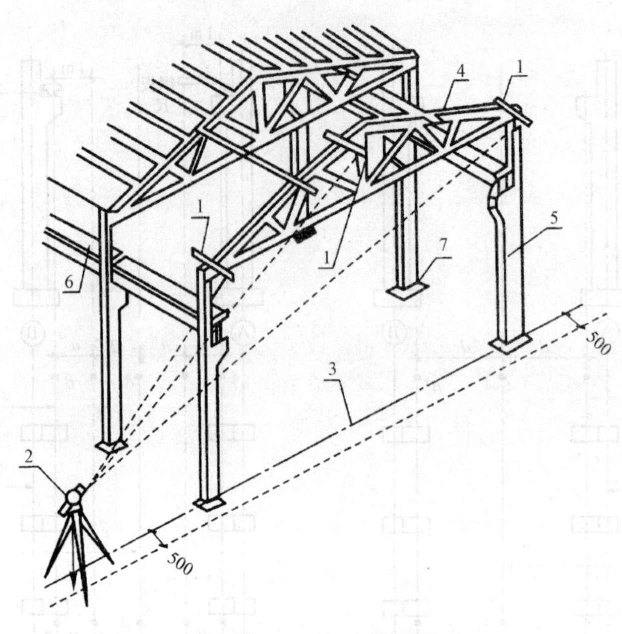

图 10-13　屋架安装测量

1—卡尺；2—经纬仪；3—定位轴线；

4—屋架；5—柱；6—吊车梁；7—柱基

其中，N 为测站数。

3. 轴线位移校正

任何一节框架钢柱的校正，均以下节钢柱顶部的实际中心线为准，使安装的钢柱底部对准下面钢柱的中心线即可。因此，在安装过程中，必须实时进行钢柱位移的监测，并将实测的位移量根据实际情况加以调整。调整位移时应特别注意钢柱的扭转，因为钢柱扭转对框架钢柱的安装很不利，必须引起重视。

4. 定位轴线检查

定位轴线从基础施工起就应引起重视，必须在定位轴线测设前做好施工控制点及轴线控制点，待基础浇筑混凝土后，再根据轴线控制点将定位轴线引测到柱基钢筋混凝土底板面上，然后预检定位轴线是否同原定位重合、闭合，每根定位线总尺寸误差值是否超过限差值，纵、横网轴线是否垂直、平行。预检应由业主、监理、土建、安装四方联合进行，对检查数据要统一认可鉴证。

5. 标高实测

以三等水准点的标高为依据，对钢柱柱基表面进行标高实测，将测得的标高偏差用平面图表示，作为临时支撑标高块调整的依据。

6. 柱间距检查

柱间距检查在定位轴线认可的前提下进行，一般采用检定的钢尺实测柱间距。柱间距离偏差值应严格控制在±3 mm 范围内，绝不能超过±5 mm。柱间距超过±5 mm，则必须调整定位轴线。原因是定位轴线的交点是柱基点，钢柱竖向间距以此为准，框架钢梁的连接螺孔的直径一般比高强度螺栓直径大 1.5～2.0 mm，柱间距过大或过小，会直接影响整

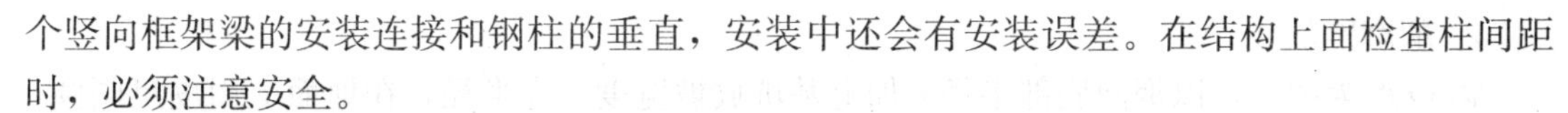

个竖向框架梁的安装连接和钢柱的垂直，安装中还会有安装误差。在结构上面检查柱间距时，必须注意安全。

7. 单独柱基中心检查

检查单独柱基的中心线同定位轴线之间的误差；若超过限差要求，应调整柱基中心线使其同定位轴线重合，然后以柱基中心线为依据，检查地脚螺栓的预埋位置。

第四节　烟囱施工测量

烟囱是典型的高耸构筑物，其特点是基础小、主体高，其对称轴通过基础圆心的铅垂线，如图 10-14 所示。在施工过程中，测量工作的主要目的是严格控制烟囱的中心位置，保证主体竖直。烟囱的施工测量工作主要有烟囱的定位、放线，烟囱基础施工测量，烟囱筒身施工测量。

一、烟囱的定位、放线

1. 烟囱的定位

烟囱的定位主要是定出基础中心的位置。首先，按设计要求，利用与施工场地已有控制点或建筑物的尺寸关系，在地面上测设出烟囱的中心位置 O，即中心桩。如图 10-15 所示，在 O 点安置经纬仪，在施工场区外围任意位置设置一点 A 作后视点，并在视线方向上定出 a 点，倒转望远镜，通过盘左、盘右分中投点法定出 b 和 B 点；然后，顺时针测设 90°。定出 d 和 D 点，再倒转望远镜，定出 c 和 C 点，得到两条互相垂直的定位轴线 AB 和 CD。作为永久定位控制桩的 A、B、C、D 四点，至 O 点的距离为烟囱高度的 1～1.5 倍。a、b、c、d 四点是施工定位桩，用于修坡和确定基础中心，应设置在尽量靠近烟囱而不影响桩位稳固的地方。

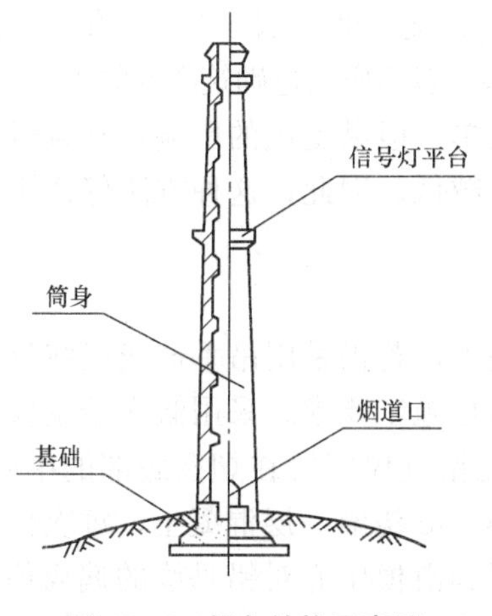

图 10-14　烟囱结构示意图

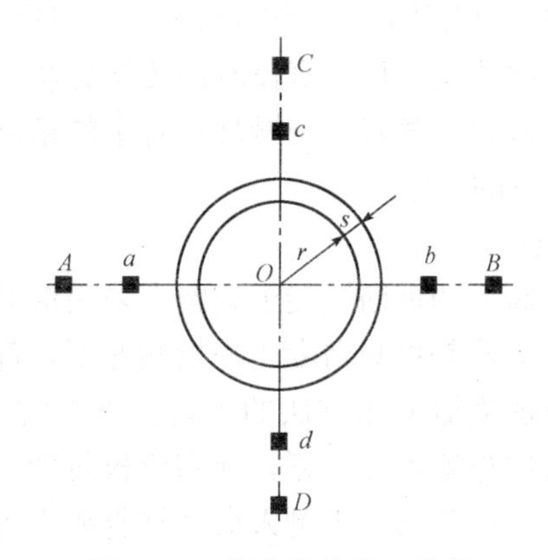

图 10-15　烟囱的定位、放线

2. 烟囱的放线

以 O 点为圆心，以烟囱底部半径 r 加上基坑放坡宽度 s 为半径，在地面上用皮尺画圆，并撒出灰线，作为基础开挖的边线。

二、烟囱的基础施工测量

当基坑开挖接近设计标高时，在基坑内壁测设水平桩，作为检查基坑底标高和打垫层的依据。坑底夯实后，从定位桩拉两根细线，用垂球把烟囱中心投测到坑底，钉上木桩，作为垫层的中心控制点。浇灌混凝土基础时，应在基础中心埋设钢筋作为标志，根据定位轴线，用经纬仪把烟囱中心投测到标志上，并刻上“十”字，作为施工过程中控制筒身中心位置的依据。

三、烟囱筒身施工测量

(一)引测烟囱中心线

筒体施工时，必须将构筑物中心引测到施工作业面上，以此为依据，随时检查作业面的中心是否在构筑物的中心铅垂线上。通常是每施工一个作业面高度引测一次中心线。引测的方法常采用吊垂线法和导向法。

1. 吊垂线法

如图 10-16 所示，吊垂线法是在施工作业面上固定一根断面较大的方木，另设一带刻划的木杆插入方木铰接在一起。木杆可绕铰接点转动，即为枋子。在枋子铰接点下设置的挂钩上悬挂 8～12 kg 的垂球，烟囱越高，使用的垂球应越重。投测时，先调整钢丝的长度，使垂球尖与基础中心标志之间仅存在很小的间隔。然后，调整作业面上的方木位置，使垂球尖对准标志上的“十”字形交点，则方木铰接点就是该工作面的筒身中心点。在工作面上，根据相应高度的筒身设计半径转动木尺杆画圆，即可检查筒壁偏差和圆度，作为指导下一步施工的依据。

烟囱每砌筑 10 m 后，必须用经纬仪引测一次中心线。引测方法如下：如图 10-15 所示，分别在控制桩 A、B、C、D 上安置经纬仪，瞄准相应的控制点 a、b、c、d，将轴线点投测到作业面上，并作出标记。然后，按标记拉两条细绳，其交点即为烟囱的中心位置，并与垂球引测的中心位置比较，以作为校核。烟囱的中心偏差一般不应超过砌筑高度的 1/1 000。

吊垂线法是一种垂直投测的传统方法，使用简单，但易受风的影响，有风时吊垂球发生摆动和倾斜，随着筒身增高，对中的精度会越来越低。因此，这种方法仅适用于高度在 100 m 以下的烟囱。

2. 导向法

对于高大的钢筋混凝土烟囱常采用滑升模板施工，若仍采用吊垂球或经纬仪投测烟囱中心点，无论是投测精度还是投测速度，都难以满足施工要求。采用激光铅垂仪投测烟囱中心点，能克服上述方法的不足。投测时，将激光铅垂仪安置在烟囱底部的中心标志上，在工作台中央安置接收靶，烟囱模板每滑升 25～30 cm 浇灌一层混凝土，每次模板滑升前后各进行一次观测。观测人员在接收靶上可直接得到滑模中心对铅垂线的偏离值，施工人员依此调整滑模位置。在施工过程中，要经常对仪器进行激光束的垂直度检验和校正，以保证施工质量。

(二)烟囱外筒壁收坡控制

为了保证筒身收坡符合设计要求，除用尺杆画圆控制外，还应随时用靠尺板来检查。靠尺板形状如图 10-17 所示。两侧的斜边是严格按照设计要求的筒壁收坡系数制作的，在使用过程中，把斜边紧靠在筒体外壁，如筒体的收坡符合要求，则垂球线正好通过下端的缺口。

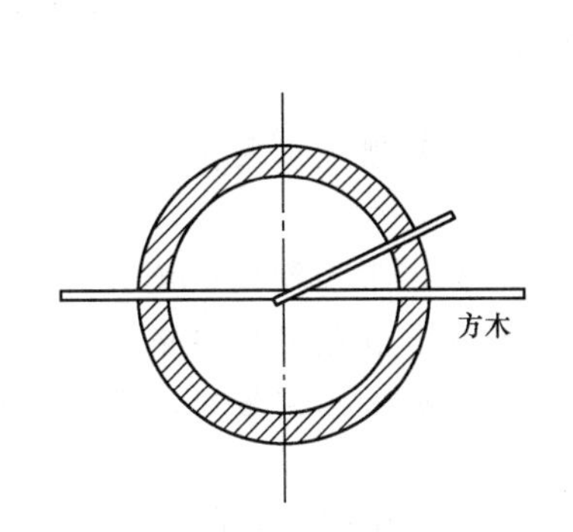

图 10-16　烟囱壁位置的检查

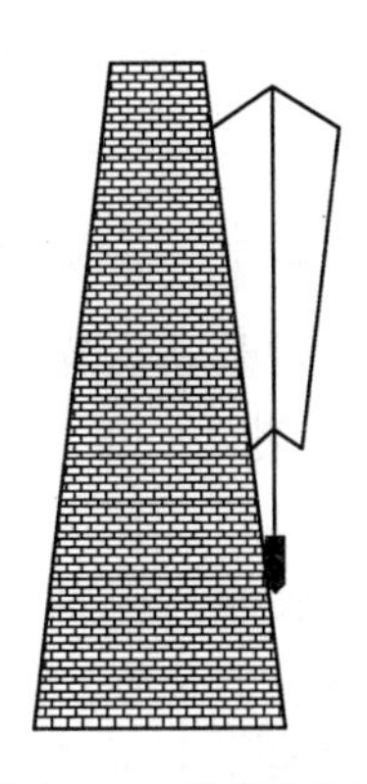

图 10-17　坡度靠尺板

在筒体施工的同时，还应检查筒体砌筑到某一高度时的设计半径。如图 10-18 所示，求得某高度的设计半径 $r_{H'}$ 为

$$r_{H'}=R-H'm \tag{10-1}$$

式中　R——筒体底面外侧设计半径；

m——筒体的收坡系数。

收坡系数的计算公式为

$$m=\frac{R-r}{H} \tag{10-2}$$

式中　r——筒体顶面外侧设计半径；

H——筒体的设计高度。

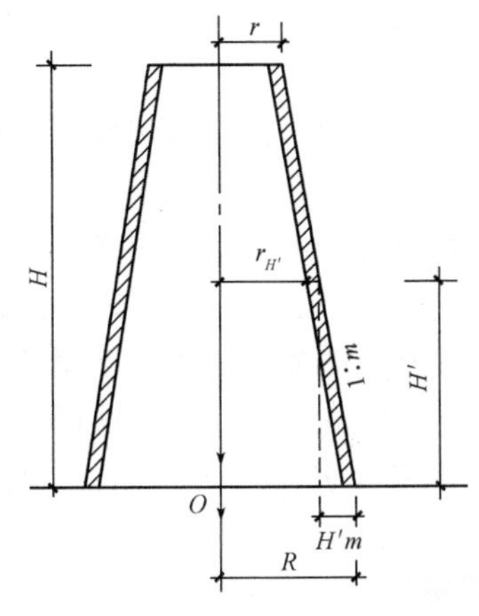

图 10-18　筒体设计尺寸计算

(三)烟囱筒体标高的控制

烟囱砌筑的高度一般是先用水准仪在烟囱底部的外壁上测设出某一高度(如+0.500 m)的标高线，以此标高线为准，用钢尺直接向上量取高度。应经常用水平尺检查筒上口是否水平，发现偏差应随时纠正。

本章小结

本章主要讲述了工业厂房控制网和柱列轴线的测设、基础施工测量、工业厂房构件的安装测量、烟囱施工测量等内容。

1. 厂房控制网是测设厂房施工放样的重要依据。厂房矩形控制网的测设方案，通常是根据厂区的总平面图、厂区控制网、厂房施工图和现场地形情况等资料来制订的。在厂房控制网建立以后，可按柱列间距和跨距用钢尺从靠近的距离指标桩量起，沿矩形控制网各边，定出各柱列轴线桩的位置。

2. 基础施工测量中，应特别注意柱基中心线的测设和基础标高控制。

3. 在单层工业厂房构建中，进行柱、吊车梁及屋架等构件的安装测量时，必须做好各项准备工作，安装完毕要严格检核。

4. 烟囱施工测量工作的主要目的是严格控制烟囱的中心位置，保证主体竖直。其主要工作内容包括烟囱的定位、放线，烟囱基础施工测量，烟囱筒身施工测量。

复习思考题

一、填空题

1. 厂房矩形控制网的测设方案，通常根据__________、__________、__________和__________等资料来制订。

2. 大型厂房的主轴线的测设精度，边长的相对误差不应超过__________，角度偏差不应超过__________。

3. 当基坑挖到一定深度时，应在基坑四壁离基坑底设计标高__________处测设水平桩，作为检查基坑底标高和控制垫层的依据。

4. 在杯形基础拆模后，用经纬仪根据柱列轴线控制桩，将柱列轴线投测到__________上，并弹出墨线，用红漆画出__________标志，作为安装柱子时确定轴线的依据。

5. 梁顶面的标高应符合设计要求，其容许误差应不超过__________。

6. 屋架的垂直度可用__________或者__________进行检查。

7. 筒体施工时，必须将构筑物中心引测到__________上，以此为依据，随时检查作业面的中心是否在构筑物的__________上。

二、选择题(有一个或多个答案)

1. 柱子中心线应与相应的柱列中心线一致，其允许偏差为(　　)mm。

A. ±3　　B. ±4　　C. ±5　　D. ±6

2. 在日照下校正柱子的垂直度时，应考虑日照使柱顶向阴面弯曲的影响，为避免此种影响，宜在(　　)校正。

A. 早晨　　B. 中午　　C. 下午　　D. 阴天

3. 吊垂球法是一种垂直投测的传统方法，使用简单，仅适用于高度在(　　)m 以下的烟囱。

A. 100　　B. 200　　C. 300　　D. 400

4. 使用靠尺板时，把斜边贴靠在筒体(　　)上，若垂球线恰好通过(　　)缺口，说明筒壁的收坡符合设计要求。

A. 内壁，上端　　B. 内壁，下端　　C. 外壁，上端　　D. 外壁，下端

三、简答题

1. 如何进行大型工业厂房控制网的测设?
2. 旧厂房进行扩建或改建时，如原厂房控制点已不存在，应如何恢复厂房控制网?
3. 在校正工业厂房柱子时应注意哪些事项?
4. 如何在柱面上量出吊车梁顶面标高?
5. 如何进行烟囱的基础施工测量?

第十一章　建筑变形观测与竣工测量

学习目标

通过本章的学习，了解建筑变形观测的任务及内容；熟悉建筑物沉降观测水准点和观测点的布置要求，建筑工程竣工测量的内容；掌握建筑物沉降观测的方法及成果整理，建筑物倾斜观测与裂缝观测方法，建筑物水平位移观测、挠度观测、基坑壁侧向位移观测、建筑场地滑坡观测方法，建筑物日照变形观测方法、风振观测方法，竣工总平面图编绘的步骤。

能力目标

能正确使用仪器进行沉降观测、倾斜观测、裂缝观测位移观测、特殊变形观测，能正确绘制建筑物竣工总平面图。

第一节　建筑变形观测概述

在民用建筑、工业厂房的施工过程或使用期间，由于建筑物基础的地质构造不均匀、土壤的物理性质不同、大气温度变化、土基的弹性变形、地下水位季节性和周期性的变化、建筑物本身的荷重及动荷载(如风力、震动)等的作用，建筑物将发生沉降、位移、倾斜及裂缝等变形现象。这些变形在一定范围内不会影响建筑物的正常使用，可视为正常现象，但如果超过一定限度就会影响建筑物的正常使用，严重的还会危及建筑物的安全。为使建筑物能正常安全地使用，在建筑物施工各阶段及使用期间，应对建筑物进行有针对性的变形观测，通过变形观测可以分析和监视建筑物的变形情况。当发现异常变形时，应及时分析原因，采取相应补救措施，以确保施工质量和安全适用，同时，也为将来的设计与施工积累资料。

一、建筑变形观测的任务及内容

建筑变形观测的任务是周期性地对建筑物上的观测点进行重复观测，以求得观测点位置的变化量。建筑变形观测的内容主要有沉降观测、位移观测、倾斜观测、裂缝观测等。

变形观测需要在不同时期多次进行，从历次观测结果的比较中，了解变形量随时间而变化的情况，是监视工程建筑物在各种应力作用下是否安全的重要手段，其成果也是验证设计理论和检验施工质量的重要资料。

二、建筑变形观测的等级划分及精度要求

建筑变形观测的精度要求取决于该建筑物预计的允许变形值的大小和进行观测的目的。建筑变形观测的等级、精度指标及其适用范围，应符合表 11-1 的规定。

表 11-1　建筑变形观测的等级、精度指标及其适用范围

等级	沉降监测点测站高差中识误差/mm	位移监测点价值中误差/mm	主要适用范围
特等	0.05	0.3	特高精度要求的变形测量
一等	0.15	1.0	地基基础设计为甲级的建筑的变形测量；重要的古建筑、历史建筑的变形测量；重要的城市基础设施的变形测量等
二等	0.5	3.0	地基基础设计为甲、乙级的建筑的变形测量；重要场地的边坡监测；重要的基坑监测；重要管线的变形测量；地下工程施工及运营中的变形测量；重要的城市基础设施的变形测量等
三等	1.5	10.0	地基基础设计为乙、丙级的建筑的变形测量；地表、道路及一般管线的变形测量；一般的城市基础设施的变形测量；日照变形测量；风振变形测量等
四等	3.0	20.0	精度要求低的变形测量

注：1. 沉降监测点测站高差中误差：对水准测量，为其测站高差中误差；对静力水准测量、三角离程测量，为相邻沉降监测点间等价的高差中误差；
2. 位移监测点坐标中误差：其是指监测点相对于基准点或工作基点的坐标中误差、监测点相对于基准线的偏差中误差、建筑上某点相对于其底部对应点的水平位移分量中误差等。坐标中误差为其点位中误差的 $1/\sqrt{2}$ 倍。

第二节　建筑物的沉降观测

在建筑物施工过程中，随着上部结构的逐步建成，地基荷载的逐步增加，建筑物将出现下沉现象。为了掌握建筑物的沉降情况，及时发现对建筑物不利的下沉现象，在建筑物施工过程中和投入使用后，必须对建筑物进行沉降观测。

一、水准基点和观测点的布设

1. 水准基点的布设

水准基点是固定不动且作为沉降观测高程的基准点。水准点作为沉降观测的依据，必须保证其高程在相当长的观测时期内固定不动。其布设除应满足一般要求(布设在坚实稳固之处，底部应埋设在冻土层以下)外，还应满足以下特殊要求：

(1)为了相互校核，保证沉降观测中所使用的水准点的可靠性，防止由于水准点的高程变化造成差错，对于特等、一等沉降观测，基准点不应少于 4 个，对于其他等级沉降观测，基准点不应少于 3 个，且基准点之间应形成闭合环。

(2)水准点应埋设在施工建筑的应力影响范围之外，不受打桩、机械加工和开挖等操作的影响。

(3)应根据土质情况和在了解建筑物预计沉降量的情况下，选择水准点的形式。对于稳定的原状土层，一般可选用混凝土普通标石，也可以将标志镶嵌在裸露的基岩上。若受条件限制，在变形区内也可埋设深层钢管标志等。

2. 观测点的布设

观测点是为进行沉降观测而设置在建筑物上的固定标志。建筑物的沉降量是通过水准测量方法测定的，即通过多次观测水准基点与设置在建筑物上的观测点之间的高差的变化测定建筑物的沉降量。为了能全面、准确地反映整个建筑物的沉降变化情况，必须合理确定观测点的数目和位置。

在民用建筑中，通常是在房屋的转角、沉降缝两侧、基础变化处，以及地质条件改变处设置观测点。一般在建筑物的四周每隔 10～20 m 设置一沉降观测点。

建筑物的宽度较大时，还应在房屋内部纵墙上或楼梯间布置观测点。

工业厂房可在柱子、承重墙、厂房转角、大型设备基础的周围设置观测点。扩建的厂房应在连接处两侧基础墙上设置观测点。

对于高大的圆形构筑物(水塔、高炉、烟囱等)，应在其基础的对称轴上设置观测点。

观测点的高度、方向要便于立尺和观测，不宜受到破坏。至于承重墙和柱子上的观测点的埋设形式，一般民用建筑的沉降观测点设置方法是用长 120 mm 左右的角钢，一端焊接一铆头，另一端埋入墙或柱内，用 1∶2 水泥砂浆填实，如图 11-1(a)所示；或者用 ϕ20 的钢筋，一端弯成向上的直钩埋入墙或柱内，如图 11-1(b)所示；基础上的观测点通常是将铆钉或钢筋埋入混凝土中，如图 11-2 所示。

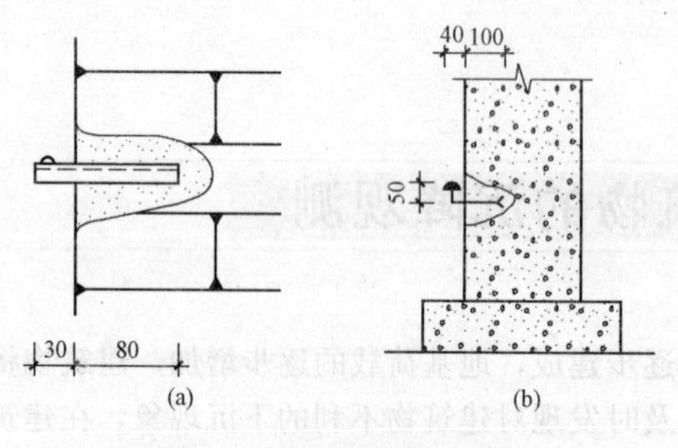

图 11-1　墙体沉降观测点的埋设

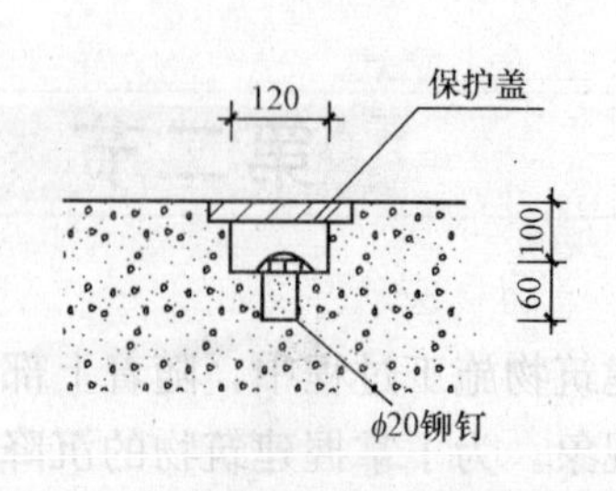

图 11-2　设备基础沉降观测点的埋设

二、沉降观测的周期、方法和精度

1. 沉降观测的周期

沉降观测的周期应根据建筑物(构筑物)的特征、观测精度、变形速率及工程地质情况等综合因素考虑，并根据沉降量的变化情况适当调整。无论何种建筑物，沉降观测次数都不能少于五次。

建筑物施工期间，当观测点安置稳定后，应及时进行第一次沉降观测。在每次增加较大荷载前后，如基础回填土、墙体每砌筑一层楼、屋架安装、设备安装与运行、塔体加高一层、烟囱每加高 15 m 都应进行沉降观测。在施工过程中停工时间较长，应在停工时和复工前各进行一次观测。竣工后应根据沉降量的大小来确定观测的时间间隔。

一般从建筑物投入使用开始，每隔一个月观测一次，连续观测 3～6 次，其后一年观测 2～4 次。建筑物竣工后，沉降的规律一般是由快逐渐变缓，最后趋于稳定。当半年内沉降量不超过 1 mm 时，便认为沉降趋于稳定。

2. 沉降观测的方法

沉降观测常采用水准测量的方法，根据布设好的水准基点和沉降观测点，布设闭合或者附合水准路线，采用水准路线计算方法对高差闭合差进行分配，从而将计算结果进行检校，最终计算出水准路线上的每个观测点的高程。

一般对于高层建筑物的沉降观测应使用 DS_1 精密水准仪，按国家二等水准测量方法和精度进行；对于多层建筑物的沉降观测应使用 DS_3 水准仪，用普通水准测量的方法和精度进行。

观测过程中应重视第一次观测的成果，因为首次观测的高程是以后各次观测用以比较的依据；若初测精度低，会造成后续观测数据上误差。为保证初测精度，应进行两次观测，每次均布设成闭合水准路线，以闭合差来评定观测精度。

3. 沉降观测的精度

为保证沉降观测的精度，减小仪器工具、设站等方面的误差，一般采用同一台仪器、同一根标尺，每次在固定位置架设仪器，固定观测几个观测点和固定转点位置，同时应注意使前、后视距相等，以减小 i 角误差的影响。

沉降观测时，从水准点开始，组成闭合或附合路线逐点观测。对于连续生产设备基础和动力设备基础、高层钢筋混凝土框架及不均匀地基上的重要建筑物，沉降观测的水准闭合差不应超过 $\pm 1\sqrt{N}$ mm(N 为测站数)，同一后视点两次后视读数之差不应超过 ± 1 mm。对于一般多层建筑物、厂房基础和构筑物的沉降观测，往返观测水准点的高差较差不应超过 $\pm 2\sqrt{N}$ mm(N 为测站数)，同一后视点两次后视读数之差不应超过 ± 2 mm。

三、沉降观测的注意事项

为了保证沉降观测满足上述的精度要求，必须注意以下几点：

(1)施测前，应对测量仪器进行严格的检查校正。

(2)应尽可能在不转站的情况下测出各观测点的高程，前后视距应尽量相等，整个观测最好用同一根水准尺，观测应在成像清晰、稳定的条件下进行，避免阳光直射仪器。

(3)测量中，应尽量做到观测人员固定、测量仪器固定、水准点固定、测量路线固定及测量方法固定。

四、沉降观测的成果整理

每周期观测后，应及时对观测资料进行整理，计算观测点的沉降量、沉降差以及本周期平均沉降量和沉降速度。

1. 整理原始记录

每次观测结束后，应检查记录的数据和计算是否正确，精度是否合格，然后调整高差闭合差，推算出各沉降观测点的高程，并填入“沉降观测记录表”中(表 11-2)。

表 11-2　沉降观测记录表

观测次数	观测时间	各观测点的沉降情况							施工进展情况	荷载情况 /(t·m^{-2})
		1			2			…		
		高程 /m	本次下沉 /mm	累积下沉 /mm	高程 /m	本次下沉 /mm	累积下沉 /mm	…		
1	2001.01.10	50.454	0	0	50.473	0	0	…	一层平口	
2	2001.02.23	50.448	−6	−6	50.467	−6	−6		三层平口	40
3	2001.03.16	50.443	−5	−11	50.462	−5	−11		五层平口	60
4	2001.04.14	50.440	−3	−14	50.459	−3	−14		七层平口	70
5	2001.05.14	50.438	−2	−16	50.456	−3	−17		九层平口	80
6	2001.06.04	50.434	−4	−20	50.452	−4	−21		主体完工	110
7	2001.08.30	50.429	−5	−25	50.447	−5	−26		竣工	
8	2001.11.06	50.425	−4	−29	50.445	−2	−28		使用	
9	2002.02.28	50.423	−2	−31	50.444	−1	−29			
10	2002.05.06	50.422	−1	−32	50.443	−1	−30			
11	2002.08.05	50.421	−1	−33	50.443	0	−30			
12	2002.12.25	50.421	0	−33	50.443	0	−30			
注：水准点的高程：BM_1 为 49.538 mm，BM_2 为 50.123 mm，BM_3 为 49.776 mm。										

2. 计算沉降量

计算各观测点本期沉降量(各观测点本次观测所得高程减去其上次观测所得高程)、累积沉降量(各观测点本期沉降量加上其上次累积沉降量)和观测日期、施工进度、荷载等情况，填入表 11-2 中。

3. 绘制沉降曲线

当变形观测进行到一定周期，或是工程进度到一定阶段，就要依据前面所监测和计算的结果，绘制点位时间与荷载、沉降量关系曲线图，如图 11-3 所示。通过变形曲线可以直

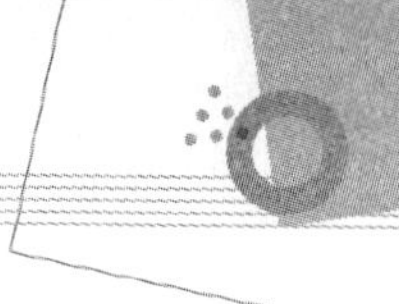

观地了解变形过程情况，也可以对变形发展趋势有个直观的判断。

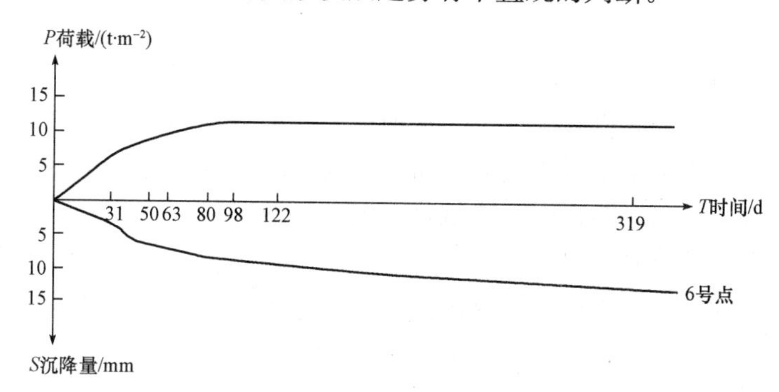

图 11-3　荷载、时间、沉降量关系曲线示意图

五、沉降观测中常遇问题及其处理

在沉降观测工作中常遇到一些矛盾现象，常在沉降与时间关系曲线上表现出来。对于这些问题，必须分析产生的原因，并进行合理的处理。

1. 曲线在首次观测后即发生回升现象

在第二次观测时即发现曲线上升，至第三次后，曲线又逐渐下降。发生此种现象，一般都是由于初测精度不高，而使观测成果存在较大误差所引起的。

在处理这种情况时，如曲线回升超过 5 mm，应将第一次观测成果作废，而采用第二次观测成果作为初测成果；如曲线回升在 5 mm 之内，则可调整初测标高与第二次观测标高一致。

2. 曲线在中间某点突然回升

发生曲线在中间某点突然回升现象的原因，多半是因为水准点或观测点被碰动所致；而且只有当水准点碰动后低于被碰前的标高或观测点被碰后高于被碰前的标高时，才有出现回升现象的可能。

由于水准点或观测点被碰撞，其外形必有损伤，比较容易发现。如水准点被碰动时，可改用其他水准点来继续观测。如观测点被碰后已活动，则需另行埋设新点；若碰后点位尚牢固，则可继续使用。但因为标高改变，对这个问题必须进行合理的处理，其办法是选择结构、荷重及地质等条件都相同的邻近另一沉降观测点，取该点在同一期间内的沉降量，作为被碰观测点之沉降量。此法虽不能真正反映被碰观测点的沉降量，但如选择适当，可得到比较接近实际情况的结果。

3. 曲线自某点起渐渐回升

产生曲线自某点起渐渐回升现象一般是由于水准点下沉所致，如采用设置于建筑物上的水准点，由于建筑物尚未稳定而下沉；或者新埋设的水准点，由于埋设地点不当，时间不长，以致发生下沉现象。水准点是逐渐下沉的，而且沉降量较小，但建筑物初期沉降量较大，即当建筑物沉降量大于水准点沉降量时，沉降曲线不发生回升。到了后期，建筑物下沉逐渐稳定，如水准点继续下沉，则曲线就会发生逐渐回升现象。

因此，在选择或埋设水准点时，特别是在建筑物上设置水准点时，应保证其点位的稳定性。如已明确是水准点下沉导致沉降曲线渐渐回升，则应测出水准点的下沉量，以便修正观测点的标高。

4. 曲线的波浪起伏现象

沉降曲线在后期呈现波浪起伏现象，此种现象在沉降观测中最常遇到。其原因并非建筑物下沉所致，而是测量误差所造成的。曲线在前期波浪起伏所以不突出，是由于下沉量大于测量误差所致；但到后期，由于建筑物下沉极微或已接近稳定，因此，在曲线上就出现测量误差比较突出的现象。

处理这种现象时，应根据整个情况进行分析，确定自某点起，将波浪形曲线改成为水平线。

5. 曲线中断现象

由于沉降观测点开始是埋设在柱基础面上进行观测，在柱基础二次灌浆时没有埋设新点并进行观测；或者由于观测点被碰毁，后来设置的观测点绝对标高不一致，而使沉降曲线中断。

为了将中断曲线连接起来，可按照处理曲线在中间某点突然回升现象的办法，估求出未作观测期间的沉降量；并将新设置的沉降点不计其绝对标高，而取其沉降量，一并加在旧沉降点的累计沉降量中，如图 11-4 所示。

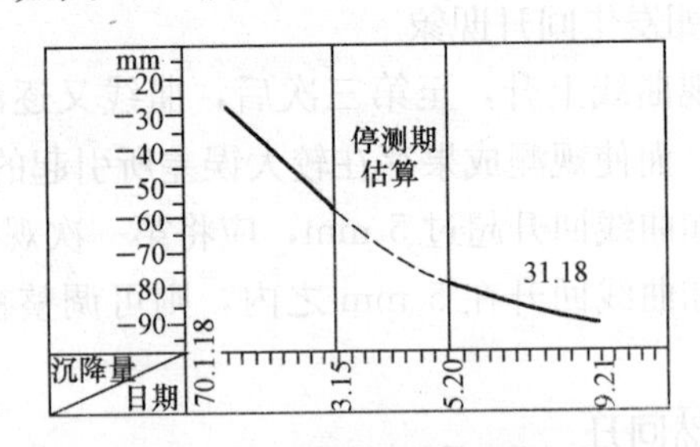

图 11-4　沉降曲线中断示意

第三节　建筑物的倾斜观测与裂缝观测

建筑物受施工中的偏差以及不均匀沉降等因素的影响，会产生倾斜；对建筑物倾斜程度进行测量的工作即倾斜测量。

裂缝观测是测定建筑物某一部位裂缝发展状况的工作。建筑物的裂缝通常与不均匀的沉降有关。因此，在裂缝观测的同时，一般需要进行沉降观测，以便进行综合分析和及时采取相应措施。

一、建筑物的倾斜观测

建筑物产生倾斜的原因主要是地基承载力的不均匀、建筑物体形复杂形成不同荷载及受外力风荷、地震等影响引起建筑物基础的不均匀沉降。测定建筑物倾斜度随时间而变化的工作叫作倾斜观测。倾斜观测一般是用水准仪、经纬仪、垂球或其他专用仪器来测量建筑物的倾斜度。

1. 一般建筑物的倾斜观测

(1)直接观测法。

1)倾斜观测点和测站点的设置。在建筑物墙角两侧墙面的顶部预先设置照准标志(观测点)，如图 11-5 中 M 点和 P 点。在距离墙面约 1.5 倍墙高、与倾斜观测线正交的位置选一测站点，如图 11-5 中 A 点和 B 点。

2)观测方法。应在几个不同侧面观测，如图 11-5 所示，在 A 点安置经纬仪，照准观测点 M，用正、倒镜取中法，向下投点得 N 点，做好标志。过一段时间，再次同法观测 M 点，向下投点得 N' 点。若建筑物发生倾斜，M 点已移位，则 N 点与 N' 点不重合，此时量得 N 点水平偏移量为 a。同时，在建筑物另一侧的 B 点安置经纬仪，同理观测 P 点，也可测得 Q 点水平偏移量为 b。若以 H 代表建筑物的高度，则该建筑物的倾斜度 i 可按下式计算：

$$i=\frac{\sqrt{a^2+b^2}}{H} \tag{11-1}$$

建筑物主体的倾斜观测周期为每 1～3 个月观测一次，倾斜观测应避开强日照和风力大的时间段。

(2)间接计算法。建筑物的倾斜主要是地基的不均匀沉降产生的。如图 11-6 所示，如果通过沉降观测获得了建筑物的不均匀沉降量 Δh，则建筑物上、下部的相对位移值 δ 可按下式计算：

$$\delta=\frac{\Delta h}{L}\cdot H \tag{11-2}$$

式中 Δh——基础两端点的相对沉降量；

L——建筑物的基础宽度；

H——建筑物的高度。

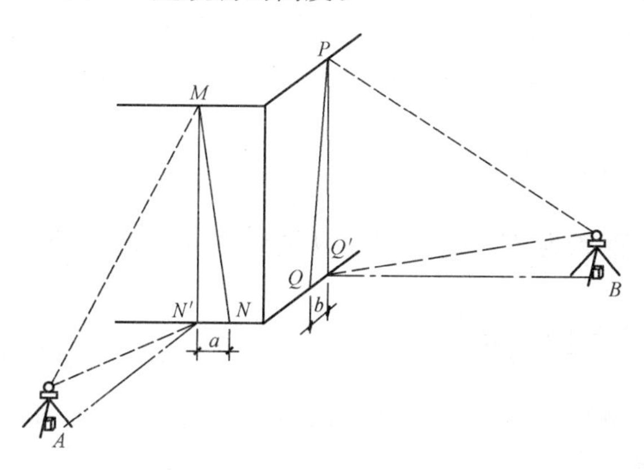

图 11-5 直接观测法观测倾斜

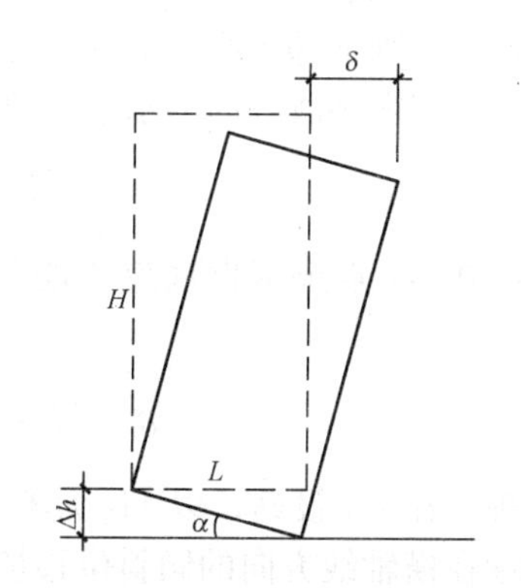

图 11-6 间接计算法观测倾斜

2. 塔式建筑物的倾斜观测

(1)纵、横轴线法。此法适用于邻近有空旷场地的塔式建筑物的倾斜观测。

以烟囱为例，如图 11-7 所示。沿烟囱纵、横相互垂直的两轴线方向，距离烟囱约 1.5 倍烟囱高的位置上，选定 N_1 和 N_2 点作为测站。在烟囱横轴线上，上下布设观测标志1、2、3、4点；在纵轴线上，同样上下布设观测标志5、6、7、8点。在地面上选定通视良好的后视定向点 M_1 和 M_2 作为零方向。

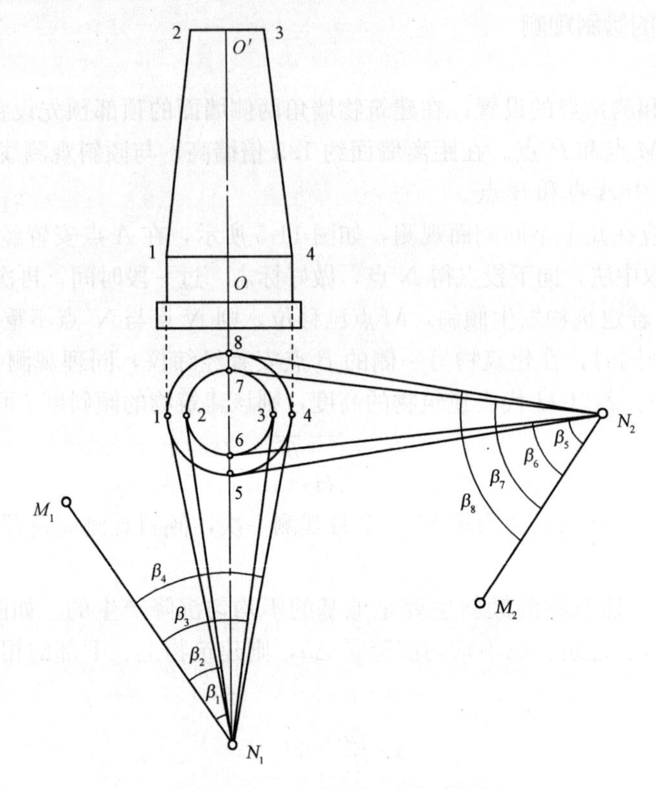

图 11-7　纵、横轴线法观测倾斜度

观测时，首先在 N_1 设站，以 M_1 为零方向，以1、2、3、4为观测方向，用 DJ_2 型经纬仪按方向观测法观测两个测回(若用 DJ_6 型经纬仪，应测四个测回)，得方向值分别为 β_1、β_2、β_3 和 β_4，则上部中心 O' 的方向值为 $(\beta_2+\beta_3)/2$，下部中心 O 的方向值为 $(\beta_1+\beta_4)/2$，因此，O'、O 在纵轴线方向的水平夹角 θ_1 为

$$\theta_1=\frac{(\beta_1+\beta_4)-(\beta_2+\beta_3)}{2} \tag{11-3}$$

若已知 N_1 点至烟囱底座中心的水平距离为 l_1，则烟囱在纵轴线方向的倾斜位移量 δ_1 为

$$\delta_1=\frac{\theta_1}{\rho''}\cdot l_1=\frac{(\beta_1+\beta_4)-(\beta_2+\beta_3)}{2\rho''}\cdot l_1 \tag{11-4}$$

同理，在 N_2 设站，以 M_2 为零方向，测出5、6、7、8各点的方向值 β_5、β_6、β_7 和 β_8，可得烟囱在横轴线方向的倾斜位移量 δ_2 为

$$\delta_2=\frac{(\beta_5+\beta_8)-(\beta_6+\beta_7)}{2\rho''}\cdot l_2 \tag{11-5}$$

式中　l_2——N_2 点至烟囱底座中心的水平距离。

因此，该烟囱的倾斜度 i 为

$$i=\frac{\sqrt{\delta_1^2+\delta_2^2}}{H} \tag{11-6}$$

采用这个方法时应注意，在照准 1、2 等每组点时应尽量使高度(仰角)相等，否则将影响观测精度。

(2)前方交会法。当塔式建筑物很高，且周围环境又不便于采用纵、横轴线法时，可采用前方交会法进行观测。

如图 11-8 所示(俯视图)，O'为烟囱顶部中心位置，O为底部中心位置，烟囱附近布设基线 AB，其间距一般不大于 5 倍的建筑物高度，交会角应尽量接近 60°。首先安置经纬仪于 A 点，测定顶部 O'两侧切线与基线的夹角，取其平均值，如图 11-8 中的 α 角。再安置经纬仪于 B 点，测定顶部 O'两侧切线与基线的夹角，取其平均值，如图 11-8 中的 β 角。利用前方交会公式计算出 O'的坐标，同法可得 O 点的坐标，则 O'、O 两点之间的平距 $D_{OO'}$，即倾斜偏移值 δ 可由坐标反算公式计算。

对每次倾斜观测所计算得到的 δ 应进行比较和分析，当出现异常变化时应进行复测，以保证成果的正确性。

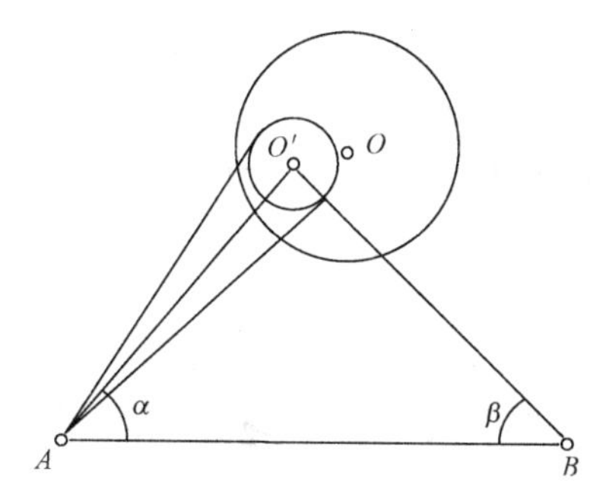

图 11-8　前方交会法观测倾斜度

3. 倾斜观测成果的提交

倾斜观测应提交下列图表：

(1)倾斜观测点位布置图。

(2)倾斜观测成果表。

(3)主体倾斜曲线图。

二、建筑物的裂缝观测

建筑物发生裂缝时，应立即进行观测，了解其现状并掌握其发展情况，并根据观测所得到的资料分析裂缝产生的原因和它对建筑物安全的影响程度，及时采取有效措施加以处理。

1. 裂缝观测点的布置

对需要观测的裂缝应统一进行编号。每条裂缝至少应布设两组观测标志，一组在裂缝最宽处，另一组在裂缝末端。每组标志由裂缝两侧各一个标志组成。

裂缝观测标志，应具有可供量测的明晰端面或中心。观测期较长时，可采用镶嵌或埋入墙面的金属标志、金属杆标志或楔形板标志；观测期较短或要求不高时可采用油漆平行线标志或用建筑胶粘贴的金属片标志。要求较高、需要测出裂缝纵横向变化值时，可采用坐标方格网板标志。使用专用仪器设备观测的标志，可按具体要求另行设计。

2. 裂缝观测点的周期

裂缝观测点的周期应视其裂缝变化速度而定。通常开始可半月测一次，以后一个月左右测一次。当发现裂缝加大时，应增加观测次数，直至几天或逐日一次的连续观测。

3. 裂缝观测的方法

观测时，应先在裂缝的两侧各设置一个固定标志，然后定期量取两标志的间距，间距的变化即为裂缝的变化。具体方法如下：用两片镀锌薄钢板，一片取150 mm×150 mm的正方形，固定在裂缝的一侧；另一片为50 mm×200 mm，固定在裂缝的另一侧，并使其中一部分紧贴在相邻的正方形白铁皮上，然后在其表面涂上红色油漆。裂缝一旦持续发展，两片白铁皮将逐渐拉开，露出白铁皮上原被覆盖没有油漆的部分，其宽度即为裂缝增加的宽度，可用钢尺量取。

另外，也可用石膏板标志进行裂缝观测。具体方法是用厚10 mm、宽50～80 mm的石膏板(长度视裂缝大小而定)固定在裂缝的两侧。当裂缝继续发展时，石膏板也随之开裂，从而观察裂缝继续发展的情况。

4. 裂缝观测成果的提交

裂缝观测结束后，应提交下列资料：

(1)裂缝分布位置图。

(2)裂缝观测成果表。

(3)观测成果分析说明资料。

(4)当建筑物裂缝和基础沉降同时观测时，可选择典型剖面绘制两者的关系曲线。

第四节　建筑物的位移观测

一、建筑水平位移观测

(一)建筑水平位移观测点的布置

建筑水平位移观测点的位置应选在墙角、柱基及裂缝两边等处。标志可采用墙上标志，具体形式及其埋设应根据点位条件和观测要求确定。

(二)建筑水平位移观测方法

1. 水平位移观测的周期

不良地基土地区的观测周期，可与一并进行的沉降观测协调确定；受基础施工影响有关的观测周期，应按施工进度的需要确定，可逐日或隔2～3 d观测一次，直至施工结束。

2. 水平位移观测的方法

当测量地面观测点在特定方向的位移时，可使用视准线、激光准直、测边角等方法。

(1)视准线法。在视准线两端各自向外的延长线上，宜埋设检核点。在观测成果的处理中，应顾及视准线端点的偏差改正。

采用活动觇牌法进行视准线测量时，观测点偏离视准线的距离不应超过活动觇牌读数尺的读数范围。在视准线一端安置经纬仪或视准仪，瞄准安置在另一端的固定觇牌进行定向，待活动觇牌的照准标志正好移至方向线上时读数。每个观测点应按确定的测回数进行往测与返测。

采用小角法进行视准线测量时，视准线应按平行于待测建筑边线布置，观测点偏离视准线的偏角不应超过30″。偏离值 d(图 11-9)可按式(11-7)计算：

$$d=\alpha/\rho \cdot D \tag{11-7}$$

式中 α——偏角(″)；

D——从观站点到观测点的距离(m)；

ρ——常数，其值为206 265″。

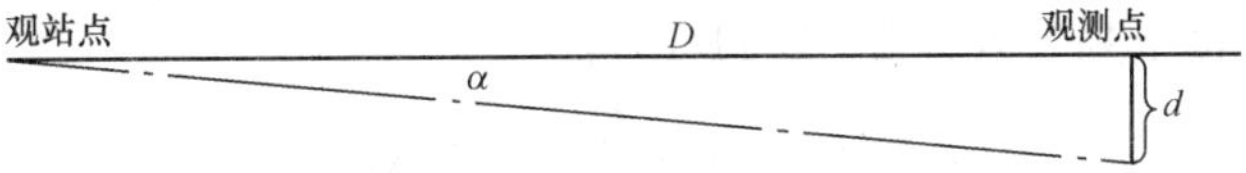

图 11-9 小角法

(2)激光准直法。使用激光经纬仪准直法时，当要求具有 10^{-5}～10^{-4}量级准直精度时，可采用 DJ_2 型仪器配置氦—氖激光器或半导体激光器的激光经纬仪及光电探测器或目测有机玻璃方格网板；当要求达到 10^{-6}量级精度时，可采用 DJ_1 型仪器配置高稳定性氦—氖激光器或半导体激光器的激光经纬仪及高精度光电探测系统。

对于较长距离的高精度准直，可采用三点式激光衍射准直系统或衍射频谱成像及投影成像激光准直系统。对短距离的高精度准直，可采用衍射式激光准直仪或连续成像衍射板准直仪。

激光仪器在使用前必须进行检校，仪器射出的激光束轴线、发射系统轴线和望远镜照准轴应三者重合，观测目标与最小激光斑应重合。

(3)测边角法。对主要观测点，以该点为测站测出对应视准线端点的边长和角度，求得偏差值。对其他观测点，选适宜的主要观测点为测站，测出对应其他观测点的距离与方向值，按坐标法求得偏差值。角度观测测回数与长度的丈量精度要求，应根据要求的偏差值观测中误差确定。测量观测点任意方向位移时，可视观测点的分布情况，采用前方交会或方向差交会及极坐标等方法。单个建筑也可采用直接量测位移分量的方向线法，在建筑纵、横轴线的相邻延长线上设置固定方向线，定期测出基础的纵向和横向位移。

对于观测内容较多的大测区或观测点远离稳定地区的测区，宜采用测角、测边、边角及GPS与基准线法相结合的综合测量方法。

(三)水平位移观测成果的提交

水平位移观测应提交下列图表：

(1)水平位移观测点位布置图。

(2)水平位移观测成果表。

(3)水平位移曲线图。

二、挠度观测

建筑基础和建筑主体以及墙、柱等独立构筑物的挠度观测，应按一定周期测定其挠度值，挠度观测的周期应根据荷载情况并考虑设计、施工要求确定。

1. 挠度观测点的布设

建筑基础挠度观测可与建筑沉降观测同时进行。观测点应沿基础的轴线或边线布设，每一轴线或边线上不得少于三点。

2. 挠度观测方法

建筑主体挠度观测，除观测点应按建筑结构类型在各不同高度或各层处沿一定垂直方向布设外，其标志设置、观测方法应按规定执行。挠度值应由建筑上不同高度点相对于底部固定点的水平位移值确定。独立构筑物的挠度观测，除可采用建筑主体挠度观测要求外，当观测条件允许时，也可用挠度计、位移传感器等设备直接测定挠度值。

挠度值及跨中挠度值应按下列公式计算：

(1)挠度值 f_d 应按下列公式计算(图 11-10)：

$$f_d=\Delta s_{AE}-\frac{L_{AE}}{L_{AE}+L_{EB}}\cdot\Delta s_{AB} \tag{11-8}$$

$$\Delta s_{AE}=s_E-s_A \tag{11-9}$$

$$\Delta s_{AB}=s_B-s_A \tag{11-10}$$

式中 s_A、s_B——为基础上 A、B 点的沉降量或位移量(mm)；

s_E——基础上 E 点的沉降量或位移量(mm)，E 点位于 A、B 两点之间；

L_{AE}——A、E 之间的距离(m)；

L_{EB}——E、B 间的距离(m)。

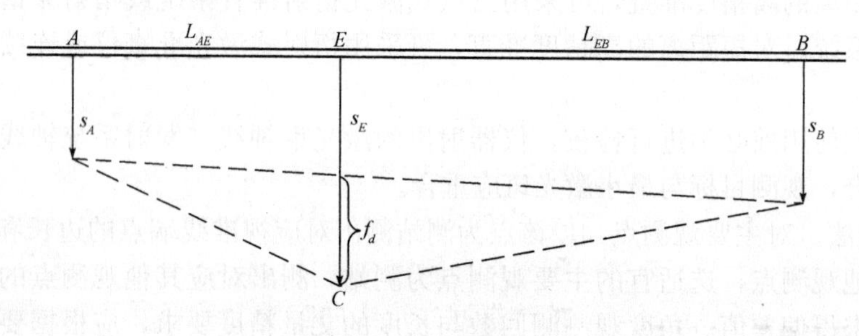

图 11-10 挠度值计算

(2)跨中挠度值 f_{dc} 应按下列公式计算：

$$f_{dc}=\Delta s_{10}-\frac{1}{2}\Delta s_{12} \tag{11-11}$$

$$\Delta s_{10}=s_0-s_1 \tag{11-12}$$

$$\Delta s_{12}=s_2-s_1 \tag{11-13}$$

式中 s_0——基础中点的沉降量或位移量(mm)；

s_1，s_2——基础两个端点的沉降量或位移量(mm)。

3. 挠度观测成果的提交

挠度观测应提交下列图表：

(1)挠度观测点布置图。

(2)挠度观测成果表。

(3)挠度曲线图。

三、基坑壁侧向位移观测

基坑壁侧向位移观测应测定基坑围护结构桩墙顶水平位移和桩墙深层挠曲。基坑壁侧向位移观测的精度应根据基坑支护结构类型，基坑形状、大小和深度，周边建筑及设施的重要程度，工程地质与水文地质条件和设计变形报警预估值等因素综合确定。

1. 基坑壁侧向位移观测的周期

基坑开挖期间应 2～3 d 观测一次，位移速率或位移量大时应每天观测 1～2 次。当基坑壁的位移速率或位移量迅速增大或出现其他异常时，应在做好观测本身安全的同时，增加观测次数，并立即将观测结果报告委托方。

2. 基坑壁侧向位移观测的方法

基坑壁侧向位移观测可根据现场条件使用视准线法、测小角法、前方交会法或极坐标法，并宜同时使用测斜仪或钢筋计、轴力计等进行观测。

(1)当使用视准线法、测小角法、前方交会法或极坐标法测定基坑壁侧向位移时，应符合下列规定：

1)基坑壁侧向位移观测点应沿基坑周边桩墙顶每隔 10～15 m 布设一点。

2)侧向位移观测点宜布置在冠梁上，可采用铆钉枪射入铝钉，也可钻孔埋设膨胀螺栓或用环氧树脂胶粘标志。

3)测站点宜布置在基坑围护结构的直角上。

(2)当采用测斜仪测定基坑壁侧向位移时，应符合下列规定：

1)测斜仪宜采用能连续进行多点测量的滑动式仪器。

2)测斜管应布设在基坑每边中部及关键部位，并埋设在围护结构桩墙内或其外侧的土体内，基坑埋设深度应与围护结构入土深度一致。

3)将测斜管吊入孔或槽内时，应使十字形槽口对准观测的水平位移方向。连接测斜管时应对准导槽，使之保持在一条直线上。管底端应装底盖，每个接头及底盖处应密封。

4)埋设于基坑围护结构中的测斜管，应将测斜管绑扎在钢筋笼上，同步放入成孔或槽内，通过浇筑混凝土后固定在桩墙中或外侧。

5)埋设于土体中的测斜管，应先用地质钻机成孔，将分段测斜管连接放入孔内，测斜管连接部分应密封处理，测斜管与钻孔壁之间空隙宜回填细砂或水泥与膨润土拌和的灰浆，其配合比应根据土层的物理力学性能和水文地质情况确定。测斜管的埋设深度应与围护结构入土深度一致。

6)测斜管埋好后，应停留一段时间，使测斜管与土体或结构固连为一整体。

7)观测时，可由管底开始向上提升测头至待测位置，或沿导槽全长每隔 500 mm(轮距)测读一次，将测头旋转 180°再测一次。两次观测位置(深度)应一致，将此作为一测回。每周期观测可测两测回，每个测斜导管的初测值，应测四测回，观测成果取中数。

(3)当应用钢筋计、轴力计等物理测量仪表测定基坑主要结构的轴力、钢筋内力及监测基坑四周土体内土体压力、孔隙水压力时，应能反映基坑围护结构的变形特征。对变形大的区域，应适当加密观测点位和增设相应仪表。

3. 基坑壁侧向位移观测成果的提交

基坑壁侧向位移观测应提交下列图表：

(1)基坑壁位移观测点布置图。

(2)基坑壁位移观测成果表。

(3)基坑壁位移曲线图。

四、建筑场地滑坡观测

建筑场地滑坡观测应测定滑坡的周界、面积、滑动量、滑移方向、主滑线以及滑动速度，并视需要进行滑坡预报。

(一)滑坡观测点位的布设要求

(1)滑坡面上的观测点应均匀布设。滑动量较大和滑动速度较快的部位，应适当增加布点。

(2)滑坡周界外稳定的部位和周界内稳定的部位，均应布设观测点。

(3)当主滑方向和滑动范围已明确时，可根据滑坡规模选取十字形或格网形平面布点方式；主滑方向和滑动范围不明确时，可根据现场条件，采用放射形平面布点方式。

(4)需要测定滑坡体深部位移时，应将观测点钻孔位置布设在主滑轴线上，并可对滑坡体上局部滑动和可能具有的多层滑动面进行观测。

(5)对已加固的滑坡，应在其支挡锚固结构的主要受力构件上布设应力计和观测点。

(二)滑坡观测点位的标石、标志及其埋设的要求

(1)土体上的观测点可埋设预制混凝土标石。根据观测精度要求，顶部的标志可采用具有强制对中装置的活动标志或嵌入加工成半球状的钢筋标志。标石埋深不宜小于 1 m，在冻土地区应埋至当地冻土线以下 0.5 m。标石顶部应露出地面 20～30 cm。

(2)岩体上的观测点可采用砂浆现场浇固的钢筋标志。凿孔深度不宜小于 10 cm。标志埋好后，其顶部应露出岩体面 5 cm。

(3)必要的临时性或过渡性观测点以及观测周期短、次数少的小型滑坡观测点，可埋设硬质大木桩，但顶部应安置照准标志，底部应埋至当地冻土线以下。

(4)滑动体深部位移观测钻孔应穿过潜在滑动面进入稳定的基岩面以下不小于 1 m。观测钻孔应铅直，孔径应不小于 110 mm。

(三)滑坡观测方法

1. 滑坡观测的周期

滑坡观测的周期应视滑坡的活跃程度及季节变化等情况而定，并应符合下列规定：

(1)在雨季，宜每半月或一月测一次；在干旱季节，可每季度测一次。

(2)当发现滑速增快，或遇暴雨、地震、解冻等情况时，应增加观测次数。

(3)当发现有大的滑动可能或有其他异常时，应在做好观测本身安全的同时，及时增加观测次数，并立即将观测结果报告委托方。

2. 滑坡观测点的位移观测方法

滑坡观测点的位移观测方法，可根据现场条件，按下列要求选用：

(1)当建筑数量多、地形复杂时，宜采用以三方向交会为主的测角前方交会法，交会角宜为 50°～110°，长短边不宜悬殊；也可采用测距交会法、测距导线法及极坐标法。

(2)对于视野开阔的场地，当面积小时，可采用放射线观测网法，从两个测站点上按放

射状布设交会角在30°～150°之间的若干条观测线，两条观测线的交点即为观测点。每次观测时，应以解析法或图解法测出观测点偏离两测线交点的位移量。当场地面积大时，可采用任意方格网法，其布设与观测方法应与放射线观测网相同，但应需增加测站点与定向点。

(3)对于带状滑坡，当通视较好时，可采用测线支距法，在与滑动轴线的垂直方向布设若干条测线，沿测线选定测站点、定向点与观测点。每次观测时，应按支距法测出观测点的位移量与位移方向。当滑坡体窄而长时，可采用十字交叉观测网法。

(4)对于抗滑墙(桩)和要求高的单独测线，可选用视准线法。

(5)对于可能有大滑动的滑坡，除采用测角前方交会等方法外，也可采用数字近景摄影测量方法同时测定观测点的水平和垂直位移。

(6)当符合GPS观测条件和满足观测精度要求时，可采用单机多天线GPS观测方法观测。

(四)滑坡观测成果的提交

滑坡观测应提交下列图表：

(1)滑坡观测点位布置图。

(2)观测成果表。

(3)观测点位移与沉降综合曲线图。

第五节　建筑物的特殊变形观测

一、日照变形观测

日照变形观测应在高耸建筑物或单柱(独立高柱)受强阳光照射或辐射的过程中进行，应测定建筑物或单柱上部由于向阳面与背阳面温差引起的偏移及其变化规律。

(一)日照变形观测点的选设

当利用建筑物内部竖向通道观测时，应以通道底部中心位置作为测站点，以通道顶部正垂直对应于测站点的位置作为观测点。当从建筑物或单柱外部观测时，观测点应选在受热面的顶部或受热面上部的不同高度处与底部(视观测方法需要布置)适中位置，并设置照准标志，单柱也可直接照准顶部与底部中心线位置；测站点应选在与观测点连线呈正交或接近正交的两条方向线上，其中一条宜与受热面垂直，与观测点的距离约为照准目标高度1.5倍的固定位置处，并埋设标石。

(二)日照变形观测的周期、方法和精度

1. 日照变形观测的周期

日照变形的观测时间，宜选在夏季高温的天气进行。一般观测项目，可在白天时间段观测，从日出前开始，日落后停止，每隔约1 h观测一次；对于有科研要求的重要建筑物，可在全天24 h内，每隔约1 h观测一次。在每次观测的同时，应测出建筑物向阳面与背阳面的温度，并测定风速与风向。

2. 日照变形观测的方法

当建筑物内部具有竖向通视条件时，应采用激光垂准仪观测法。在测站点上可安置激光铅直仪或激光经纬仪，在观测点上安置接收靶。每次观测，可从接收靶读取或量出顶部观测点的水平位移值和位移方向，也可借助附于接收靶上的标示光点设施，直接获得各次观测的激光中心轨迹图，然后反转其方向即为实测日照变形曲线图。

从建筑物外部观测时，可采用测角前方交会法或方向差交会法。对于单柱的观测，按不同量测条件，可选用经纬仪投点法、测顶部观测点与底部观测点之间的夹角法或极坐标法。

按上述方法观测时，从两个测站对观测点的观测应同步进行。所测顶部的水平位移量与位移方向，应以首次测算的观测点坐标值或顶部观测点相对底部观测点的水平位移值作为初始值，与其他各次观测的结果相比较后计算求取。

3. 日照变形观测的精度

日照变形观测的精度，可根据观测对象的不同要求和不同观测方法，具体分析确定。用经纬仪观测时，观测点相对测站点的点位中误差，对投点法不应大于±1.0 mm，对测角法不应大于±2.0 mm。

(三)日照变形观测成果的提交

观测工作结束后，应提交下列成果：

(1)日照变形观测点位布置图。

(2)日照变形观测成果表。

(3)日照变形曲线图。

(4)观测成果分析说明资料。

二、风振观测

风振观测应在高层、超高层建筑物受强风作用的时间段内同步测定建筑物的顶部风速、风向和墙面风压以及顶部水平位移，以获取风压分布、体型系数及风振系数。

1. 风振观测的设备与方法

风振观测设备与方法的选用应符合下列要求：

(1)风速、风向观测宜在建筑物顶部的专设桅杆上安置两台风速仪(如电动风速仪、文氏管风速仪)，分别记录脉动风速、平均风速及风向，并在与建筑物为100～200 m距离的一定高度(10～20 m)处安置风速仪记录平均风速，以与建筑物顶部风速比较风力沿高度的变化。

(2)风压观测应在建筑物不同高度的迎风面与背风面外墙上，对应设置适当数量的风压盒作传感器，或采用激光光纤压力计与自动记录系统，以测定风压分布和风压系数。

(3)顶部水平位移观测可根据要求和现场情况选用下列方法：

1)激光位移计自动测记法。

2)长周期拾振器测记法。将拾振器设在建筑物顶部天面中间，由测试室内的光线示波器记录观测结果。

3)双轴自动电子测斜仪(电子水枪)测记法。测试位置应选在振动敏感的位置上，仪器

的 x 轴与 y 轴(水枪方向)应与建筑物的纵、横轴线一致，并用罗盘定向，根据观测数据计算出建筑物的振动周期和顶部水平位移值。

4)加速度传感器法。将加速度传感器安装在建筑物顶部，测定建筑物在振动时的加速度，通过加速度积分求解位移值。

5)经纬仪测角前方交会法或方向差交会法。此法适用于在缺少自动测记设备和观测要求不高时建筑物顶部水平位移的测定，但作业中应采取措施防止仪器受到强风影响。

(4)由实测位移值计算风振系数 β 时，可采用下列公式：

$$\beta=(s+0.5A)/s \tag{11-14}$$

或

$$\beta=(s_a+s_d)/s \tag{11-15}$$

式中 s——平均位移值(mm)；

A——风力振幅(mm)；

s_a——静态位移值(mm)；

s_d——动态位移值(mm)。

2. 风振位移的观测精度

风振位移的观测精度，如用自动测记法，应视所用仪器设备的性能和精确程度要求具体确定。如采用经纬仪观测，观测点相对测站点的点位中误差不应大于±15 mm。

3. 风振观测成果的提交

风振观测工作结束后，应提交下列成果：

(1)风速、风压、位移的观测位置布置图。

(2)各项观测成果表。

(3)风速、风压、位移及振幅等曲线图。

(4)观测成果分析说明资料。

第六节 竣工总平面图编绘

一、竣工测量

建(构)筑物竣工验收时进行的测量工作，称为竣工测量。为做好竣工总平面图的编制工作，应随着工程施工进度，同步记载施工资料，并根据实际情况，在竣工时，进行竣工测量。竣工测量主要是对施工过程中设计有更改的部分，直接在现场指定施工的部分及资料不完整无法查对的部分，根据施工控制网进行现场实测或加以补测。对于有下列情况之一者，必须进行现场实测：

(1)不能及时提供建筑物或构筑物的设计坐标，而在现场制定施工位置的工程。

(2)设计图上只标明与地物相对尺寸而无法推算坐标和标高的地物点。

(3)由于设计多次变更而无法查找到确定的设计资料的。

(4)竣工现场的竖向布置、围墙和绿化情况，施工后尚保留的大型临时设施。

1. 竣工测量的内容

建筑工程竣工测量内容主要包括以下几个方面：

(1)一般工业与民用建筑。测量房屋角点坐标及高程，对较大的矩形建筑物至少要测三个主要房角坐标，小型房屋可测其长边两个房屋角点，并量出房宽注于图上，还应测量各种管线进出口位置和高程。

(2)铁路和公路。测量线路的起始点、转折点、曲线起始点、曲线元素、交叉点坐标，桥涵等构筑物位置和高程。

(3)地下管线。测量管线转折点、起点及终点的坐标，测量、检查井旁地面、井盖、井底、沟槽、井内敷设物和管顶等处的标高。

(4)架空管线。测量管线转折点、结点、交叉点的坐标，测量支架间距及支架旁地面标高、基础标高，管座、最高和最低电线至地面的净高等。

(5)特种构筑物。测量沉淀池、烟囱、煤气罐等及其附属构筑物的外形和四角的坐标，圆形构筑物的中心坐标，基础标高，构筑物高度，沉淀池深度等。

(6)其他。测量围墙拐角点坐标、绿化区边界以及一些不同专业需要反映的设施和内容。

2. 竣工测量方法的特点

竣工测量的基本测量方法与地形测量相似，区别在于以下几点：

(1)一般竣工测量图根控制点的密度要大于地形测量图根控制点的密度。

(2)地形测量一般采用视距测量的方法测定碎部点的平面位置和高程，而竣工测量一般采用经纬仪测角、钢尺量距的极坐标法测定碎部点的平面位置，采用水准仪或经纬仪测定碎部点的高程，也可用全站仪进行测绘。

(3)竣工测量的测量精度要高于地形测量的测量精度。地形测量的测量精度要求满足图解精度，而竣工测量的测量精度一般要满足解析精度，应精确至厘米。

(4)竣工测量的内容比地形测量的内容更丰富。竣工测量不仅测地面的地物和地貌，还要测地下各种隐蔽工程，如上水管线、下水管线及热力管线等。

二、竣工总平面图的编绘

建设工程项目竣工后，应编绘竣工总平面图。竣工总平面图是设计总平面图在施工后实际情况的全面反映，工业与民用建筑工程是根据设计总平面图施工的。在施工过程中，由于种种原因，使建(构)筑物竣工后的位置与原设计位置不完全一致，所以，设计总平面图不能完全代替竣工总平面图。

1. 编绘竣工总平面图的目的

(1)反映设计的变更情况。施工过程中由于发生设计时未考虑到的问题而要变更设计，这种临时变更设计的情况必须通过测量反映到竣工总平面图上。

(2)提供各种设备的维修依据。竣工总平面图可以为各种设备、设施进行维修工作时提供数据。

(3)保存建筑物的历史资料。竣工总平面图可以提供原有建筑物、构筑物、地下和地上各种管线和交通路线的坐标及坐标系统、高程及高程系统等重要的历史资料。

2. 竣工总平面图的内容

竣工总平面图应包括控制点，如建筑方格网控制桩点位、水准点、建筑物平面位置、辅助设施、生活福利设施、架空与地下管线，还应包括铁路等建筑物或构筑物的平面施工放线坐标、高程以及室内外平面图。竣工总平面图一般采用1∶1 000比例尺绘制，若要清楚表示局部地区也可采用1∶500比例尺绘制。

3. 竣工总平面图的编绘步骤

(1)确定竣工总平面图的比例尺。竣工总平面图的比例尺，应根据企业的规模大小和工程的密集程度参考下列规定：

1)小区内为1/500或1/1 000。

2)小区外为1/1 000～1/5 000。

(2)绘制竣工总平面图图底坐标方格网。为了能长期保存竣工资料，竣工总平面图应采用质量较好的图纸。聚酯薄膜具有坚韧、透明、不易变形等特性，可用作图纸。

(3)展绘控制点。以图底上绘出的坐标方格网为依据，将施工控制网点按坐标展绘在图上。展点对所邻近的方格而言，其允许偏差为±0.3 mm。

(4)展绘设计总平面图。在编绘竣工总平面图之前，应根据坐标格网，先将设计总平面图的图面内容按其设计坐标，用铅笔展绘于图纸上，作为底图。

(5)展绘竣工总平面图。对按设计坐标进行定位的工程，应以测量定位资料为依据，按设计坐标(或相对尺寸)和标高展绘。对原设计进行变更的工程，应根据设计变更资料展绘。对有竣工测量资料的工程，若竣工测量成果与设计值之比差不超过所规定的定位容许误差时，按设计值展绘；否则，按竣工测量资料展绘。

竣工总平面图编绘完成后，应经原设计及施工单位技术负责人审核、会签。

三、竣工总平面图的绘制

1. 分类竣工总平面图

对于大型企业和较复杂的工程，如将厂区地上、地下所有建筑物和构筑物都绘制在一张总平面图上，则会导致图面线条密集，不易辨认。为了使图面清晰醒目，便于使用，可根据工程的密集与复杂程度，按工程性质分类编绘竣工总平面图。

2. 综合竣工总平面图

综合竣工总平面图即全厂性的总体竣工总平面图，包括地上、地下一切建筑物、构筑物和竖向布置及绿化情况等。

3. 竣工总平面图的图面内容和图例

竣工总平面图的图面内容和图例，一般应与设计图一致。图例不足时可补充编绘。

4. 竣工总平面图的附件

为了全面反映竣工成果，便于生产、管理、维修和日后企业的扩建或改建，与竣工总平面图有关的一切资料，应分类装订成册，作为竣工总平面图的附件保存。

5. 工业企业竣工总平面图

工业企业竣工总平面图的编绘，最好的办法是随着单位或系统工程的竣工，及时地编绘单位工程或系统工程平面图，并由专人汇总各单位工程平面图，编绘竣工总平面图。

本章小结

本章主要讲述了建筑工程变形观测的基本知识、建筑物的沉降观测、建筑物的倾斜观测与裂缝观测、建筑物的位移观测、建筑物的特殊变形观测和建筑工程竣工测量等内容。

1. 变形观测的任务是周期性地对建筑物上的观测点进行重复观测，以求得观测点位置的变化量。

2. 沉降观测常采用水准测量的方法，根据布设好的水准基点和沉降观测点，布设闭合或者附合水准路线，采用水准路线计算方法对高差闭合差进行分配，从而将计算结果进行检校，最终计算出水准路线上的每个观测点的高程。

3. 测定建筑物倾斜度随时间而变化的工作叫作倾斜观测。倾斜观测一般是用水准仪、经纬仪、垂球或其他专用仪器来测量建筑物的倾斜度。

4. 当建筑物发生裂缝时，应立即进行观测，了解其现状并掌握其发展情况，并根据观测所得到的资料分析裂缝产生的原因和它对建筑物安全的影响程度，及时采取有效措施加以处理。

5. 水平位移观测可使用视准线、激光准直、测边角等方法。

6. 建(构)筑物竣工验收时进行的测量工作，称为竣工测量。为做好竣工总平面图的编制工作，应随着工程施工进度，同步记载施工资料，并根据实际情况，在竣工时，进行竣工测量。

7. 建设工程项目竣工后，应编绘竣工总平面图。竣工总平面图是设计总平面图在施工后实际情况的全面反映，工业建筑工程与民用建筑工程是根据设计总平面图施工的。

复习思考题

一、填空题

1. 对于特等、一等沉降观测，基准点不应少于________个，对于其他等级沉降观测，基准点不应少于________个。

2. 当半年内沉降量不超过________时，便认为沉降趋于稳定。

3. 一般对于高层建筑物的沉降观测应使用________精密水准仪，按国家________测量方法和精度进行；对于多层建筑物的沉降观测应使用________水准仪，用测量的方法和精度进行。

4. 倾斜观测一般是用________、________、________或其他专用仪器来测量建筑物的倾斜度。

5. 对需要观测的裂缝应统一进行编号，每条裂缝至少应布设________观测标志。

6. 建筑水平位移观测点的位置应选在________、________及________等处。

7. 日照变形的观测时间，宜选在________进行。

8. 竣工总平面图编绘完成后，应经________及单位技术负责人审核、会签。

二、选择题(有一个或多个答案)

1. 无论何种建筑物，沉降观测次数不能少于(　　)次。

A. 3　　B. 4　　C. 5　　D. 6

2. 在民用建筑中，通常在下列(　　)部位设置观测量。

A. 房屋的转角　　B. 沉降缝两侧　　C. 基础的对称轴上　　D. 地质条件改变处

3. 裂缝观测标志，观测期较短时，可采用(　　)。

A. 镶嵌或埋入墙面的金属标志　　B. 金属杆标志

C. 油漆平行线标志　　D. 坐标方格网板标志

4. 当测量地面观测点在特定方向的位移时，可使用下列(　　)方法。

A. 前方交会　　B. 视准线

C. 激光准直　　D. 测边角

5. 对于带状滑坡，当通视较好时，可采用下列(　　)方法进行位移观测。

A. 测角前方交会法　　B. 放射线观测网法

C. 测线支距法　　D. 视准线法

6. 采用经纬仪进行风振观测时，观测点相对测站点的点位中误差不应大于(　　)mm。

A. ±10　　B. ±15　　C. ±20　　D. ±25

三、简答题

1. 建筑物为什么要进行变形观测?
2. 水准基点的布设应符合哪些要求?
3. 简述沉降观测中常遇到的问题及其处理方法。
4. 简述裂缝观测的方法。
5. 滑坡观测点位的布设的要求有哪些?
6. 编绘竣工总平面图的目的是什么?
7. 简述竣工总平面图的编绘步骤。

四、计算题

1. 由于地基不均匀沉降，使建筑物发生倾斜，现测得建筑物前后基础的不均匀沉降量为0.023 m。已知该建筑物的高为19.20 m，宽为7.20 m，求建筑物上、下部的相对位移值。

2. A、B 为某基础梁支座处的沉降观测点，C 为该梁跨中点，现测得 A、B、C 三点的沉降量分别为15.6 mm、16.5 mm、22.8 mm，试计算该梁跨中点 C 的挠度。

第十二章　线路工程测量与桥隧工程测量

学习目标

通过本章的学习，了解线路中线测量的任务和基本内容，隧道施工测量的任务；熟悉桥梁施工测量的内容；掌握圆曲线主点和细部点的计算测设方法，缓和曲线的测设方法，纵、横断面的测绘方法，道路工程施工测量工作内容和方法，桥位控制测量方法，桥墩台的测设方法，隧道洞外控制测量方法，隧道竖井联系测量方法，隧道洞内施工测量方法，管道施工中的测量方法，管道工程顶管施工测量方法。

能力目标

能正确标定线路中线，进行圆曲线和缓和曲线的测设，绘制纵、横断面，能正确选用仪器进行道路施工测量、桥梁施工测量、隧道施工测量和管道施工测量。

第一节　线路工程测量

线路通常是指道路、给水、排水、输电、电信、各种工业管道及桥涵等线形工程的中线总称，是工程建设的重要组成部分。线路测量是为各种等级道路和各种管线设计和施工服务的。

一、中线测量

线路中线一般由直线和平曲线两部分组成。中线测量是通过直线和曲线的测设，将线路中心线的平面位置测设在实地。

(一)中线测量的基本知识

1. 中线测量的任务

(1)设计测量(即勘测)：主要为公路设计提供依据。

(2)施工测量(即恢复定线)：主要是根据设计资料，把中线位置重新敷设到地面上，供施工之用。

2. 中线测量的工作内容

道路中线测量是道路测量的主要内容之一，在测量前应做好组织与准备工作。首先应熟悉设计文件或领会工作内容，施工测量时要对设计文件进行复核，已知偏角及半径计算曲线要素、主点里程桩号、交点间距离、直线长度、曲线组合类型等进行复核，并针对不同的曲线类型及地形采用不同的测设方法；设计测量时应和选定线组取得联系，了解选线意图和线型设计原则，为选定半径等做好测设前的准备工作。

中线测量的工作内容主要包括以下几项：

(1)准确标定路线，即钉设路线起终点桩、交点桩及转点桩，且用小钉标点。

(2)观测路线右角并计算转角，同时填写测角记录本，钉出曲线中点方向桩。

(3)隔一定转角数观测磁方位角，并与计算方位角校核。

(4)观测交点或转点间视距，且与链距校核。

(5)中线丈量，同时设置直线上各种加桩。

(6)设置平曲线以及各种加桩。

(7)填写直线、曲线、转角一览表。

(8)固定路线，并填写路线固定表。

3. 中线敷设的方法和要求

(1)中线敷设可采用极坐标法、GPSRTK 法、链距法、偏角法、支距法等方法进行。

(2)采用极坐标法、GPSRTK 方法敷设中线时，应符合以下要求：

1)中桩钉好后宜测量并记录中桩的平面坐标，测量值与设计坐标的差值应小于中桩测量的桩位限差。

2)可不设置交点桩而一次放出整桩与加桩，也可只放直、曲线上的控制桩，其余桩可用链距法测定。

3)采用极坐标法时，测站转移前，应观测检查前、后相邻控制点间的角度和边长，角度观测左角一测回，测得的角度与计算角度互差应满足相应等级的测角精度要求。距离测量一测回，其值与计算距离之差应满足相应等级的距离测量要求。测站转移后，应对前一测站所放桩位重放 1～2 个桩点，桩位精度应满足相关要求。采用支导线敷设少量中桩时，支导线的边数不得超过 3 条，其等级应与路线控制测量等级相同，观测要求应符合规定，并应与控制点闭合，其坐标闭合差应小于 7 cm。

4)采用 GPSRTK 方法时，求取转换参数采用的控制点应涵盖整个放线段，采用的控制点应大于 4 个，并应利用另外一个控制点进行检查，检查点的观测坐标与理论值之差应小于桩位检测之差的 0.7 倍。放桩点不宜外推。

(二)交点与转点的测设

1. 交点的测设

线路交点是指线路中线改变方向时，两相邻直线段延长后相交的点，通常用符号 JD 表示，它是中线测量的控制点。

(1)穿线定点法。穿线定点法适用于纸上定线时进行的实地放线，地形不太复杂、且纸上路线离开导线不远的地段，实地定线，施工测量时的恢复定线。

1)量距(或量角)。在地形图上量出导线与路线的关系。如图 12-1 所示，在导线上选择 A'、B'、C'等点或导线点，再量取距离 l_1、l_2、l_3 等或角度 β，同时，把距离按照地形图的比例换算成实际距离。量距时应量取垂直于导线的距离，便于确定方向，如 1、2、4、5、8 点，或量取斜距与角度，如 6 点；也可选择导线与路线相交的点，如 3、7 点。为了提高放线的精度，一般一条直线上最少应选择 3 个临时点，这些点选择时应注意选在与导线较近、通视良好、便于测设量距的地方。最后绘制放点示意图，标明点位和数据作为放点的依据。

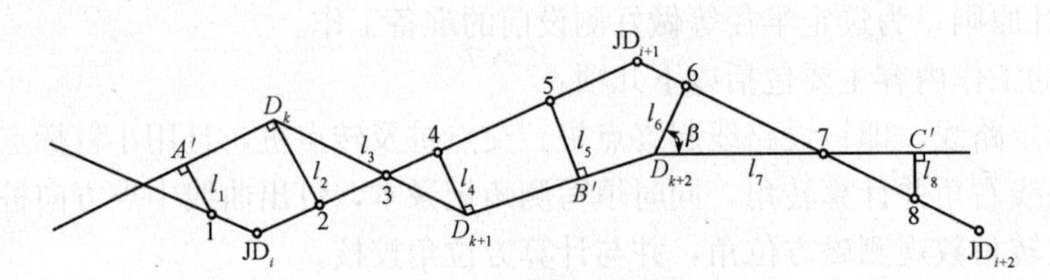

图 12-1　量距的方法

2)放点。放点时首先应在现场找到导线点或导线上 A'、B'、C' 等点(A'、B'、C' 等点在地形图上量取与导线点的距离，再在实地上量取得出)。如量取垂距，在导线各点上用方向架定出垂线方向，在此方向上量取 l_i 得路线上临时点位；如量取斜距，先在导线各点上用经纬仪测出斜距方向，在此方向上量取距离 l_i 得临时点；如为导线与路线交点，则从导线点向另一导线点方向量取 l_i，可得临时点位置。

3)穿线。由于在地形图上量距时产生的误差，或实地支距时测量仪器产生的误差，或其他操作产生的误差，在地形图上同一直线上的各点，放于地面后，其位置可能不在同一直线上，此时就需要经过大多数点穿出一系列直线。穿线方法可用花杆或经纬仪进行，穿出线位后在适当地点标定转点(小钉标点)，使中线的位置准确标定在地面上。

4)交点。当相邻两直线在地面上标定后，分别延长两直线使其交会定出交点。如图 12-2 所示，已知 ZD_k、ZD_{k+1}、ZD_{k+2}、ZD_{k+3} 的位置，求出两相邻直线的交点 JD_i。

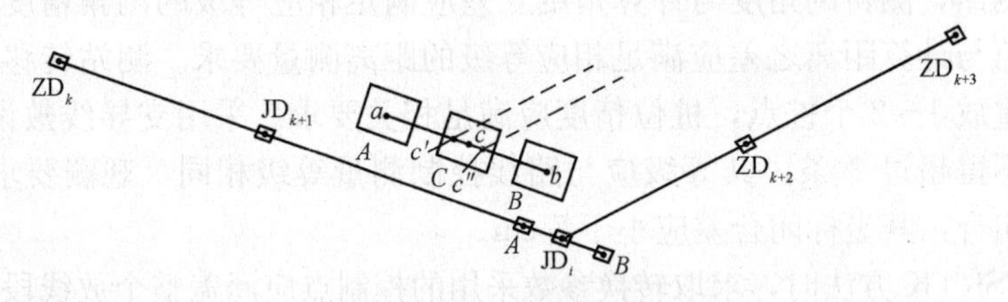

图 12-2　交点的确定

(2)拨角放线法。拨角放线法适用于纸上定线的实地放线时，导线与设计线距离太远或不太通视施工测量时的恢复定线。

首先根据地形图量出纸上定线的交点坐标，再根据坐标反算计算相邻交点间的距离和坐标方位角，之后由坐标方位角算出转角。在实地将经纬仪安置于路线中线起点和交点上，拨转角，量距，测设各角点位置。如图 12-3 所示，D_1、D_2、…为初测导线点，在 D_1 安置经纬仪(D_1 为路线中线起点)后视并瞄准 D_2，拨角 β_1，量距 β_2，定出 JD_1。再安置经纬仪，拨角 β_2，量距 S_2，定出 JD_2。同法依次定出其余交点。为了消除拨角量距积累误差，每隔一定距离与导线联系闭合一次。

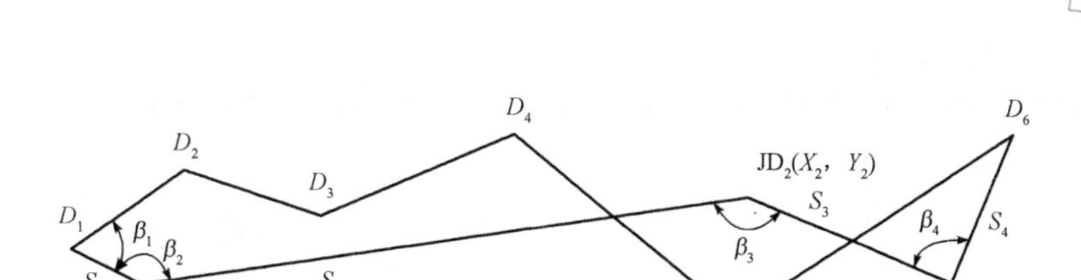

图 12-3 拨角放线法

(3)交会法。交会法适用于放线时地形复杂，导线控制点便于利用，施工测量时从栓桩点恢复交点。先计算或测出两导线点或栓桩点与交点的连线之间的夹角，再用两台经纬仪拨角交会定出交点位置。

2. 转点的测设

转点的主要作用为传递方向，其测设方法有以下几种：

(1)在两交点间设转点。已知 JD_i、JD_{i+1}为两相邻交点且互不通视，要求在两交点间增设转点 ZD。如图 12-4 所示，先用花杆穿出 ZD 的粗略位置 ZD′，将经纬仪置于 ZD′，用直线延伸法延长 JD_i、ZD′到 JD'_{i+1}，量取 $JD'_{i+1}-JD_{i+1}$距离 f，并用视距观测 l_1、l_2，那么 ZD 与 ZD′的距离为

$$d=\frac{l_1}{l_1+l_2}\cdot f \tag{12-1}$$

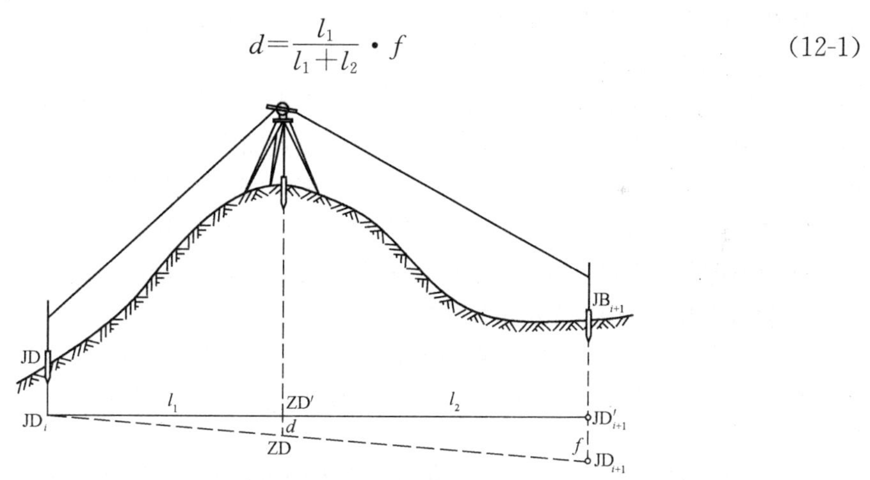

图 12-4 在两交点间设转点

移动 ZD′，距离为 d，安置仪器重新测量 f，直到 $f=0$ 或在容许误差之内，置仪点即为 ZD 位置，并用小钉标定。最后检测 ZD 右角是否为 180°或在容许误差之内。

(2)在两交点延长线上设转点。已知 JD_i、JD_{i+1}为两相邻交点互不通视，求在两交点间的延长线上增设转点 ZD。如图 12-5 所示，先在两交点的延长线上用花杆穿出转点的粗略位置 ZD′，将经纬仪安置于 ZD′，分别用盘左、盘右后视 JD_i，在 JD_{i+1}处标出两点分中得 JD'_{i+1}，量取 JD_{i+1}与 JD'_{i+1}距离 f，并用视距观测 l_1、l_2，那么 ZD 与 ZD′的距离为：

$$d=\frac{l_1}{l_1-l_2}\cdot f \tag{12-2}$$

横向移动 ZD′距离为 d，并安置仪器重新观测且量取 f，直到 $f=0$ 或在允许误差之内，

置仪点即为 ZD 位置，并用小钉标定。最后检测 ZD 与两交点的夹角是否为 0°或在容许误差之内。

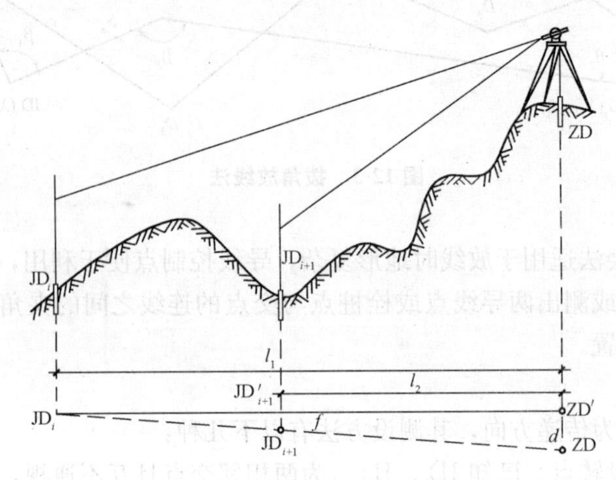

图 12-5　在两交点延长线上设转点

(三)转角的测设

转角是线路由一个方向偏转至另一个方向时，偏转前后方向间的夹角。

1. 标定直线与修正点位

对于相互通视的交点，如定线测量无误，根本不存在点位修正问题，通常可以直接引用。对于中间有障碍、互不通视的交点，虽然交点间定线时已设立了控制直线方向的转点桩，但由于选线大多采用花杆目测穿过一条直线，实际上未必严格在一条直线上，因此就存在用经纬仪检查与标定直线或修正交点桩位问题。在一般情况下，常将后视交点和中间转点作为固定点，安置仪器于转点处，采用正倒镜分中法进行检查。

2. 路线右角的测定与转角的计算

(1)路线右角的观测。按路线的前进方向，以路线中心线为界，在路线右侧的水平角称为右角，通常以 β 表示，如图 12-6 中所示的 β_4、β_5。在中线测量中，一般是采用测回法测定。

(2)转角的计算。转角是指当路线由一个方向偏转为另一个方向时，偏转后的方向与原方向的夹角，通常以 α 表示。如图 12-6 所示，转角有左转、右转之分，按路线前进方向，偏转后的方向在原方向的左侧称左转角，通常以 $\alpha_{左}$（或 α_z）表示；反之为右转角，通常以 $\alpha_{右}$（或 α_y）表示。转角是在路线转向处设置平曲线的必要条件，通常是通过观测路线前进方向的右角 β 后，经计算得到。

当右角 β 测定以后，根据 β 值计算路线交点处的转角 α。当 $\beta<180°$ 时为右转角(路线向右转)；当 $\beta>180°$ 时为左转角(路线向左转)。左转角和右转角按下式计算：若 $\beta>180°$，则：$\alpha_{左}=\beta-180°$；若 $\beta<180°$，则：$\alpha_{右}=180°-\beta$。

3. 曲线中点方向桩的钉设

为便于中桩组敷设平曲线中点桩，测角组在测角的同时，应将曲线中点方向桩钉设出来，如图 12-7 所示。分角线方向桩离交点距离应尽量大于曲线外距，以利于定向插点，一般转角越大，外距也越大。

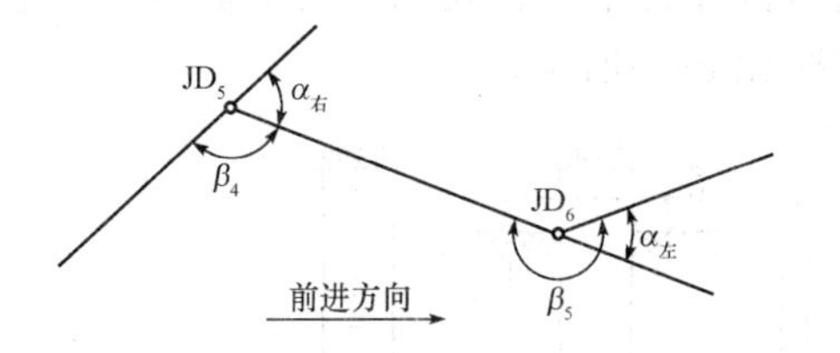

图 12-6　路线的右角和转角

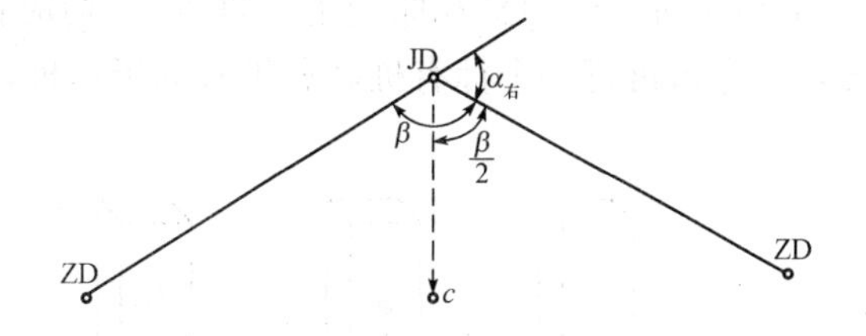

图 12-7　标定分角线方向

用经纬仪定分角线方向，首先就要计算出分角线方向的水平度盘读数，通常这项工作是紧跟测角之后在测角读数的基础上进行的，根据测得右角的前后视读数，可计算出分角线方向的读数，即：

右转角：分角线方向的水平度盘读数＝1/2(前视读数＋后视读数)

左转角：分角线方向的水平度盘读数＝1/2(前视读数＋后视读数)＋180°

4. 磁方位角观测与计算方位角校核

观测磁方位角的目的是为了校核测角组测角的精度和展绘平面导线图时检查展线的精度。路线测量规定，每天作业开始与结束必须观测磁方位角至少一次，以便于根据观测值推算方位角进行校核，其误差不得超过 2°，若超过规定，必须查明发生误差的原因，并及时纠正。若符合要求，则可继续观测。

(四)里程桩的固定

在路线的交点、转点及转角测定后，路线大致位置就已确定，可以进行实地量距。为了准确确定路线的长度，同时满足纵、横断面测量的需要及以后施工中的路线施工放样打下基础，则由路线的起点开始每隔一段距离钉立木桩标志，称为里程桩，也称为中桩，桩点表示路线中线的具体位置。里程桩分为整桩和加桩两种，每个桩的桩号表示该桩距路线起点的水平距离，即里程数，称里程桩号。如某桩距路线起点的水平距离为 1 234.56 m，则其桩号记为 K1＋234.56。

1. 整桩

整桩是按规定每隔一定距离(20 m 或 50 m)设置，桩号为整数(为要求桩距的整数倍)里程桩，如百米桩、公里桩和路线起点等均为整桩。

2. 加桩

加桩分为地形加桩、地物加桩、曲线加桩、关系加桩，如图 12-8 所示。

(1)地形加桩。地形加桩是指沿路线中线在地面地形突变处，横向坡度变化处以及天然河沟处所设置的里程桩。

(2)地物加桩。地物加桩是指沿路线中线在工人构筑物，如拟建桥梁、涵洞、隧道挡墙处，路线与其他公路、铁路、渠道、高压线、地下管线交叉处，拆迁建筑物等处所设置的里程桩。

(3)曲线加桩。曲线加桩是指曲线上的起点、中点、终点桩。

(4)关系加桩。关系加桩是指路线上的转点桩和交点桩。

对于曲线加桩和关系加桩，在书写里程时，应先写其缩写名称，如图 12-8(c)、(d)所示。里程桩和加桩一般不钉中心钉，但在距线路起点每隔 500 m 的整倍数桩、重要地物加桩(如桥位桩、隧道桩和曲线主点桩等)，均应钉大木桩并钉中心钉表示。大木桩应打入地面，在旁边再打一个标有桩名和桩号的指示桩，如图 12-8(e)所示。

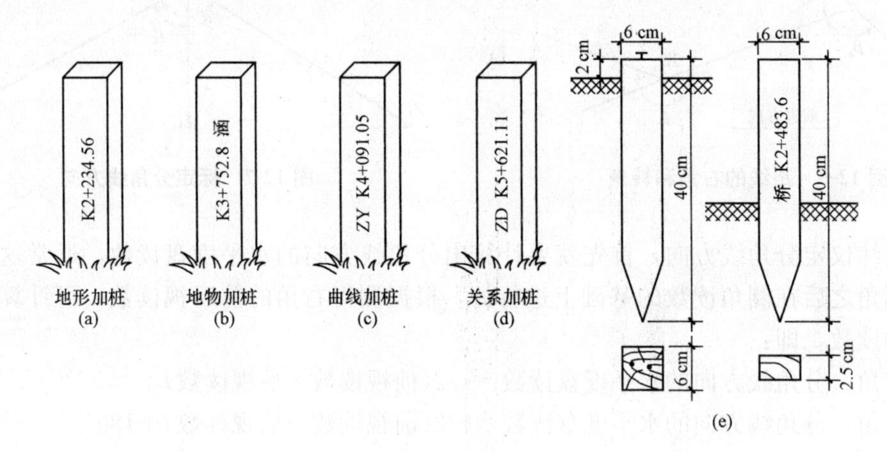

图 12-8　里程桩

二、圆曲线测设

当路线由一个方向转向另一个方向时，必须用平面曲线来连接。曲线的形式很多，其中圆曲线是最基本的平面曲线，如图 12-9 所示。

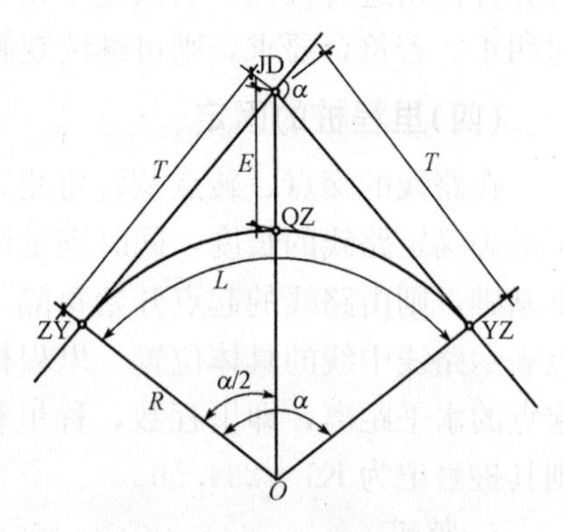

图 12-9　圆曲线及其主点测设

(一)圆曲线测设的步骤

圆曲线的测设一般分两步进行：首先测设曲线的主点，称为圆曲线的主点测设。即测设曲线的起点(又称为直圆点，通常以缩写 ZY 表示)；中点(又称为曲中点，通常以缩写 QZ 表示)和曲线的终点(又称为圆直点，通常以缩写 YZ 表示)。然后在已测定的主点之间进行加密，按规定桩距测设曲线上的其他各桩点，称为曲线的详细测设。

(二)圆曲线的主点测设

1. 测设元素的计算

如图 12-9 所示，设交点(JD)的转角为 α，假定在此所设的圆曲线半径为 R，则曲线的测设元素切线长 T、曲线长 L、外距 E 和切曲差 D，按下列公式计算：

$$\left.\begin{aligned}&\text{切线长：} T=R\cdot\tan\frac{\alpha}{2}\\&\text{曲线长：} L=R\cdot\alpha\text{（式中 }\alpha\text{ 的单位应换算成 rad）}\\&\text{外距：} E=\frac{R}{\cos\frac{\alpha}{2}}-R=R\left(\sec\frac{\alpha}{2}-1\right)\\&\text{切曲差：} D=2T-L\end{aligned}\right\}\tag{12-3}$$

2. 主点里程的计算

交点(JD)的里程由中线丈量中得到，依据交点的里程和计算的曲线测设元素，即可计算出各主点的里程。由图12-9可知：

$$
\left.\begin{array}{ll}
\text{ZY 里程}=\text{JD 里程}-T & \dfrac{\text{JD 里程}-T}{\text{ZY 里程}} \\
\text{YZ 里程}=\text{ZY 里程}+L & \dfrac{+L}{\text{YZ 里程}} \\
\text{QZ 里程}=\text{YZ 里程}-L/2 & \dfrac{-L/2}{\text{QZ 里程}} \\
\text{JD 里程}=\text{QZ 里程}+D/2 & \dfrac{+D/2}{\text{JD 里程}}
\end{array}\right\} \tag{12-4}
$$

3. 主点的测设

圆曲线的测设元素和主点里程计算出后，按下述步骤进行主点测设：

(1)曲线起点(ZY)的测设：测设曲线起点时，将仪器置于交点 i(JD_i)上，望远镜照准一交点 $i-1$(JD_{i-1})或此方向上的转点，沿望远镜视线方向量取切线长 T，得曲线起点ZY，暂时插一测钎标志。然后用钢尺丈量ZY至最近一个直线桩的距离，如两桩号之差等于所丈量的距离或相差在容许范围内，即可在测钎处打下ZY桩。如超出容许范围，应查明原因，重新测设，以确保桩位的正确性。

(2)曲线终点(YZ)的测设：在曲线起点(ZY)的测设完成后，转动望远镜照准前一交点 JD_{i+1}或此方向上的转点，往返量取切线长 T，得曲线终点(YZ)，打下YZ桩即可。

(3)曲线中点(QZ)的测设：测设曲线中点时，可自交点 i(JD_i)，沿分角线方向量取外距 E，打下QZ桩即可。

(三)圆曲线的详细测设

在圆曲线的主点测设完成后，圆曲线基本位置已经确定，但一条曲线只有主点是难以施工的，所以在一般情况下，还需要进行详细测设，在曲线上每隔一定间距测设更多的桩进行加密。

1. 曲线设桩

按桩距 l_0 在曲线上设桩，通常有以下两种方法：

(1)整桩号法。将曲线上靠近起点(ZY)的第一个桩的桩号凑整成为大于ZY点的桩号，l_0 的最小倍数的整桩号，然后按桩距 l_0 连续向曲线终点YZ设桩。这样设置的桩的桩号均为整数。

(2)整桩距法。从曲线起点ZY和终点YZ开始，分别以桩距 l_0 连续向曲线中点QZ设桩。由于这样设置的桩的桩号一般为破碎桩号，因此，在实测中应注意加设百米桩和公里桩。

2. 详细测设的方法

(1)切线支距法。切线支距法(又称直角坐标法)是以曲线的起点ZY(对于前半曲线)或终点YZ(对于后半曲线)为坐标原点，以过曲线的起点ZY或终点YZ的切线为 x 轴，过原点的半径为 y 轴，按曲线上各点坐标 x、y 设置曲线上各点的位置。

如图12-10所示，设 P_i 为曲线上欲测设的点位，该点至ZY点或YZ点的弧长为 l_i，φ_i 为 l_i 所对的圆心角，R 为圆曲线半径，则 P_i 点的坐标按下式计算：

$$\left.\begin{aligned} x_i &= R\cdot\sin\varphi_i \\ y_i &= R\cdot(1-\cos\varphi_i)=x_i\cdot\tan\frac{\varphi_i}{2} \end{aligned}\right\} \tag{12-5}$$

式中
$$\varphi_i=\frac{l_i}{R}\quad(\text{rad}) \tag{12-6}$$

切线支距法详细测设圆曲线，为了避免支距过长，一般是由 ZY 点和 YZ 点分别向 QZ 点施测，测设步骤如下：

1)从 ZY 点(或 YZ 点)用钢尺或皮尺沿切线方向量取 P_i 点的横坐标 x_i，得垂足点 N_i。

2)在垂足点 N_i 上，用方向架或经纬仪定出切线的垂直方向，沿垂直方向量出 y_i，即得到待测定点 P_i。

3)曲线上各点测设完毕后，应量取相邻各桩之间的距离，并与相应的桩号之差作比较，若较差均在限差之内，则曲线测设合格；否则应查明原因，予以纠正。

(2)偏角法。偏角法是以曲线起点(ZY)或终点(YZ)至曲线上待测设点 P_i 的弦线与切线之间的弦切角 Δ_i 和弦长 C_i 来确定 P_i 点的位置。

如图 12-11 所示，依据几何原理，偏角 Δ_i 等于相应弧长所对的圆心角 φ_i 的一半，即：$\Delta_i=\varphi_i/2$。则

$$\Delta_i=\frac{l_i}{2R}\quad(\text{rad}) \tag{12-7}$$

弦长 C 可按下式计算：

$$C=2R\sin\frac{\varphi_i}{2}=2R\sin\Delta_i \tag{12-8}$$

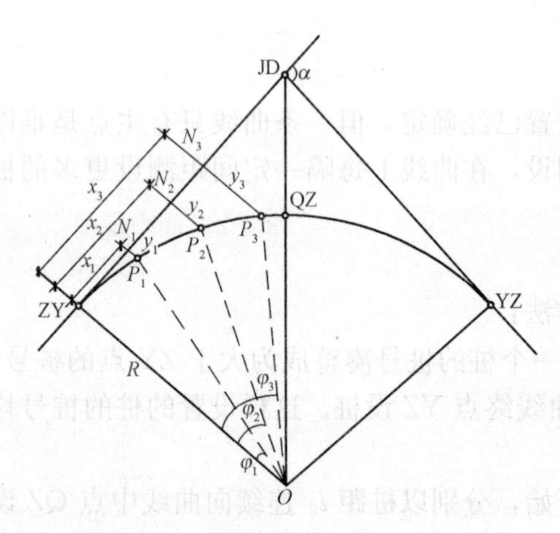

图 12-10　切线支距法详细测设圆曲线

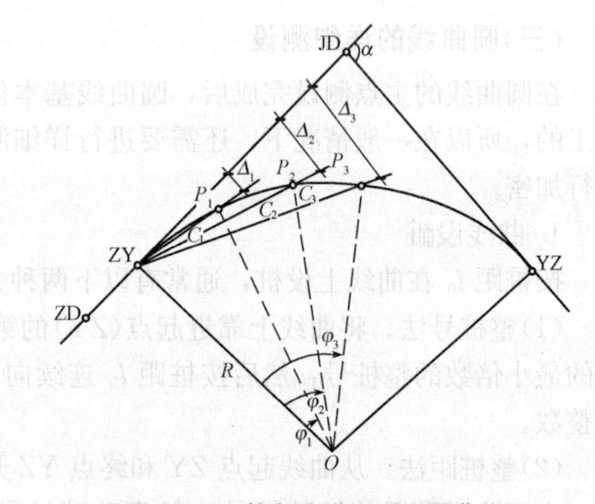

图 12-11　偏角法详细测设圆曲线

具体测设步骤如下：

1)安置经纬仪(或全站仪)于曲线起点(ZY)上，盘左瞄准交点(JD)，将水平盘读数设置为 0°。

2)水平转动照准部，使水平度盘读数为：+920 桩的偏角值 $\Delta_1=1°45'24''$，然后，从 ZY 点开始，沿望远镜视线方向量测出弦长 $C_1=13.05$ m，定出 P_1 点，即为 K2+920 的桩位。

3)再继续水平转动照准部，使水平度盘读数为：+940 桩的偏角值 $\Delta_2=4°43'48''$，从 ZY 点开始，沿望远镜视线方向量测长弦 $C_2=32.98$ m，定出 P_2 点；或从 P_1 点测设短弦 $C_2=19.95$ m(实测中，通常一般采用以弧代弦，取短弦为 20 m)，与水平度盘读数为偏角 Δ_2 时的望远镜视线方向相交而定出 P_2 点。以此类推，测设 P_3、P_4……直到 YZ 点。

4)测设至曲线终点(YZ)作为检核，继续水平转动照准部，使水平度盘读数为 $\Delta_{YZ}=17°04'48''$。从 ZY 点开始，沿望远镜视线方向量测出长弦 $C_{YZ}=17.48$ m，或从 K3+020 桩测设短弦 $C=6.21$ m，定出一点。

(3)极坐标法。用极坐标法测设曲线的测设数据主要是计算圆曲线主点和细部点的坐标，然后根据测站点和主点或细部点之间的坐标，反算出测站至待测点的直线方位角和两点间的平距，依据计算出的方位角和平距进行测设，其操作步骤如下：

1)圆曲线主点坐标计算。如图 12-11 所示，若已知 ZD 和 JD 的坐标，则可按公式：$\alpha_{12}=\arctan\dfrac{y_2-y_1}{x_2-x_1}$计算出第一条切线(图 12-11 中的 ZY—JD 方向线)的方位角；再由路线的转角(或右角)推算出第二条切线(图 12-11 中的 JD—YZ 方向线)和分角线的方位角。

2)圆曲线细部点坐标计算。由已计算出的第一条切线的方位角 α_1 和各待测设桩点的偏角 Δi，计算出曲线起点(ZY)至各待测定桩点 P_i 方向线的方位角，再由 ZY 点到各桩点的长弦长，计算出各待测设桩点的坐标。

三、缓和曲线测设

缓和曲线是平面线形中，在直线与圆曲线，圆曲线与圆曲线之间设置的曲率连续变化的曲线。缓和曲线是道路平面线形要素之一。缓和曲线主要有以下几点作用：曲率逐渐缓和过渡；离心加速度逐渐变化减少振荡；有利于超高和加宽的过渡；视觉条件好。

(一)缓和曲线的线型

1. 基本型

由直线、缓和曲线、圆曲线、缓和曲线、直线依次组合而成的线型称为基本型。在基本型中的缓和曲线的参数如果相等，称为对称基本型；一般情况下参数不相等，可依据具体地形情况而确定，称为不对称基本型。

2. S 型

如图 12-12(a)所示，把两个反向圆曲线中间用两个缓和曲线连接而成的线型，称为 S 型。该缓和曲线的参数可以相等或不等，而且在连接点上允许局部曲率可以不连续变化。

3. 卵型

如图 12-12(b)所示，用一个缓和曲线将两个圆曲线连接起来的线型称为卵型。要求两个圆曲线不共圆心，而且将圆曲线延长后，大的圆曲线可以完全包着小的圆曲线；缓和曲线也不是从原点开始，而是曲率半径分别为两个圆半径的其中一段。

4. 凸型

如图 12-12(c)所示，将两条缓和曲线在半径小的点上相互连接而成的线型为凸型。其可以是参数相等的对称型或不等的非对称型。

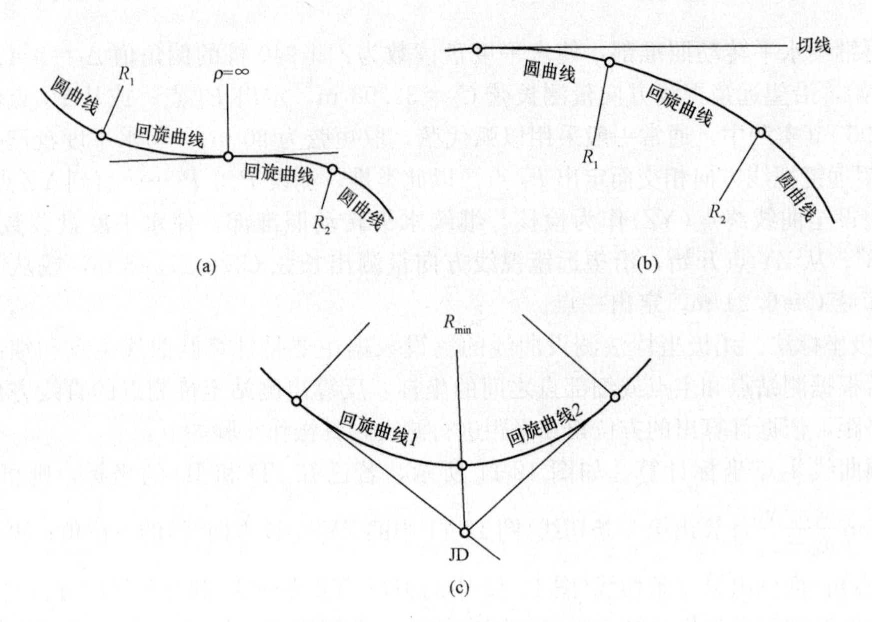

图 12-12　缓和曲线常见线型

(二)缓和曲线测设方法

1. 偏角法

(1)计算公式(图 12-13)：

$$\Delta=\frac{\beta}{3}\cdot\left(\frac{l}{L_S}\right)^2\frac{180^\circ}{\pi} \qquad (12\text{-}9)$$

$$C\approx l'$$

式中　l——缓和曲线上任意一点到缓和曲线起点的弧长(m)；

l'——缓和曲线上任意一点到相邻点的弧长(m)；

C——缓和曲线上任意一点到相邻点的弦长(m)；

L_S——缓和曲线长度(m)。

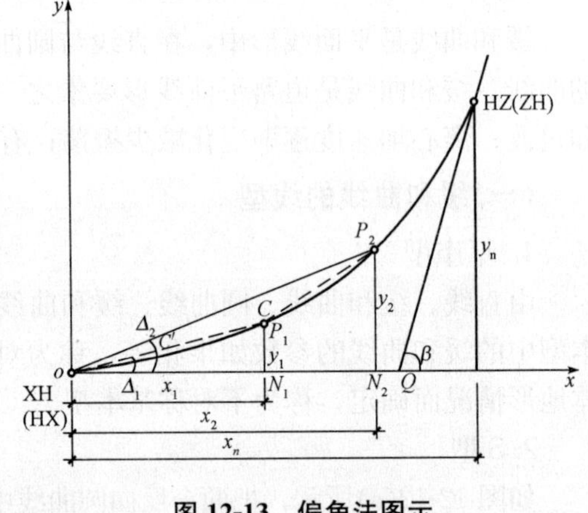

图 12-13　偏角法图示

(2)测设方法。

1)在 XH(HX)点置经纬仪、后视 JD，配度盘为 0°00′00″。

2)拨 P_1 点的偏角 Δ_1(注意正拨、反拨)，从 XH(HX)量取 C'，与视线的交点为 P_1 点位。

3)拨 P_2 点的偏角 Δ_2，从 P_1 量取 C(P_1、P_2 点桩号差)，与视线的交点为 P_2 点位。

4)重复 3)测到 HZ(ZH)点。

2. 切线支距法

以 XH(HX)为原点，切线方向为 x 轴，法线方向为 y 轴建立直角坐标系。

(1)计算公式(图 12-13)：

$$x=l-\frac{l^5}{40R^2L_S^2} \qquad (12\text{-}10)$$

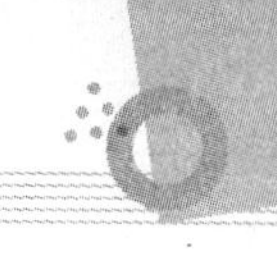

$$y=\frac{l^3}{6RL_S}-\frac{l^7}{336R^3L_S^3} \tag{12-11}$$

(2)测设方法：

1)从 XH(HX)点沿 JD 方向量取 x_1，得 N_1 点。

2)在 N_1 点的垂向上，向曲线的偏转方向量取 y_1，得 P_1 点点位。

3)重复以上步骤测设到缓和曲线终点。

(三)缓和曲线测设数据计算

1. 缓和曲线测设数据计算的公式

$$Rl=A^2 \tag{12-12}$$

$$RL_S=A^2 \tag{12-13}$$

式中 R——缓和曲线上任意一点的曲率半径(m)；

l——缓和曲线上任意一点到缓和曲线起点的弧长(m)；

A——缓和曲线参数(m)；

L_S——缓和曲线长度(m)。

2. 缓和曲线常数计算

缓和曲线常数计算如图 12-14 所示。

内移值：$$p=\frac{L_S^2}{24R} \tag{12-14}$$

切线增值：$$q=\frac{L_S}{2}-\frac{L_S^3}{240R^2} \tag{12-15}$$

切线角：$$\beta=\frac{L_S}{2R}(\mathrm{rad})=\frac{L_S}{2R}\cdot\frac{180}{\pi}(°) \tag{12-16}$$

缓和曲线终点的直角坐标：

$$\left.\begin{aligned}X_h&=L_S-\frac{L_S^3}{40R^2}\\Y_h&=\frac{L_S^2}{6R}-\frac{L_S^4}{336R^3}\end{aligned}\right\} \tag{12-17}$$

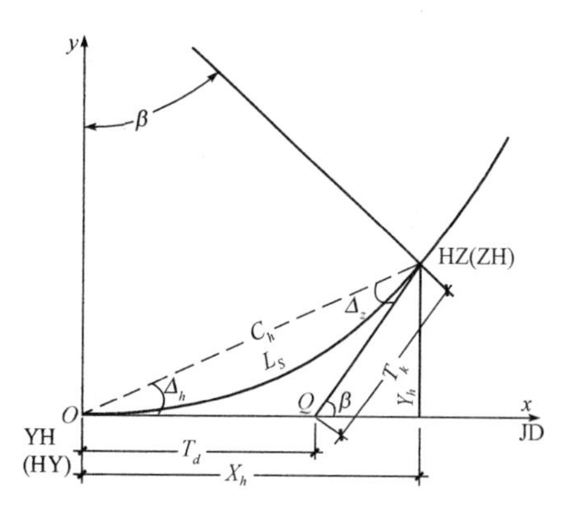

图 12-14 缓和曲线测设

缓和曲线起、终点切线的交点 Q 到缓和曲线起、终点的距离，即缓和曲线的长、短切线长：

$$T_d=\frac{2}{3}L_S+\frac{L_S^3}{360R^2} \tag{12-18}$$

$$T_k=\frac{1}{3}L_S+\frac{L_S^3}{126R^2} \tag{12-19}$$

缓和曲线弦长：$$C_h=L_S-\frac{L_S^2}{90R^2} \tag{12-20}$$

缓和曲线总偏角：$$\Delta_h=\frac{L_S}{6R}\quad(\mathrm{rad}) \tag{12-21}$$

(四)圆曲线带有缓和曲线的测设

1. 设置缓和曲线的条件

设置缓和曲线的条件为：

$$\alpha\geqslant2\beta \tag{12-22}$$

当$\alpha < 2\beta$时，即$L < L_S$（L为未设缓和曲线时的圆曲线长），不能设置缓和曲线，需调整R或L_S。

2. 测设数据计算

(1)元素计算公式(图 12-15)：

$$\left.\begin{aligned}
&\text{切线长：}T_h=(R+p)\tan\frac{\alpha}{2}+q\\
&\text{圆曲线长：}L_y=(\alpha-2\beta)\frac{\pi}{180}R\\
&\text{平曲线总长：}L_h=L_y+2L_S\\
&\text{外距：}E_h=(R+p)\sec\frac{\alpha}{2}-R\\
&\text{切曲差：}D_h=2T_h-L_h
\end{aligned}\right\}\quad(12\text{-}23)$$

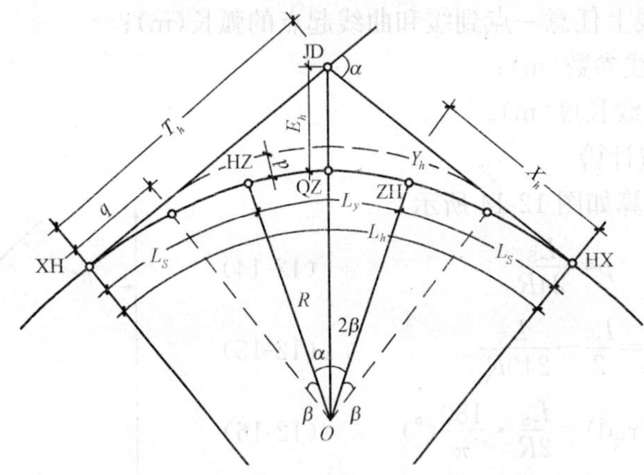

图 12-15　圆曲线带有缓和曲线的测设

(2)桩号推算：

	JD
交点桩号：	$-T_h$
	XH
第一缓和曲线起点桩号：	$+L_S$
	HZ
第一缓和曲线终点桩号：	$+L_y$
	ZH
第二缓和曲线起点桩号：	$+L_S$
	HX
第二缓和曲线终点桩号：	$-L_h/2$
	QZ
平曲线中点桩号：	$+D_h/2$
交点桩号：	JD(校核)

3. 测设方法

(1)主点测设。

1)从 JD 向切线方向分别量取 T_h，可得 XH、HX 点；

2)从 XH、HX 点分别向 JD 方向及垂向量取 X_h、Y_h 可得 HZ、ZH 点；

3)从 JD 向分角线方向量取 E_h，可得 QZ 点。

(2)详细测设。

1)切线支距法。

①以 XH(HX)为原点，切线方向为 x 轴，法线方向为 y 轴。计算公式(图 12-16)如下：

$$\left.\begin{aligned}x&=R\sin\varphi+q\\y&=R(1-\cos\varphi)+p\end{aligned}\right\}\tag{12-24}$$

式中

$$\varphi=\frac{l'}{R}\cdot\frac{180}{\pi}\tag{12-25}$$

$$l'=l-\frac{L_S}{2}\tag{12-26}$$

l——主圆曲线上任意一点到 XH(HX)的弧长。

②以 HZ(ZH)点为原点，切线方向为 x 轴，法线方向为 y 轴建立直角坐标系。计算公式(图 12-17)：

$$\left.\begin{aligned}x&=R\sin\varphi\\y&=R(1-\cos\varphi)\end{aligned}\right\}\tag{12-27}$$

式中

$$\varphi=\frac{l}{R}\cdot\frac{180^\circ}{\pi};$$

l——主圆曲线上任意一点到 HZ(ZH)的弧长。

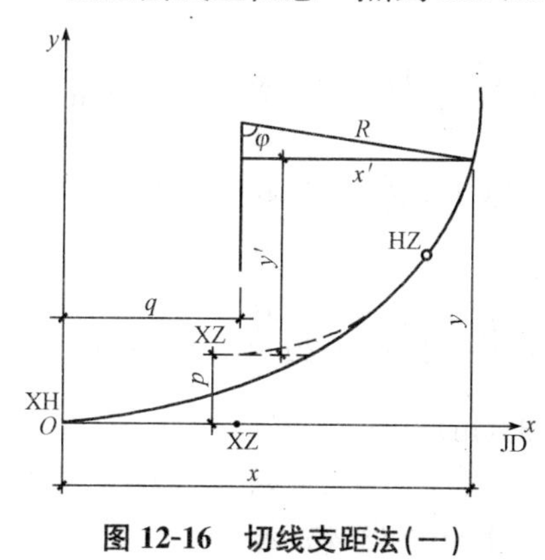

图 12-16 切线支距法(一)

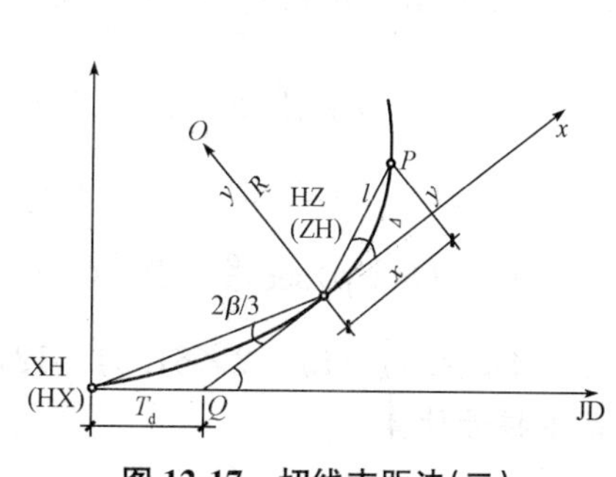

图 12-17 切线支距法(二)

测设方法：

从 XH(HX)点沿切线方向量取 T_d 找到 Q 点，并用 T_k 校核；再以 Q 点与 HZ(ZH)为 x 方向，从 HZ(ZH)量取 x，垂向上量取 y，可测设曲线。

2)偏角法。

①计算公式：

$$\Delta_i=\frac{1}{2}\cdot\frac{l}{R}\cdot\frac{180}{\pi}\tag{12-28}$$

式中 l——主圆曲线上任意一点到 HZ(ZH)的弧长。

②测设方法，如图 12-17 所示。

a. 置仪于 HZ(ZH)点，后视 XH(HX)点，向偏离曲线方向拨角 2/3β，倒镜配度盘为 0°00′00″；

b. 拨角 Δ_1，从 HZ(ZH)量取 C_1(C_1 计算公式同单圆曲线)与视线交会出中桩点位 P_1；

c. 按以上步骤测设到 QZ 点。

4. 计算实例

【例 12-1】 JD_{10}桩号 K8+762.40，转角 $\alpha=20°23'05''$，$R=200$ m，拟用 $L_S=50$ m，试计算主点里程桩并设置基本桩。

【解】 (1)判别能否设置缓和曲线。

$$\beta=\frac{L_S}{2R}\cdot\frac{180°}{\pi}=\frac{50}{2\times200}\times\frac{180°}{\pi}=7°9'43''$$

因为 $\alpha=20°23'05''>2\beta=14°19'26''$

所以能设置缓和曲线。

(2)缓和曲线常数计算。

$$p=\frac{L_S^2}{24R}=\frac{50^2}{24\times200}=0.52(\text{m})$$

$$q=\frac{L_S}{2}-\frac{L_S^3}{240R^2}=\frac{50}{2}-\frac{50^3}{240\times200^2}=24.99(\text{m})$$

$$X_h=L_S-\frac{L_S^3}{40R^2}=50-\frac{50^3}{40\times200^2}=49.92(\text{m})$$

$$Y_h=\frac{L_S^2}{6R}-\frac{L_S^4}{336R^3}=\frac{50^2}{6\times200}-\frac{50^4}{336\times200^3}=2.08(\text{m})$$

(3)曲线要素计算。

$$T_h=(R+p)\tan\frac{\alpha}{2}+q=(200+0.52)\tan\frac{20°23'05''}{2}+24.99=61.04(\text{m})$$

$$L_y=(\alpha-2\beta)\frac{\pi}{180}R=(20°23'05''-2\times7°9'43'')\times\frac{\pi}{180}\times200=21.15(\text{m})$$

$$L_h=L_y+2L_S=21.15+2\times50=121.15(\text{m})$$

$$E_h=(R+p)\sec\frac{\alpha}{2}-R=(200+0.52)\sec\frac{20°23'05''}{2}-200=3.74(\text{m})$$

$$D_h=2T_h-L_h=2\times61.04-121.15=0.93(\text{m})$$

(4)基本桩号计算。

JD_{10}	K8+762.40
−) T_h	61.04
ZH	+701.36
+) L_S	50
HY	+751.36
+) L_y	21.15
YH	+772.51
+) L_S	50
HZ	+822.51

$-)L_h/2$	121.15/2
QZ	+761.935
$+)D_h/2$	0.93/2
JD_{10}	K8+762.40(校核无误)

(5)基本桩设置。

1)从 JD_{10} 分别沿 JD_9 和 JD_{11} 方向量取 61.04 m，可得 XH、HX 点；

2)从 JD_{10} 沿分角方向量取 3.74 m，可得 QZ 点；

3)由 XH、HX 点分别沿 JD_{10} 方向量取 49.92 m 得垂足，再从垂足沿垂向量取2.08 m，可测设 HZ、ZH 点。

【例 12-2】 某道路，如图 12-18 所示，JD_{20} 为双交点，JD20 A 桩号为：K5+204.50，$\alpha_A=51°24'20''$，$\alpha_B=45°54'40''$，$\overline{AB}=121.40$ m，试拟定缓和曲线长，求算曲线半径，计算曲线要素及控制桩量程。

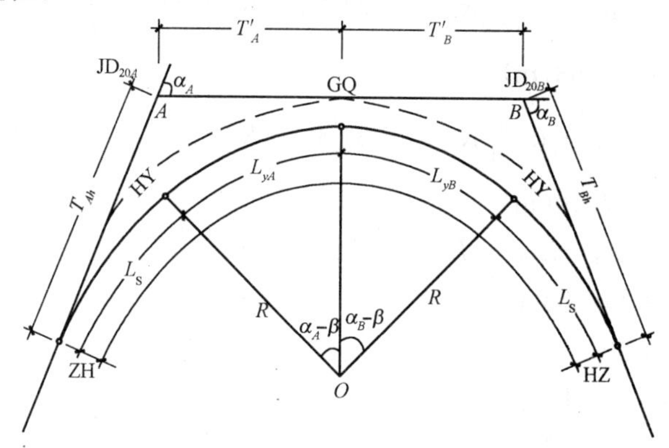

图 12-18　某山岭区三级公路

【解】 (1)求未设缓和曲线时半径 R'，拟用 L_S。

$$R'=\frac{\overline{AB}}{\left(\tan\frac{\alpha_A}{2}+\tan\frac{\alpha_B}{2}\right)}$$

$$=\frac{121.40}{\left(\tan\frac{51°24'20''}{2}+\tan\frac{45°54'40''}{2}\right)}$$

$$=134.16(\text{m})$$

拟用 $L_S=40$ m

$$p=\frac{L_S^2}{24R'}=\frac{40^2}{24\times134.16}=0.50(\text{m})$$

$$R=R'-p=134.16-0.50=133.66(\text{m})$$

(2)核算：

$$p=\frac{L_S^2}{24R}=\frac{40^2}{24\times133.86}=0.50(\text{m})$$

$$T'_A=(R+p)\tan\frac{\alpha_A}{2}=(133.66+0.50)\tan\frac{51°24'20''}{2}=64.58(\text{m})$$

$$T'_B=(R+p)\tan\frac{\alpha_B}{2}=(133.66+0.50)\tan\frac{45°54'40''}{2}=56.82(\mathrm{m})$$

$$T'_A+T'_B=64.58+56.82=121.40(\mathrm{m})=\overline{AB}$$

(3)要素计算：

$$\beta=\frac{L_S}{2R}\cdot\frac{180°}{\pi}=\frac{40}{2\times 133.66}\times\frac{180°}{\pi}=8°34'24''$$

$$q=\frac{L_S}{2}-\frac{L_S^3}{240R^2}=\frac{40}{2}-\frac{40^3}{240\times 133.66^2}=19.98(\mathrm{m})$$

$$T_{Ah}=(R+p)\tan\frac{\alpha_A}{2}+q=64.58+19.98=84.56(\mathrm{m})$$

$$T_{Bh}=(R+p)\tan\frac{\alpha_B}{2}+q=56.82+19.98=76.80(\mathrm{m})$$

$$L_{yA}=(\alpha_A-\beta)\frac{\pi}{180}R=(51°24'20''-8°34'24'')\times\frac{\pi}{180}\times 133.66$$
$$=97.58(\mathrm{m})$$

$$L_{yB}=(\alpha_B-\beta)\frac{\pi}{180}R=(45°54'40''-8°34'24'')\times\frac{\pi}{180}\times 133.66$$
$$=87.10(\mathrm{m})$$

$$L_h=L_{yA}+L_{yB}+2L_S=97.58+87.10+2\times 40$$
$$=264.68(\mathrm{m})$$

(4)控制桩里程计算：

JD_{20A}	K5+204.50
$-)T_{Ah}$	84.56
XH	+119.94
$+)L_S$	40
HZ	+159.94
$+)L_{yA}$	97.58
GQ	257.52
$+)L_{yB}$	87.10
ZH	+344.62
$+)L_S$	40
HX	+384.62
$-)L_h-T_{Ah}$	−264.68+84.56
JD_{20A}	K5+204.50(校核无误)

四、路线纵、横断面测量

线路中线测定完成后，需要进行纵、横断面测量。纵断面测量的任务是测定中线各里程桩的地面高程，绘制线路纵断面图，供线路纵坡设计使用。横断面测量的任务是测定中线各里程桩两侧垂直于中线的地面各点的距离和高程，绘制横断面图，供线路工程设计、计算土石方数量以及施工放边桩使用。

(一)纵断面测量

线路纵断面测量又称路线水准测量。一般分两步进行：首先在线路附近每隔一定距离设置一个水准点，按等级水准测量的精度要求，测定其高程，称为基平测量；然后根据各水准点高程，按等外水准测量的精度要求，测定线路中线各里程桩的地面高程，称为中平测量。

1. 基平测量

(1)水准点的设置。基平测量是沿线路设立水准点，并测定其高程，以作为线路测量的高程控制。高程控制点应靠近线路，并应在施工干扰范围外布设。点的密度为一般地段约 2 km 设立一个水准点；复杂地段约 1 km 设立一个水准点；在桥梁两端、隧道洞口附近、涵洞附近均应设立水准点。在点位上，根据需要埋设标石。

(2)水准点的高程测量。水准点高程测量，应与国家或城市高级水准点联测，以获得绝对高程。一般采用往返观测或两个单程观测。

水准测量的精度要求，往返观测或两个单程观测的高差不符值，应满足：

$$f_{h容}=\pm 30\sqrt{L}(\mathrm{mm})$$

或

$$f_{h容}=\pm 9\sqrt{N}(\mathrm{mm})$$

式中 L——单程水准路线长度(km)；

N——测站数，高差不符值在限差范围以内取其高差平均值，作为两水准点间的高差，超限时应查明原因重测。

2. 中平测量

中平测量是以两个相邻水准点为一测段，从一个水准点出发，逐个测定中桩的地面高程，附合到下一个水准点上。在每一个测站上，应尽量多地观测中桩，还需在一定距离内设置转点。相邻两转点间所观测的中桩，称为中间点。由于转点起着传递高程的作用，在测站上应先观测转点，后观测中间点。转点读数至 mm，视线长不应大于 150 m，水准尺应立于尺垫、稳固的桩顶或坚石上。中间点读数可至 cm，视线也可适当放长，立尺应紧靠桩边的地面上。

如图 12-19 所示，如果测定某道路中桩高程，水准仪置于 1 站，分别后视水准点 BM_1 和前视第一个转点 ZD_1，将读数记入表 12-1 中的后视、前视栏内；然后观测 BM_1 和 ZD_1 之间的里程桩(K0+000)～(K0+060)，将其读数记入中视读数栏内。测站计算时，先计算该站仪器的视线高程，再计算转点高程，然后计算各中桩高程。再将仪器搬至 2 站，先后视转点 ZD_1 和前视第二个转点 ZD_2，然后观测各中间点(K0+080)～(K0+120)，将读数分别记入后视、前视和中视栏，并计算视线高程、转点高程和中桩高程。按上述方法继续往前观测，直至附合于另一个水准点 BM_2，完成这个测段的观测工作。

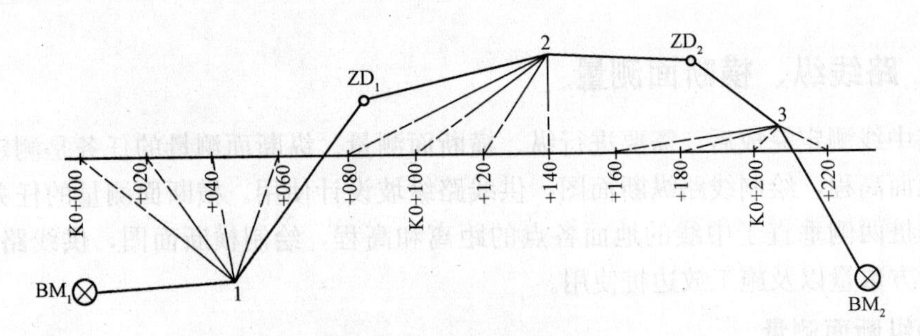

图 12-19　中平测量示意

表 12-1　中平测量记录计算表

测　点	水准尺读数/m			视线高程/m	高　程/m	备　　注
	后　视	中　视	前　视			
BM$_1$	2.191			514.505	512.314	BM$_1$ 高程为基平所测
K0+000		1.62			512.89	
+020		1.90			512.61	
+040		0.62			513.89	
+060		2.03			512.48	
+080		0.90			513.61	
ZD$_1$	3.162		1.006	516.661	513.499	
+100		0.50			516.16	
+120		0.52			516.14	
+140		0.82			515.84	
+160		1.20			515.46	
+180		1.01			515.65	
ZD$_2$	2.246		1.521	517.386	515.140	
⋮	⋮	⋮	⋮	⋮	⋮	
K1+240		2.32			523.06	
BM$_2$			0.606		524.782	基平测得 BM$_2$ 高程为 524.808 m

复核：

$\sum h_{中}=524.782-512.314=12.468(\mathrm{m})$

$\sum a-\sum b=(2.191+3.162+2.246+\cdots)-(1.006+1.521+\cdots+0.606)=12.468(\mathrm{m})$

$f_h=524.782-524.808=-0.026(\mathrm{m})=-26(\mathrm{mm})$

$f_{h容}=\pm 30\sqrt{1.24}=\pm 33(\mathrm{mm})$　　$f_h<f_{h容}$

中桩水准测量的精度要求为：$f_{h容}=\pm 50\sqrt{L}\,\mathrm{mm}$（$L$ 以 km 计）。一测段高差与两端水准点高差之差 $f_h=h'_{测}-h_{理}\leqslant f_{h容}$。否则，应查明原因纠正或重测，中桩地面高程误差不得超过±10 cm。

每一测站的各项高程按下列公式计算：

$$\left.\begin{aligned}&视线高程=后视点高程+后视读数\\&中桩高程=视线高程-中视读数\\&转点高程=视线高程-前视读数\end{aligned}\right\}\tag{12-29}$$

3. 纵断面图的绘制

纵断面图是反映中平测量成果的最直观的图件，是进行线路竖向设计的主要依据。纵断面图以距离(里程)为横坐标，以高程为纵坐标，按规定的比例尺将外业所测各点画在毫米方格纸上，依次连接各点测得线路中线的地面线。为了明显表示地势变化，纵断面图的高程比例尺通常比水平距离比例尺大 10 倍。下面以道路设计纵断面图为例，说明纵断面图的绘制方法。

如图 12-20 所示，图的上半部，从左至右绘有贯穿全图的两条线，细折线表示中线方向的地面线，根据中平测量的中桩地面高程绘制；粗折线表示纵坡设计线。另外，上部还注有以下资料：水准点编号、高程和位置；竖曲线示意图及其曲线元素；桥梁的类型、孔径、跨数、长度、里程桩号和设计水位；涵洞的类型、孔径和里程桩号；其他道路、铁路交叉点的位置、里程桩号和有关说明等。

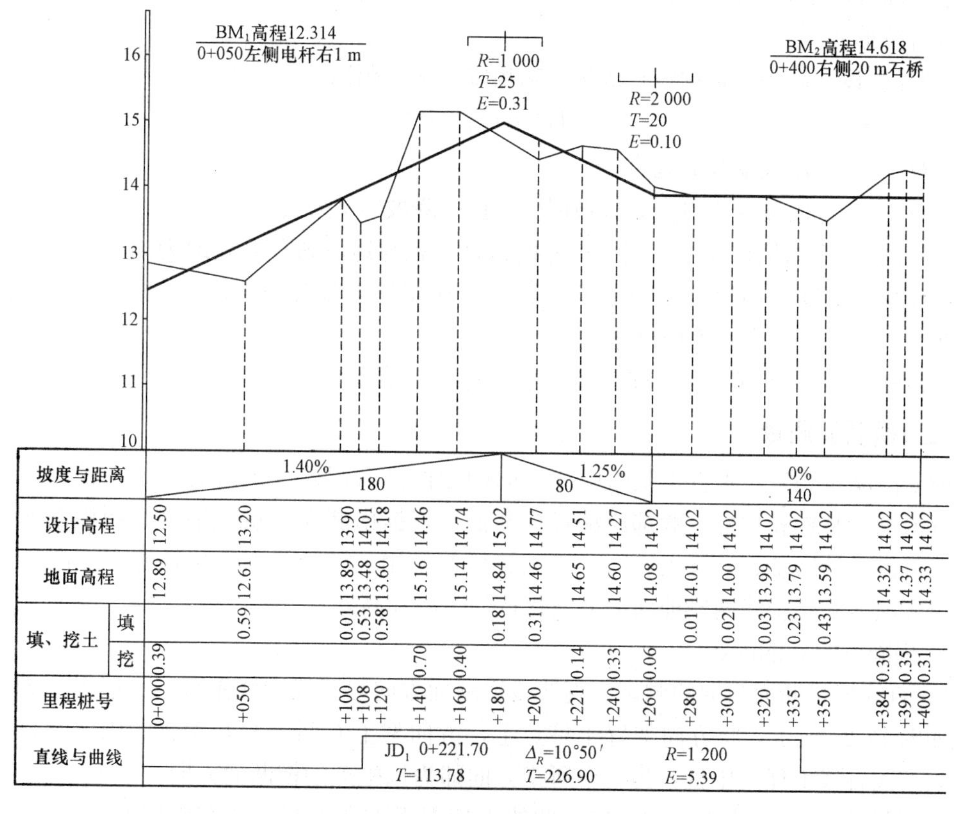

图 12-20　路线纵断面图

图的下部几栏表格，注记下列有关测量和纵坡设计的资料，主要内容包括以下几项：

(1)直线与曲线：按里程表明路线的直线和曲线部分。曲线部分用折线表示，上凸表示路线右转，下凹表示路线左转，并注明交点编号和圆曲线半径，带有缓和曲线者应注明其长度。在不设曲线的交点位置，用锐角折线表示。

(2)里程桩号：按里程比例尺标注百米桩、公里桩及其他桩号。

(3)地面高程：按中平测量成果填写相应里程桩的地面高程。

(4)设计高程：根据设计纵坡和相应的平距推算出的里程桩设计高程。

(5)坡度与坡长：从左至右向上斜的直线表示上坡(正坡)，下斜的表示下坡(负坡)，水平的表示平坡。斜线或水平线上面的数字表示坡度的百分数，下面的数字表示坡长。

(6)土壤地质说明：标明路段的土壤地质情况。

纵断面图的绘制步骤如下。

(1)打格制表和填表。按选定的里程比例尺和高程比例尺进行制表，并填写里程号、地面高程、直线和曲线等相关资料。

(2)绘地面线。首先在图上选定纵坐标的起始高程，使绘出的地面线位于图上的适当位置。为了便于阅图和绘图，一般将以 10 m 整数倍的高程定在 5 cm 方格的粗线上，然后根据中桩的里程和高程。在图上按纵横比例尺依次点出各中桩地面位置，再用直线将相邻点连接起来，就得到地面线的纵剖面形状。如果绘制高差变化较大的纵断面图时，如山区等，部分里程高程超出图幅，则可在适当里程变更图上的高程起算位置，这时，地面线的剖面将构成台阶形式。

(3)计算设计高程。根据设计纵坡 i 和相应的水平距离 D，按下式计算：

$$H_B=H_A+iD_{AB} \tag{12-30}$$

式中　H_A——一段坡度线的起点；

H_B——该段坡度线终点，升坡时 i 为正，降坡时 i 为负。

(4)计算各桩的填挖尺寸。同一桩号的设计高程与地面高程之差即为该桩号的填土高度(正号)或挖土深度(负号)，在图上填土高度写在相应点设计坡度线上，挖土深度则相反，也有在图中专列一栏注明填挖尺寸的。

(5)在图上注记有关资料，如水准点、断链、竖曲线等。

(二)横断面测量

横断面测量是指对垂直于线路中线方向的地面高低起伏所进行的测量工作。线路上所有的百米桩、整桩和加桩一般都应测量横断面。根据横断面测量成果可绘制横断面图，横断面图可供设计路基、计算土石方、施工放样等使用。横断面测量包括确定横断面的方向和在此方向上测定中线两侧地面坡度变化点的距离和高差。

1. 横断面方向的测定

(1)直线段横断面方向的测定。直线段横断面方向与路线中线垂直，一般采用方向架测定。如图 12-21 所示，将方向架置于桩点上，方向架上有两个相互垂直的固定片，用其中一个瞄准该直线上任一中桩，另一个所指方向即为该桩点的横断面方向。

(2)圆曲线上横断面方向的测定。曲线上横断面方向应与中线在该桩的切线方向垂直，即指向圆心方向，可用求心方向架测设。求心方向架是在十字方向架上安装一根可旋转的定向杆，并加有固定螺旋。如图 12-22 所示，将方向架置于曲线起点 ZY 上，当 1—1′方向对准交点或直线上的中桩时，与此垂直的另一方向 2—2′即为 ZY 点的横断面方向。为了测定曲线上点的横断面方向，转动定向杆 3—3′对准 P_1 点，拧紧固定螺旋，将方向架移至 P_1 点，用 2—2′对准 ZY 点，根据同弧段的两弦切角相等原理，定向杆的 3—3′方向即为该点的断面方向。在 P_1 点的横断面方向定出之后，为了测定下一点 P_2 的横断面方向，不动方向架，转动定向杆 3—3′对准 P_2 点，拧紧固定螺旋，将方向架移至 P_2 点，用 2—2′对准 P_1 点，定向杆 3—3′的方向即为 P_2 点的横断面方向。

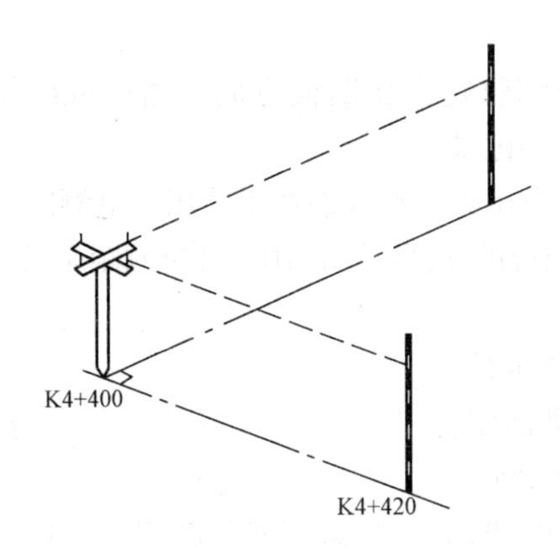

图 12-21 直线横断面方向

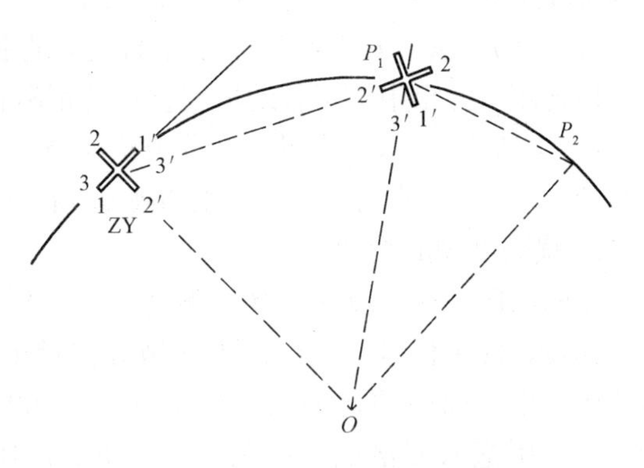

图 12-22 测设曲线段横断面方向

2. 横断面的测量方法

由于在纵断面测量时，已经测出了中线上各中桩的地面高程，所以，测量横断面时只需测出横断面方向上各地形特征点至中桩的水平距离及高差。横断面测量的方法通常有以下四种：

(1)花杆皮尺法。如图 12-23 所示，A、B、C 为横断面方向上所选定的变坡点，将花杆立于 A 点，从中桩处地面将尺拉平量出至 A 点的距离，并测出皮尺截于花杆位置的高度，即 A 相对于中桩地面的高差。同法可测得 A 至 B、B 至 C……的距离和高差，直至所需要的宽度为止。中桩一侧测完后再测另一侧。

横断面测量记录见表 12-2，表中按路线前进方向分左侧、右侧。分数的分子表示测段两端的高差，分母表示其水平距离。

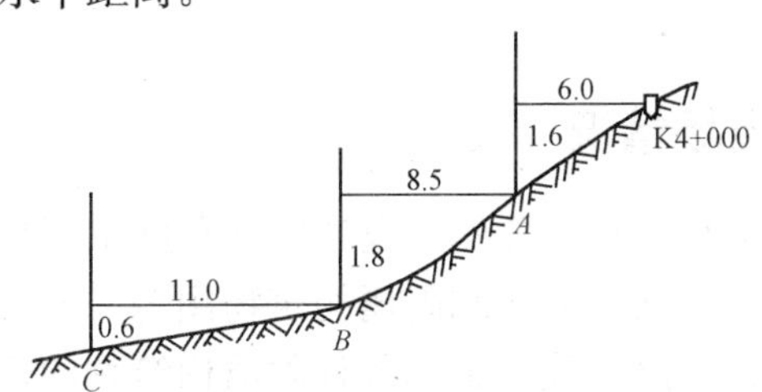

图 12-23 花杆皮尺法测量横断面

表 12-2 横断面测量记录表

左侧				桩号	右侧			
…					…			
	$\frac{-0.6}{11.0}$	$\frac{-1.8}{8.5}$	$\frac{-1.6}{6.0}$	K4+000	$\frac{+1.5}{4.6}$	$\frac{+0.9}{4.4}$	$\frac{+1.6}{7.0}$	$\frac{+0.5}{10.0}$
平	$\frac{-0.5}{7.8}$	$\frac{-1.2}{4.2}$	$\frac{-0.8}{6.0}$	K3+980	$\frac{+0.7}{7.2}$	$\frac{+1.1}{4.8}$	$\frac{-0.4}{7.0}$	$\frac{+0.9}{6.5}$

(2)水准仪法。在横断面较宽的平坦地区可使用水准仪测量横断面。施测时，在横断面方向附近安置水准仪，以中桩地面高程点为后视，中桩两侧横断面方向地形特征点为前视，分别测量地形特征点的高程。用皮尺分别测量出地形特征点至中桩点的平距，根据变坡点

的高程和至中桩的距离即可绘制横断面图。

(3)经纬仪法。安置经纬仪于中桩上，直接用经纬仪定出横断面方向，然后量出仪器高，用视距法测出中桩至各地形变化点的距离和高差并记录。

(4)全站仪法。全站仪法的操作方法与经纬仪视距法相同，其区别在于使用光电测距的方法测量出地形特征点与中桩的平距和高差。在立棱镜困难的地区，可使用无棱镜测距全站仪。

3. 横断面图的绘制

横断面图一般采取在现场边测边绘，这样可以减少外业工作量，便于核对。也可在现场做好记录工作，带回室内绘图。横断面图的比例尺一般采用 1∶100 或 1∶200。绘图时，用毫米方格纸。首先，以一条纵向粗线为中线，以纵线、横线相交点为中桩位置，向左右两侧绘制。先标注中桩的桩号，再用铅笔根据水平距离和高差，按比例尺将各变坡点点在图纸上。然后，用格尺将这些点连接起来，即得到横断面的地面线。图 12-24 所示为道路横断面图，粗线为路基横断面设计线。

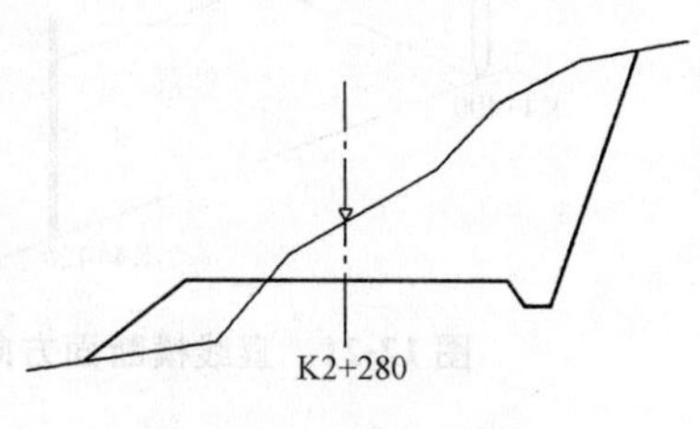

图 12-24 横断面图

第二节 道路施工测量

道路施工测量的主要工作有恢复中线测量、施工控制桩的测设、路基边桩的测设、竖曲线的测设及路面放线等。

一、熟悉图纸和现场情况

接到道路施工测量任务后，首先要熟悉设计图纸和施工现场情况。设计图纸主要有线路平面图、纵横断面图、标准横断面图和附属构筑物图等。通过熟悉图纸，了解设计意图及对测量的精度要求，掌握道路中线位置和各种附属构筑物的位置等，并找出其相互关系和施测数据。在熟悉图纸的基础上，应到实地找出各交点桩、中线桩和水准点的位置。必要时应施测校核，以便及时发现被碰动破坏的桩点，并避免用错点位。

二、恢复中线测量

道路在勘测设计阶段所测设的中线桩，到开始施工时一般均有被碰到或丢失现象。因此，施工前应根据原定线条件复核，并将丢失和碰动的交点桩、中线桩恢复和校正好。在恢复中线时，一般均将附属物(涵洞、检查井、挡土墙等)的位置一并定出。对于部分改线地段，则应重新定线，并测绘相应的纵横断面图。恢复中线所采用的测量方法与线路中线测量方法基本相同。

三、施工控制桩的测设

由于中线桩在路基施工中都要被挖掉或堆埋，为了在施工中能控制中线位置，应在不受施工干扰、便于引用、易于保存桩位的地方，测设施工控制桩。测设方法主要有平行线法和延长线法两种，并可根据实际情况互相配合使用。

1. 平行线法

在设计的路基宽度以外，测设两排平行于中线的施工控制桩，如图 12-25 所示。控制桩的间距一般取 10～20 m。

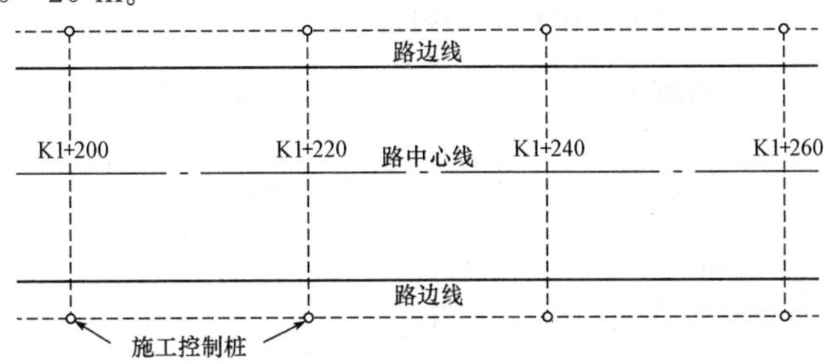

图 12-25　平行线法测设施工控制桩

2. 延长线法

延长线法主要用于控制 JD 桩的位置，如图 12-26 所示。此法是在道路转折处的中线延长线上以及曲线中点 QZ 至交点 JD 的延长线上分别设置施工控制桩。

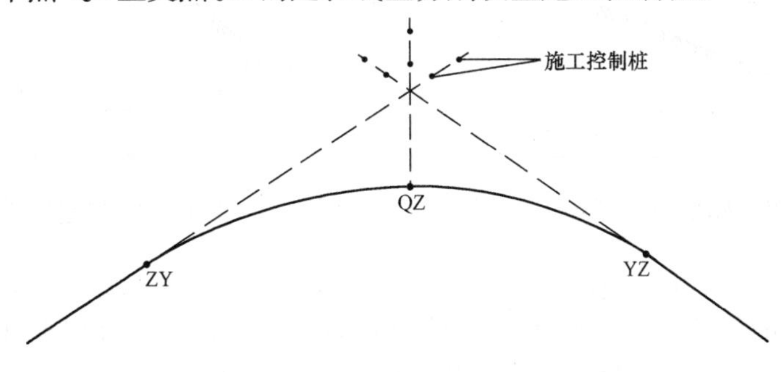

图 12-26　延长线法测设施工控制桩

延长线法通常用于地势起伏较大、直线段较短的山区道路。为便于交点损坏后的恢复，应量出各控制桩至交点的距离。

四、路基边桩的测设

路基形式基本上可分为填方路基(又称路堤)和挖方路基(又称路堑)两种。路基边桩的测设是根据设计横断面图和各中桩的填、挖高度，把路基两旁的边坡与原地面的交点在地面上用木桩标定出来，作为路基施工的依据，该点称为边桩。因此，如果能求出这两个边桩与中桩的距离，就可在实地测设路基边坡桩。路基边桩的测设方法有图解法和解析法两种。

1. 图解法

直接在路基设计的横断面图上，根据比例尺量出中桩至边桩的距离。然后在施工现场直接测量距离，此法常用在填、挖不大的地区。

2. 解析法

路基边桩至中桩的平距通过计算求得。边桩至中桩的距离随着地面坡度的变化而变化。

如图 12-27 所示，路堤边桩至中桩的距离为

$$\left.\begin{aligned}\text{斜坡上侧}\quad D_{上}&=\frac{B}{2}+m(h_{中}-h_{上})\\\text{斜坡下侧}\quad D_{下}&=\frac{B}{2}+m(h_{中}+h_{下})\end{aligned}\right\}\tag{12-31}$$

如图 12-28 所示，路堑边桩至中桩的距离为：

$$\left.\begin{aligned}\text{斜坡上侧}\quad D_{上}&=\frac{B}{2}+S+m(h_{中}+h_{上})\\\text{斜坡下侧}\quad D_{下}&=\frac{B}{2}+S+m(h_{中}-h_{下})\end{aligned}\right\}\tag{12-32}$$

式中　B、S 和 m——已知；

$h_{中}$——中桩处的填挖高度，也为已知；

$h_{上}$、$h_{下}$——斜坡上、下侧边桩与中桩的高差，在边桩未定出之前则为未知数。

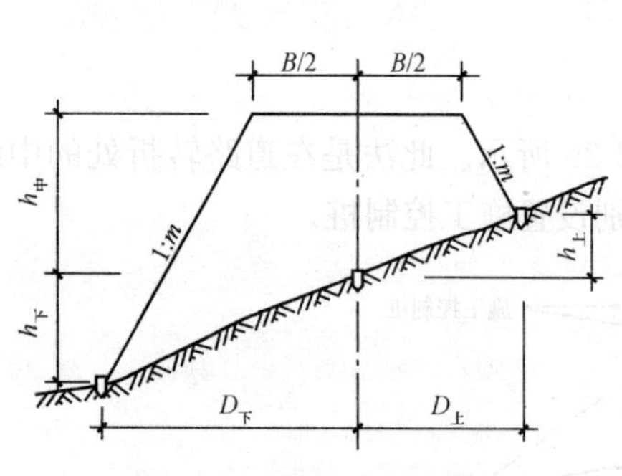

图 12-27　路堤边桩的测设

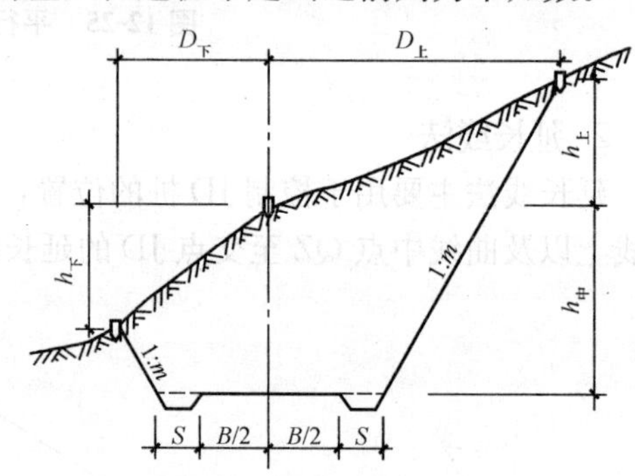

图 12-28　路堑边桩的测设

因此，在实际工作中采用逐渐趋近法测设边桩。先根据地面实际情况，参考路基横断面图，估计边桩的位置。然后测出该估计位置与中桩的高差，并以此作为 $h_{上}$、$h_{下}$ 代入式(12-31)或式(12-32)计算 $D_{上}$、$D_{下}$，并据此在实地定出其位置。若估计位置与其相符，即得边桩位置。否则应按实测资料重新估计边桩位置，重复上述工作，直至相符为止。

五、竖曲线的测设

为了行车的视距和平稳的要求，在道路纵坡的变换处竖向设置曲线，这种在竖直面上连接相邻不同坡道的曲线称为竖曲线。线路的纵断面是由不同数值的坡度线相连接而成的，当相邻坡度值的代数差超过一定数值时，必须以竖曲线连接，使坡度逐渐改变。竖曲线可分为凸形竖曲线和凹形竖曲线，其线型通常为圆曲线，如图 12-29 所示。

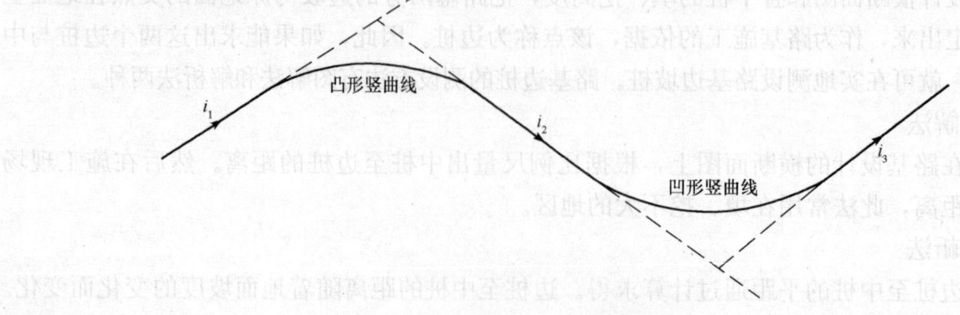

图 12-29　竖曲线

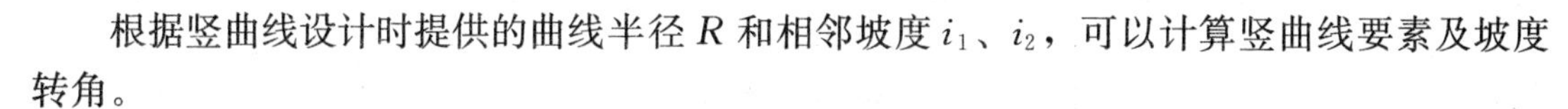

根据竖曲线设计时提供的曲线半径 R 和相邻坡度 i_1、i_2，可以计算竖曲线要素及坡度转角。

1. 竖曲线要素的计算

如图 12-30 所示，称 C 为变坡点，直线段 AC 的纵坡为 i_1，CB 段的纵坡为 i_2。当 $i_1-i_2>0$ 时，为凸形竖曲线；当 $i_1-i_2<0$ 时，为凹形竖曲线。

道路竖曲线通常采用圆曲线，设计数据为圆曲线半径 R，变坡点 C 的高程 H_C 及相邻坡道的纵坡 i_1、i_2，曲线要素包括竖曲线长 L、切线长 T、外距 E 与坡道转角 Δ。

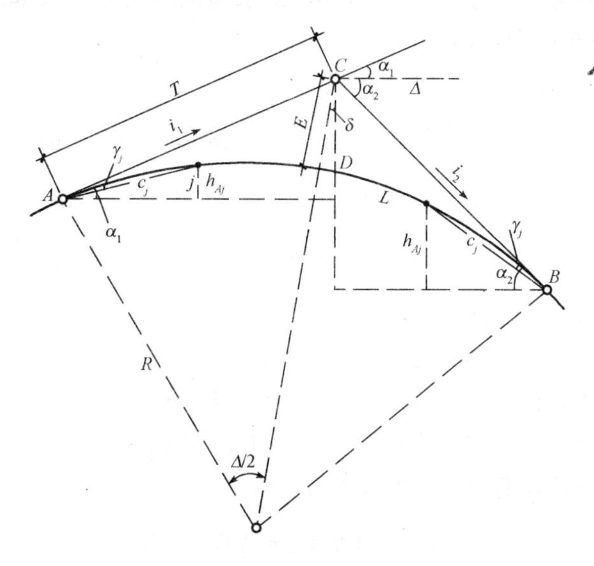

图 12-30 竖曲线要素的计算

由图 12-30 可得几何关系

$$\left.\begin{aligned}\Delta&=\alpha_1-\alpha_2\\ \alpha_1&=\arctan i_1\\ \alpha_2&=\arctan i_2\end{aligned}\right\}\qquad(12\text{-}33)$$

式(12-33)中的坡道转角 Δ，当坡道线 CB 位于坡道线 AC 的下方时为负值，竖曲线为凸形；当坡道线 CB 位于坡道线 AC 的上方时为正值，竖曲线为凹形。

过变坡 C 点的铅垂线与外距直线的夹角 δ 为

$$\delta=\alpha_1-\frac{\Delta}{2}=\frac{1}{2}(\alpha_1+\alpha_2)\qquad(12\text{-}34)$$

$$L=\frac{\pi}{180^\circ}\mid\Delta\mid R\qquad(12\text{-}35)$$

$$T=R\tan\frac{\mid\Delta\mid}{2}\qquad(12\text{-}36)$$

$$E=R\left(\sec\frac{\mid\Delta\mid}{2}-1\right)\qquad(12\text{-}37)$$

2. 坡度转角的计算

$$\Delta=\alpha_1-\alpha_2\qquad(12\text{-}38)$$

由于 α_1 和 α_2 很小，所以：

$$\alpha_1 \approx \tan\alpha_1 = i_1$$

$$\alpha_2 \approx \tan\alpha_2 = i_2$$

得：

$$\Delta = i_1 - i_2 \tag{12-39}$$

其中 i 在上坡时取正，下坡时取负；Δ 为正时为凸曲线，Δ 为负时为凹曲线。

【例 12-3】 某凸形竖曲线，$i_1 = 1.40\%$，$i_2 = -1.25\%$，变坡点桩号为 1+180，其设计高程为 15.20 m，竖曲线半径为 $R = 2\ 000$ m，试求竖曲线元素以及起终点的桩号和高程、曲线上每 10 m 间距整桩的设计高程。

【解】 竖曲线元素为：

$$T = \frac{2\ 000}{2} \times (1.40\% + 1.25\%) = 26.5(\text{m})$$

$$L = 2\ 000 \times (1.40\% + 1.25\%) = 53.0(\text{m})$$

$$E = \frac{26.5^2}{2 \times 2\ 000} = 0.18(\text{m})$$

竖曲线起点桩号为：1+(180−26.5)=1+153.5

终点桩号为：1+(180+26.5)=1+206.5

起点高程为：15.20−26.5×1.40%=14.83(m)

终点高程为：15.20−26.5×1.25%=14.87(m)

竖曲线上细部点的设计高程计算结果见表 12-3。

表 12-3 竖曲线桩点高程计算表

桩　　号	各桩点至起点或终点距离 x /m	纵距 y /m	坡道高程 /m	竖曲线高程 /m	备　　注
1+153.5	0.0	0.00	14.83	14.83	起点
1+160	6.5	0.01	14.92	14.91	$i_1 = 1.40\%$
1+170	16.5	0.07	15.06	14.99	
1+180	26.5	0.18	15.20	15.02	变坡点
1+206.5	0.0	0.00	14.87	14.87	终点
1+200	6.5	0.01	14.95	14.94	$i_2 = -1.25\%$
1+190	16.5	0.07	15.07	15.00	
1+180	26.5	0.18	15.20	15.02	变坡点

六、路面放线

在路面底基层(或垫层)施工前，首先应进行路床放样，包括中线恢复放样、中平测量及路床横坡放样。各结构层(除面层外)横坡按直线形式放样。路拱(面层顶面横坡)需根据具体类型进行计算和放样。路拱的类型主要有抛物线、屋顶线型和折线型三种。

第三节　桥梁施工测量

一、桥梁工程测量概述

桥梁工程测量主要包括桥位勘测和桥梁施工测量两部分。

1. 桥位勘测

桥位勘测的目的是为选择桥址和为桥梁设计提供地形、水文地质等资料。

桥位勘测的主要工作包括桥位控制测量(平面控制测量和高程控制测量)、桥位地形图测绘、桥轴线纵断面测量、桥轴线横断面测量、水文地质调查等。

2. 桥梁施工测量

桥梁施工测量的内容主要包括桥轴线长度的测定、高程控制测量、桥墩台的测设等。

桥梁施工测量的主要任务如下：

(1)根据桥梁设计的要求和施工详图，遵循从整体到局部的原则，先进行控制测量，再进行细部放样测量。

(2)将桥梁构造物的平面和高程位置，在实地放样出来。

(3)为不同的施工阶段提供准确的设计位置和尺寸，并检查其施工质量。

二、桥位控制测量

(一)桥位平面控制测量

桥位平面控制测量主要用以确定桥轴线的位置和长度。桥梁轴线的位置是在桥位勘测设计时根据线路的走向、地形、地质、河床等情况选定设计的，在施工前必须准确无误地在实地标定出来，并测出桥轴线的长度。

1. 桥位平面控制测量的等级与精度要求

桥位平面控制测量的等级，应根据桥长按表 12-4 确定，同时，应满足桥轴线相对中误差的规定。对特殊的桥梁结构，应根据结构特点，确定桥梁控制测量的等级与精度。

表 12-4　桥位平面控制测量等级和精度

平面控制测量等级	桥　长/m	桥轴线相对中误差
二等三角	>5 000 特大桥	1/130 000
三等三角、导线	2 000～5 000 特大桥	1/70 000
四等三角、导线	1 000～2 000 特大桥	1/40 000
一级小三角、导线	500～1 000 特大桥	1/20 000
二级小三角、导线	<500 大中桥	1/10 000

2. 桥位平面控制网的建立

桥位平面控制网的建立方法主要有三角测量、边角测量或 GPS 测量，常用桥位控制网的图形为双三角形[图 12-30(a)]、大地四边形[图 12-30(b)]和双大地四边形[图 12-30(c)]。

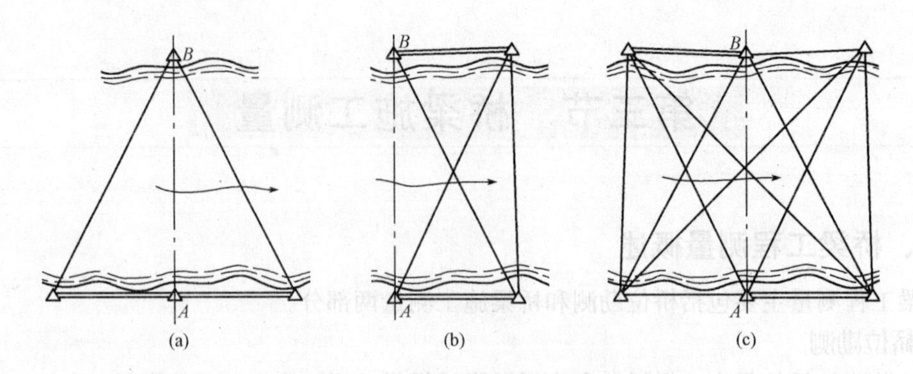

图 12-30　常用桥位控制网的图形

(a)双三角形；(b)大地四边形；(c)双大地四边形

桥梁三角网的网形布设要求如下：

(1)三角网的控制点应选在不被水淹、不受施工干扰的地方。

(2)桥位控制桩应包含在桥梁三角网中。

(3)边长要适宜，一般为河宽的 0.5～1.5 倍。

(4)基线不宜过短，一般为河宽的 0.7 倍。

(二)桥位高程控制测量

桥位高程控制网应采用水准测量的方法建立。2 000 m 以上的特大桥应采用三等水准测量；2 000 m 以下桥梁可采用四等水准测量。桥址高程控制测量采用的高程基准必须与其连接的两端路线所采用的高程基准完全一致，一般多采用国家高程基准。

水准点应埋设在桥址附近安全稳固、便于观测的位置，桥址两岸至少应各设一个水准点；河岸小于 100 m 的桥梁可只在一岸设置一个，桥头接线部分宜每隔 1 km 设置 1 个。对于地质条件较差或易受破坏的地段，应加设辅助水准点或明、暗标志。

当水准路线跨越江河，视线长度在 200 m 以内时，可用一般水准测量方法进行测量。但在测站上应换一次仪器高度，观测两次。两次高度之差应不超过 7 mm，取两次结果的中数作为河流两岸两点间的高差。

跨河水准用两台水准仪同时作对向观测，如图 12-31 所示，A、B 为要连测的水准点，C、D 为测站点，要求 AD 与 BC 距离基本相等，AC 与 BD 距离基本相等且不小于 10 m。

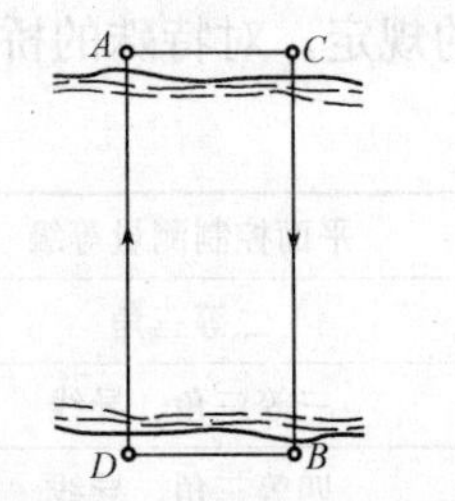

图 12-31　跨河水准测量

观测时，C 站先测本岸 A 点尺上读数 a_1，后测对岸 B 点尺上读数 b_1，其高差为 $h_1=a_1-b_1$；同时，D 站先测本岸 B 点尺上读数 b_2，后测对岸 A 点尺上读数 a_2，其高差为 $h_2=a_2-b_2$；取 h_1 和 h_2 的平均数作为 A、B 之间的高差，完成一个测回。跨河水准应观测两个测回，两测回间较差不得超过 $\pm 40\sqrt{s}$ mm(s 为跨河视线长度，以 km 为单位)。

三、桥墩台的测设

在桥梁墩、台施工测量中，最主要的工作是准确地定出桥梁墩、台的中心位置。桥梁墩台中心测量的测定常采用直接丈量法、角度交会法和极坐标法。

1. 直接丈量法

直接丈量法是根据桥轴线控制桩和桥墩、桥台的里程，算出其间的距离，然后用钢尺或测距仪由控制桩沿中线放线依次放出各段距离，将墩台中心位置标定于地上。墩台中心位置用大木桩标定，并在木桩顶面钉一个铁钉。然后在这些点位上安置经纬仪，以桥轴线为基准放出与桥轴线相重合的墩台纵向轴线和与桥轴线相垂直的墩台横向轴线，并在纵横线的每端方向上于基坑开挖线外 1～2 m 处设置两个方向桩，如图 12-32 所示。墩台纵横轴线方向桩是施工过程中恢复墩台中心位置的依据，应妥善保存。

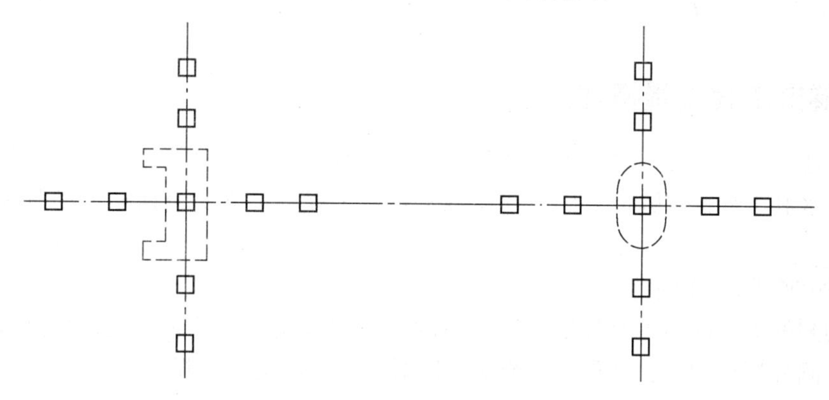

图 12-32　直接丈量法测设墩台

2. 角度交会法

角度交会法是利用已有的平面控制点及墩位的已知坐标，计算出在控制点上应测设的角度 α、β，将型号为 DJ_2 或 DJ_1 的 3 台经纬仪分别安置在控制点 A、B、D 上，从三条视线(其中 DE 为桥轴线方向)交会得出，如图 12-33 所示。交会的误差三角形在桥轴线上的距离 C_2C_3，对于墩底定位不宜超过 25 mm，对于墩顶定位不宜超过 15 mm。再由 C_1 向桥轴线作垂线 C_1C，C 点即为桥墩中心。

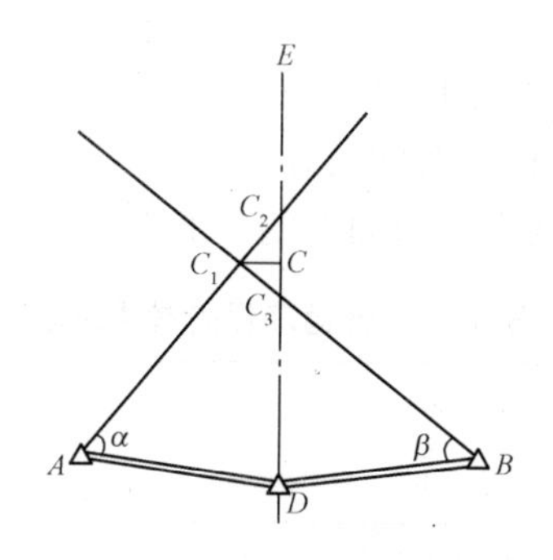

图 12-33　角度交会法定位墩台中心

3. 极坐标法

极坐标法一般采用全站仪测设，最好是将仪器安置在一个桥轴控制桩上，瞄准另一端的桥轴控制桩作为定向，以保证墩台中心位于桥轴线上。无论用什么方法测设墩台，仪器使用前都应按规范要求严格检验与校正；用极坐标法测设时，最好使用双轴补偿的全站仪，测量时应注意打开双轴补偿器；测量观测时的大气温度与压力一并输入全站仪，以便仪器自动对距离施加气象改正。

第四节　隧道施工测量

一、隧道工程测量概述

在工程建设中，隧道工程几乎遍及各种线路工程之中，如公路隧道、铁路隧道、城市地下铁道、水利工程输水隧道、矿山巷道等。隧道工程测量主要包括隧道勘测和隧道施工测量。

1. 隧道勘测的工作内容

隧道勘测的工作内容主要包括隧道方案的核查与落实、隧道洞顶及连接路线定测、横断面测量、洞外控制测量、高程控制测量、地形测量、水文地质调查等。

2. 隧道施工测量的任务

隧道施工测量的主要任务如下：

(1)地面控制测量：在地面上建立平面和高程控制网。

(2)联系测量：将地面上的坐标、方向和高程传到地下，建立地面地下统一坐标系统。

(3)地下控制测量：包括地下平面与高程控制测量。

(4)隧道放样测量：为指导开挖及衬砌，需根据隧道设计要求进行中线测设和高程放样测量。

3. 隧道施工测量的基市规定

隧道施工测量的基本规定如下：

(1)隧道工程施工前，应熟悉隧道工程的设计图纸，并根据隧道的长度、线路形状和对贯通误差的要求，进行隧道测量控制网的设计。

(2)隧道工程的相向施工中线在贯通面上的贯通误差，不应大于表 12-5 的规定。

表 12-5　隧道工程的贯通误差

类　别	两开挖洞口间长度/km	贯通误差限差/mm
横　向	$L<4$	100
	$4\leqslant L<8$	150
	$8\leqslant L<10$	200
高　程	不限	70
注：作业时，可根据隧道施工方法和隧道用途的不同，当贯通误差的调整不会显著影响隧道中线几何形状和工程性能时，其横向贯通限差可适当放宽 1～1.5 倍。		

(3)隧道控制测量对贯通中误差的影响值，不应大于表 12-6 的规定。

表 12-6 隧道控制测量对贯通中误差影响值的限值

两开挖洞口间的长度/km	横向贯通中误差/mm				高程贯通中误差/mm	
	洞外控制测量	洞内控制测量		竖井联系测量	洞外	洞内
		无竖井的	有竖井的			
$L<4$	25	45	35	25	25	25
$4\leqslant L<8$	35	65	55	35		
$8\leqslant L<10$	50	85	70	50		

二、隧道洞外控制测量

洞外控制测量主要是对施工隧道进行定位、定向和控制。

(一)洞外平面控制测量

1. 洞外平面控制测量的等级

隧道洞外平面控制测量的等级，应根据隧道的长度按表 12-7 选取。

表 12-7 隧道洞外平面控制测量的等级

洞外平面控制网类别	洞外平面控制网等级	测角中误差/(″)	隧道长度 L/km
GPS 网	二等	—	$L>5$
	三等	—	$L\leqslant5$
三角形网	二等	1.0	$L>5$
	三等	1.8	$2<L\leqslant5$
	四等	2.5	$0.5<L\leqslant2$
	一级	5	$L\leqslant0.5$
导线网	三等	1.8	$2<L\leqslant5$
	四等	2.5	$0.5<L\leqslant2$
	一级	5	$L\leqslant0.5$

2. 洞外平面控制网的建立

隧道洞外平面控制网的建立，应符合下列规定：

(1)控制网宜布设成自由网，并根据线路测量的控制点进行定位和定向。

(2)控制网可采用 GPS 网、三角形网或导线网等形式，并沿隧道两洞口的连线方向布设。

(3)隧道的各个洞口(包括辅助坑道口)，均应布设两个以上且相互通视的控制点。

3. 洞外平面控制测量的方法

隧道洞外平面控制测量常采用导线测量法与 GPS 法。

(1)导线测量法。洞外导线敷设一般形式如图 12-34 所示。在选点中一般应注意以下事项：

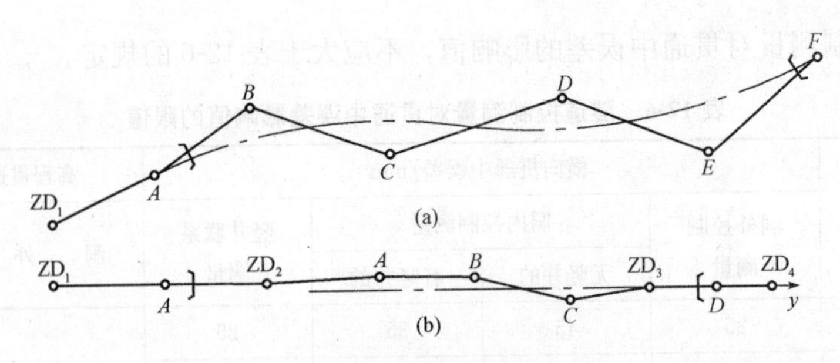

图 12-34　导线敷设的形式

(a)曲线隧道；(b)直线隧道

1)在直线隧道中，为了减少导线量距误差对隧道横向贯通偏差的影响，应尽可能将导线沿着隧道中线走向布设；导线点数应尽可能少，以减少测角误差对横向贯通偏差的影响。

2)对于曲线隧道，应沿曲线的切线方向布设，最好能把曲线的起点和终点也作为导线点，这样便于根据导线测量结果来计算曲线转折点上的总偏角。

3)导线点应考虑横洞、斜井、竖井的位置。

4)为了增加校核验证条件，提高导线测量的精度，应尽量敷设成闭合或附合导线，也可采用复测支导线。

(2)GPS 法。用 GPS 测定各洞口控制点的平面坐标，由于各控制点之间可以互不通视，没有测量误差积累，因此，特别适合于特长隧道及通视条件较差的山岭隧道。隧道两开挖洞口间距离，应在表 12-8 中选择一种合适的级别布设 GPS 控制网。

表 12-8　GPS 控制网的主要技术指标

级　别	每对相邻点平均距离 d/km	固定误差 a/mm		比例误差 $b/10^{-6}$		最弱相邻点点位中误差 m/mm	
		路　线	特殊构造物	路　线	特殊构造物	路　线	特殊构造物
一级	4.0	≤10	5	≤2	1	50	10
二级	2.0	≤10	5	≤5	2	50	10
三级	1.0	≤10	5	≤10	2	50	10
四级	0.5	≤10		≤20		50	

(二)洞外高程控制测量

1. 洞外高程控制测量的等级

隧道洞外高程控制测量的等级，应分别依洞外水准路线的长度和隧道长度按表 12-9 选取。

表 12-9　隧道洞外、洞内高程控制测量的等级

高程控制网类别	等　级	每千米高差全中误差/mm	洞外水准路线长度或两开挖洞口间长度 S/km
水准网	二等	2	$S>16$
	三等	6	$6<S\leqslant16$
	四等	10	$S\leqslant6$

2. 洞外高程控制测量的方法

隧道洞外高程测量一般采用水准的测量方法。水准测量的等级，取决于隧道的长度、隧道地段的地形情况等。一般情况下，4 000 m以上特长隧道应采用三等水准测量，4 000 m以下长隧道应采用四等水准测量。水准测量施测，一般可利用路线基平水准点高程作为起始高程，沿水准路线在每个洞口至少应埋设3个水准点。水准路线应构成环，或者敷设两条相互独立的水准路线(由已知水准点从一端洞口测至另一端洞口)。

三、隧道竖井联系测量

当隧道较长时，为了加快工程进展，需增加掘进工作面，通常是在隧道中线上开凿竖井。经过竖井将地面和地下控制网联系在同一坐标和高程系统中的测量工作，称为竖井联系测量。竖井联系测量的目的是将地面控制点的坐标、方位角和高程，通过竖井传递到地下，以保证新增工作面隧道开挖的正确贯通。

(一)竖井联系测量的平面控制

竖井联系测量的平面控制是通过竖井根据地面控制网将坐标和方位角传递到地下坑道的测量工作，也称竖井定向测量或竖井定向。竖井联系测量的平面控制宜采用投点法、联系三角形法或陀螺经纬仪定向法；对于开口较大、分层支护开挖的较浅竖井，也可采用导线法(或称竖直导线法)。

1. 投点法

这里主要介绍一种常用于一般隧道深度较浅的工程中的投点方法，即单重稳定投点法。在钢丝上悬挂垂球，垂球放在水桶内，使其静止(摆幅不超过0.4 mm即认为它是不摆动的)。所需设备和安装系统如图12-35所示。

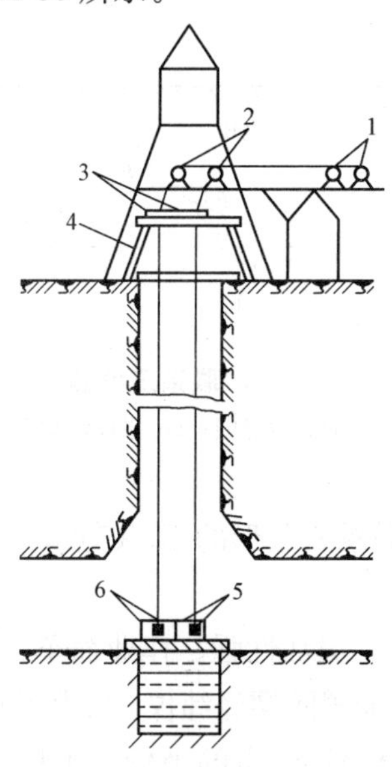

图12-35　单重稳定投点法

1—手摇绞车；2—定向滑轮；3—定向板；
4—固定支架；5—垂球；6—水桶

实际投点时，用手摇绞车把直径 0.5～1 mm 的钢丝通过导向滑轮及定向板放入井筒内，在钢丝的下端挂重量为 30～100 kg 的垂球，为了减少垂球的摆动，常将垂球置于水桶中。

2. 联系三角形法

如图 12-36(a)所示，在竖井井筒中从地面到地下坑道自由悬挂两根吊垂线 A、B，在地面设临时点 C，在地下设临时点 C'，则 C 和 C' 与以 AB 为公用边的狭长三角形 ABC 和 ABC' 称为联系三角形。

当已知地面点 D 的坐标及 DE 的方位角时，在地上观测联系角 δ、φ 以及联系三角形 ABC 的一个内角 γ，丈量地面三角形的边长 a、b、c，则可计算出 α、β 角，从而可按导线 $DCAB$ 算出垂线 A、B 的坐标及 AB 的方位角。然后在地下，观测角度 φ'、γ'、δ'，丈量边 a'、b'、c'，则可根据 A、B 的坐标和方位角，按导线 $ABC'D'E'$ 算出地下控制点 D' 的坐标和起始边 $D'E'$ 的方位角，如图 12-36(b)所示。

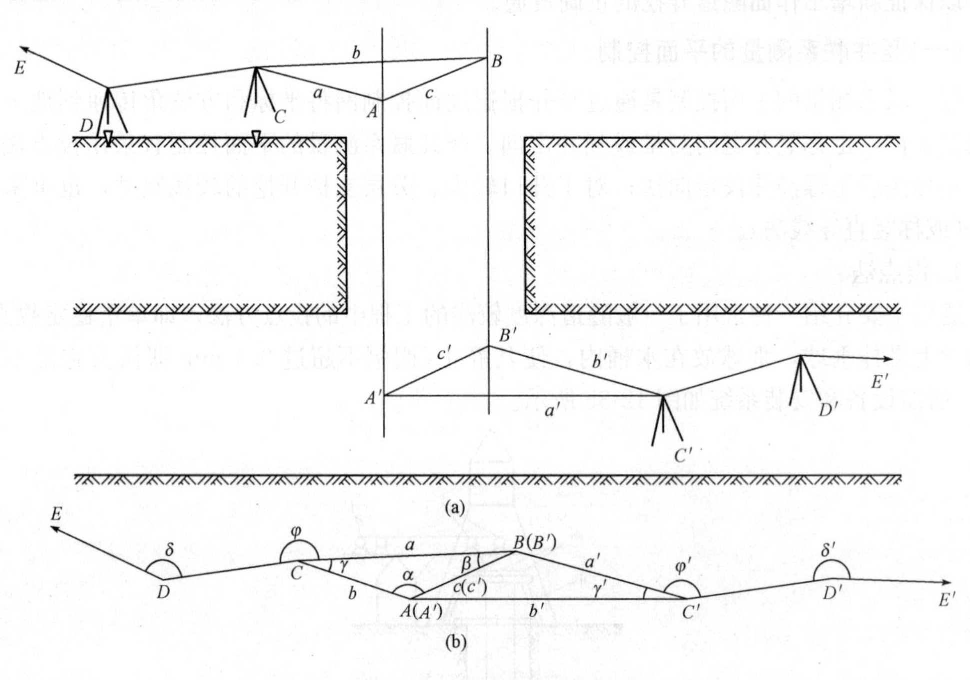

图 12-36　联系三角形法

(a)剖面示意图；(b)平面示意图

为提高方位角传递的精度，联系三角形的 C、C' 点，一般应力求靠近 AB 的延长线。

3. 陀螺经纬仪定向法

陀螺经纬仪定向法具有精度高、灵活性强、作业简单、速度快等优点。如图 12-37 所示，在地面竖井附近的洞外控制点 4 上安置陀螺经纬仪，在竖井中悬吊一根钢丝，测出 4 点至钢丝的真方位角，量取平距 S_m，算出悬吊钢丝点的坐标；在井下 q 点安置陀螺经纬仪，测出 q 点至钢丝的真方位角，量取平距 S_q，算出 q 点的坐标；再测出 j 点的方位角和距离 S_j，即可推算出 j 点的坐标。

采用陀螺经纬仪定向时，应先在地面，通过测量两个以上已知方位边的真方位角，求出洞外测量控制网的真方位角与坐标方位角差值的平均值 $\gamma_{前}$。井下传递方位角完成后，还应再测量地面两个以上已知方位边的真方位角，求出洞外测量控制网的真方位角与坐标方位角的差值的平均值 $\gamma_{后}$，取 $\gamma=(\gamma_{前}+\gamma_{后})/2$ 作为最后结果，将陀螺经纬仪测量的真方位角改算为坐标方位角。

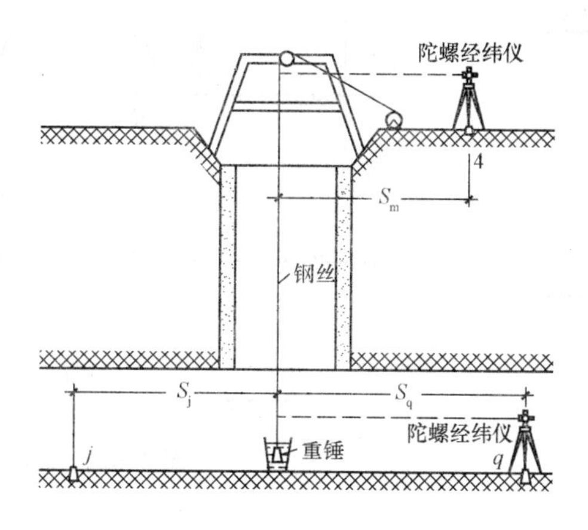

图 12-37 陀螺经纬仪定向法

(二)竖井联系测量的高程控制

竖井联系测量高程控制的任务是把地面点的高程传递到井下的高程起始点，使井上、下为同一高程系统。竖井联系测量的高程控制，宜采用悬挂钢尺或钢丝导入的水准测量方法。

1. 悬挂钢尺法

如图 12-38 所示，钢尺通过井盖放入井下，到达井底后挂上一个垂球以拉直钢尺使其处于自由悬挂状态。待钢尺稳定后，分别在地面、井下安置水准仪，在 A、B 两点所立的水准尺上分别读取读数 a、b，然后将水准仪照准钢尺同时读取读数 m、n，最后再在 A、B 水准尺上读数，以检查仪器高度是否发生变动。同时，测定井上、下温度 t_1、t_2，依据上述测量数据，可得 A、B 两点之高差为

$$h=(m-n)+(b+a)+\sum\Delta l \qquad (12\text{-}40)$$

式中　$\sum\Delta l$——钢尺的总改正数，包括尺长、温度、拉力和钢尺自重等四项改正数。

2. 钢丝导入法

如图 12-39 所示，首先在竖井井口附近设置临时比尺台(CD)，台上安设经过检定的钢尺，并加以标准拉力。在井筒中自由悬挂一根钢丝，下悬一标准重锤。然后用地面和地下的两架水准仪分别读取水准点上的读数 a 和 b，并按水平视线在钢丝上作两个标志(如图中 m、n)。转动 E 处的绞车，提升钢丝，用比尺台上的钢尺量取钢丝上 m、n 两标志间的长度 l，则 A、B 两点间的高差为

$$h=-l+(a-b)-\sum\Delta l \qquad (12\text{-}41)$$

式中　$\sum\Delta l$——钢尺的尺长、温度和钢丝的温度等三项改正数的总和。

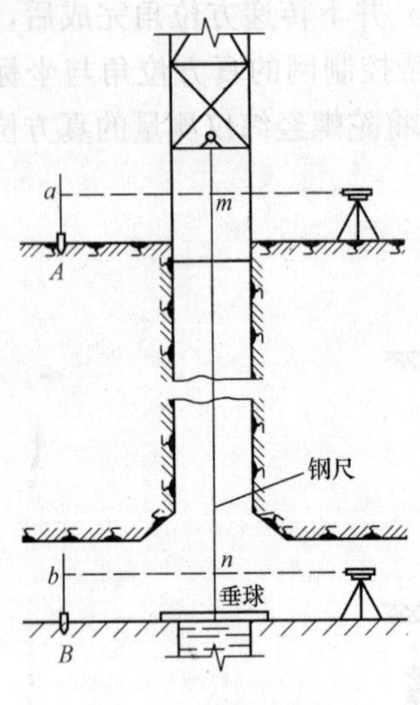

图 12-38　悬挂钢尺法

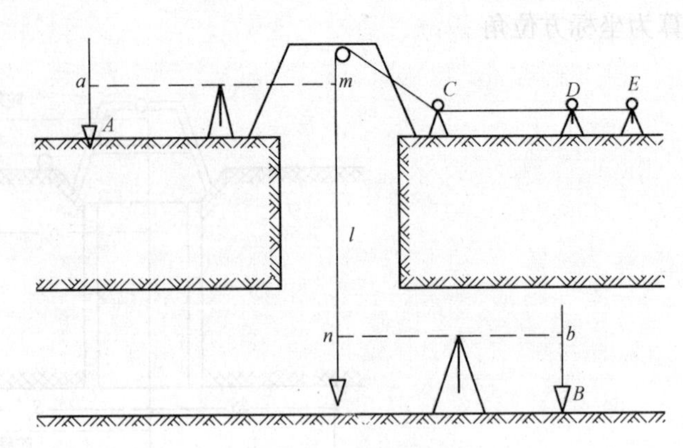

图 12-39　钢丝导入法

四、隧道洞内控制测量

隧道洞内控制测量的目的是为隧道施工测量提供依据。洞内控制测量包括平面控制和高程控制。平面控制采用导线测量、高程控制采用水准测量。

(一)洞内平面控制测量

1. 洞内平面控制测量的等级

隧道洞内平面控制测量的等级，应根据隧道两开挖洞口间长度按表 12-10 选取。

表 12-10　隧道洞内平面控制测量的等级

洞内平面控制网类别	洞内导线网测量等级	导线测角中误差/(″)	两开挖洞口间长度 L/km
导线网	三等	1.8	$L \geqslant 5$
	四等	2.5	$2 \leqslant L < 5$
	一级	5	$L < 2$

2. 洞内平面控制网的建立

隧道洞内平面控制网的建立，应符合下列规定：

(1)洞内的平面控制网宜采用导线形式，并以洞口投点(插点)为起始点沿隧道中线或隧道两侧布设成直伸的长边导线或狭长多环导线。

(2)导线的边长宜近似相等，直线段不宜短于 200 m，曲线段不宜短于 70 m；导线边距离洞内设施不小于 0.2 m。

(3)当双线隧道或其他辅助坑道同时掘进时，应分别布设导线，并通过横洞连成闭合环。

(4)当隧道掘进至导线设计边长的 2～3 倍时，应进行一次导线延伸测量。

(5)对于长距离隧道，可加测一定数量的陀螺经纬仪定向边。

(6)当隧道封闭采用气压施工时，对观测距离必须作相应的气压改正。

3. 洞内导线的分级布置

洞内导线的布设，需要考虑到贯通时所需的精度要求。同时，还应考虑到导线点的位置，以保证在隧道内能以必要的精度放样。在隧道建设中，导线一般采用以下分级布设：

(1)施工导线。在开挖面向前推进时，用以进行放样且指导开挖的导线测量。施工导线的边长一般为 25～50 m。

(2)基本控制导线。当掘进长度达 100～300 m 以后，为了检查隧道的方向是否与设计相符合，并提高导线精度，选择一部分施工导线点布设边长较长、精度较高的基本控制导线。

(3)主要导线。当隧道掘进大于 2 km 时，可选择一部分基本导线点敷设主要导线，主要导线的边长一般可选 150～800 m(用测距仪测边)。对精度要求较高的大型贯通可在导线中加测陀螺边以提高方位的精度。陀螺边一般加在洞口起始点到贯通点距离的 2/3 处。

洞内水准测量可采用 DS_3 型水准仪，使用前须对仪器和水准尺进行检校。洞内水准测量的作业方法与地面水准测量相同。由于隧道内通视条件差，应把仪器到水准尺的距离控制在 50 m 以内。当往返观测不符值在容许范围之内时，取两次所测高差平均值作为其终值。

(二)洞内高程控制测量

1. 洞内高程控制测量的等级

隧道洞内高程控制测量的等级要求与洞外高程控制测量相同，应分别依洞外水准路线的长度和隧道长度按表 12-9 选取。

2. 洞内水准点的设置

隧道两端的洞口水准点、相关洞口水准点(含竖井和平洞口)和必要的洞外水准点，应组成闭合或往返水准路线。洞内水准测量应往返进行，且每隔 200～500 m 应设立一个水准点。与洞内导线点一样，每掘进 20～50 m 就应增设一个新水准点。洞内水准点可以埋设在洞顶、洞底或洞壁上，但必须稳固和便于观测。可以使用洞内导线点标志作为洞内水准点标志。每新埋设一个水准点后，都应从洞外水准点开始至新点重复往返观测。

五、隧道洞内施工测量

隧道洞内施工测量，应符合下列规定：

(1)隧道的施工中线，宜根据洞内控制点采用极坐标法测设。当掘进距离延伸到 1～2 个导线边(直线部分不宜短于 200 m、曲线部分不宜短于 70 m 时，导线点应同时延伸并测设新的中线点。

(2)当较短隧道采用中线法测量时，其中线点间距，直线段不宜小于 100 m，曲线段不宜小于 50 m。

(3)对于大型掘进机械施工的长距离隧道，宜采用激光指向仪、激光经纬仪或陀螺仪导向，也可采用其他自动导向系统，其方位应定期校核。

(4)隧道衬砌前，应对中线点进行复测检查并根据需要适当加密。加密时，中线点间距不宜大于 10 m，点位的横向偏差不应大于 5 mm。

第五节　管道施工测量

管道工程是工业建设和城市建设的重要组成部分，其种类很多，主要有给水、排水、煤气、热力、输油及其他工业管道等。管道施工中管线的走向、管底标高位置的正确性是依据测量所设的标志确定，所以，管道施工测量的主要任务是依据设计图纸，根据工程进度的要求，为施工测设各种标志，使施工人员随时掌握中线方向和高程满足设计要求。

一、中线测量

管道中线测量的任务是将设计管道的中心位置在地面上测设出来。管道的起点、终点和转向点是管道中线测量的关键点，称为主点。为了便于施工，还需要测设整桩和加桩。从起点开始按规定某一整数(20～50 m)设一桩，这个桩叫作整桩。相邻整桩间如有重要地物(如铁路、公路及原有管道等)及穿越地面坡度变化处(高差大于 0.3 m)要增设木桩，这些桩叫作加桩。管道中线上的整桩和加桩也叫作里程桩。

为了便于计算，中桩自起点开始按里程注明桩号，“+”号前面的数字表示千米，“+”号后面的三位数字分别表示百米、十米、米；并用红油漆写在木桩侧面，书写要整齐、美观，字面要朝向管线起始方向。如整桩桩号为 2+250，即表示此桩离起点 2 250 m，如加桩桩号为 2+258 m，即表示离起点 2 258 m。

主点测设的方法有直角坐标法、极坐标法、角度交会法、距离交会法。可以在主点测设完成后，在测设整桩和加桩。现在设计多利用 Auto CAD 完成，所以可以从 .dwg 文件中获取主点和里程桩测设数据，有些设计资料提供上述点位的坐标，可以利用直接全站仪完成中线测量。

图 12-40 中 A、B、C、D 为已有导线点，1、2、3、4、5 为管线主点，从设计资料可以获得其坐标。将全站仪安置于控制点上，利用全站仪放样功能进行点位测设。测设完成后立即测量点的坐标和高程，其目的是进行测设检核，还可以利用高程数据绘制纵断面图。

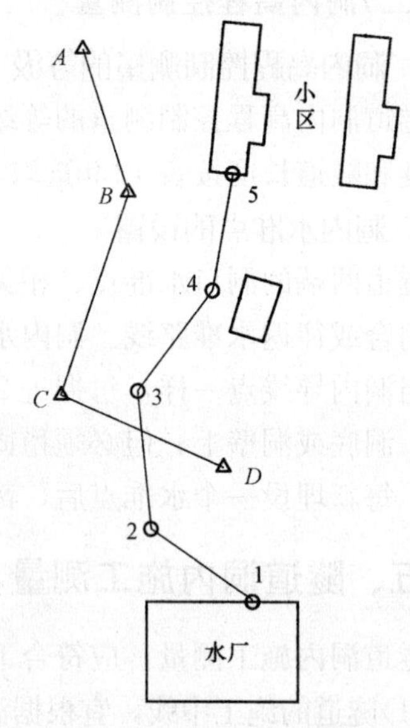

图 12-40　根据导线点测设管线主点

二、施工前的准备工作

1. 熟悉图纸和现场情况

管道施工前必须对施工现场各主点桩、中桩的位置进行检查。作为管道施工测量人员首先要在施工前认真熟悉设计图纸，了解设计意图和对测量的精度要求，掌握管道中线位

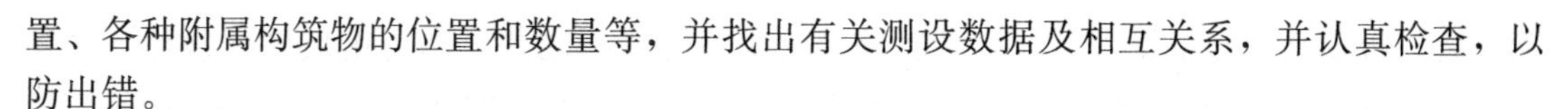

置、各种附属构筑物的位置和数量等，并找出有关测设数据及相互关系，并认真检查，以防出错。

2. 恢复中线并测设施工控制桩

管道施工开挖之前，要对所测设的主点桩、中桩进行数量位置的检查，位置有变动的或已遭破坏的桩要重新恢复，同时，应把管线附属构筑物及支线位置定下来。

施工控制桩分为中线控制桩和附属构筑控制桩两种。中线控制桩的位置，一般是测设在管道起止点及各转点处中心线的延长线上；附属构筑物控制桩则测设在管道中线的垂直线上。

3. 加密水准点

为了在施工过程中便于引测高程，应根据设计阶段布设的水准点，于沿线附近每隔约150 m增设临时水准点。

在引测水准点时，一般都同时校测管道出入口和管道与其他管线交叉的高程。如果与设计图纸给定数据不符时，应及时与设计部门研究解决。

三、施工中的测量工作

1. 槽口放线

管道施工槽口宽度与管径、埋深以及土质情况有关。施工测量前应查看管道横断面设计图，先确定槽底宽度，再确定沟槽口宽度。槽口宽度主要取决于管径、挖掘方式和布设容许偏差等因素。另外，还应考虑土质情况和边坡的稳定性。管道的埋深直接根据设计图确定。

2. 坡度控制标志的测设

管道施工中的关键是中线方向和坡度的控制，尤其对于无压的污水管道，坡度控制更为重要，如果实际施工的坡度不满足设计要求，有可能形成污水倒流。所以，管道施工的测量工作，主要是控制管道的中线和高程位置。因此，在开槽前应设置控制管道中线和高程位置的施工测量标志，以便按设计要求进行施工，常采用龙门板法。

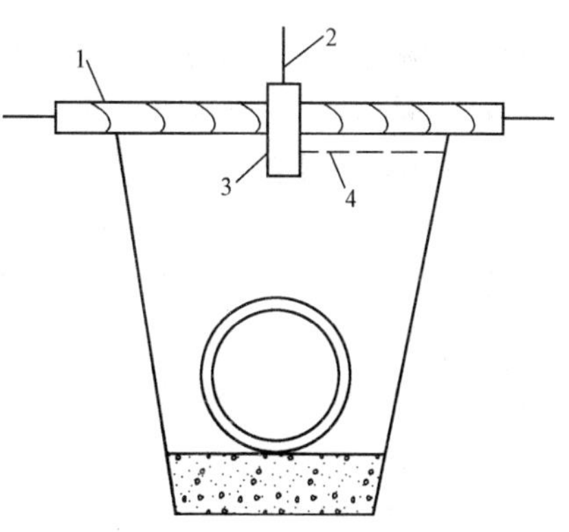

图 12-41　龙门板

1—坡度板；2—中线钉；3—高程板；4—坡度钉

(1)埋设坡度板和投测中心钉。龙门板由坡度板和高程板组成，如图 12-41 所示。

坡度板应根据工程进度要求及时埋设，当槽深在2.5 m以内时，应于开槽前在槽口上每隔 10～20 m埋设一块坡度板，如遇检查井、支线等构筑物时，应加设坡度板。当槽深在 2.5 m以上时，应在槽挖到距底 2 m左右时再在槽内埋设坡度板，坡度板要埋设牢固，板面要保持水平。

中线测设时，根据中线控制桩，用经纬仪将管道中线投测到坡度板上，并钉小钉标定其位置，此钉称为中线钉。各龙门板中线钉的连线标明了管道的中线方向。在连线上挂垂球，可将中线位置投测到管槽内，以控制管道中线。

(2)测设坡度钉。为了控制管线开槽深度，应根据附近水准点，用水准仪测出坡度板顶面高程。板顶高程与根据管道坡度计算该处管道设计高程之差，即为由坡度板顶往下开挖的深度(实际管槽开挖深度还应加下管壁和垫层的厚度)。由于地面有起伏，因此，各坡度板顶向下开挖深度都不一致，对施工中掌握管底高程和坡度都很不方便。为此，需在坡度板中线一侧设置坡度立板，称为高程板。在高程板侧面测设一坡度钉，使各高程板上坡度钉的边线平行于管道设计坡度线，并距离槽底设计高程为一整分米数 C，称为下返数。施工时，利用这条线来检查和控制管道坡度和高程，既灵活又方便。

四、顶管施工测量

当管道穿越铁路、公路、城市道路或重要建筑时，为了避免施工中大量的拆迁工作和保证正常的交通运输，往往不允许开沟槽，而采用顶管施工的方法。这种方法，随着机械化施工程度的提高，已经被广泛地采用。

采用顶管施工时，应事先挖好工作坑，在工作坑内安放导轨(铁轨或方木)，并将管材放在导轨上，用顶镐的方法，将管材沿着所要求的方向顶进土中，然后在管内将土方挖出来。顶管施工中测量工作的主要任务是掌握管道中线方向、高程和坡度。

1. 准备工作

(1)顶管中心桩的设置。首先根据设计图上管线的要求，在工作坑的前后钉立两个桩，称为中线控制桩，如图 12-42 所示。然后确定开挖边界。开挖到设计高程后，将中线引到坑壁上，并钉立大钉或木桩，此桩称为顶管中心桩，以标定顶管的中线位置。

(2)设置临时水准点。为了控制管道按设计高程和坡度顶进，需要在工作坑内设置临时水准点。一般要求设置两个，以便相互校核。

(3)导轨的安装。导轨一般安装在方木或混凝土垫层上。垫层面的高程及纵坡都应当符合设计要求(中线高程应稍低，以利于排水和防止摩擦管壁)，根据导轨宽度安装导轨，根据顶管中线桩及临时水准点检查中心线和高程，无误后将导轨固定。

2. 顶进过程中的测量工作

(1)中线测量。利用经纬仪根据地面的中心桩或中线控制桩，将管道中线引测到顶管工作坑坑壁上，作为顶管中线桩，如图 12-42 所示。在顶管中线桩上拉一条细线，在细线上挂两个垂球，则垂球的连线方向即为管道的中线方向。制作一把木尺，其长度略小于管道内径，保证尺的中央为确定的整数刻划线。

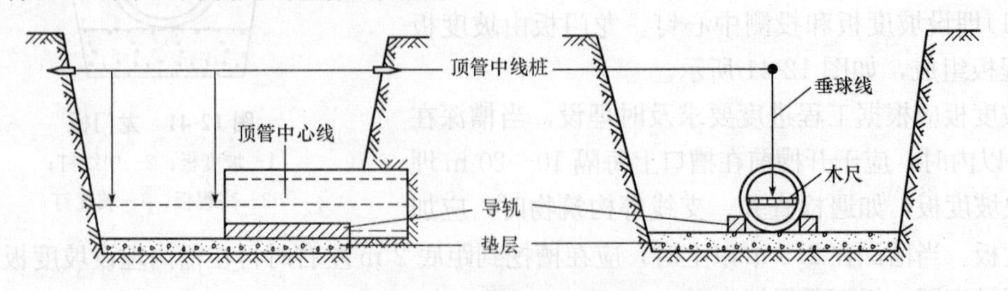

图 12-42 顶管工程测量

中线测量时，利用水准器将木尺平放在管道内，使其中央刻划线始终在两垂球连线的延长线上，则顶管的中心线方向与设计方向一致。如果偏离超过 1.5 cm，则需要校正。

(2)高程测量。在工作坑内引测临时水准点，利用水准仪测量管底高程，其值与设计高程之差不得超过±5 mm，否则需要校正。

在顶管进程中，每顶进 0.5 m，进行一次中线测量和高程测量。采用对向顶管施工，贯通误差不得大于 3 cm。当顶管直径较大、顶管距离长时，可采用管道激光仪或激光经纬仪进行导向。

本章小结

本章主要讲述了线路工程测量、道路工程测量、桥梁工程测量、隧道工程测量和管道工程测量等内容。

1. 线路通常是指道路、给水、排水、输电、电信、各种工业管道及桥涵等线形工程的中线总称，其是工程建设的重要组成部分。线路测量是为各种等级道路和各种管线设计和施工服务的。

2. 道路施工测量的工作主要有恢复中线测量、施工控制桩的测设、路基边桩的测设、竖曲线的测设及路面放线等。

3. 桥梁工程测量主要包括桥位勘测和桥梁施工测量两部分。

4. 在工程建设中，隧道工程几乎遍及各种线路工程之中，如公路隧道、铁路隧道、城市地下铁道、水利工程输水隧道、矿山巷道等。隧道工程测量主要包括隧道勘测和隧道施工测量。

5. 管道施工测量的主要任务是依据设计图纸，根据工程进度的要求，为施工测设各种标志，使施工人员随时掌握中线方向和高程满足设计要求。

复习思考题

一、填空题

1. 线路中线一般由__________和__________两部分组成。

2. __________是指线路中线改变方向时，两相邻直线段延长后相交的点，通常用符号__________表示，它是中线测量的__________。

3. 加桩分为__________、__________、__________、__________。

4. 为了明显表示地势变化，纵断面图的高程比例尺通常比水平距离比例尺大__________倍。

5. 横断面测量的方法通常有__________、__________、__________、__________。

6. 道路施工控制桩的测设方法主要有__________和__________两种，可根据实际情况互相配合使用。

7. 桥位平面控制网的建立方法主要有__________、__________或__________。

8. 桥位高程控制网应采用水准测量的方法建立。2 000 m 以上的特大桥应采用__________，2 000 m 以下桥梁可采用__________。

9. 桥梁墩台中心测量的测定常采用__________、__________和__________。

10. 在顶管进程中，每顶进__________，进行一次中线测量和高程测量。

二、选择题(有一个或多个答案)

1. 边桩的位置由两侧边桩至中桩的距离来确定。常用的边桩测设方法有(　　)和解析法。

A. 相似法　　B. 类推法

C. 图解法　　D. 模拟法

2. 路线水准点高程测量，往返观测或两个单程观测的高差不符值应满足(　　)。

A. $\pm 30\sqrt{L}$　　B. $\pm 20\sqrt{L}$

C. $\pm 10\sqrt{N}$　　D. $\pm 9\sqrt{N}$

3. 路线横断面图的比例尺一般采用(　　)。

A. 1∶100　　B. 1∶200

C. 1∶500　　D. 1∶1 000

4. 下列关于桥梁三角网的网形布设说法不正确的是(　　)。

A. 三角网的控制点应选在不被水淹、不受施工干扰的地方

B. 桥位控制桩应包含在桥梁三角网中

C. 边长要适宜，一般为河宽的1.0～2.0倍

D. 基线不宜过短，一般为河宽的0.7倍

三、简答题

1. 中线测量的工作内容有哪些?

2. 简述圆曲线测设的步骤。

3. 缓和曲线有哪些线型?

4. 纵、横断面测量的任务是什么?

5. 桥梁施工测量的内容和任务是什么?

6. 隧道勘测的工作内容有哪些? 隧道施工测量的主要任务是什么?

7. 简述管道施工测量前的准备工作。

四、计算题

1. 已知路线导线的右角β：(1)$\beta=210°42'$；(2)$\beta=162°06'$。试计算路线转角值，并说明是左转角还是右转角。

2. 已知交点的里程桩号为K21+476.21，转角$\alpha_{右}=37°16'00''$，圆曲线半径$R=300$ m，缓和曲线长L_S采用60 m，试计算该曲线的测设元素、主点里程，并说明主点的测设方法。

3. 已知线路交点的里程桩为K4+300.18，测得转角$\alpha_{左}=17°30'$，圆曲线半径$R=500$ m，若采用切线支距法测设，试计算各桩坐标，并说明测设步骤。

References

参考文献

[1] 国家标准．工程测量规范：GB 50026—2007[S]. 北京：中国计划出版社，2008.

[2] 行业标准．建筑变形测量规范：JGJ 8—2016[S]. 北京：中国建筑工业出版社，2016.

[3] 林乐胜．建筑工程施工测量[M]. 北京：中国建筑工业出版社，2010.

[4] 李生平．建筑工程测量[M]. 3 版．武汉：武汉理工大学出版社，2008.

[5] 赵景利，杨凤华．建筑工程测量[M]. 北京：北京大学出版社，2010.

[6] 冯大福．建筑工程测量[M]. 天津：天津大学出版社，2014.

[7] 覃辉，马德富，熊友谊．测量学[M]. 2 版．北京：中国建筑工业出版社，2014.

[8] 唐春平，游丕华．建筑工程测量[M]. 武汉：武汉理工大学出版社，2011.

[9] 王云江，许尧芳．建筑工程测量[M]. 2 版．北京：中国建筑工业出版社，2009.

[10] 张正禄．工程测量学[M]. 2 版．武汉：武汉大学出版社，2013.

[11] 赵同龙．测量学[M]. 北京：中国建筑工业出版社，2010.

[12] 周建郑．建筑工程测量[M]. 2 版．北京：化学工业出版社，2012.

[13] 顾孝烈，鲍峰，程效军．测量学[M]. 4 版．上海：同济大学出版社，2011.

[14] 王宏俊，董丽君．建筑工程测量[M]. 2 版．南京：东南大学出版社，2014.

[15] 赵雪云，李峰．工程测量[M]. 2 版．北京：中国电力出版社，2014.